住房城乡建设部土建类学科专业“十三五”规划教材
高等学校给排水科学与工程学科专业指导委员会规划推荐教材

水工程法规

（第二版）

张　智　主编
范瑾初　李　伟　主审

中国建筑工业出版社

图书在版编目(CIP)数据

水工程法规/张智主编. —2版. —北京：中国建筑工业出版社，2018.6（2025.9重印）
住房城乡建设部土建类学科专业“十三五”规划教材 高等学校给排水科学与工程学科专业指导委员会规划推荐教材
ISBN 978-7-112-21945-2

Ⅰ.①水… Ⅱ.①张… Ⅲ.①水利工程-法规-中国-高等学校-教材 Ⅳ.①D922.66

中国版本图书馆CIP数据核字(2018)第050718号

本书为住房城乡建设部土建类学科专业“十三五”规划教材、高等学校给排水科学与工程学科专业指导委员会规划推荐教材。本书共9章，包括概述、水资源利用与水环境保护法规、水工程合同法规、水工程规划法规、水工程勘察设计法规、水工程施工与监理法规、水工程管理法规、水工程相关法律法规、水工程法律责任。本书在第一版基础上，增加了案例，便于理解掌握。

本书可供给排水科学与工程、环境工程及相关专业作为教材使用，也可供工程技术人员参考。

责任编辑：王美玲 刘爱灵
责任校对：李美娜

住房城乡建设部土建类学科专业“十三五”规划教材
高等学校给排水科学与工程学科专业指导委员会规划推荐教材
水工程法规
（第二版）
张 智 主编
范瑾初 李 伟 主审
*
中国建筑工业出版社出版、发行（北京海淀三里河路9号）
各地新华书店、建筑书店经销
北京红光制版公司制版
建工社（河北）印刷有限公司印刷
*
开本：787×1092毫米 1/16 印张：22 字数：546千字
2018年6月第二版 2025年9月第十三次印刷
定价：**46.00**元（赠课件）
ISBN 978-7-112-21945-2
（31821）

序　一

水是人类生存和社会发展不可缺少、不可替代的资源，是制约国民经济发展的重要因素。20世纪80年代，我国实行改革开放以来，随着国民经济的快速发展和人民生活水平的日益提高，人们对生活和生产用水的要求也愈来愈高，而我国水资源短缺和水环境污染却日益严重，两者矛盾日益突出。为了保证国民经济的可持续发展，水工程建设、管理和水环境保护必须遵循水资源可持续发展利用的原则。为此，在给水排水工程领域，除了不断地研究开发新技术、新工艺、新设备、新材料外，还需建立健全水工程法律、法规，以保障社会经济有序发展和水的良性社会循环。特别是社会主义市场经济时期，人们的一切行为、活动，包括水工程建设、水工程管理等，更需要有法律和法规加以规范和制约。

目前，我国水工程法规建设已取得很大成就，有关法规和技术标准已达近400多种，基本形成了具有中国特点的水工程法规体系。但迄今为止，在高等教育的课程体系中却没有设立系统的《水工程法规》课程，只有在课程设计、毕业设计或专业教材中，零星地涉及一些规范、标准，这对新时代建设人才的培养不能不说是一个缺憾。《水工程法规》正是为适应我国社会主义经济建设对水工程建设和管理人才在知识结构方面的需要而编写的，是新中国成立以来第一本水工程法规教材。水工程法规涉及面较广，编写难度较大。作者着重从专业角度和实用角度，系统地介绍了水工程方面的法规及与此相关的法律、法规。归纳起来，主要是三方面内容，即水工程建设法规、水工程管理法规和水环境质量法规。通过本课程，可使学生较全面地了解水工程法规体系，熟悉和掌握水工程法规的基本原则、基本制度、基本规定，培养学生法律意识，促使学生在今后工作中“知法、守法、用法”，以适应我国经济建设的需要。

《水工程法规》属于给水排水工程及相关专业的人文课教材之一。编写一本跨学科的新教材，作者所付出的辛勤汗水和所做出的探索、研究会更多，同时，也必然存在一些缺点和不足。随着教学改革的深入和教学实践经验的积累，法律、法规的不断修订、更新和新法规的建立，《水工程法规》必将不断改进、更新和完善。

同济大学　范瑾初

2004年7月20日

序　二

市场经济是法制经济，法律是市场经济的必要调整手段和重要保障，这已成为全社会的共识。在大力推进市场经济的建设中，党和国家提出了“依法治国”的伟大方略。要实现“依法治国”这一宏伟目标，要实现整个社会的法治化，则需要全社会的共同参与。这是一个宏大的系统工程，仅靠政府的努力，仅靠法律部门的努力，仅靠法律专业人员的努力，都是远远不够的。还必须大力培养和增强全民的法律意识。只有形成人人“知法、守法、用法”的局面，才可能真正实现全社会的法治化，进而推动我国社会主义市场经济的蓬勃发展。由此而论，在大学生中，在这些即将投入国家建设的生力军中，开设法学类课程，进行法律教育，尤其是进行与其专业相关，与其今后从事的工作相关的法律教育，是十分必要的。

由重庆大学张智教授主编的《水工程法规》一书，积累了参与编著的几位学者多年从事教学和科研的成果。该书从培养给水排水工程专业及相关专业学生必要法律素质的角度选取内容，确定广度和深度，具有突出的专业适用性特点。该书采用章、节、目的结构形式，体系清晰、完整，内容丰富、全面，语言简明，具有鲜明的教材特点。该书将相关法规介绍与理论阐述相结合，便于学生认知、理解、掌握和应用相关法律法规的基本制度，基本内容，具有很强的实用性。《水工程法规》作为普通高校给水排水工程专业及相关专业的教材，其推广与使用，对于培养该专业学生的法律意识，丰富该专业学生的必要法律知识，提高该专业学生毕业后的实际工作能力，无疑将起重要作用。

西南政法大学应用法学院　李　伟

2004年8月28日于重庆

第二版前言

本教材自2005年1月出版以来，已十年有余。其间，我国的社会经济快速发展，中国特色的市场经济体系初步建立，城镇建设日新月异。为此，我国加大环境保护、城镇建设方面的法制建设，工程教育改革等也取得极大的进步。如：

其一，2014年10月23日，中国共产党第十八届中央委员会第四次全体会议通过《中共中央关于全面推进依法治国若干重大问题的决定》，全面推进依法治国，建设中国特色社会主义法治体系，建设社会主义法治国家。

其二，为应对目前我国面临的资源约束趋紧、环境污染严重、生态系统退化的严峻挑战，相关的法律《中华人民共和国环境保护法》、《中华人民共和国城乡规划法》、《中华人民共和国环境影响评价法》等也修订颁布；与城镇水环境和水建设相关的一系列条例、部门规章、政策也相继发布，如《关于做好城镇排水防涝设施建设工作的通知》、《城镇排水与污水处理条例》、《城镇排水（雨水）防涝综合规划编制大纲》、《海绵城镇建设技术指南——低影响开发雨水系统构建（试行）》、《水污染防治行动计划》、《城镇黑臭水体整治工作指南》和《生态文明体制改革总体方案》等，推动了我国城镇健康水系统的建设。

其三，我国给水排水事业发展迅速，与之相关的规范、标准几经修订。如修编并发布《防洪标准》GB 50201—2014，《室外排水设计规范》GB 50014于2006年、2011年和2014年三次修订，《室外给水设计规范》GB 50013于2006年、2011年二次修订。

其四，我国的工程教育改革不断推进，不但重视新工艺技术的引进，也重视课程体系建设，许多高校陆续开设环境保护概论、水工程法规、工程经济等相关课程，以培养综合素质高的工程技术人才。

基于此，对《水工程法规》进行修订，势在必行。

《水工程法规》（第二版）已入选《住房城乡建设部土建类学科专业“十三五”规划教材》，本书修订按确定的编写大纲和专家评审意见组织编写，其主要内容有：增加案例，根据现行的法律法规，对相关内容进行修订。

本书由重庆大学张智主编，重庆大学宋宗宇、翟俊、林艳，华中科技大学冯晓楠、陶涛，哈尔滨工业大学王广智等共同编写。具体分工为：张智（绪论、第1章）；宋宗宇（第3章、第9章）；翟俊（第2章、第5章）；林艳（第7章、第8章）；冯晓楠、陶涛（第4章）；王广智（第6章、附件）。全书由张智统稿。

本书由同济大学环境科学与工程学院范瑾初教授、西南政法大学应用法学院院长李伟教授主审。

本书编写过程中得到了许多专家学者的大力支持，提出了许多建设性的意见和建议，同时参考了有关文献和资料，限于篇幅不能一一列出，在此，一并表示衷心感谢。

限于编者的知识和水平，书中难免存在缺点和不妥之处，恳请读者批评指正。

第一版前言

本教材是普通高等教育土建学科专业“十五”规划教材和高等学校给水排水工程专业指导委员会规划推荐教材。本教材编写按照建设部《普通高等教育“十五”规划教材申报书》确定的编写大纲和专家评审意见组织编写。

“水工程法规”着重从专业角度研究水环境质量、水工程建设、水工程管理等方面的有关法规，是给水排水工程专业以及相关专业的人文课程之一。学生通过本课程的学习，培养法律意识，了解水工程的法规体系及相关法规的基本内容，掌握水工程法规中水环境质量法规、水工程建设法规、水工程管理法规的基本原则、基本规定、基本制度，在以后的工作中做到“知法、守法、用法”。

本教材包括：法的基本知识、水资源利用与水环境保护法规、水工程合同法规、水工程规划法规、水工程勘察设计法规、水工程施工与监理法规、水工程管理法规、水工程相关的环境法律和水工程法律责任等九章。各校在采用本教材时，可以课堂教学和实践教学相结合，主要以课堂教学为主，使学生掌握《水工程法规》的基本内容、基本原则、基本制度、基本规定；在实践性教学中，通过水工程法规案例的收集与学习，加深对水工程法规的认识、理解，提高学习的自觉性和主动性。在使用本教材时，可结合各校的实际，酌情增减，或作为选修、自修。

本书由重庆大学张智主编，重庆大学周健、宋宗宇、翟俊，华中科技大学陶涛共同编著。具体分工为：张智　绪论、第一章、第八章；周健　第六章、第七章；宋宗宇　第三章、第九章；翟俊　第二章、第五章；陶涛　第四章。全书由张智统稿。

本书由同济大学环境科学与工程学院范瑾初教授、西南政法大学应用法学院院长李伟教授主审。

本书的编写得到了许多单位和个人的大力支持，得到了许多建设性的意见和建议，同时参考了有关文献和资料，限于篇幅不能一一列出，在此一并表示衷心感谢。

限于编者的知识和水平，书中难免存在缺点和不妥之处，恳请读者批评指正。

目　录

绪 论

水是制约国民经济发展的重要因素之一，全球性的水资源危机和水污染的加剧，使人们对水的重要性认识不断深化，对水工程人才的要求也日益提高。我国给水排水工程学科经过几代人几十年的奋斗，得到了极大的发展，培养了大批给水排水工程技术人才，基本上适应了国家经济建设发展的需要。然而也应注意到，现代社会发展对人才的要求越来越高，传统的给水排水工程专业教育，在课程体系、教学内容和教学方式等方面都存在一些不适应的现象。随着我国社会主义市场经济的建立和加入 WTO，社会发展迫切要求给水排水工程人才学习、掌握一定的专业法规知识。因此，给水排水工程的课程体系、教学内容，也应根据变化的国情，进行自我调整，改革创新，以适应我国社会经济发展对给水排水工程建设人才知识结构的要求，本课程的建设正是这种改革的体现。

1. 水工程的发展与面临的挑战

(1) 给水排水工程的发展

近十余年来，城镇供水事业得到进一步的发展，供水普及率逐年提高，2016 年城镇城区人口 4.03 亿人。2016 年年末，城镇供水综合生产能力达到 3.03 亿 m^3/d，比上年增长 2.2%。其中，公共供水能力 2.39 亿 m^3/d，比上年增长 3.4%。供水管道长度 75.7 万 km，比上年增长 6.5%。2016 年，年供水总量 580.7 亿 m^3，其中生产运营用水 160.7 亿 m^3、公共服务用水 81.6 亿 m^3、居民家庭用水 220.5 亿 m^3。用水人口 4.70 亿人，人均日生活用水量 176.9L，用水普及率 98.42%，比上年增加 0.35 个百分点。2016 年，城镇节约用水 57.6 亿 m^3，节水措施总投资 29.5 亿元。

县城供水综合生产能力达到 0.54 亿 m^3/d，比上年减少 6.0%。其中，公共供水能力 0.46 亿 m^3/d，比上年减少 3.3%。供水管道长度 21.1 万 km，比上年增长 1.6%。2016 年，全年供水总量 106.5 亿 m^3，其中生产运营用水 27.0 亿 m^3、公共服务用水 11.6 亿 m^3、居民家庭用水 48.0 亿 m^3。用水人口 1.40 亿人，用水普及率 90.5%，比上年增加 0.54 个百分点，人均日生活用水量 119.43L。2016 年，县城节约用水 2.3 亿 m^3，节水措施总投资 2.98 亿元。

(2) 我国城镇排水设施有了很大发展。

2016 年年末，全国城镇共有污水处理厂 2039 座，比上年增加 95 座；污水处理厂日处理能力 14910 万 m^3，比上年增长 6.9%；排水管道长度 57.7 万 km，比上年增长 6.9%；城镇年污水处理总量 448.8 亿 m^3，城镇污水处理率 93.44%，比上年增加 1.54 个百分点，其中污水处理厂集中处理率 89.8%，比上年增加 1.83 个百分点。城镇再生水日生产能力 2762 万 m^3，再生水利用量 45.3 亿 m^3。

全国县城共有污水处理厂 1513 座，比上年减少 86 座；污水处理厂日处理能力 3036 万 m^3，比上年增长 1.2%；排水管道长度 17.2 万 km，比上年增长 2.4%。县城全年污水处理总量 81.0 亿 m^3，污水处理率 87.38%，比上年增加 2.16 个百分点。其中，污水处理厂集中处理率85.8%，比上年增加2.34个百分点。

近年来，给水排水工程的应用领域也日益拓宽：在城镇供水排水方面已由单纯的供与排关系，转到满足人民生活质量提高方面的需要。热水供应、优质饮水供应、水景工程、游泳池工程、消防工程等已成为给水排水工程的重要组成部分。

给水排水工程技术也不断更新，技术含量不断提高：① 由常规的给水处理技术如混凝、沉淀、过滤发展到预氧化、强化混凝、过滤技术、膜技术、生物处理技术和消毒技术等；② 取水及供水工程中，远距离调水、变频供水、在线测压、计算机调度均已采用；③ 变频供水、恒压供水、减压技术、娱乐供水、优质饮水技术等，已成为建筑给水排水工程的重要组成内容；④ 新的生物处理工艺技术不断涌现，由碳污染物的去除逐步向去除营养性污染物转化，在线监测、自动控制，高效低耗污水处理技术，污水、污泥的资源化技术及能源回收技术的应用也日趋普遍。

(3) 给水排水工程面临的挑战

水的问题已成为城镇发展中带普遍性的问题。许多城镇水源受到污染，使本来紧张的城镇水资源更为短缺。随着经济发展和人民生活水平的提高，城镇用水需求量不断增长，需水量年增长率达到5%左右，水的供需矛盾越来越突出。水资源分布不均、水资源短缺和水资源污染已成为制约我国社会经济发展的重要因素之一，这也向传统给水排水工程提出了一个重大的挑战。

水资源短缺已是全球面临的共同问题。据联合国《世界水资源综合评估报告》预测，21世纪淡水资源将成为全世界最紧张的自然资源。生活在水资源紧张和经常性缺水国家的人数，将从1990年的3亿增加到2025年的30亿。1972年联合国第一次人类环境会议大会指出："水将导致一场深刻的社会危机！"1994年，UNEP主任伊丽莎白·多德斯韦尔在首次国际饮用水和环境会议上，呼吁世界各国采取一致的行动，认真解决非常现实的水资源危机。1998年3月，84个国家的部长级代表团和许多非政府组织在巴黎探讨水资源与可持续发展的关系。世界水资源研究所认为，全世界有26个国家的2.32亿人口已经面临缺水威胁，另有4亿人口用水的速度超过了水资源的更新速度，世界上约有1/5的人口得不到符合卫生标准的淡水。世界银行认为：占世界40%的80多个国家在供应清洁水方面存在困难。1997年12月，华盛顿的国际人口研究组织发表研究报告认为"在未来的50年内，全世界至少有四分之一的人口面临水资源短缺"，"到2050年时，世界上生活在缺水状态的人数有可能增加到20亿人"。1997年6月，在纽约召开的联合国第二次首脑会议首次提出了水资源问题，并警告"地区性的水危机可能预示着全球性危机的到来"。

2016年，我国水资源总量为32466.2亿m^3，同比上升16.1%。全国669座城镇中，有400座城镇供水不足，110座严重缺水，属于联合国人居环境署评价标准的"严重缺水"和"缺水"城镇。我国人均水资源量为1718m^3，接近国际公认的1700m^3的缺水警戒线。在32座百万人口以上的特大城市中，有30座长期受缺水困扰。在46座重点城市中，45.6%水质较差。14座沿海开放城市中有9座严重缺水。1.6亿多城镇居民受影响。水质型缺水成为城镇水资源短缺的主因之一。近年来，我国水污染事件高发，用水方式粗放，水污染事故近几年每年都在1700起以上。有关统计资料表明：连续8年对35个大中城镇的自来水厂约12000个取水口水源水样的检测结果，达到二类水体标准的水样数量由2002年的24.8%上升到2016年的37.5%。同时，也应注意到，我国的节水也取得了显著成效，据统计，2012～2017年，全国城镇化率提高了约6个百分点，用水人口增长了49.6%，但2000～2012年，城镇居民人均日生活用水量从220L降低到172L，城镇年用水总量仅增长12%。

我国城镇的水环境污染状况也相当严峻。2015年，全国967个地表水国控断面（点位）开展了水质监测，覆盖了七大流域、浙闽片河流、西北诸河、西南诸河及太湖、滇池和巢湖的环湖河流共423条河流，以及太湖、滇池和巢湖等62个重点湖泊（水库）。监测表明，Ⅰ类水质断面（点位）占2.8%，比2014年下降0.6个百分点；Ⅱ类占31.4%，比2014年上升1.0个百分点；Ⅲ类占30.3%，比2014年上升1.0个百分点；Ⅳ类占21.1%，比2014年上升0.2个百分点；Ⅴ类占5.6%，比2014年下降1.2个百分点；劣Ⅴ类占8.8%，比2014年下降0.4个百分点。其中：Ⅰ～Ⅲ类、Ⅳ～Ⅴ类和劣Ⅴ类水质断面分别占64.5%、26.7%和8.8%。5118个地下水水质监测点中，水质为优良级的监测点比例为9.1%，良好级的监测点比例为25.0%，较好级的监测点比例为4.6%，较差级的监测点比例为42.5%，极差级的监测点比例为18.8%。338个地级以上城镇开展了集中式饮用水水源地水质监测，取水总量为355.43亿t，达标取水量为345.06亿t，占97.1%。

根据《2015年中国环境状况公报》，废水中主要污染物：化学需氧量排放总量为2223.5万t，比2014年下降3.1%，比2010年下降12.9%；氨氮排放总量为229.9万t，比2014年下降3.6%，比2010年下降13.0%。2015年新增城镇（含建制镇、工业园区）污水日处理能力1096万t，再生水日利用能力338万t。2万余家畜禽规模养殖场完善废弃物处理和资源化利用设施。截至2015年底，全国城镇污水处理厂处理能力1.4亿m^3/d，全年累计处理污水量达410.3亿m^3，全国城镇污水处理率达到91.97%。城镇污水日处理能力由2010年的1.25亿t增加到1.82亿t，全国化学需氧量和氨氮排放总量分别比2010年下降12.9%和13.0%。

在我国，江河湖库水域普遍受到不同程度的污染，除部分内陆河流和大型水库外，污染呈加重的趋势，工业发达城镇附近的水域污染较为严重。七大水系中的主要污染指标为氨氮、高锰酸盐指数、挥发酚和生化需氧量。大中城镇下游的大肠菌群污染明显加重。2016年中国七大水系一半以上河段水质污染。112个湖泊有15个严重污染（Ⅴ类，劣Ⅴ类），90%以上城镇水域污染严重，50%以上城镇的水源不符合饮用水标准，40%的水源已不能饮用。南方城镇总缺水量的60%～70%是由于水源污染造成的。我国90%城镇地下水不同程度遭受有机和无机有毒有害污染物的污染。

2. 水工程法规立法的发展

随着我国社会经济的发展，水工程相关法规的立法取得了很大成就，我国给水排水法规的立法发展过程，有以下特点：从实用化到理论化；从单行法规到法规的系统化、体系化；从单一的技术法规到基础法规；从一般技术规程到强制性规范。逐步形成了水工程的法规体系，法规的数量不断增加，技术标准的制定速度不断加快，技术标准水平不断提高。

制定了给水排水工程规划、设计、施工检验等相关设计、质量检验的国家标准、部标准，涉及“城镇供水排水工程”有14个，“城镇水质”有8个，“城镇水处理器材设备”有5个相关设计规范。

为保证生活饮用水卫生安全，保障人体健康，1955 年首次颁布《自来水水质暂行标准》，当时标准仅有 12 项指标。1978 年提出的《生活饮用水卫生标准》，有 23 项指标，1985 年颁布的国家标准《生活饮用水卫生标准》有 25 项常规检测指标；我国卫生部 2001 年颁布的《饮用水卫生规范》（共 96 项），其中，常规检验项目 34 项：包括感官性指标和一般化学指标（17 项）、毒理学指标（11 项）、细菌学指标（4 项）和放射性指标（2 项）。建设部在 1992 年颁布的《城镇供水 2000 年规划》中要求一类水司检验 88 项，二类水司检验 51 项，三类和四类水司为 35 项，并在 2005 年颁布并实施了《城镇供水水质标准》CJ/T 206—2005（共 103 项），这些标准虽然较 85 国标提高了供水水质，但因都属于行业标准，不具备强制执行力，不能从根本上提高我国饮用水的水质。卫生部和国家标准化委员会于 2006 年 12 月 29 日共同颁布了《生活饮用水卫生标准》GB 5749—2006，并于 2007 年 7 月 1 日正式开始实施。水质指标由 GB 5749—85 的 35 项增加至 106 项，增加了 71 项；修订了 8 项。其中：微生物指标由 2 项增至 6 项，毒理指标中无机化合物由 10 项增至 21 项；有机化合物由 5 项增至 53 项；感官性状和一般理化指标由 15 项增至 20 项；消毒剂由 1 项增至 4 项。

建设部、卫生部 1996 年 7 月发布《生活饮用水卫生监督管理办法》，该办法适用于集中供水及二次供水单位涉及饮用水卫生安全的卫生监督管理，规定饮用水水源地必须设置水源保护区。二次供水设施选址、设计、施工及所用材料，应保证不使饮用水水质受到污染，并有利于清洗和消毒，有利于各类蓄水设施加强卫生防护，有利于定期清洗和消毒。对供水单位进行资质管理，居民生活用水、高压水泵、水池、水箱应有严格的管理措施，二次供水应有卫生许可证、水质化验单，操作人员应有健康合格证，供水设备设施必须运行正常。

随着我国给水排水事业的迅速发展，与之相关的规范、标准几经修订。如修编并发布《防洪标准》GB 50201—2014，《室外排水设计规范》GB 50014 于 2011 年和 2014 年两次修订，《室外给水设计规范》GB 50013 于 2006 年、2011 年两次修订。

《高层建筑给排水设计》GB 50015 于 2010 年修订颁布，补充了高层建筑给水排水、排水管道通气系统，增加了游泳池、喷泉设计，加入了新管材和新设备等内容，提高了对供水水质安全和供水节能方面的要求。

《建筑设计防火规范》GB 50016 于 2010 年修订颁布，合并了《建筑设计防火规范》和《高层民用建筑设计防火规范》，调整了两项标准间不协调的要求。提高了高层住宅建筑和建筑高度大于 100m 的高层民用建筑的防火技术要求，安全疏散的防火要求；调整了商店营业厅和展览厅的设计疏散人员密度；补充了地下仓库、物流建筑、液氨储罐、液化天然气储罐的防火要求等。

市政工程管理部门对城镇排水设施，建立管理、养护、维修和疏浚制度，不得污染环境，如任何单位和个人不得向排水沟、检查井、雨水口内倾倒垃圾、粪便、渣土等杂物，经常保持管渠畅通。

环境保护法规中的相关部分也是水工程法规的重要组成之一。迄今为止，国家共颁布了 6 部环境保护法律、10 部资源法律和 34 项环境保护法规；国家环保部门发布了 90 余项环境保护规章，地方性环境保护法规 1020 多件；国家已制定各类环境保护标准 438 项，初步形成了适应市场经济体系的环境法律和标准体系。为应对目前我国面临的资源约束趋紧、环境污染严重、生态系统退化等的严峻挑战，2005～2015年，国家修订了《大气污染防治法》(2015)、《水污染防治法》(2008、2015)、《海洋环境保护法》(2014)，国家制定了《环境噪声污染防治法》(2015)、《水污染防治法实施细则》(2015)、《建设项目环境保护管理条例》(2016年征求意见稿）等环境保护法律法规，修改后的《刑法》增加了“破坏环境资源保护罪”的内容。为实施可持续发展战略，预防因制定政策和规划以及进行开发建设活动对环境的影响，修订了《环境影响评价法》(2016）和《城乡规划法》(2007、2015)。

与城镇水环境和水建设相关的一系列条例、部门规章也相继发布，如《城镇排水与污水处理条例》(2013)、《城镇排水（雨水）防涝综合规划编制大纲》(2013)、《关于做好城镇排水防涝设施建设工作的通知》(2015)、《海绵城镇建设技术指南——低影响开发雨水系统构建（试行)》(2014)、《水污染防治行动计划》(2015)、《城镇黑臭水体整治工作指南》(2015）和《生态文明体制改革总体方案》(2015）等，推动了我国城镇健康水系统的建设。

3. 水工程法规课程的意义

(1) 市场经济建设发展的需要

目前，我国正在建设和发展社会主义市场经济，市场经济即法制经济。人们认识到：通过制定、贯彻规范标准以保证建设项目的质量，提高工程效益；科学技术要转化为生产力，规范标准是一种有效的手段，迅速把科技成果转化为标准规范；掌握和应用技术标准和规范应是规范工程建设市场，提高市场竞争力的有效方式之一。

但当前我国水工程法规的制定速度与法规的实施力度和深度是极不相称的。一般使用者很难对应了解的水工程的相关法规有全面了解，更难掌握和应用全部的法规。按照水工程的法规体系和应用问题，将相关法规形成一个有机整体，对于学习、掌握和应用水工程相关法规，有积极作用。

(2) 人民生活水平与生活质量提高的要求

水是人类赖以生存和发展的最重要的自然资源之一，是人类生存的基本条件，又是国民经济的生命线。我国城镇对水工程的需求，一方面是用水量的增大。改革开放以来，我国城镇化水平有了很大提高，2016年，我国的城镇比率达到57.35%，城镇常住人口达到7.7亿人。另一方面，随着生活水平的提高，人们的健康意识增强，对水质要求也日益提高。

根据国家统计局制定的《中国城镇小康生活标准及其评价办法》，对城镇居民生活小康标准5个方面12项指标进行监测，结果显示：1999年我国城镇居民生活水平小康实现程度达到94.3%。但居民生活环境与社会保障水平两个方面指标只达到75.6%。这说明，在城镇发展与建设过程中，城镇小康各项指标的发展水平很不均衡，与经济发展、收入水平的提高不协调，城镇环境建设与城镇经济发展水平不配套，城镇基础设施与环境保护方面则存在较大差距。从城镇平均的角度看，情况不容乐观，很多城镇水电气供应不足、人均拥有的城镇公共设施及服务低下将成为今后制约城镇化进程的突出问题。因而，对于利用水工程相关法规调整水工程需求矛盾的法律关系的要求也十分突出。

(3) 可持续发展的要求

1987年，世界环境与发展委员会提出的可持续发展的总原则是：“今天人类不应以牺牲今后几代人的幸福而满足其需要。”其核心思想是在经济发展时，注意保护资源和改善环境，使经济发展能持续下去。

我国普遍存在水资源紧缺与用水浪费并存的现象。2017年美国GDP为19.36万亿美元，中国为12.24万亿美元，为美国的63.2%，据水利部资料，中国2014年万元GDP用水量为112m³，约为世界平均水平的1.3倍，是美国等先进国家的2.4倍；万元工业增加值用水量我国为64m³，发达国家一般为50m³以下，工业用水重复率我国为60%～65%，发达国家为80%～85%；全国多数城镇用水器具和自来水管网的浪费损失率估计在20%以上。据统计，国内600多座城镇供水管网的平均漏损率超过15%，最高达70%以上；另一项针对408座城镇的统计表明，城镇公共供水系统的管网漏损率平均为21.5%。而日本1997年全国平均漏损率仅为9.1%。2015年，我国农业灌溉用水利用系数大多只有0.4，而很多国家已达到0.7～0.8；工业万元产值用水量为103m³，是发达国家的10～20倍，水的重复利用率我国为50%左右，而发达国家为85%以上。

因此，中国应走可持续发展之路，以保证全体人民的基本需求，建立资源节约型的国民经济体系，从掠夺性开发向集约性经营转变，合理保护资源，提高资源利用率，维持生态平衡和持续发展的能力；通过对水工程法规的掌握、应用，科学、规范地实现社会、政治、经济、技术、管理等方面的全方位的转变，建立有效、协调、创新的水工程持续发展机制，有序实现水的社会循环。

4. 水工程法规课程的性质与任务

(1) 水工程法规课程任务

水工程法规涉及面较广，从法的形式看，包括宪法、法律、行政法规、部门规章、地方性法规、标准等；从法规的类别看，包括自然资源法规、工程建设法规、经济法规等等。本课程着重于从专业的、实用的角度学习理解水工程相关的法规。通过本课程的学习，使学生了解水工程的法规体系及相关法规的基本内容，掌握水工程法规中水环境质量法规、水工程建设法规、水工程管理法规的基本原则、基本规定、基本制度。

(2) 水工程法规课程目的

水工程关系到社会生产的各个方面和千家万户的正常生活。通过本课程的学习，培养学生的法律意识，了解、掌握本专业相关的法律、法规知识，在以后的工作中做到“知法、守法、用法”，以规范单位和个人的业务行为和维护自身的正当权益，适应市场经济建设发展的需要。

(3) 学习水工程法规课程的要求和方法

1) 学习要求

通过本课程的学习，使学生了解我国水工程法规的发展；了解水工程法规的体系及与其他相关法规的关系；掌握水资源保护与利用法规的基本原则、基本制度、基本规定；掌握水污染防治法规的基本原则、基本制度、基本规定；掌握水环境质量标准；掌握主要水污染物排放标准；掌握水工程建设法规中有关“规划、设计、施工”等基本规定；掌握水工程管理法规中基本内容。

2) 学习方法

《水工程法规》课程教学基本方法包括：课堂教学和实践教学两个部分。主要以课堂教学为主，使学生掌握《水工程法规》的基本内容、基本原则、基本制度、基本规定；在实践性教学中，通过水工程法规案例的收集与学习，加深对水工程法规的认识、理解，提高学习的自觉性和主动性。

（4）与其他课程的关系

本课程与专业课程如水质工程学、给水排水管道系统工程、水资源保护与利用、建筑给水排水工程、水工程经济、水工程施工等都有密切的联系，但又有较大的区别。本课程虽着重于从专业的角度来学习，但仅强调法规的基本原则、基本制度、基本规定的学习，可加深对专业课程的深入理解。因此，本课程可安排在专业课程之后学习，也可安排在专业课程之前学习，作为专业课程的预备课程。

【思考题】

1. 学习水工程法规的目的和意义。
2. 学习水工程法规的方法。

第1章 概　　述

1.1 法的基本知识

1.1.1　法的概念

“法”首先是指一种实在的社会现象，其次是指描述这样一个社会现象的概念或名称。

在中国，“法”一词含义甚为广泛。从语源上看，汉字的“法”古体为“灋”。据我国第一部字书《说文解字》解释：“灋，刑也。平之如水，从水。”这说明：第一，在中国古代，法与刑是通用的；第二，法在古代起就有公平的象征意义；第三，古代法具有神明裁判的特点。汉字“律”，据《说文解字》解释：“律，均布也。”“均布”是古代调音律的工具，把律解释为均布，说明律有规范人们行为的作用。

在我国现代法律制度中，法律也有广狭两层含义，一指包括宪法、法律、行政法规、地方性法规等在内的一切规范性法律文件，二指全国人民代表大会及常务委员会制定的基本法律以及基本法律以外的法律。

法可以定义为：法是由国家制定、认可并依靠国家强制力保证实施的，以权利和义务为调整机制，以认得行为及行为关系为调整对象，反映特定物质生活条件所决定的统治阶级（在阶级对立社会）或人民（在社会主义社会）意志，以确认、保护和发展统治阶级或人民所期望的社会关系和价值目标为目的的行为规范体系。

法定义的科学性体现在：第一，揭示了法与统治阶级或人民的内在联系，深刻地阐明了法是以统治阶级或人民的利益为出发点和归宿的，法是从统治阶级或人民的立场出发，根据统治阶级或人民的利害标准和价值观念，来调整社会关系的。第二，揭示了法与国家之间的必然联系，直接指明了国家在统治阶级意志化为法的过程中的“中介作用”。① 没有这个中介，任何阶级意志都不能成为社会的“共同规则”而具有统一性、权威性和普遍约束力。第三，揭示了法与社会物质生活条件的因果关系。第四，揭示了法的主要目的、作用和价值。法是统治阶级或人民有意识地创造出来的行为规范体系，具有一定的目的性：确认、保护和发展一定的社会关系和社会秩序。而这种社会关系和社会秩序是统治阶级或人民所期望的，即对统治阶级或人民来说是有意义和有价值的，所以法又具有价值取向。

1.1.2　法的特征

法律的特征是区别于其他事物和现象的征象和标志所在。了解法律的特征是为了更好地把握法律的性能和作用，把握法律的自身规律，以便在运用法律时能够得心应手。法学

① 马克思指出，一切共同的规章都是以国家为中介的。《马克思恩格斯全集》，第三卷，第71页。

界大致把法律的一般特征归纳为以下 4 个方面：

1. 调整社会关系的行为规范

法律的调整对象是社会关系。法律通过对行为的作用来调整社会关系，而不是通过对人们思想的调整来调整社会关系的。这是法律区别于其他社会规范（如道德）的重要特征之一。

法律具有规范性，这是因为：第一，法律具有概括性。它是一般的、概括的规则，不针对具体的人和事，可以反复被适用。这一点又使法律同非规范性法律文件（如判决书）区别开来。第二，法律的构成要素中以法律规范为主。第三，法律规范的逻辑结构中包括行为模式、条件假设和法律后果。一般的社会规范都不具有这种严密的逻辑结构。法律的规范性决定了它的效率性。

2. 由国家专门机关制定或认可

制定是指国家机关通过立法活动产生新规范；认可是国家对既存的行为规范予以承认，赋予法律效力。比如，承认社会上早已存在的某些一般社会规范，如习俗、道德，使之具有法律效力。法律出自国家，具有国家性，因为：第一，它是以国家的名义创制的，从形式上说是国家意志。第二，法律的适用范围是以国家主权为界域的。第三，法律的实施是以国家强制力为保证的。

3. 以权利义务规定为利益调整机制

法律对人们行为的调整主要是通过权利义务的设定和运行来实现的，因而法律的内容主要表现为权利和义务。法律上的权利和义务规定具有确定性和可预测性的特点，它明确地告诉人们可以怎样行为，不可以怎样行为以及必须怎样行为；人们根据法律来预先估计自己与他人之间该怎样行为，并预见到行为的后果以及法律的态度。

法律具有利导性，即通过规定人们的权利和义务来分配利益，引导人们的动机和行为，进而调整社会关系。

4. 通过法定强制形式来保证实施

法律具有强制性，第一，法律的强制力具有潜在性和间接性。法律的强制力并不意味着法律实施过程的任何时刻都需要直接运用强制手段。第二，法律的强制力不等于纯粹的暴力。法律的强制力是以法定的强制措施和制裁措施为依据，并由专门的机关依照法定程序执行的。第三，国家强制力不是法律实施的唯一保证力量，法律的实施还依靠诸如道德、政治、经济、文化等方面的因素。

1.1.3 法的要素

法的要素包括：规则、原则和概念。

1. 规则

规则是指具体规定权利和义务以及具体法律后果的准则，或是对一个事实状态赋予一种确定的具体后果的各种指示和规定。

在法律的体系中，规则的优点和独特功能是：第一，微观的指导性。即在规则所覆盖的相对有限的事实范围内，可以为人们提供确定的行为指南。第二，可操作性，亦即可适用性。只要一个具体案件符合规则假定的条件，执法人员或法官即可直接使用该规则。第三，确定性和可预测性。即规则设定的权利、义务和法律后果是明确的、肯定的，人们在作出行为选择之前就可以知道自己行为的结果——受到何种法律保护和支持，或者受到何种法律制裁。

从精确认识和正确适用规则的需要出发，可以对规则作出如下分类。

（1）从内容上分为义务性规则、授权性规则和权义复合规则

义务性规则是直接要求人们从事或不从事某种行为的规则。义务性依其规定人们的行为方式，分为命令式规则和禁止式规则。命令式规则是要求人们必须作出某种行为的规则。禁止式规则是禁止或严禁作出某种行为的规则。义务性规则的一个显著特点是具有强制性，它所规定的行为方式明确而肯定，不允许任何人或机关随意变更或违反。这一特征表现在它所使用的术语是“应当”、“应该”、“必须”、“不得”、“禁止”、“严禁”等。

授权性规则是指示人们可以作出或要求别人作出一定行为的规则。授权性规则的作用在于，赋予人们一定的权利去建立或改变他们的法律地位和法律关系，以建立或调节国家所需要的法律秩序。授权性法律规则的特点是具有任意性，即既不强令人们必须作出一定行为，也不禁止人们不得作出一定行为，人们可以在行为的与否之间作出自由的选择。这一特点表现在所使用的语词是“可以”“有权”“有……的自由”“不受……干涉”“不受……侵犯”等。

权义复合规则指兼具授予权利和设定义务两种性质的法律规则。这类法律规则是大量的，其中绝大多数是有关国家机关的组织和活动的规则。依其指示的对象和作用可以分为委任规则、组织规则、审判规则、承认规则等。权义复合规则的特点是，一方面被指示的对象有权（职权）按照法律规则的规定作出一定行为；另一方面作出这些行为是他们不可推卸的义务（职责）。

（2）从形式特征上可分为规范性规则和标准性规则

规范性规则的“假定”、规定的“行为模式”和“后果”，都是明确、肯定和具体的，且可以直接适用，而不需要加以解释。

标准性规则的有关构成部分（事实状态、权利、义务或后果）具有一定的伸缩性。其所蕴含的尺度可随时间和地点而加以变异，因而需要根据具体情况或特殊对象加以解释和适用。

（3）从功能上可以分为调整性规则和构成性规则

调整性规则的功能在于控制人们的行为，使之符合规则概括出来的行为模式。调整性规则所涉及的行为在逻辑上先于或独立于这些规则之外。

构成性规则的功能在于组织人们按照规则授予的权利（权力）去活动；构成性规则所涉及的行为在逻辑上有赖于这些规则，即构成性规则先于由它构成的活动，没有这种规则，从事或不从事这些行为都是不可能的。

（4）从效力的强弱程度可分为：强行性规则和任意性规则

强行性规则即不管人们是否愿意，必须加以适用的规则；任意性规则，即适用与否由人们自行选择的规则。

（5）从法律规则的内容是否确定可分为：确定性规则、委任性规则和准用性规则

确定性规则，即明确规定一定行为而不必再援用其他规则的规则；委托性规则，即本身并未规定具体行为，而委托或授权其他机关加以具体的规则；准用性规则，即并未规定具体行为规则，而规定参照、援用其他法律条文或法规的规则。

2. 原则

法律原则一般是指可以作为规则的基础或本源的综合性、稳定性的原理和准则。原则的特点是不预先设定任何确定的、具体的事实状态，没有规定具体的权利义务，更没有规定确定的法律后果。

原则可分政策性原则和公理性原则两大类。政策性原则是国家关于必须达到的目的或目标或实现某一时期、某一方面的任务而作出的政治决策，一般说来是关于社会的经济、政治、文化、国防的发展目标、战略措施或社会动员等问题的。政策性原则具有较强的针对性，一个国家或地区的社会问题不同，政策性原则就不同。公理性原则是从社会关系的本质中产生出来并得到广泛承认的相关决策。很多公理性原则在各国是通用的。

在法律体系中，原则的优点和独特功能是：第一，较宽的覆盖面。每一原则都是在广泛的现实的或既定的社会生活和社会关系中抽象出来的标准。它所涵盖的社会生活和社会关系比规则要丰富得多。第二，宏观上的指导性。即在较大的范围和较长的过程中对人们的行为有方向性指导作用。第三，稳定性强。这种稳定性有助于维护社会秩序和社会关系的相对稳定。

3. 概念

法律上的概念是对法律事实进行概括，抽象出它们的共同特征而形成的权威性范畴。概念虽不规定具体的事实状态和具体的法律后果，但每个概念均有确切的法律意义和应用范围（领域、场合）。当人们把某人、某一情况、某一行为或某一物品归于一个法律概念时，有关的规则和原则即可适用。规则、原则的适用取决于概念的明确。

法律概念以其涉及的内容，大体分为涉人概念、涉事概念和涉物概念。涉人概念是关于人（包括自然人、法人或其他人的群体）的概念。涉事概念是关于法律事件和法律行为的概念。涉物概念是有法律意义的有关物品及其质量、数量和时间、空间等的概念。

1.1.4 法的作用

法的作用可分为规范作用和社会作用。从法是一种社会规范看，法具有规范作用；从法的本质和目的看，法又有社会作用。这两种作用是手段与目的的关系，即法通过其规范作用（作为手段）而实现其社会作用（作为目的）。

1. 法的规范作用

法的规范作用包括：指引作用、评价作用、预测作用、教育作用和强制作用等。

(1) 指引作用

法是通过规定人们在法律上的权利和义务以及违反法律规定应承担的责任来调整人们的行为的。从一定意义上说，调整就是指引。指引作用的发挥是以对法律要求的知晓为前提。法律要求是国家以要达到的社会目的为依据作出并加以宣布的指示。因此通过法律，人们可以知道什么是国家赞成的，可以做的；什么是国家命令或反对的，必须做或不该做的。指引有两种情况，第一，确定性的指引，即通过规定法律义务，要求人们作出或抑制一定行为。第二，不确定的指引，即通过授予法律权利，给人们创造一种选择的机会。

(2) 评价作用

法律作为一种行为标准和尺度，具有判断、衡量人们的行为的作用。法律具有判断行为有效或合法与否的作用，通过这种评价，影响人们的价值观念和是非标准，从而达到指引人们的行为的效果。法所作出的评价却有着与道德等规范不同的特点。首先，法的评价具有比较突出的客观性。也就是说，什么行为是正当的，什么行为是不正当的；什么行为是可做的，什么行为是不可做的，在法律规范中都有明确的规定。因此，法对行为的评价大体上说来是不会因人而异的。其次，法的评价具有普遍的有效性。在同一个社会，由于人们的道德观念和宗教信仰不同，或者由于接受的风俗和纪律不同，每个人对一定行为所作的评价只有在与该人具有相同标准的那些人中间才是有效的。对法律规范来说则不同。

(3) 预测作用

预测作用是指根据法律规定，人们可以预先知晓或估计到人们相互间将如何行为，进而根据这种预知来作出行动安排和计划。人们在社会生活中，每个人的行为都可能对他人的行为发生影响，同时也可能受到他人行为的影响。在这种复杂的互动关系中，如果没有一定的公认的规则，去据以预测自己行为和安排的后果，社会生活就会陷入无序状态。法的预测作用正可以减少行动的偶然性和盲目性，提高行动的实际效果。

(4) 教育作用

法的教育作用首先表现为，通过把国家或社会对人们行为的基本要求凝结为固定的行为模式（规则、原则等）而向人们灌输占支配地位的意识形态，使之渗透于或内化在人们的心中，并借助人们的行为进一步广泛传播。其次表现为，通过法律规范的实施而对本人和一般人今后的行为发生影响。法的这种教育作用对于增强法律意识、权利意识、义务观念、责任感是不可或缺的。

(5) 强制作用

法的强制作用在于制裁违法行为。通过制裁可以加强权威性，保护人们的正当权利，增强人们的安全感。

2. 法的社会作用

在私有制社会中，法的社会作用大体上可以归纳为以下两个方面：维护阶级统治和执行社会公共事务。而在社会主义社会中，法的社会作用范围则更加广泛，包括处理人民内部矛盾，促进物质文明和精神文明建设以及对内对外等多方面的作用。

1.1.5 法律体系

1. 法律体系

法律体系一般是指由一个国家的全部现行法律规范分类组合成的法律部门而形成的有机联系的同一整体。

2. 法律部门

部门法又称法律部门，是指一个国家根据一定的原则和标准划分的本国同类法律规范的总称。它是法律体系的有机构成部分，也是法律分类的一种形式。

(1) 法律部门的划分标准

第一，法律所调整的社会关系。法律是调整社会关系的，每个法律规范的制定都是对于某一社会关系的规定。社会关系就是人与人之间的关系，人与法人、团体、民族和国家的关系。由于社会生活的复杂性、多样性，社会关系的种类众多，领域广泛，各具特征，可以区别，从而部门法的划分也要以此为首要标准。也就是说，按照法律调整的社会关系的性质和种类不同来划分部门法。

第二，法律调整社会关系的方法。单靠利用法律调整的社会关系的种类和领域来划分法律部门，不能全部解决法律部门划分的问题，也就是说，对于一些法律，难以按社会关系予以划分。例如，刑事法律，按照社会关系类别，就很难将它列入哪一个法律部门。

(2) 我国主要的法律部门

宪法法律部门，是规定国家和社会的基本制度，公民的基本权利和义务，国家机关的地位、组织活动原则等重大社会关系的法律规范的总称。

行政法法律部门，是指调整国家行政管理活动的法律规范的总称。其调整对象为行政管理活动中发生的国家机关之间，国家机关同企事业单位、社会团体和公民之间发生的行政关系。

民商法法律部门，是调整公民之间、法人之间、公民与法人之间的财产关系和人身关系的法律规范的总称。

经济法法律部门，是调整国民经济运行中有关宏观调控等方面关系的各种法律规范的总称。

劳动法法律部门，是调整劳动关系以及由劳动关系产生的其他关系的法律规范的总称。

资源与环境保护法法律部门，是调整保护人类生存环境和自然资源、防治污染和其他公害方面的关系的法律规范的总称。

刑法法律部门，是规定有关犯罪与刑罚的法律规范的总称。

诉讼法法律部门，是调整关于诉讼活动关系的法律规范的总称。

1.2 水工程法规的体系

1.2.1 水工程法规体系

水工程的法制管理一直受到党和政府的高度重视，新中国成立以来，已陆续出台了一系列与之有关的各种法律法规，基本上形成了有中国特色的水工程的法律法规体系。所谓水工程法律法规体系是指由与保障人民生活和生产的水工程有关的各种法律、规定、办法、标准、条例等所组成的体系。

水工程法规主要涉及三个方面：水环境质量法规、水工程建设法规和水工程管理法规。

结合我国现有给水排水工程有关立法情况，水工程法律法规体系由下列部分构成：

(1) 宪法关于生活环境和生态环境的规定；

(2) 与水工程有关的法律，包括：《环境保护法》《城乡规划法》《水污染防治法》《水法》等；

(3) 与水工程有关的行政法规；

(4) 与水工程有关的部门规章；

(5) 与水工程有关的地方法规；

(6) 与水工程相关的地方行政规章；

(7) 其他水工程的规范性文件。

与水工程有关的标准（包括规范、规程等）、导则、指南等，按发布级别归为上述七类。

水工程法规体系框图，见图1-1。

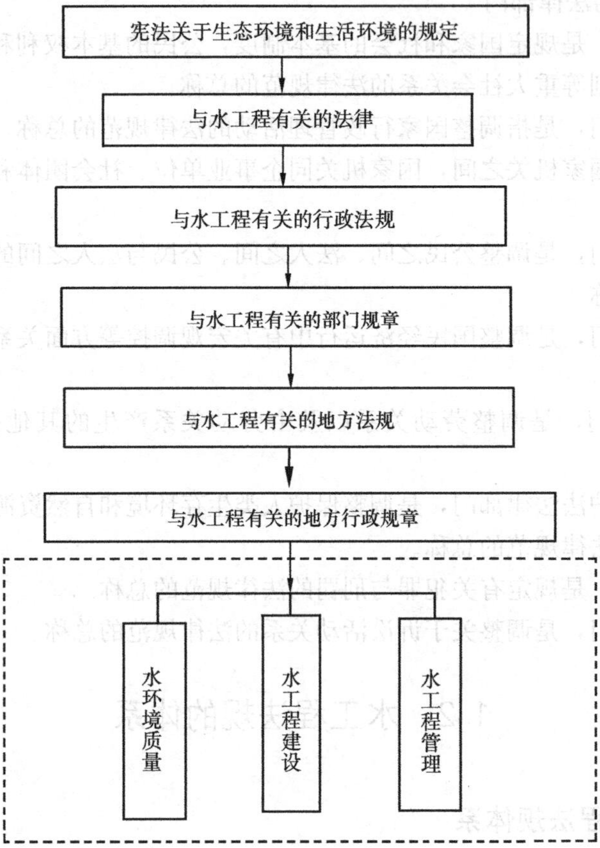

图1-1　水工程法规体系框图

1.2.2　水工程法规的纵向体系

从中国现行立法体系下法律法规的效力来看，我国水工程法规体系主要由如下结构层次构成：

1.《宪法》

《宪法》是由全国人民代表大会通过和修改的，由全国人民代表大会常务委员会负责解释，在法律体系中具有最高法律效力，一切法律法规不得与《宪法》相抵触。在环境与资源保护方面，《宪法》主要规定国家在合理开发、利用、保护、改善环境和自然资源方面的基本权利、基本义务、基本方针和基本政策等问题。《宪法》第九条规定："国家保障自然资源的合理利用，保护珍贵的动物和植物。禁止任何组织或个人用任何手段侵占或者破坏自然资源；"第十条规定："一切使用土地的组织或个人必须合理地利用土地。"第二十六条规定："国家保护和改善生活环境和生态环境，防止污染和其他公害。国家组织和鼓励植树造林，保护林木。"《宪法》属于指导性法律法规的范畴，它具有指导性、原则性和政策性，一切环境与资源保护的法律法规都必须服从《宪法》的原则，不得以任何形式与《宪法》相违背。

2. 全国人民代表大会及其常务委员会颁布的有关法律

法律专指全国人民代表大会及其常务委员会制定的规范性法律文件。分为基本法律与基本法律以外的法律。环境与资源保护法律是指由全国人民代表大会及其常务委员会制定的有关合理开发、利用、保护、改善环境和资源方面的法律。目前，中国已制定了《环境保护法》《水污染防治法》《大气污染防治法》《固体废物污染环境防治法》《环境影响评价法》《环境噪声污染防治法》《海洋环境保护法》等7部侧重于防治环境污染的法律；《水法》《水土保持法》《防洪法》等12部侧重于资源保护的法律；《建筑法》《城乡规划法》《招标投标法》等5部侧重于建设项目的规划、建设的法律。

3. 国务院颁布的水工程行政法规

行政法规是由国务院制定的规范性法律文件，其地位仅次于《宪法》与法律，不得与《宪法》、法律相抵触。水工程行政法规是指国务院制定的给水排水工程的行政法规。目前，国务院已制定许多给水排水工程相关的行政法规，如《城镇供水条例》（国务院158号令）、《城镇排水与污水处理条例》（国务院641号令）、《建设工程质量管理条例》（国务院279号令）等。

4. 水工程的部门规章

部门规章是由国务院所属各部、委员会制定的规范性文件。部门规章的制定必须在《宪法》、法律的授权范围内进行，不得同《宪法》、法律、行政法规相抵触。水工程的部门规章，是指国务院所属各部、委和其他依法有行政规章制定权的国家行政部门制定的有关合理开发、利用、保护、改善环境和资源等有关方面的行政规章。与国务院制定的行政法规相比，国务院所属各部门制定的部门规章和标准数量更大、技术性更强，是实施环境与资源保护法律法规的具体规范。如建设部制定的《城镇节约用水管理规定》等。水利部、国家发展计划委员会颁布的《建设项目水资源论证管理办法》。住房城乡建设部、国家卫生计生委修订颁布的《生活饮用水卫生监督管理办法》（2016）。与法律法规相比，部门规章和标准具有更强的可操作性。

5. 水工程的地方法规

地方性法规是由省级人民代表大会制定的规范性法律文件。其制定主体包括省、自治区、直辖市、省级政府所在地、部分较大的市人民代表大会及其常务委员会。其效力低于《宪法》、法律和行政法规。地方环境与资源保护法规，是指由各省、自治区、直辖市和其他依法有地方法规制定权的地方人民代表大会及其常务委员会制定的有关水资源合理开发、利用、保护和改善的地方法规。近年来，各省、市、自治区已先后制定、修订了与水环境保护、水资源利用相关的地方法规200多件。

6. 水工程的地方行政规章

地方性规章是由省级以及较大的市级地方政府所制定的行政规范性文件。地方性规章的制定必须在《宪法》、法律的授权范围内进行，不得同《宪法》、法律、行政法规、地方性法规相抵触。地方环境与资源保护行政规章，是指由各省、自治区、直辖市人民政府和其他依法有地方行政规章制定权的地方人民政府制定的有关水资源合理开发、利用、保护和改善的地方行政规章。从全国范围来说，地方环境行政规章的数量很大。

7. 其他水工程的规范性文件

其他水工程的规范性文件，是指由县级以上人民代表大会及其常务委员会、人民政府依照《宪法》、法律的规定制定的有关水资源合理开发、利用、保护和改善的规范性文件。根据《宪法》和《地方各级人民代表大会和地方各级人民政府组织法》的规定，地方各级人民代表大会在本行政区域内，可以依照法律规定的权限，通过和发布决议，县级以上地方各级人民政府依照法律规定的权限，可以发布决定和命令。

上述七个层次的效力级别如下：《宪法》是中国水工程法规体系的基础，在整个水工程法律法规体系中具有最高的法律效力，其他层次都不得同《宪法》相抵触；水工程法律具有仅次于《宪法》的法律效力，除《宪法》以外的其他层次不得与其相抵触；水工程行政法规必须根据《宪法》和法律制定；地方水工程法规不得同《宪法》、法律和行政法规相抵触；水工程行政规章必须根据法律和行政法规制定；地方水工程行政规章根据法律、行政法规、地方法规和行政规章制定。从立法体制的角度建立水工程法律体系，一方面要注意维护中国水工程法制的统一性，另一方面要发挥中央和地方立法机关以及各个层次法规的作用。

根据中国人大网的数据，我国现行有效的《宪法》、法律有 252 部，行政法规及文件有 674 部，部委规章及文件有 3928 部，地方性法规规章有 22123 部，共 26977 部。近 40 年来，我国先后制定了《环境保护法》《海洋环境保护法》《水污染防治法》等环境保护方面的法律 30 余部，再加上《排污费征收使用管理条例》《建设项目环境保护管理条例》等 90 余部行政法规，我国的环保法律法规多达 120 余部。环境立法速度居各部门法之首。

1.2.3 水工程法规的横向体系

从水工程法规涉及和涵盖的领域看，可把水工程法规分为水环境质量、水工程建设和与水工程管理相关的行政法规等三方面。

1. 水环境质量方面的法规

水环境质量法规包括：水环境污染防治相关的法规、水资源保护和利用相关的法规以及水环境质量标准。

(1) 水环境污染防治相关的法规

从 1979 年制定出第一部环境法以后，到目前为止，中国已经颁布实施的环境污染防治方面的法律主要有：

《环境保护法》于 2014 年修订通过，自 2015 年 1 月 1 日起施行。该法是对 1989 年《中华人民共和国环境保护法》进行修订而重新颁布的，共分 7 章 70 条。作为一部环境保护综合性的基本法，它对环境保护的重要问题作出了较为全面的规定。该法规定了中国环境保护基本原则和制度，坚持保护优先、预防为主、综合治理、公众参与、损害担责等原则，较为全面地规定了监督管理、保护和改善环境、防治污染和其他公害、信息公开和公众参与以及法律责任等方面的内容。

《海洋环境保护法》于 2013 年 12 月 28 日修订通过，自 2014 年 3 月 1 日起施行。该法共 10 章 98 条，规定了海洋环境监督管理、海洋生态保护、防治船舶及有关作业活动对海洋环境的污染损害、防治倾倒废弃物对海洋环境的污染损害等方面的内容。

《水污染防治法》于 2017 年 6 月 27 日修订通过，自 2018 年 1 月 1 日起施行。修订后的该法共分 8 章 103 条。该法对水污染防治的标准和规划、水污染防治的监督管理、水污染防治措施、饮用水水源和其他特殊水体保护、水污染事故处置以及法律责任等方面作出了较为详细的规定，是中国在内陆水污染防治方面比较全面的综合性法律。

《大气污染防治法》于 2015 年 8 月 29 日修订通过，自 2016 年 1 月 1 日起施行。修订后的该法共分 8 章 129 条，对大气污染防治标准和限期达标规划、大气污染防治的监督管理、大气污染防治措施、重点区域大气污染联合防治、重污染天气应对和法律责任等内容作出了明确规定。该法是中国在防治大气污染方面综合性的法律，也是国家和地方制定保护和改善大气环境的实施细则、条例、规定和办法等法规的依据。

《固体废弃物污染防治法》于 2016 年 11 月 7 日修订通过，该法共分 6 章 91 条。该法规定了固体废物污染环境防治的监督管理、固体废物污染环境的防治、危险废物污染环境防治的特别规定以及法律责任等方面的内容。

《环境噪声污染防治法》颁布于 1996 年 10 月 29 日，自 1997 年 3 月 1 日起施行。该法共分 8 章 64 条。该法在吸收了国务院发布的《环境噪声污染防治条例》有关内容的基础上，对环境噪声污染防治的监督管理、工业噪声污染防治、建筑施工噪声污染防治、交通运输噪声污染防治、社会生活噪声污染防治以及法律责任等方面内容作出了明确的规定。

(2) 水资源保护方面的法规

水资源保护方面的法律法规是水工程法规的重要组成部分。目前，主要的水资源保护法律有：

《水法》于 2002 年 8 月 29 日修订通过，自 2002 年 10 月 1 日起施行。该法共 8 章 82 条。制定该法的目的在于合理开发、利用、节约和保护水资源，防治水害，实现水资源的可持续利用，适应国民经济发展和社会发展的需要。该法主要规定了水资源规划，水资源开发利用，水资源、水域和水工程的保护，水资源配置和节约使用，水事纠纷处理与执法监督检查及法律责任等内容。

《水土保持法》于 2010 年 12 月 25 日修订通过，自 2011 年 3 月 1 日起施行。该法共 7 章 60 条。制定该法的目的是"预防和治理水土流失，保护和合理利用水土资源，减轻水、旱、风沙灾害，改善生态环境，保障经济社会可持续发展"。该法主要规定了水土保持的规划、预防、治理、监测和监督，以及法律责任等内容。

《防洪法》于 2015 年 4 月 24 日修订通过。该法共 8 章 65 条。制定该法的目的是为了防治洪水，防御和减轻洪涝灾害，维护人民的生命和财产安全，保障现代化建设的顺利进行。该法对防洪规划、治理与防护、防洪区和防洪工程设施的管理、防汛抗洪、保障措施以及法律责任作出了规定。

本教材的水环境是广义水环境、用水、水污染控制等，其法规包括有关的标准规范、指南等。

水环境质量标准如《地面水环境质量标准》GB 3838—2002、《海水水质标准》GB 3097—1997 等；用水水质标准《生活饮用水卫生标准》GB 5749—2006、《低压锅炉水质标准》GB 1576—2008；水污染物排放标准如《污水综合排放标准》GB 8978—1996、《城镇污水处理厂污染物排放标准》GB 18918—2002 等。

2. 水工程建设相关法规

与工程建设相关的法规也是水工程法规的重要组成部分。目前，主要的水工程建设相关法规有：

《建筑法》于2011年4月22日修订通过，自2011年7月1日起施行。该法共8章85条。制定该法的目的是“为了加强对建筑活动的监督管理，维护建筑市场秩序，保证建筑工程的质量和安全，促进建筑业健康发展”。该法对建筑许可、建筑工程的发包和承包、建筑工程监理、建筑安全生产管理、建筑工程质量管理以及法律责任作出了规定。在中华人民共和国境内从事建筑活动，实施对建筑活动的监督管理，适用该法。该法规定建筑活动是指各类房屋建筑及其附属设施的建造和与其配套的线路、管道、设备的安装活动。

《城乡规划法》自2008年1月1日起施行，于2015年4月24日修订通过。该法共7章70条。制定该法的目的是“为了加强城乡规划管理，协调城乡空间布局，改善人居环境，促进城乡经济社会全面协调可持续发展”。城乡规划，包括城镇体系规划、城镇规划、镇规划、乡规划和村庄规划。城镇规划、镇规划分为总体规划和详细规划。详细规划分为控制性详细规划和修建性详细规划。

《消防法》于2008年10月28日修订通过，自2009年5月1日起施行。该法共7章74条。制定该法的目的是“为了预防火灾和减少火灾危害，加强应急救援工作，保护人身、财产安全，维护公共安全”。该法对火灾预防、消防组织、灭火救授以及有关的法律责任作出了规定。

《招标投标法》于1999年8月30日公布，自2000年1月1日起施行。该法共6章68条。制定该法的目的是“为了规范招标投标活动，保护国家利益、社会公共利益和招标投标活动当事人的合法权益，提高经济效益，保证项目质量”。该法对招标、投标、开标、评标和中标以及法律责任作出了规定。在中华人民共和国境内进行招标投标活动的，适用该法。

《环境影响评价法》于2016年7月2日修订通过，自2016年9月1日起施行。该法共5章38条。制定该法的目的是“为了实施可持续发展战略，预防因规划和建设项目实施后对环境造成不良影响，促进经济、社会和环境的协调发展”。该法所称环境影响评价，是指对规划和建设项目实施后可能造成的环境影响进行分析、预测和评估，提出预防或者减轻不良环境影响的对策和措施，进行跟踪监测的方法与制度。在中华人民共和国领域和中华人民共和国管辖的其他海域内建设对环境有影响的项目，应当依照本法进行环境影响评价。

本教材的水工程建设的法规，还包括水工程建设的各个阶段，如规划、建设（设计、施工、验收等）、管理等方面的法规，如规划规范、设计规范、验收规范、试验方法等。

规划规范，如《城市给水工程规划规范》GB 50282—2016、《城市排水工程规划规范》GB 50318—2017等；

勘察规范，如《供水水文地质勘察规范》GB 50027—2001、《市政工程勘察规范》CJJ 56—2012；

设计规范，如《室外给水设计规范》GB 50013—2016、《室外排水设计规范》GB 50014—2006（2016年版）、《建筑给水排水设计规范》GB 50015—2003（2009年版）《含藻水给水处理设计规范》CJJ 32—2011、《高浊度水给水设计规范》CJJ 40—2011等；

施工及验收规范，如《给水排水管道工程施工及验收规范》GB 50268—2008、《市政工程质量检验评定标准（城市防洪工程）》CJJ 9—85 等；

试验方法，如《城市地下水动态观测规程》CJJ 76—2012 等。

3. 水工程管理法规

(1)《城市供水条例》是国务院 1994 年 7 月 19 日公布与施行的。该条例共 7 章 38 条。制定该条例的目的是“为了加强城市供水管理，发展城市供水事业，保障城市生活、生产用水和其他各项建设用水”。该法对城市供水水源、城市供水工程建设、城市供水经营、城市供水设施维护及其法律责任作出了规定。该条例所称城市供水，是指城市公共供水和自建设施供水。城市公共供水，是指城市自来水供水企业以公共供水管道及其附属设施向单位和居民的生活、生产和其他各项建设提供用水。自建设施供水，是指城市的用水单位以其自选建设的供水管道及其附属设施主要向本单位的生活、生产和其他各项建设提供用水。该条例适用于“从事城市供水工作和使用城市供水”。

(2)《生活饮用水卫生监督管理办法》由住房城乡建设部、国家卫生计生委于 2016 年修订颁布。制定该办法的目的是“为保证生活饮用水（以下简称饮用水）卫生安全，保障人体健康”。其依据是“根据《中华人民共和国传染病防治法》及《城市供水条例》的有关规定”。该办法对卫生管理、卫生监督及其罚则作了规定。该办法适用于集中式供水、二次供水单位和涉及饮用水卫生安全的产品的卫生监督管理。

(3)《城市供水水质管理规定》由建设部于 2006 年 12 月 26 日修订通过，2007 年 3 月 1 日起施行。该规定共 33 条。制定该规定的目的是：“为加强城市供水水质管理，保障城市供水水质安全，根据《中华人民共和国产品质量法》和《城市供水条例》等有关法律、行政法规，制定本规定。”该规定所称城市供水水质是指城市公共供水及自建设施供水（包括二次供水、深度净化处理水）的水质。二次供水，是指单位或者个人使用储存、加压等设施，将城市公共供水或者自建设施供水经储存、加压后再供用户的形式。深度净化处理水，是指利用活性炭、膜等技术对城市自来水或者其他原水作进一步处理后，通过管道形式直接供给城市居民饮用的水。城市供水单位，是指从事城市公共供水及自建设施供水（包括深度净化处理供水）的企业和单位。

(4)《工程建设项目施工招标投标办法》是国家 7 部委于 2013 年 4 月修订，并于 2003 年 5 月 1 日施行。该办法共 6 章 92 条。制定该办法的目的是“为规范工程建设项目施工招标投标活动”。该办法对招标、投标、开标、评标和定标及其相关的法律责任作了规定。

(5) 水工程管理法规还包括水工程的资质、运营、经济及维护保障等相关法规。

(6) 水工程有关资质方面的法规，包括：设计资质、施工资质、运营资质和个人资质。

(7) 有关水工程使用的法规，如《生活饮用水卫生监督管理办法》（住房城乡建设部、国家卫生计生委，2016 年 6 月 1 日起施行）、《城市节约用水管理规定》（建设部令 1 号，1988 年 11 月 30 日）、《城市地下水开发利用保护管理规定》（建设部令 30 号，1993 年 12 月 4 日）。

(8) 有关水工程运营及维护的法规，《城市供水厂运行、维护及安全技术规程》CJJ 58—2009、《城市污水处理厂运行、维护及安全技术规程》CJJ 60—2011、《城市排水管渠与泵站维护技术规程》CJJ/T 68—2007 等。

4. 其他与水工程有关的法规

在我国，除了以上所列的环境与资源保护、工程建设和工程管理的专门性法律外，在其他许多法律中也有不少相关的法律规定。例如，《中华人民共和国民法通则》第124条关于“违反国家保护环境防止污染的规定，污染环境造成他人损害的，应当依法承担民事责任”的规定，旨在调整平等主体之间因环境损害行为而产生的民事权利义务关系；再如新《刑法》(2015年修正）中，专门增设了“破坏环境资源保护罪”共8类。“破坏环境资源保护罪是指故意违反环境保护法律，污染或破坏环境资源，造成或可能造成公、私财产重大损失或人身伤亡的严重后果，触犯刑法并应受刑事惩罚的行为。”明确了对违反国家规定，向土地、水体、大气排放、倾倒或者处置有放射性的废物、含传染病原体的废物、有毒物质或者其他危险物质，造成重大环境污染事故致使公私财产遭受重大损失或者人身伤亡的严重后果的，处以三年以上、七年以下有期徒刑；并新增第330条危害公共卫生罪，“危害公共卫生罪是指违反国家有关卫生管理的法律规定，从事危害国家进行卫生管理的行为，已经或者可能损害公众的健康，依照我国刑法应该追究刑事责任的一类罪。”其中：供水单位（城乡自来水厂和有自备水源的集中式供水单位）供应的饮用水不符合国家规定的卫生标准的（如《中华人民共和国传染病防治法实施办法》和《生活饮用水卫生标准》等)，都将处以有期徒刑。在一定程度上改变了水工程法律在刑事处罚方面的空白，增强了环境与资源保护法律的权威性。这些法律规定涉及某一具体的水工程问题，因此针对性较强，也较易于操作，对于解决相关领域的环境与资源及水工程安全问题起到了积极作用。

1.3 水工程标准

1.3.1 标准的概念

标准是对重复性事物和概念所作的统一规定。它以科学、技术和实践经验的综合成果为基础，经有关方面协商一致，由主管机构批准，以特定形式发布，作为共同遵守的准则和依据。

标准的制定和应用已遍及人们生产和工作的各个领域，如工业、农业、矿业、建筑、能源、信息、交通运输、水利、科研、教育、贸易、文献、劳动安全、社会安全、广播、电影、电视、测绘、海洋、医药、卫生、环境保护、金融、土地管理等等。

标准化的主要有简洁化、统一化、系列化、通用化、组合化。简洁化是在一定范围内缩减对象事物的类型数目，使之在既定时间内足以满足一般性需要的标准化形式。统一化是把同类事物两种以上的表现形态归并为一种或限定在一定范围内的标准化形式。系列化是对同一类产品中的一组产品同时进行标准化的一种形式，是使某一类产品系统的结构优化、功能最佳的标准化形式。通用化是指在互相独立的系统中，选择和确定具有功能互换性或尺寸互换性的子系统或功能单元的标准化形式。组合化是按照标准化原则，设计并制造出若干组通用性较强的单元，根据需要拼合成不同用途的物品的标准化形式。

按照标准化对象，通常把标准分为技术标准、管理标准和工作标准三大类。技术标准是指对标准化领域中需要协调统一的技术事项所制定的标准。技术标准包括基础技术标准、产品标准、工艺标准、检测试验方法标准及安全、卫生、环保标准等。管理标准是指对标准化领域中需要协调统一的管理事项所制定的标准。管理标准包括管理基础标准、技术管理标准、经济管理标准、行政管理标准、生产经营管理标准等。工作标准是指对工作的责任、权利、范围、质量要求、程序、效果、检查方法、考核办法所制定的标准。工作标准一般包括部门工作标准和岗位（个人）工作标准。

实施标准的目的和作用是：

(1) 产品系列化，是使产品品种得到合理的发展。通过产品标准，统一产品的形式、尺寸、化学成分、物理性能、功能等要求，保证产品质量的可靠性和互换性，使有关产品间得到充分的协调、配合、衔接，尽量减少不必要的重复劳动和物质损耗，为社会化专业大生产和大中型产品的组装配合创造了条件。

(2) 通过生产技术、试验方法、检验规则、操作程序、工作方法、工艺规程等各类标准，统一了生产和工作的程序和要求，保证了每项工作的质量，使有关生产、经营、管理工作走上正常轨道。

(3) 通过安全、卫生、环境保护等标准，减少疾病的发生和传播，防止或减少各种事故的发生，有效地保障人体健康、人身安全和财产安全。

(4) 通过术语、符号、代号、制图、文件格式等标准消除技术语言障碍，加速科学技术的合作与交流。

(5) 通过标准传播技术信息，介绍新科研成果，加速新技术、新成果的应用和推广。

(6) 促使企业实施标准，依据标准建立全面的质量管理制度，推行产品质量认证制度，健全企业管理制度，提高和发展企业的科学管理水平。

1. 标准的范围

对下列需要统一的技术要求，应当制定标准：

(1) 工业产品的品种、规格、质量、等级或者安全、卫生要求；

(2) 工业产品的设计、生产、试验、检验、包装、储存、运输、使用的方法或者生产、储存、运输过程中的安全、卫生要求；

(3) 有关环境保护的各项技术要求和检验方法；

(4) 建设工程的勘察设计、施工、验收的技术要求和方法；

(5) 有关工业生产、工程建设和环境保护的技术术语、符号、代号、制图方法、互换配合要求。

(6) 农业（含林业、牧业、渔业，下同）产品（含种子、种苗、种畜、种禽，下同）的品种、规格、质量、等级、检验、包装、储存、运输以及生产技术、管理技术的要求；

(7) 信息、能源、资源、交通运输的技术要求。

2. 标准的分级

根据标准的适用范围，可分为国家标准、行业标准、地方标准和企业标准。

国家标准是需要在全国范围内统一的技术要求，由国务院标准化行政主管部门制定。

行业标准是在没有国家标准而又需要在全国某个行业如冶金、电力、建设、水利等范围内统一的技术要求，由国务院有关行政主管部门制定，并报国务院标准化行政主管部门备案，在公布国家标准之后，该项行业标准即行废止。

地方标准是对没有国家标准和行业标准而又需要在省、自治区、直辖市范围内统一的工业产品的安全、卫生要求，由省、自治区、直辖市标准化行政主管部门制定，并报国务院标准化行政主管部门和国务院有关行政主管部门备案，在公布国家标准或者行业标准之后，该项地方标准即行废止。

企业标准是企业生产的产品没有国家标准和行业标准时而制定的，作为企业组织生产的依据。企业的产品标准须报当地政府标准化行政主管部门和有关行政主管部门备案。已有国家标准或者行业标准的，国家鼓励企业制定严于国家标准或者行业标准的企业标准，在企业内部适用。

水工程标准主要有：工程建设行业相关标准和环境标准的相关部分。

1.3.2　工程建设行业标准

1. 工程建设行业标准的范围

对没有国家标准而需要在全国某个行业范围内统一的下列技术要求，在以下方面制定行业标准：

(1) 工程建设勘察、规划、设计、施工（包括安装）及验收等行业专用的质量要求；

(2) 工程建设行业专用的有关安全、卫生和环境保护的技术要求；

(3) 工程建设行业专用的术语、符号、代号、量与单位和制图方法；

(4) 工程建设行业专用的试验、检验和评定等方法；

(5) 工程建设行业专用的信息技术要求；

(6) 其他工程建设行业专用的技术要求。

2. 工程建设行业标准分类

行业标准分为强制性标准和推荐性标准。

下列标准属于强制性标准：

(1) 工程建设勘察、规划、设计、施工（包括安装）及验收等行业专用的综合性标准和重要的行业专用的质量标准；

(2) 工程建设行业专用的有关安全、卫生和环境保护的标准；

(3) 工程建设重要的行业专用的术语、符号、代号、量与单位和制图方法标准；

(4) 工程建设重要的行业专用的试验、检验和评定方法等标准；

(5) 工程建设重要的行业专用的信息技术标准；

(6) 行业需要控制的其他工程建设标准。

强制性标准以外的标准是推荐性标准。

1.3.3　环境标准

1. 环境标准的概念

环境标准是为了防治环境污染，维护生态平衡，保护人体健康和社会物质财富，依据国家有关法律的规定，对环境保护工作中需要统一的各项技术规范和技术要求依法定程序所制定的各种标准的总称。亦称环境保护标准。

我国的环境标准，既是标准体系的一个分支，又是环境保护法体系的重要组成部分，主要表现在：

(1) 具有规范性。它同法律一样是一种具有规范性的行为规则。其特点是不以法律条文形式规定人们的行为模式和法律后果，而是通过一些具体数字指标、技术规范来表示行为规则的界限，以规范人们的行为。

(2) 具有强制性。环境质量标准、污染物排放标准和法律、法规规定必须执行的其他环境标准属于强制性标准，该标准必须执行[①]。强制性环境标准以外的环境标准，属于推荐性环境标准，推荐性环境标准被强制性环境标准引用，也具有强制性。

(3) 环境标准同环境保护规章一样，要经授权由有关国家行政机关按照法定程序制定和发布。

我国现行标准体系由两级五类标准组成，分别为国家级标准和地方级标准，标准类别包括环境质量标准、污染物排放标准、环境监测规范（环境监测方法标准、环境标准样品、环境监测技术规范）、管理规范类标准和环境基础类标准（环境基础标准和标准制修订技术规范）。我国的环境标准经历了一个从无到有、从少到多、从单一的环境标准发展到基本形成环境标准体系的过程。

1973 年，我国发布了第一个污染物排放标准——《工业“三废”排放试行标准》。

“十一五”期间，共发布国家环境保护标准 502 项，截至“十一五”末期，我国累计发布环境保护标准 1494 项，其中现行标准 1312 项。共有国家环境质量标准 14 项，国家污染物排放标准 138 项，环境监测规范 705 项，管理规范类标准 437 项，环境基础类标准 18 项。国家环境保护标准体系的主要内容已经基本健全。

“十一五”期间，各地结合实际加强了标准管理工作，北京、河南等省（市）环境保护部门发布环境保护标准规划，上海实施环境保护标准行动计划，黑龙江、山东、广东、天津、辽宁、福建等省（市）也出台了一系列地方环境保护标准，截至“十一五”末期，现行地方污染物排放标准达到 63 项，比“十五”末期增加了 40 项。

在“十二五”期间共完成 600 项各类环境保护标准制修订任务，对其中若干项制修订任务进行优化整合，正式发布标准 300 余项。基本完成国家环境保护标准体系构建，形成支撑污染减排、重金属污染防治、持久性有机污染物污染防治等重点工作的 8 大类标准簇。

2. 环境标准的意义

环境标准在加强环境监督管理、控制环境污染和破坏、改善环境质量和维护生态平衡等方面具有重要的意义：

(1) 环境标准是制定环境保护规划和计划的重要依据，是一定时期内环境保护目标的具体体现

制定环境保护规划和计划，必须有明确的目标，同时还需要有一系列的环境指标。这些目标和指标是以环境标准为依据的，同时也是用环境标准来表示的。我国环境质量标准就是将环境规划总目标，根据环境组成要素和控制项目在时间上和空间内予以分解并定量化的产物。因而它是具有明显的阶段性和区域性特征的规划指标。污染物排放标准则是根据环境质量目标要求的规划措施，是按照污染控制项目进行分解和定量化，具有明显的阶段性和地域性特征的控制措施指标。如《国务院关于环境保护若干问题的决定》中规定：“到 2000 年，全国所有工业污染源排放污染物要达到国家或地方规定的标准；各省、自治

① 《标准化法》第七条和《标准化法实施条例》第十八条第一款第四项。

区、直辖市要使本辖区主要污染物排放总量控制在国家规定的排放总量框架内。"这些规定，表明了环境标准是一定时期内的环境保护目标。

（2）环境标准是实施环境保护法律、法规的基本保证，是强化环境监督管理的核心

环境标准用具体的数值来体现环境质量和污染物排放应当控制的界限。我国颁布的《环境保护法》《大气污染防治法》《水污染防治法》《环境噪声污染防治法》等都规定了排放污染物必须符合国家规定的标准，特别是近几年修订后颁布施行的《海洋环境保护法》和《大气污染防治法》还进一步规定，超过国家和地方规定排放标准的行为属于违法，并将因此受到相应的法律制裁。可见，污染物排放标准在这些法律中已成为界定行为是否合法的标准之一[①]。如果没有各种环境标准，这些法律、法规的有关规定就难以有效实施，强化环境监督管理就无实际保证。

（3）环境标准是提高环境质量的重要手段

环境标准是对环境质量和污染物排放所作的硬性规定。通过环境标准的发布和实施，可以促使排污者开展资源、能源的综合利用，结合技术改造防治工业污染，减少污染物的产生量和排放量，从而达到提高环境质量的目的。

（4）环境标准是推动环境科学技术进步的动力

环境标准的制定，以科学技术和生产实践综合成果为依据，具有科学性和先进性。实施环境标准必然要淘汰落后的技术和设备；反映时限要求的环境标准的制定需要与最佳实用技术相匹配。这样，就使环境标准在某种程度上成为判断污染防治技术、生产工艺与设备是否先进可行的依据，成为筛选和评价环境科学技术成果的一个重要尺度，以此推动环境保护科学技术的进步。

3. 环境标准体系

（1）环境标准体系的概念

环境标准体系是指根据环境标准的性质、内容和功能，以及它们之间的内在联系，将其进行分级、分类，构成一个有机联系的统一整体。其目的是：通过科学合理地组织建立并实施环境保护领域的有关技术规范，作为环境管理的依据和手段，为有效地进行污染控制、保护和改善环境质量服务。

我国环境质量标准体系的核心是环境质量。其设计原则是：

1）体现《环境保护法》等6部环境法律为基础和指导；

2）体现我国控制污染、改善环境质量、维护生态平衡的环境保护目标；

3）体现环境保护在不同条件和区域的特征和差异；

4）体现我国经济、技术、社会发展过程具体阶段的特点；

5）体现与环境管理其他制度措施相配合的整体作用；

6）体现国际环境标准的发展要求。

（2）环境标准的分级

我国的环境标准分为国家环境标准、国家环境保护部标准（也称环境保护行业标准）和地方环境标准等三级，以及环境质量标准、污染物排放标准、环境监测方法标准、环境标准样品标准和环境基础标准五类构成。环境标准体系的构成，具有协调性、层次性、配

① 参见《海洋环境保护法》第七十三条第一款第二项和《大气污染防治法》第十三条和第四十八条的规定。

套性和发展性的特点。所谓协调性，是指各个环境标准之间是互相一致、互相衔接、互为条件、协调发展的。层次性是指环境标准体系的构成具有层次性，如我国的环境标准体系是由国家环境标准、环境保护行业标准和地方环境标准三个层次构成的。配套性是指各种环境标准之间，是互相联系、互相依存、互相补充的。发展性是指环境标准体系不是一成不变，而是与一定时期的科学技术和经济发展水平，以及环境污染和生态破坏的状况相适应的，同时还随着时间的推移、科学技术的进步和经济的发展，以及环境保护的需要而不断地发展和变化。中国环境标准制定的六项原则见图 1-2。

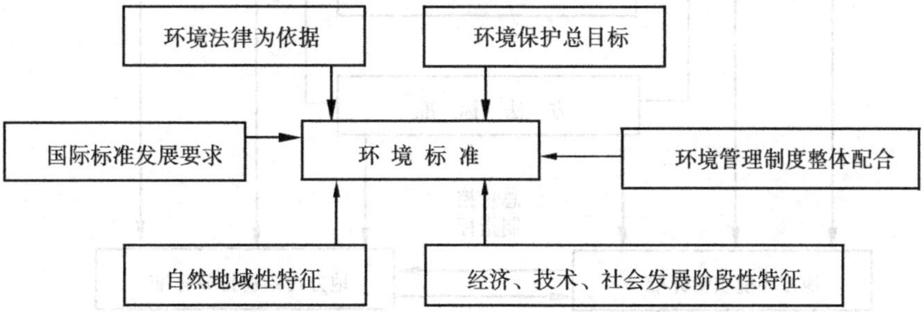

图 1-2 中国环境标准制定的六项原则

根据制定、批准、发布机关和适用范围的不同，环境标准分为国家环境标准、环境保护部标准和地方环境标准三级。

1）国家环境标准：是指由国务院环境保护行政主管部门制定，由国务院环境保护行政主管部门和国务院标准化行政主管部门共同发布，在全国范围内适用的标准。如《地表水环境质量标准》GB 3838—2002、《渔业水质标准》GB 1607—89、《污水综合排放标准》GB 8978—1996、《大气污染物综合排放标准》GB 16297—1996 等。

2）环境保护部标准（也称环境保护行业标准）：是指由国务院环境保护行政主管部门制定、发布的，在全国环境保护行业范围内适用的标准。如《建设项目环境影响评价技术导则 总纲》HJ 2.1—2016、《环境空气质量功能区划分原则与技术方法》HJ/T 14—1996、《山岳风景资源开发环境影响评价指标体系》HJ/T 6—1994 等。需要在全国环境保护工作范围内统一的技术要求而又没有国家标准，应制定环境保护部标准。国家环境标准发布后，相应的环境保护部标准自行废止。

3）地方环境标准：是指由省级人民政府批准发布的，在该行政区域内适用的标准。如上海市人民政府批准发布的《工业“废气”、“废水”排放试行标准》，只适用于上海市管辖的行政区域。

(3) 环境标准的分类

根据环境标准的性质、内容和功能分类，我国的环境标准分为环境质量标准、污染物排放标准（或控制标准）、环境监测方法标准、环境标准样品标准和环境基础标准五类。中国环境标准体系见图 1-3。

1）环境质量标准。是指在一定时间和空间范围内，对环境质量状况的要求所作的规定。也就是说，在一定时间和空间范围内，对环境中有害物质或因素的允许浓度所作的限制性规定。它是国家环境政策目标的具体体现，是制定污染物排放标准的依据，也是环境保护行政主管部门和有关部门对环境进行科学管理的重要手段。环境质量标准分为国家环

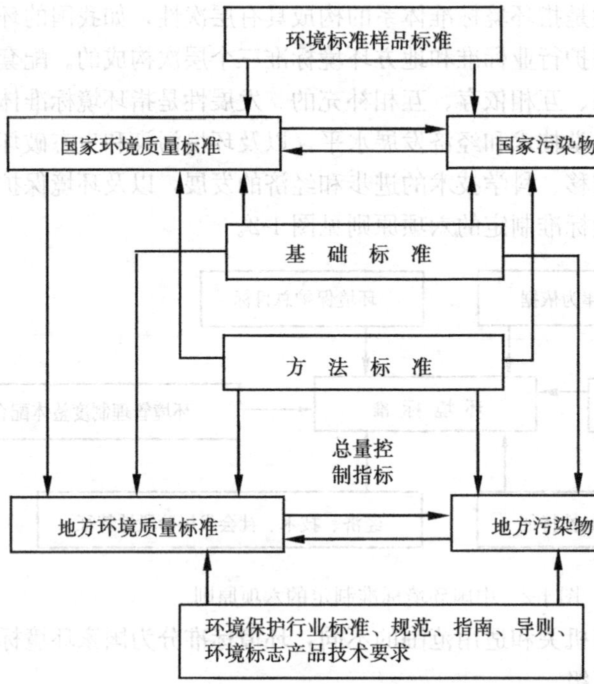

图 1-3 中国环境标准体系图

境质量标准和地方环境质量标准。

① 国家环境质量标准是指国家对各类环境中的有害物质或因素，在一定条件下的允许浓度所作的规定。它明确规定了各类环境在一定条件下应达到的目标值，并约束有关部门在限期内应达到的环境质量要求，是各地对环境进行分级、分类管理和评价环境质量的基础。

② 地方环境质量标准是对国家环境质量标准中未作规定的项目，按照规定的程序，结合地方环境特点制定的地方环境质量标准。如内蒙古自治区人民政府根据包头市有多种排氟工厂，排气量超过一般工业城镇的特点，发布了《包头市地区氟化物大气质量标准》。它是国家环境质量标准的补充和完善，是计算区域环境容量和制定地方污染物排放标准的依据之一。

2）污染物排放标准。是为了实现环境质量标准目标，结合技术经济条件和环境特点，对排入环境的污染物或有害因素所作的控制规定。它是实现环境质量标准的主要保证，是控制污染源的重要手段。污染物排放标准也分为国家污染物排放标准和地方污染物排放标准。

① 国家污染物排放标准。是指为了实现国家环境质量标准的要求，以全国常见的污染物为主要控制对象所制定的排放标准。它直接规定污染物的浓度和数量，适用于全国范围。

② 地方污染物排放标准。是指当地方执行国家污染物排放标准不适于当地环境特点和要求时所制定的地方污染物排放标准。一种情况是对国家污染物排放标准中未作规定的

项目所制定的地方污染物排放标准；另一种情况是对国家污染物排放标准中已作规定的项目所制定的严于国家污染物排放标准的地方污染物排放标准。因为国家污染物排放标准是以全国常见的污染物为主要控制对象，其控制指标的确定是以全国的平均水平和要求提出的，不可能包括具有地方特点的污染物，要控制这些特点污染物，必须靠地方环境标准；同时，国家污染物排放标准只能在污染物控制指标与环境质量之间建立一种宏观的定量关系，很难体现区域性环境、经济和社会特点。要切实实行污染物控制也必须依靠地方污染物排放标准。

3）环境监测方法标准。是指为监测环境质量和污染物排放、规范采样、分析测试、数据处理等技术所制定的统一技术规定。如《声环境质量标准》GB 3096—2008、《摩托车和轻便摩托车　定置噪声限值及测量方法》GB 4569—2005 等。

4）环境标准样品标准。是指为保证环境监测数据的准确、可靠，用于标定仪器、验证测试方法、进行量值传送或质量控制的材料、实物样品所制定的国家环境标准样品。如《环境标准样品水质标准—化学需氧量（COD_{Cr}）》GSBZ 50001—88、《生化需氧量（BOD_5）》GSBZ 50002—88 等。

5）环境基础标准。是指对环境保护工作中，具有指导意义的技术术语、符号、代号（代码）、图形、指南、导则及信息编码等，制定的国家环境基础标准。如《制定地方大气污染物排放标准的技术方法》GB/T 3840—1991、《环境污染类别代码》GB/T 16705—1996 等。

1.4 水工程法规的制定与管理

1.4.1 法的管理

1. 法的制定

法的制定，通常是指一定的国家机关依照法定职权和法定程序制定、修改和废止法律和其他规范性法律文件的一种专门性活动。

一般也简称为法律的立、改、废活动。这种活动是将一定的阶级（阶层或阶级联盟）的主张上升为国家意志，成为规范性法律文件。任何一个阶级在掌握了国家统治权力以后，都要进行法律的创制工作，将自己的意志和主张法律化制度化，使之成为全社会成员共同遵守的行为准则。只是在不同社会制度下，制定法律的目的和方式不同而已。在现实生活中，通常人们又将法律的制定，简称为“立法”。

2. 法的制定程序

（1）法律议案的提出和审议

法律议案的提出和审议，是指享有国家立法权的机关对于具有立法提案权的机关或人员提出的法律议案进行审查和讨论。法律议案不同于一般的立法建议，它是由法定的机关和人员提出的，被列入会议议程的关于立法的建议或者意见。非法定的人员或机关提出的立法建议或倡议，只有被有立法提案权的机关或人员采纳并被他们提出之后，才能成为法律议案。

（2）法律草案的审议

法律草案的审议，是立法机关对于根据已被通过的法律议案而拟订的法律草案，按照会议的安排进行审查和讨论。

在我国，一般法律草案的审议要经过两个阶段。第一，是先由全国人民代表大会的各个专门委员会，按照职能对于属于自己范围内的法律草案进行审议。第二，立法机关全体会议的审议。

(3) 法律草案的通过

法律草案的通过，是指立法机关对于法律草案作出同意的决定，把它确定为法律的步骤。这是立法的关键性阶段。

《中华人民共和国宪法》第六十四条规定：宪法的修改，由全国人民代表大会常务委员会或者五分之一以上的全国人民代表大会代表提议，并由全国人民代表大会以全体代表的三分之二以上的多数通过。

(4) 公布法律

公布法律是立法机关或者国家元首就已经通过的法律，为使公民知晓和遵守，而予以公布。它是法律确定的最后阶段。在我国，是由国家主席根据全国人大和全国人大常委会的决定，公布法律。

3. 法的实施

(1) 法的实施和实现的含义

法的实施是指法在社会生活中被人们实际施行。法是一种行为规范。法在被制定出来之后、实施之前，只是一种书本上的法律。法的实施，就是使法律从书本上的法律变成行动中的法律，在现实生活中从抽象的行为模式变成人们的具体行为，从应然状态进到实然状态。

法的实施方式可以分为三种：守法、执法、司法。

(2) 法的实现的评价标准

法律实现的评价标准具有复杂性。大体上可以从下述几个方面来考察法的实现情况：

1) 人们按照法律规定的行为模式行为的程度，是否能够按照授权性规范行使权利，按照义务性规范履行义务；是否能够根据法律设定的法律后果追究违法者的法律责任。

2) 刑事案件的发案率、案件种类、破案率及犯罪分子的制裁情况。

3) 各类合同的履约率与违约率，各种民事或经济纠纷的发案率及结案率，行政诉讼的立案数及其审结情况。对有关这一标准的统计数字，要具体问题具体分析，不能轻易作出结论。

4) 普通公民和国家公职人员对法律的了解程度，他们的法律意识及法治观念的提高或提高的程度。

5) 与其他国家或地区的法律实施情况进行可比性研究。

6) 社会大众对社会生活中安全、秩序、自由、公正、公共福利等法的价值的切身感受。

7) 法律的社会功能和社会目的是否有效实现及其程度。

8) 有关法律活动的成本与收益的比率。

(3) 执法

1) 执法的含义

人们通常在广义与狭义两种含义上使用这个概念。广义的执法，或法的执行，是指所有国家行政机关、司法机关及其公职人员依照法定职权和程序实施法律的活动。狭义的执法，或法的执行，则专指国家行政机关及其公职人员依法行使管理职权、履行职责、实施法律的活动。人们把行政机关称为执法机关，就是在狭义上使用的执法。

2）执法的特点

① 执法是以国家的名义对社会进行全面管理，具有国家权威性。这是因为：首先，在现代社会，为了避免混乱，大量法律的内容是有关各方面社会生活的组织与管理，从经济到政治，从卫生到教育，从公民的出生到公民的死亡，无不需要有法可依；其次，根据法治原则，为了防止行政专横，专司社会管理的行政机关的活动必须严格依照立法机关根据民意和理性事先制定的法律来进行。因此，行政机关执行法律的过程就是代表国家进行社会管理的过程，社会大众应当服从。

② 执法主体是国家行政机关及其公职人员。目前在我国，执法主体可以分为两类：第一类，是中央和地方各级政府，包括国务院和地方各级人民政府；第二类，是各级政府中的行政职能部门，如公安行政部门、工商行政部门、教育行政部门等等。国务院和地方各级人民政府依法从事全国或本地区行政管理的同时，就是在全国或本地区执行法律的过程；行政职能部门依法在某一方面进行管理的同时，就是在本部门执行、实施相应法律的过程。

③ 执法具有国家强制性，行政机关执行法律的过程同时是行使执法权的过程。行政机关根据法律的授权对社会进行管理，一定的行政权是进行有效管理的前提。行政权是一种国家权力，它既能够改变社会的资源分配、控制城镇的人口规模，也能够在很大程度上影响公民的个人生活，如升学、就业、结婚、迁徙等。

④ 执法具有主动性和单方面性。执行法律既是国家行政机关进行社会管理的权力，也是它对社会、对民众承担的义务，既是职权，也是职责。因此，行政机关在进行社会管理时，应当以积极的行为主动执行法律、履行职责，而不一定需要行政相对人的请求和同意。如卫生行政机关负责食品卫生检查。如果行政机关不主动执法并因此给国家或社会造成损失，就构成失职，要承担法律责任。

3）法的执行的主要原则

① 依法行政的原则。这是指行政机关必须根据法定权限、法定程序和法治精神进行管理，越权无效。这是现代法治国家行政活动的一条最基本的原则。依法行政之所以是一条基本的执法原则，是因为：首先，行政机关在国家生活中占有特殊重要的地位。行政机关是国家的公共管理机关，其活动涉及国家和社会的一切方面，关系到人民群众的切身利益；只有依法行政，使行政机关依照体现了人们对客观必然性认识的法律行事，才能避免、克服行政活动本身可能产生的任意性和偶然性，保证国家的稳定和社会的发展。其次，防止行政机关滥用权力。权力具有强制他人服从的特性。权力对掌权者具有腐蚀性，具有被滥用的可能性。行政权是国家权力中的一项极为重要的权力，它掌管着社会的财产、武装力量，关系到公民的生老病亡。法律一方面规定了通过法律手段对社会生活及国家事务进行管理的方式、方法，为行政机关的管理活动提供了法律依据，另一方面又对行政权的行使规定了限度、限制和程序，从而在实体上和程序上防止滥用行政权，保证行政权的行使始终服务于人民利益。

② 讲求效能的原则。这是指行政机关应当在依法行政的前提下，主动有效地行使其

权能，以取得最大的行政执法效益。

(4) 守法

1) 守法的含义

守法是指公民、社会组织和国家机关以法律为自己的行为准则，依照法律行使权利、权力，履行义务的活动。在通常人们所讲的“奉公守法”中守法的含义，大多限于不违法，不做法律所禁止的事情或做法律所要求做的事情。这是消极的、被动的。守法的真正含义，当然包括这种消极、被动的守法，但还包括根据授权性法律规范积极主动地去行使自己的权利，实施法律。

守法的主体，即要求谁守法。我国《宪法》明确规定：“一切国家机关和武装力量、各政党和各社会团体、各企业事业组织都必须遵守宪法和法律。一切违反宪法和法律的行为，必须予以追究。任何组织或者个人都不得有超越宪法和法律的特权。”这表明，中华人民共和国的所有人都是守法主体，所有组织都有义务守法；各政党，包括中国共产党，都要遵守《宪法》和法律，都要在《宪法》和法律的范围内活动。

在我国，守法的内容，即所要遵守的法律，是广义的法律，不仅包括《宪法》和全国人民代表大会及其常委会制定的基本法律和非基本法律，而且包括与《宪法》和法律相符合的行政法规、地方性法规、行政规章和其他所有法律法规。

2) 守法的条件

① 良好的法律的存在。守法是指社会主体按照法律规定办事，法律也就成为一种标准和依据，此时法律的良好程度就成为守法的前提条件。这就要求立法者必须为守法主体制定一套良好的法律，以便守法主体依法办事。

② 守法主体良好的法律意识。要使法律得到遵守，关键取决于各守法主体的法律意识。守法主体良好的法律意识是守法的关键因素。良好的法律意识首先应是守法意识，即尊重法律、遵守法律的意识。其次还应具备一系列和现代法治相适应的法律意识，如权利意识、公正意识、平等意识、契约意识等。

③ 良好的法律环境。法律环境是制约守法的重要客观条件。法律环境是指与法律有关的各种环境因素，如经济发展水平，市场经济的发达程度，民主政治的发展程度，社会文化的状况，历史文化传统等等。

1.4.2 标准的制定与管理

(1) 标准修订

经复审后的标准，若标准主要技术内容需要作较大修改才能适应当前生产、使用的需要和科学技术发展需要的，则应作为修订项目。标准修订的程序按制定标准的程序执行。修订后的标准顺序号不变，年号改为重新修订发布时的年号。

(2) 标准废止

经复审后确认，标准内容已不适应当前生产、使用和经济建设的需要，或其技术内容已被其他标准代替，已无存在必要的，则应予以废止。

(3) 标准复审

已经发布实施的现有标准（包括已确认或修改补充的标准），经过实施一定时期后，对其内容再次审查，以确保其有效性、先进性和适用性的过程。1988 年发布的《中华人民共和国标准化法实施条例》中规定，标准复审周期一般不超过5年。标准复审由各主管部门或标准化技术委员会组织进行，对需要复审的标准要收集实施中的问题分类整理。复审可采用会议审查或函审，经复审的标准要用书面形式分别作出复审结果，如复审简况、处理意见、复审结论和依据等，以确认现行标准是继续有效、修订或者废止。

(4) 标准草案

标准的征求意见稿、送审稿和报批稿，以及在标准制定过程中用于广泛征求意见、有关方面互相协商或作审批的文稿。

(5) 企业标准备案

企业产品标准应在发布后30日内办理备案。一般按企业的隶属关系报当地标准化行政主管部门和有关行政主管部门备案，从而确定企业标准备案的法律地位。

(6) 标准确认

经复审后的标准，若其内容不需要修改，或仅需作编辑性修改、仍符合当前科学技术水平并适合经济建设需要的，可继续有效，则给予确认。经确认的标准，在发布时，不改变标准的顺序号和年号。当标准再版时在标准封面写明××××年确认字样。

经过复审后的标准，若其内容需完善和充实，对标准条文、图、表作少量修改补充，仍可继续使用的，对需要修改补充的内容予以完善后，采用标准修改单的形式，按照标准的制定程序，经标准化主管单位批准发布。

1.4.3 工程建设行业标准的制定与管理

(1) 工程建设行业标准的管理部门

国务院有关行政主管部门根据《中华人民共和国标准化法》和国务院工程建设行政主管部门确定的行业标准管理范围，履行行业标准的管理职责。行业标准的计划根据国务院工程建设行政主管部门的统一部署由国务院有关行政主管部门组织编制和下达，并报国务院工程建设行政主管部门备案。与两个以上国务院行政主管部门有关的行业标准，其主编部门由相关的行政主管部门协商确定或由国务院工程建设行政主管部门协调确定，其计划由被确定的主编部门下达。行业标准属于科技成果。对技术水平高，取得显著经济效益、社会效益和环境效益的行业标准，应当纳入各级科学技术进步奖励范围，并予以奖励。

(2) 工程建设行业标准的制定

制定、修订行业标准的工作程序，可以按准备、征求意见、送审和报批四个阶段进行。行业标准的编写应当符合工程建设标准编写的统一规定。行业标准由国务院有关行政主管部门审批、编号和发布。行业标准不得与国家标准相抵触，有关行业标准之间应当协调、统一、避免重复，行业标准的某些规定与国家标准不一致时，必须有充分的科学依据和理由，并经国家标准的审批部门批准。行业标准在相应的国家标准实施后，应当及时修订或废止。

行业标准发布后，应当报国务院工程建设行政主管部门备案。行业标准实施后，该标准的批准部门应当根据科学技术的发展和工程建设的实际需要适时进行复审，确认其继续有效或予以修订、废止。一般五年复审一次，复审结果报国务院工程建设行政主管部门备案。行业标准的编号由行业标准的代号、标准发布的顺序号和批准标准的年号组成，并应当符合下列统一格式。

1）强制性行业标准的编号：

XX ＊＊＊＊—＊＊
- 发布标准的年号
- 发布标准的顺序号
- 强制性行业标准的代号

2）推荐性行业标准的编号：

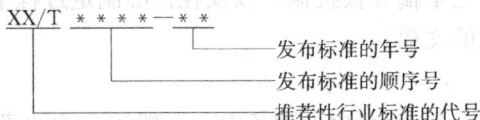

XX/T ＊＊＊＊—＊＊
- 发布标准的年号
- 发布标准的顺序号
- 推荐性行业标准的代号

1.4.4 地方标准的制定与管理

（1）地方标准制定的程序

1）省、自治区、直辖市标准化行政主管部门，向同级有关行政主管部门和省辖市（含地区）标准化行政主管部门，部署制定地方标准年度计划的要求，由同级有关行政主管部门和省辖市标准化行政主管部门根据年度计划的要求提出计划建议；省、自治区、直辖市标准化行政主管部门对计划建议进行协调审查，制定出年度计划。

2）省、自治区、直辖市标准化行政主管部门，根据制定地方标准的年度计划，组织起草小组或委托同级有关行政主管部门、省辖市标准化行政主管部门负责起草。

3）负责起草地方标准的单位或起草小组，进行调查研究、综合分析、试验验证后，编写出地方标准征求意见稿与编制说明，经征求意见后编写成标准送审稿。

4）地方标准送审稿由省、自治区、直辖市标准化行政主管部门组织审查，或委托同级有关行政主管部门、省辖市标准化行政主管部门组织审查。审查工作可由标准化行政主管部门批准建立的标准化技术委员会或组织生产、使用、经销、科研、检验、标准、学术团体等有关单位的专业技术人员进行审查。审查形式可会审，也可以函审。

5）组织起草地方标准的单位将审查通过的地方标准送审稿，修改成报批稿，连同附件，包括编制说明、审查会议纪要或函审结论、验证材料、参加审查人员名单，报送省、自治区、直辖市标准化行政主管部门审批、编号、发布。

（2）地方标准的管理

药品、兽药地方标准的制定、审批、编号、发布，按法律、法规的规定执行；食品卫生和环境保护地方标准，由法律、法规规定的部门制定、审批，报省、自治区、直辖市标准化行政主管部门统一编号、发布。地方标准发布后，省、自治区、直辖市标准化行政主管部门在30日内，应分别向国务院标准化行政主管部门和有关行政主管部门备案。备案材料包括地方标准批文、地方标准文本及编制说明各一份。受理备案的部门，当发现备案的地方标准有违反有关法律、法规和强制性标准规定时，由国务院标准化行政主管部门会同国务院有关行政主管部门责成申报备案的部门限期改正或停止实施。

地方标准的编写、出版，参照国家标准《标准化工作导则　第1部分：标准的结构和编写》GB/T 1.1—2009的规定执行。

地方标准的代号、编号：

1）地方标准的代号

汉语拼音字母“DB”加上省、自治区、直辖市行政区划代码前两位数再加斜线，组成强制性地方标准代号。再加“T”，组成推荐性地方标准代号。

示例1：山西省强制性地方标准代号为DB 14/；山西省推荐性地方标准代号为DB 14/T。

2）地方标准的编号。

地方标准的编号，由地方标准代号、地方标准顺序号和年号三部分组成。

示例2：DB××/×××-××强制性地方标准代号；

示例3：DB××/T×××-××推荐性地方标准代号。

地方标准的出版、发行办法，由各省、自治区、直辖市标准化行政主管部门规定。地方标准在相应的国家标准或行业标准实施后，即行废止。地方标准属于科技成果，对技术水平高、取得显著效益的地方标准应当纳入当地科技进步奖励范围，予以奖励。

1.4.5　环境标准的制定和管理

1. 环境标准的制定

（1）环境标准的制定原则

1）以国家环境保护方针、政策、法律、法规及有关规章为依据，以保护人体健康和改善环境质量为目标，促进环境效益、经济效益和社会效益的统一；

2）环境标准应与国家的技术水平、社会经济承受能力相适应；

3）各类环境标准之间应当协调配套；

4）标准应当便于实施与监督；

5）借鉴适合我国国情的国际标准和其他国家的标准。

（2）环境标准的制定程序

制定环境标准应遵循下列基本程序：

1）编制标准制定（修订）项目计划；

2）组织拟订标准草案；

3）对标准草案征求意见；

4）组织审议标准草案；

5）审查批准标准草案；

6）按照各类环境标准规定的程序编号发布。

（3）国家环境标准的制定

1）国家环境质量标准和污染物排放标准，由环境保护部（现已改为生态环境部）提出计划，国家质量监督检验检疫总局下达计划，由环境保护部组织制定。环境保护部可以委托具有熟悉国家环境保护法律、法规、标准和拟订环境标准相关业务的专业技术人员的其他组织拟订。标准审批后，由国家质量监督检验检疫总局编号，再由国家环境保护部、国家质量监督检验检疫总局联合发布。

2）环境基础、环境样品两类国家标准。由国家环境保护部提出计划、组织制定，由国家质量监督检验检疫总局下达计划、审批、编号、发布。

3）环境监测方法标准。由国家环境保护部提出计划，组织制定。国家环境保护部可以委托具有与拟订环境监测方法标准相适应的分析实验手段的其他组织拟订。由国家质量监督检验检疫总局联合发布下达计划、审批、编号，国家环境保护部、国家质量监督检验检疫总局联合发布。

(4) 国家环境保护部标准的制定

环境保护行业标准，由国家环境保护部负责组织制定、审批、编号、发布，向国家质量监督检验检疫总局备案。

(5) 地方环境标准的制定

地方环境质量标准和污染物排放标准，由省级人民政府环境保护行政主管部门组织拟订标准草案，后与同级标准化行政主管部门报省级人民政府批准发布。地方制定严于国家排放标准的地方的污染物排放标准，须报国务院批准。

(6) 环境标准的修订与废止

国家环境标准和国家环境保护部标准实施后，国家环境保护部应根据环境管理的需要和国家经济技术的发展适时进行审查，发现不符合实际需要的，应予以修正或者废止。

省级人民政府环境保护行政主管部门，应当根据当地环境与经济、技术状况以及国家环境标准、国家环境保护部标准制定（修订）情况，向省级人民政府提出修订或者废止地方环境标准的建议。

2. 环境标准的实施与监督

(1) 环境质量标准的实施

县级以上地方人民政府环境保护行政主管部门在实施环境质量标准时，应结合所辖区域环境要素的使用目的和保护目的划分环境功能区，对各类功能区按照环境质量标准的要求进行相应标准级别的管理；同时应按国家规定，选定环境质量标准的监测点位和断面；经批准确定的监测点位、断面不得任意变更。各级环境监测站和有关环境监测机构应按照环境质量标准和与之相关的其他环境标准规定的采样方法、频率和分析方法进行环境质量监测；承担环境影响评价工作的单位应按照环境质量标准进行环境质量评价。跨省河流、湖泊以及由大气传输引起的环境质量标准执行方面的争议，由有关省级人民政府环境保护行政主管部门协调解决，协调无效时，报环境保护部协调解决。

(2) 污染物排放标准的实施

1) 县级以上人民政府环境保护行政主管部门在审批建设项目环境影响报告书（表）时，应根据下列因素或者情形确定该建设项目应执行的污染物排放标准：

① 建设项目所属的行业类别、所处的环境功能区、排放污染物种类、污染物排放去向和建设项目环境影响报告书（表）批准的时间。

② 建设项目向已有地方污染物排放标准的区域排放污染物时，应执行地方污染物排放标准，对于地方污染物排放标准中没有规定的指标，执行国家污染物排放标准中相应的指标。

③ 实行总量控制区域内的建设项目，在确定排污单位应执行的污染物排放标准的同时，还应确定排污单位需执行的污染物排放总量控制标准。

④ 从国外引进的建设项目，其排放的污染物在国家和地方污染物排放标准中无相应污染物排放指标时，该建设项目引进单位应提交项目输出国或者发达国家现行的该污染物排放标准及有关技术资料，由市（地）人民政府环境保护行政主管部门结合当地环境条件和经济、技术状况，提出该项目应执行的排污指标，经省级人民政府环境保护行政主管部

门批准后实行，并报国家环境保护部备案。

2）建设项目的设计、施工、验收及投产后，均应执行经环境保护行政主管部门在批准的建设项目环境影响报告书（表）中所确定的污染物排放标准。

3）企业、事业单位和个体工商业者排放污染物，应按所属的行业类型、所处环境功能区、排放污染物种类、污染物排放去向，执行相应的国家和地方污染物排放标准。

（3）国家环境监测方法标准的实施

1）被环境质量标准和污染物排放标准等强制性标准引用的方法标准具有强制性，必须执行。

2）在进行环境监测时，应按照环境质量标准和污染物排放标准的规定，确定采样位置和采样频率，并按照国家环境监测方法标准的规定测试与计算。

3）对于地方环境质量标准和污染物排放标准中规定的项目，如果没有相应的国家环境监测方法标准时，可由省级人民政府环境保护行政主管部门组织制定地方统一的分析方法，与地方环境质量标准或污染物排放标准配套执行。相应的国家环境监测方法标准发布后，地方统一的分析方法停止执行。

4）因采用不同的国家环境监测方法标准所得监测数据发生争议时，由上级环境保护行政主管部门裁定，或者指定采用一种国家环境监测方法标准进行复测。

（4）国家环境样品标准的实施

在下列环境监测活动中应使用国家环境标准样品：

1）对各级环境监测分析实验室及分析人员进行质量控制考核；

2）校准、检验分析仪器；

3）配制标准溶液；

4）分析方法验证以及其他环境监测工作。

（5）国家环境基础标准的实施

在下列活动中应执行国家环境基础标准或者国家环境保护部标准：

1）使用环境保护专业用语和名词术语时，执行环境名词术语标准；

2）排污口和污染物处理、处置场所设置图形标志时，执行国家环境保护图形标志标准；

3）环境保护档案、信息进行分类和编码时，采用环境档案、信息分类与编码标准；

4）制定各类环境标准时，执行环境标准编写技术原则及技术规范；

5）划分各类环境功能区时，执行环境功能区划分技术规范；

6）进行生态和环境质量影响评价时，执行有关环境影响评价技术导则及规范；

7）进行自然保护区建设和管理时，执行自然保护区管理的技术规范和标准；

8）对环境保护专用仪器设备进行认定时，采用有关仪器设备的国家环境保护部标准；

9）其他需要执行国家环境基础标准或者国家环境保护部标准的环境保护活动。

（6）环境标准实施的监督

县级以上人民政府环境保护行政主管部门，负责本行政区域内环境标准的监督；在向同级人民政府和上级环境保护行政主管部门汇报环境保护工作时，应当将环境标准执行情况作为一项重要内容。国家环境保护部负责对地方环境保护行政主管部门监督实施污染物排放标准的情况进行检查。违反国家法律和法规的规定，越权制定的国家环境质量标准和污染物排放标准无效。对不执行强制性环境标准的，依据法律和法规有关规定予以处罚。

【思考题】

1. 试述水工程的法规体系。
2. 试述法的作用与法的形式。
3. 试述标准的概念及范围。
4. 试述工程建设行业标准分类。
5. 试述工程建设行业标准管理。
6. 试述环境标准的管理、环境标准及分类。
7. 试述环境质量标准的实施。
8. 试述污染物排放标准的实施。
9. 试述国家环境监测标准的实施。

第2章　水资源利用与水环境保护法规

2.1　水资源与水环境

2.1.1　概述

1. 水资源

水资源是指能够被人类开发利用并给人类带来价值的各种形态的天然水体。在人类社会发展的不同阶段和不同地区，水资源的范围、种类、数量、质量也是不同的。

水资源的概念涉及多个方面，它不仅涉及物理意义上的"水流"和"储备水"，还涉及水质、环境和社会经济水平等众多方面。

从水的自然属性出发，可以将水资源分为可更新水资源（Renewable Water Resources，RWR）和不可更新水资源（Non-renewable Water Resources，NRWR）。可更新水资源是以地球水圈水循环为基础，它主要指某一地区长期平均的地表水和地下水量（以 m^3/年计）。不可更新水资源主要是指深层地下水，它的更新速率在人类活动历程看来可以忽略不计，因此定义为不可更新水资源。

在人类社会发展的不同阶段和不同地区，水资源的范围、种类、质量也是不同的。在理论上地球的所有水都可能被人类利用，但在现阶段，水资源主要是指陆地上以江河湖泊为载体的地表水和地下水等。也即是图2-1中可更新水资源中的蓝水（Blue Water），也称为自然水资源，是一个国家或地区水资源的总量，包括内部和外部的自然水资源量。而实际水资源是考虑了为上游或下游地区储备的水量和由于上游引水导致的外部水资源减少后的自然水资源，它随着时间、水的消费模式变化而变化，因此实际水资源必须针对某一特定年而言。

我国《水法》第二条规定：水资源是指地表水和地下水，即自然水资源。

2. 水环境

根据《环境保护法》，环境是指影响人类生存和发展的各种天然的和经过人工改造的自然因素的总体，包括大气、水、海洋、土地、矿藏、森林、草原、野生生物、自然遗迹、人文遗迹、自然保护区、风景名胜区、城镇和乡村等。所以，水环境则是影响人类生存和发展的各种天然的和经过人工改造的水体总称。

3. 水污染

水污染是指由于人类活动，直接或间接地向水环境中排入超过其自净能力的物质和能量，从而使得水环境的质量降低，以致影响到人类及其他水生生物正常生活和发展的现象。

4. 环境权

环境权，原指公民有在良好、适宜的环境中生活的权利。最早是由原德意志联邦共和国的一位医生于1960年提出来的。

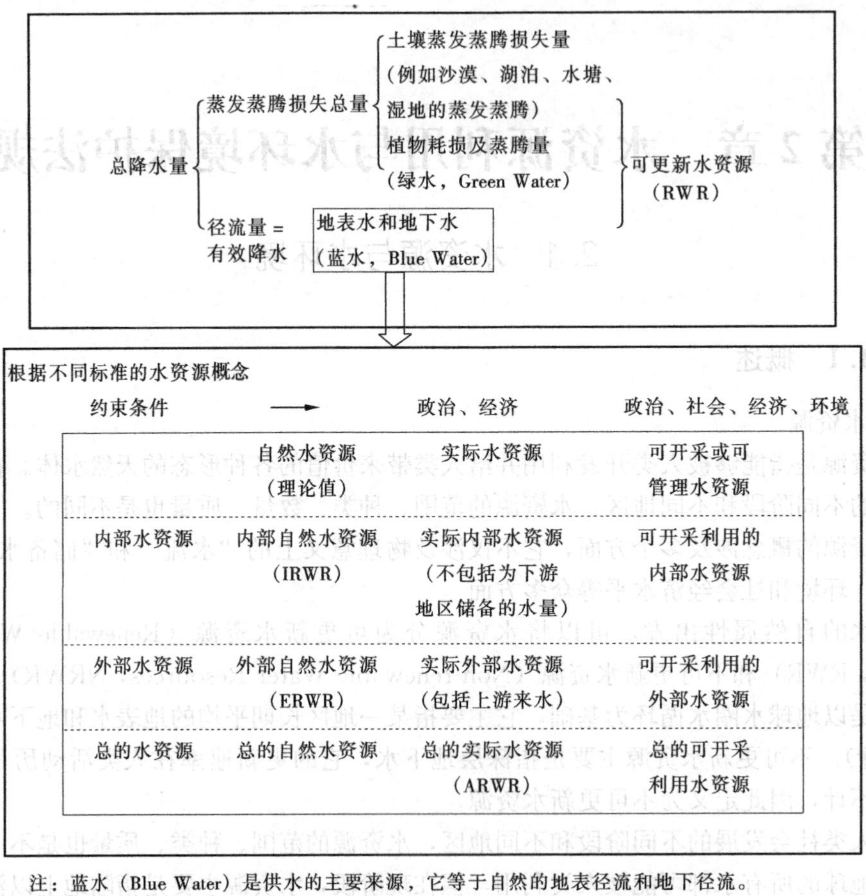

注：蓝水（Blue Water）是供水的主要来源，它等于自然的地表径流和地下径流。

绿水（Green Water）是非灌溉型农业、牧场和森林直接利用或蒸腾了的水量。

图 2-1　水资源概念

1970 年 3 月，在东京召开的一次关于公害问题的国际座谈会上，一位美国环境法教授提出了环境权理论。他认为：每一个公民都有在良好环境下生活的权利，公民的环境权是公民最基本的权利之一，应该在法律上得到确认并受法律的保护。会议采纳了这个建议，在其发表的《东京宣言》第五项中提出：“我们请求，把每个人享有的健康和福利等不受侵害的环境权和当代人传给后代的遗产应是一种富有自然美的自然资源的权利，作为一种基本人权，在法律体系中确定下来。”

有些国家的宪法和环境法也明确规定了公民的环境权，并由此引申出一系列公众参与环境管理的各种权利。

在我国《宪法》《环境保护法》《水污染防治法》和《民法通则》等法律中，均对公民享有环境权有所体现。例如，《宪法》第二十六条规定：“国家保护和改善生活环境和生态环境，防治污染和其他公害。”《环境保护法》第一条规定：“保护和改善生活环境与生态环境，防治污染和其他公害，保障公众健康，推进生态文明建设，促进经济社会可持续发展。”第五十三条规定：“公民、法人和其他组织依法享有获取环境信息、参与和监督环境保护的权利……”第六十四条规定：“因污染环境和破坏生态造成损害的，应当依照《中华人民共和国侵权责任法》的有关规定承担侵权责任。”《水污染防治法》第十条规定：

“任何单位和个人都有义务保护水环境，并有权对污染损害水环境的行为进行检举。”第八十五条规定：“因水污染受到损害的当事人，有权要求排污方排除危害和赔偿损失。”第十七条规定：“新建、扩建、改建直接或者间接向水体排放污染物的建设项目和其他水上设施，应当依法进行环境影响评价……验收不合格的，该项目不得投入生产或者使用。”从中可以看出，我国在法律上已经明确公民合法的环境权益将受到法律保护。而环境污染或水害往往带有公害性质，对正常的社会和经济活动影响较大，所以我国法律对防治污染和水害有着较为严格的规定。《刑法》中第六节规定了破坏环境资源保护罪的相关条款，如“破坏环境罪”“非法处置进口的固体废物罪”等。

2.1.2 水资源利用与水环境保护的基本原则

1. 可持续利用的原则

水资源是基础性的自然资源、战略性的经济资源和生态环境的控制性要素，在人类生活中占有特殊重要的地位。水资源可以再生，可以重复利用，但受到气候的影响，在时间、空间上分布不平衡。随着人民生活水平的不断提高和经济社会的快速发展，人类对水的需求不断加大，而水资源在被大量消耗的同时又不断受到污染，不少地区出现了水资源短缺的现象。人们由此认识到水资源并不是取之不尽的，必须重视水的保护。

严酷的水危机逐渐使人类认识到，要保持人类社会的长期繁荣稳定，要实现国民经济的健康发展，就必须重视对水资源的可持续利用。

20世纪80年代后，“可持续发展”（Sustainable Development）的观点逐渐盛行，被越来越多的人所接受。它曾有过“有机增长”“全面发展”“同步发展”“协调发展”等多种表述。该观点的核心是既不放弃发展，也不放弃资源环境保护，提倡进行一种无害于自然环境的经济开发。1980年3月15日，联合国向全世界发出呼吁：“必须研究自然的、社会的、生态的、经济的以及利用自然资源过程中的基本关系，确保全球持续发展。”1983年11月，联合国成立了世界环境与发展委员会（WCED），由当时的挪威首相布伦特女士出任主席。1987年，该委员会将研究了长达4年、经过充分论证的报告《我们共同的未来》提交给联合国，正式提出了可持续发展的模式。

可持续发展原则是水资源的利用和水环境的保护与经济建设和社会发展相协调原则的简称。它是指经济建设和社会发展的规模和速度要充分考虑水资源与环境的长期承载力，使水资源和水环境既能满足经济建设和社会发展的需要，又能够保持在满足当代人和后代人对水资源质量需求的水平上，从而达到水资源利用和水环境保护与经济建设和社会发展相互促进，共同发展。它是协调资源利用与经济发展关系的模式之一，也是我国水资源利用和水环境保护法规的基本原则之一。

我国的《水法》《水污染防治法》《环境保护法》在立法目的中均明确指出“合理开发、利用、节约和保护水资源，防治水害”“保护和改善生活环境与生态环境，防治污染和其他公害”“防治水污染，保护和改善环境，保障饮用水安全”的同时要实现水资源的“可持续利用”和“有效利用”，以“适应国民经济和社会发展的需要”和“促进经济社会可持续发展”。

2. 全面规划，综合利用的原则

全面规划，综合利用的原则是实现水资源利用和水环境保护法规立法目的的主要手段之一。只有全面规划才能保证水资源利用和水环境保护与国民经济和社会协调发展，从全局出发，发挥规划的指导作用和宏观调控作用，才能充分利用水资源。

我国新《水法》第四条规定："开发、利用、节约、保护水资源和防治水害，应当全面规划、统筹兼顾、标本兼治、综合利用、讲求效益，发挥水资源的多种功能，协调好生活、生产经营和生态环境用水。"第二十条规定："开发、利用水资源，应当坚持兴利与除害相结合，兼顾上下游、左右岸和有关地区之间的利益，充分发挥水资源的综合效益，并服从防洪的总体安排。"《环境保护法》第四条规定："保护环境是国家基本国策，国家采取有利于节约和利用资源、保护和改善环境，促进人与自然和谐的经济、技术政策和措施。使经济建设和社会发展与环境保护相协调。"

3. 预防为主，防治结合的原则

"预防为主，防治结合"的原则是针对环境问题的特点以及国内外环境管理的主要经验和教训提出的。第二次世界大战以后，20 世纪 70 年代以前，西方工业发达国家基本上都走了"先污染、破坏后治理"的道路，这种以牺牲环境为代价的发展模式使发达国家付出了巨大的代价。这一历史教训使得人们认识到，在处理环境问题时采取"预防为主"的重要性。从环境科学和环境经济学方面的知识来看，实行"预防为主，防治结合"的原则是由生态环境问题本身特点决定的。

（1）生态环境问题的出现往往具有累积性、缓发性和潜在性。累积效应一旦爆发，严重的环境问题便会出现，往往为时已晚，难以救治。楼兰古国和古玛雅文明的灭亡均是由于人类长期以来对生态环境掠夺式开采而导致生态环境灾难的后果。

（2）生态环境遭受污染和破坏后，再进行治理，从经济上来说是不合算的，往往要较长的时间，而且要花费比采取预防措施高得多的代价。而且，有的生态环境遭到的污染和破坏达到一定程度时，要恢复往往是不可能的。

（3）生态环境的污染和破坏给人类健康带来的危害往往不易及时发现，即使发现了也不容易彻底治愈。

我国是发展中国家，在国家财力不雄厚的基础上要想使经济发展隔几年上一个台阶，唯一的办法就是贯彻"预防为主，防治结合"的原则，花最少的钱来争取最好的环境效益，为经济发展奠定良好的环境基础。

4. 节约用水的原则

如前所述，水资源紧缺，已经成为我国国民经济和社会发展的重要障碍之一。实现水资源可持续利用是我国经济社会发展的战略问题，其核心就是提高水的利用率，把节水放在突出位置，大力推行节约用水的措施，发展节水型工业、农业和服务业，建设节水型社会。新《水法》在节约用水方面作出了多项规定。① 第八条规定："国家厉行节约用水，大力推行节约用水措施，推广节约用水新技术、新工艺，发展节水型工业、农业和服务业，建立节水型社会。"实行"开源与节流相结合，节流优先，大力建设节水型社会"。② 根据水资源的宏观管理和配置，在水资源的微观分配和管理上，实行总量控制和定额管理相结合的制度，以及取水许可制度和水资源有偿使用制度。③ 强化农业、城镇生活节水管理，大力推广采用节水先进技术、工艺和设备，逐步淘汰落后的、耗水量高的工艺、产品和设备。④ 新建、扩建、改建建设项目，应当制定节水措施方案，配套建设节水设施，其节水设施应当与主体工程"同时设计、同时施工、同时投产"。⑤ 实行计划用水、超定额用水累进加价制度。⑥ 提高污废水再生利用。

5. 开发者养护，损害者担责的原则

“开发者养护，损害者担责”的原则是水资源利用和水环境保护的又一重要原则。“开发者养护”是指对水资源和水环境进行开发利用的组织或个人，有责任对其进行恢复、整治和养护。为了使资源开发对环境和生态系统的影响减小到最低限度，并维护自然资源的合理开发、永续利用，除国家加强自然资源的管理外，强调开发者有整治和养护的责任就特别重要。《水法》第六条规定：“……开发、利用水资源的单位和个人有依法保护水资源的义务。”“损害者担责”即损害者要为其造成的损害承担责任，是环境保护的一项重要原则。“环境损害”是指由于人为活动而导致的人类与其他物种赖以生存的环境受到损害与导致不良影响的一种事实。环境损害包括了污染和生态破坏。

国际上最早提出的是“污染者付费”原则，是指污染环境造成的损失及其费用由排污者负担。该原则在1972年由经济合作与发展组织提出，后被各国广泛接受。但污染者付费原则有其局限性，一是主体限于污染者，二是承担责任方式限于支付排污费。一些国家已经开始对该原则进行修正。如日本提出了原因者负担原则，即谁引发了污染原因，谁就必须承担采取防治措施和事后措施的责任及承担其必要费用的责任。

1979年，我国规定了“谁污染、谁治理”的原则。这一原则当时主要是为了明确污染者有责任对其造成的污染进行治理，但之后许多专家学者认为该表述不够确切，只明确了污染者的治理责任，未包括对污染造成损失的赔偿责任。最新的《环境保护法》（2014年版）提出了“损害者担责”的原则。环境损害是指有污染环境和破坏生态的行为，即为损害，行为人就要承担责任；而非有了损害结果才担责。具体规定为：企业事业单位和其他生产经营者“对所造成的损害依法承担责任”；排放污染物的企业事业单位和其他生产经营者，应当按照国家有关规定缴纳排污费；排放污染物的企业事业单位，应当建立环境保护责任制度；重点排污单位有主动公开信息的责任；因污染环境、破坏生态造成损害的，应当依照侵权责任法的有关规定承担侵权责任；此外，还规定了行政处罚、行政拘留和刑事责任。

由此可以看出“开发者养护，损害者担责”的原则在我国已经成为资源利用和环境保护的一项基本法律原则。环境问题的责任人必须按法律的规定承担相应的法律责任，以补偿和恢复已被污染和破坏了的环境。

6. 生态保护的原则

“生态保护”是环境保护又一重要原则。生态保护原则主要强调了生态功能区划分、生物多样性保护、生态保护补偿机制的建立健全及水环境污染的防治，在保护水环境上有着重大意义。

划定生态保护红线，建立有利于生态保护红线管控的各项机制，是强化区域生态环境监管的有效手段，也是保障国家和区域生态安全、遏制生态系统恶化、改善环境质量、防范环境风险、降低资源消耗的重要抓手。新《环境保护法》第二十九条规定：“国家在重点生态功能区、生态环境敏感区和脆弱区等区域划定生态保护红线，实行严格保护……采取措施，严禁破坏。”即对于生态服务重要性等级高的、对外界干扰和环境敏感高、易于发生生态退化的区域划定红线，加以严格保护。第三十条规定：“开发利用自然资源，应当合理开发，保护生物多样性，保障生态安全，依法制定有关生态保护和恢复治理方案并予以实施。引进外来物种以及研究、开发和利用生物技术，应当采取措施，防止对生物多样性的破坏。”其明确提出了生物多样性的概念，保护生物多样性才能保证生物资源的永续利用，同时外来物种、生物技术应当合理引入、适当开发利用。

新《环境保护法》增加了生态保护补偿制度的内容，第三十一条规定：“国家建立、健全生态保护补偿制度。国家加大对生态保护地区的财政转移支付力度……国家指导受益地区和生态保护地区人民政府通过协商或者按照市场规则进行生态保护补偿。”众所周知，环境问题具有外部性，而生态保护补偿就是将生态保护外部性内部化，让受益者支付相应费用，通过受益地区为生态保护付出代价、作出贡献的地区提供补偿，达到环境质量改善的目的。法规规定了2种补偿方式：一是国家对生态保护地区的财政转移支付，二是受益地区和生态保护地区人民政府通过协商或者按照市场规则进行生态保护补偿，也就是横向生态保护补偿。

生态污染的防治是保护生态环境的重要措施。《环境保护法》第三十二条规定：“国家加强对大气、水、土壤等的保护，建立和完善相应的调查、监测、评估和修复制度。”同时强调了对农业环境和海洋环境的保护，致力于环境预警和解决环境污染问题。

2.2 水资源利用法规

水资源利用相关的法律法规，包括《水法》《防洪法》等，本节以讲述《水法》的内容为主。

2.2.1 新旧《水法》的比较

《中华人民共和国水法》(以下简称原《水法》)是1988年1月21日经第六届全国人大常委会审议通过，并于同年7月1日实施的。这是新中国第一部管理水事活动的基本法。这部法律规定了水资源属国家所有，规定了水资源开发利用的方针、原则、基本管理制度和管理体制，它的颁布实施标志着我国水利事业进入了依法治水的新时期。原《水法》颁布以来，已初步建立了与水法相配套的水法规体系和水行政执法体系；初步理顺了水资源管理体制，强化了水资源统一管理；以实施取水许可制度和水资源有偿使用制度为重点，建立和完善各项水资源管理制度，使我国水资源管理逐步纳入法制轨道，水的利用率大幅度提高，水利建设和防治水害工作取得重大成就。

2002年8月29日，第九届全国人民代表大会常务委员会通过《水法》的第一次修订，随后经2009年、2016年两次修正，现行的《中华人民共和国水法》为2016年版(以下简称新《水法》)，新《水法》在内容上着重规定水资源的开发、利用、节约、保护和配置，具有鲜明的时代性、针对性和科学性，而且比较全面，涵盖性较高。其主要特点是：

(1) 强化了水资源的统一管理，注重水资源合理配置。新《水法》实行流域管理与行政区域管理相结合的原则改革水管理体制，强化水资源的统一管理，确立了流域管理机构的法律地位。

(2) 是把节约用水放在突出位置，核心是提高用水效率。新《水法》更加强调了加强对节约用水的管理，建立节约用水技术的开发推广体系，培育和发展节约用水产业。

(3) 加强了水资源的宏观管理，提升了水资源规划的重要性。新《水法》新增水资源规划篇章，规定了全国水资源战略规划，江河流域（区域）规划，水资源论证制度，水中长期供求规划，河流水量分配和旱情紧急情况下水量调度预案制度，年度水量分配方案和调度计划制度等一系列水资源配置的法律制度，明确了水资源规划的法律地位，加强了规划实施的监督管理。

(4) 重视水资源与人口、经济发展和生态环境的关系协调，重视在水资源开发、利用中对生态环境的保护。改变了过去水污染防治与水资源综合开发、利用脱节的状况，建立了水功能区划制度和排污总量管理制度，使江河水质保护建立在水资源的承载能力的基础上。

(5) 适应依法行政的要求，强化法律责任。

总之，新《水法》按照可持续发展的要求，从法律的角度，正确处理了水资源与人口、经济发展和生态环境的关系，促进人与水、人与自然的协调与和谐。全面贯彻实施新《水法》，必将使我国水利事业开创一个新局面，也必将推动我国水资源管理工作提高到一个新水平。

2.2.2 水资源利用的基本制度

1. 水资源权属制度

自然资源权属制度是法律关于自然资源归谁所有、使用，以及由此产生的法律后果由谁承担的一系列规定构成的法规系统。它是自然资源保护管理中最基本的法律制度，是对自然资源开发、利用、保护和恢复最具影响力的制度，也是任何自然资源法律不可缺少的制度。

我国法律对水资源权属也有着非常明确的规定。我国《宪法》明确规定：“矿藏、水流、森林、山岭、草原、荒地、滩涂等自然资源，都属于国家所有，即全民所有；由法律规定属于集体所有的森林和山岭、草原、荒地、滩涂除外。”新《水法》第三条规定：“水资源属于国家所有。水资源的所有权由国务院代表国家行使。农村集体经济组织的水塘和由农村集体经济组织修建管理的水库中的水，归该农村集体经济组织使用。”由此明确了在我国，水资源的权属属于国家。

水资源的权属主要包括两个方面的内容：一是水资源的所有权，二是水资源的使用权。按照我国法律规定，水资源的所有权属于国家，即全民所有。水资源的使用权是单位和个人依法对水资源进行实际运用，并取得相应利益的一种权利。它有一套完整的取得、变更和消灭的规范系统。它和水资源所有权有着很大不同。首先。使用权的主体比所有权的主体广泛，所有权的主体仅仅限定于国家全民所有，而使用权的主体则十分广泛，几乎任何单位和个人都可以成为水资源使用权的主体。其次，水资源使用权内容受其所有权和自然规律的制约，不是无限制地使用。

与普通的财产相比，自然资源具有公共属性，而在自然资源中，水资源的公共性更为明显。水资源是按自然周期随机变化、自然循环的，降雨、蒸发都是人力不可控制的自然现象。水资源可以重复利用、综合利用，任何人都不可能垄断对其的控制权。作为基础性自然资源、战略性经济资源和生态环境的控制性要素，世界上许多国家都禁止私人拥有水资源的所有权。人们认为水资源是一种公共资源，不能成为私权的客体，每个人都享有公平利用水资源的权利。法国、以色列、日本、西班牙、俄罗斯、南非、澳大利亚、菲律宾等国都规定了水资源的国有制。例如，菲律宾《水法》规定，包括河流、湖泊、地下水和大气水在内的水资源均属于国家所有。以色列《水法》规定，各类水资源均属以色列的国家财产，任何人所拥有的对土地的权利，并不意味着其对位于该土地上、通过该土地内部或位于该土地边界的水源也拥有同样的权利。南非规定对水资源实行公共托管制度。

在我国，对于水资源的所有权，1988年原《水法》规定："水资源属于国家所有，即全民所有。""农村集体经济组织所有的水塘、水库中的水属于集体所有。"新《水法》对此作了调整，第三条规定"水资源属于国家所有。水资源的所有权由国务院代表国家行使"。1988年原《水法》之所以规定农村集体经济组织所有的水塘、水库中的水属于集体所有，其目的是为了调动广大农村兴修水利的积极性，但是这一规定混淆了水资源所有权和水资源使用权的界限，农村集体所有的水塘、水库中的水和其他河流、湖泊中的水并无本质区别，都需经过水的自然循环得到补充，其所有权依然应当属于国家，水库所有者只能拥有水资源的使用权，如果仍然规定这种水资源的集体所有制，就肢解了水资源的国家所有权，也不利于国家对水资源的统一调控管理。为了保护农民利益，调动农村集体经济组织修建水利设施的积极性，新《水法》规定："农村集体经济组织所有的水塘和由农村集体经济组织投资修建管理的水库中的水，归各该农村集体经济组织使用。"同时在第七条规定："国家对水资源依法实行取水许可制度和有偿使用制度。但是，农村集体经济组织及其成员使用本集体经济组织的水塘、水库中的水的除外。"另外新《水法》第二十五条规定："对农村集体经济组织或者其成员依法在本集体经济组织所有的集体土地或者承包土地上投资兴建水工程设施的，按照谁投资建设谁管理和谁受益的原则，对水工程设施及其蓄水进行管理和合理使用。"

2. 水资源规划制度

新《水法》对"水资源规划"非常重视，第二章，明确要求开发、利用、节约、保护水资源和防治水害要按流域、区域统一制定规划，并就规划的种类、制定权限与程序、规划的效力和实施等问题作了具体规定。明确了规划在水资源开发利用和保护中的法律地位。

制定全国水资源战略规划的目的是为我国水资源可持续利用和科学管理提供规划基础。规划是在进一步查清我国水资源及其开发利用现状、分析和评价水资源承载能力的基础上，根据经济社会可持续发展和生态环境保护对水资源的要求，提出水资源合理开发、优化配置、高效利用、有效保护和综合治理的总体布局及实施方案。规划的总体思路是根据国民经济和社会发展总体部署，按照自然和经济规律，确定水资源可持续利用的目标和方向、任务和重点、模式和步骤、对策和措施，统筹水资源开发利用、治理配置、节约和保护，规范水事行为，促进水资源的可持续利用和生态环境保护。规划的主要任务包括：水资源调查评价、水资源开发利用情况、需水预测、节约用水、水资源保护、供水预测、水资源配置、总体布局与实施方案、规划实施效果评价等内容。战略规划要突出水资源配置的思路、格局、方向和措施，促进水资源可持续利用，支持经济社会的可持续发展。

3. 取水许可制度

由于水资源是属于国有的公共资源，所以任何人都不能将其随意据为己有，如果要取用水资源，必须得到政府的许可。俄罗斯、法国、菲律宾、日本都规定了用水许可证制度，南非、西班牙规定了用水授权制度，这在性质上都类似于我国的取水许可制度。1988年原《水法》第三十二条规定，国家对直接从地下或者江河、湖泊取水的，实行取水许可制度。为了突出取水许可制度的重要性，新《水法》在总则部分的第七条规定，国家对水资源依法实行取水许可制度。

所谓取水许可，按照国务院 1993 年 8 月 1 日发布的《取水许可制度实施办法》的规定，是指所有直接从江河、湖泊或地下取水的单位和个人，除为家庭生活等目的少量取水，或者在为紧急公共利益而必须取水的情况外，都应当向人民政府申请取水许可证，并按照规定的时间、地点、方式和限额取水的制度。它是由国务院水行政主管部门负责组织实施和监督管理的。

4. 水资源有偿使用制度

1988 年《水法》规定了水资源费和水费的征收制度，但并未明确实行水资源有偿使用制度。水资源的有偿使用制度，是随着市场经济的发展而逐渐提出来的。所谓水资源的有偿使用，是指国家作为水资源的所有者对利用水资源的单位和个人收取一定费用的行为。取水许可制度和水资源的有偿使用制度是互相依存的。实践证明，水资源的有偿使用是水资源国家所有权的体现，也是节约用水的重要手段和有效措施。在总结实践经验，分析未来形势的基础上，新《水法》第七条规定，国家对水资源实行取水许可制度和有偿使用制度，并在第四十八条规定：直接从江河、湖泊或者地下取用水资源的单位和个人，应当按照国家取水许可制度和水资源有偿使用制度的规定，向水行政主管部门或者流域管理机构申请领取取水许可证，并缴纳水资源费，取得取水权。

新《水法》完善水资源有偿使用制度是符合我国当前国情的。我国人口众多，水资源严重短缺，人均占有水资源量仅为世界人均占有量的 1/4，今后一个时期，随着国民经济持续快速发展、城镇化进程加快和人民生活水平的不断提高，水资源短缺、水灾害频繁、水环境恶化等问题日益突出，完善水资源有偿使用制度是建立社会主义市场经济体制的需要和实现可持续发展的需要。

案例 1：某县一级电站非法取水案例分析

案情回顾：2003 年 7 月至 2004 年 8 月，某县一级电站在未办理取水许可证的情况下非法取水，该县水利局多次口头、书面通知电站业主杜某、黄某到县水利局办理取水许可证、缴纳 2003 年度水资源费，该电站业主既不前来办理取水许可证，也不缴纳 2003 年度水资源费。随后水利局对该电站进行报案，案件由水政监察大队受理，并立案查处。在水政监察大队对杜某、黄某非法取水进行询问调查时，二位业主充分认识到错误，直至 2004 年 9 月 13 日，杜某、黄某向水利局缴纳所欠水资源费，取水许可证在办理中。鉴于两人积极表现，加之黄某读高中的女儿出车祸，伤势较重，其恳求不罚款，水利局最终决定不予追究其行政处罚。

案例分析：根据我国《水法》规定，“国家对水资源依法实行取水许可制度和有偿使用制度”，“直接从江河、湖泊或者地下取用水资源的单位和个人，应当按照国家取水许可制度和水资源有偿使用制度的规定，向水行政主管部门或者流域管理机构申请领取取水许可证，并缴纳水资源费，取得取水权。”杜某、黄某未经水利部门同意擅自改造其一级电站，发电 2 年多既不办理取水许可证，也不缴纳 2003 年度水资源费，严重地影响了水资源的管理和规费征收，违反了《水法》《取水许可制度实施办法》有关规定。但在案件处理过程中他们态度好，及时缴纳了 2003 年的水资源费、办理了取水许可证，加之黄某家庭经济情况特殊，该情况下给予从轻处罚。当地水利局依法解决水事纠纷，处理过程严格按照法律法规执行，既维护了《水法》的权威又不失“重在教育、区别对待、实事求是”的精神。

5. 总量控制和定额管理相结合制度

在水资源利用方面，新《水法》第四十七条规定："国家对用水实行总量控制和定额管理相结合的制度。"总量控制指标是水资源管理的宏观控制指标，是指各流域，省（自治区、直辖市）、市、县、各部门、各企业、各用水户可使用的水资源量，也就是用水计划指标。定额管理是水资源管理的微观控制指标，是确定水资源宏观控制指标总量的基础。用水定额是确定生产单位产品或提供一项服务的具体用水量。只有在全社会的各地区、各行业、各用水户层层建立用水总量控制和定额管理相结合的制度，才能使各地区、各行业和各用水户都有自己的用水指标和节水指标，才能在全社会建立起一种节水激励制度，才能层层落实节水责任，将用水、节水和每个单位与个人的经济利益挂起钩来。这样，节水型工业、农业和社会才能建立起来，才能实现水资源的高效利用、优化配置和全面节约，才能实现经济社会的可持续发展。

6. 节水设施"三同时"制度

新《水法》第五十三条规定"新建、扩建、改建建设项目，应当制订节水措施方案，配套建设节水设施。节水设施应当与主体工程同时设计、同时施工、同时投产"。这就从法律的高度强制性规定了所有新建、扩建、改建建设项目，都要制定节水措施方案，包括工程措施和非工程措施。工程措施是指配合主体工程建设的配套节水设施，而且节水设施应当与主体工程"三同时"，不能主体工程建成投入使用了，节水设施没有建成或者节水设施没有达到国家规定要求，擅自投入使用，否则，要承担新《水法》第七十一条规定的法律责任。这就将节水工程设施的建设使用的责任，落实到了每个新建、扩建和改建的建设项目中去。再加上各种非工程性的节水措施，必然大大提高整个社会的节水意识和促进全社会的节约用水，提高水的重复利用率和用水效益，缓解水资源的供需矛盾，实现水资源的可持续利用，保障经济社会的可持续发展。

2.2.3 水资源利用的法律规定

1. 水资源管理

对于水资源的管理，新《水法》规定："国家对水资源实行流域管理与行政区域管理相结合的管理体制。国务院水行政主管部门负责全国水资源的统一管理和监督工作。国务院水行政主管部门在国家确定的重要江河、湖泊设立的流域管理机构（以下简称流域管理机构），在所管辖的范围内行使法律、行政法规规定的和国务院水行政主管部门授予的水资源管理和监督职责。县级以上地方人民政府水行政主管部门按照规定的权限，负责本行政区域内水资源的统一管理和监督工作。"

对于这条规定，1988年的原《水法》曾规定"国家对水资源实行统一管理与分级、分部门管理相结合的制度"。实践中一些地区只注重"分部门管理"，结果违背水资源管理的客观规律，导致城乡水资源、地表水与地下水分割管理的现象一直存在，产生了许多弊端，各地反映十分强烈。

水资源是一种动态的、多功能的自然资源，是生态与环境的重要组成部分，地表水、地下水互相转化，城乡水资源不可分割，按照我国水资源的自身规律和我国水资源短缺的实际，要实现水资源的可持续利用，必须强化水资源的统一管理。1992年、1997年全国人大《水法》执行情况检查组在向全国人大常委会的汇报中都明确提出对1988年原《水法》

第九条进行修改的建议，认为："鉴于我国水资源的严峻形势，必须尽快改变水资源分割管理体制，实行统一管理；水资源只宜统一管理和分级管理，不宜分部门管理，这是强化国家对水资源所有权属管理的根本保证。"

但是还有一些专家认为：①由于历史的原因，我国形成了多个与水资源相关的专业学科领域和部门，1988年原《水法》规定国家对水资源实行统一管理与分级、分部门管理相结合，有关部门协同水行政主管部门负责水资源管理的体制，经实践证明是可行的。②水资源是一种动态的、多功能的自然资源，其开发利用活动多种多样，如渔业养殖、水力发电、水上运输等，国家已经颁布了一系列的法律、法规，将有关的监督管理权交给了不同的涉水行政部门，如果不对水行政主管部门和其他有关法律、法规中有关行政部门的职责进行界定，将会造成法律之间的不协调。经过综合权衡，立法机关认为，水资源的统一管理符合其自然属性和国际惯例，1988年原《水法》规定的管理体制确有必要改进。同时，水资源的统一管理并不等同于开发利用的统一管理，在水行政主管部门对资源进行统一管理的同时，其他行政部门可按照职责分工对水资源的具体开发利用工作如航运、发电、养殖等进行指导和监督管理。

新《水法》在强调水资源统一管理的同时，还突出了水资源流域管理的重要性，确立了流域机构在水资源管理上的法律地位。

水资源以流域为自然单元，实行流域统一管理符合水资源的自然特性，为世界各国所公认，并列入了联合国环境与发展大会所通过的《21世纪议程》。实践证明，对流域实行统一管理是一种行之有效的管理方式。就我国而言，流域管理的历史悠久，古代就设立有河务总督负责黄河的防汛工作，漕运总督负责京杭大运河的河运工作。中华人民共和国成立后，先后在长江、黄河、松辽、太湖、珠江、淮河、海河等七大江河、湖泊建立了流域管理机构，其职能也由最初的负责规划编制、组织重大工程建设等比较单一的职能发展到组织流域规划编制、负责控制性和跨省水利工程的建设与管理、负责流域水资源的统一管理和调配、水位、流量、水质监测、制定流域防洪方案以及省际水事纠纷调处等比较综合的职能。

流域管理是世界各国的通行做法，符合水资源的自然规律，我国的流域管理机构已经运行多年，在近年来解决黄河断流和黑河、塔里木河水量分配中发挥了重要作用，实践证明是成功的。《防洪法》《水污染防治法》《取水许可和水资源费征收管理条例》等法律、行政法规都对流域管理机构进行了授权或者授权水利部进行具体规定。因此，流域管理是大势所趋，新《水法》中也对其作出规定。

对于采用什么形式的流域管理机构的问题，有一种意见认为应采取流域管理委员会形式，国外的做法通常都是设立由相关各方组成的协调性质的委员会，由委员会对流域实行统一管理。例如，美国水资源规划法在"流域委员会"一章规定，委员会由联邦或独立机构的代表、流域范围内各州的代表和跨州的代表组成，负责对流域范围内的联邦规划、州规划、地方政府规划和非政府规划进行协调；又如，法国的流域委员会是一种公共管理机构，由流域内各省的代表、用水户代表和有关部门代表组成，负责制定并实施水资源开发和水污染防治计划，负责供水、防洪、排水等工程的维护和改建。因此，建议我国应在重点江河设立由有关地方人民政府和国务院部门参加的综合性流域水资源管理委员会作为流域管理机构，而将国务院水行政主管部门的派出机构作为该委员会的办事机构。另一种意见认为，由于我国国情与国外不同，所以不能照搬“水议会”式的流域管理机构，国外的水利工程建设主要由地方居民筹款，所以可以采用议会式的管理机构，而我国水利工程建设主要是由中央政府投资，加上省际协调难度很大，除非由国家领导人出任水资源管理委员会主席，否则将很难开展工作，而且就实际情况来看，涉及流域规划的编制、水量分配等重要问题时，在决策前都要广泛征求有关部门和地方人民政府的意见，1983年以来，在一些流域管理机构中成立了水利部、国家环保部双重领导的水资源保护局，在一些流域还成立了由有关地方人民政府和流域管理机构领导人组成的流域水土保持委员会。在规定流域管理机构时，应当既考虑现实，也考虑将来，并为今后的改革留下余地，至于事权划分的问题，主要是操作中的问题，只要科学合理地划分水利部、流域管理机构和地方水行政主管部门的职责，流域管理机构的工作将不断完善。最后，在综合考虑各种因素的基础上，立法机关对流域管理机构作出了上述规定。新《环境保护法》中第二十条规定：“国家建立跨行政区域的重点区域、流域环境污染和生态破坏联合防治协调机制，实行统一规划、统一标准、统一监测、统一的防治措施。”加强了流域统一管理、联防联控的制度。事实上强调了水资源的管理和水环境保护均应加强流域管理。

2. 水资源规划

新《水法》关于水资源规划方面的规定主要有：

（1）国家制定全国水资源战略规划。

开发、利用、节约、保护水资源和防治水害，应当按照流域、区域统一制定规划。新《环境保护法》中也强调了重点流域、区域统一规划、统一标准、统一监测、统一的防治措施的重要性。这就从法律上确立了水资源利用保护的规划原则，在我国进行水资源的开发、利用和保护等水事活动，均需按照法律规定以及更具统一性的规划进行。

（2）流域范围内的区域规划应当服从流域规划，专业规划应当服从综合规划。

流域综合规划和区域综合规划以及与土地利用关系密切的专业规划，应当与国民经济和社会发展规划以及土地利用总体规划、城镇总体规划和环境保护规划相协调，兼顾各地区、各行业的需要。

新《水法》的这条规定明确了流域规划、区域规划、综合规划、专业规划和其他规划之间的关系。

（3）制定规划，必须进行水资源综合科学考察和调查评价。

县级以上人民政府应当加强水文、水资源信息系统建设。县级以上人民政府水行政主管部门和流域管理机构应当加强对水资源的动态监测。

基本水文资料应当按照国家有关规定予以公开。

这条规定明确了水资源综合科学考察和调查评价的重要性。水资源综合科学考察和调查评价是按流域或行政区对水资源的数量、质量、时空分布特征和开发利用条件作出全面的分析。其成果反映着流域或行政区水资源的客观状况，是水资源开发、利用、节约、保护、管理和防治水害的基础，是经济社会发展决策的重要依据。因此，水资源规划要把水资源综合科学考察和调查评价作为基础性工作，突出水资源调查评价，重视水资源承载能力和水环境容量分析。通过水资源综合科学考察和调查评价，摸清水资源和可利用水资源的现状以及未来的变化趋势，客观反映水资源开发利用中存在的问题，为制定规划以及水资源管理奠定可靠的基础。要在节约、保护的前提下研究分析水资源承载能力。根据水资源开发潜力和经济社会发展预测，制定水资源宏观调配指标，确定不同地区、不同行业的合理用水指标，制定水资源合理配置方案。

进行水资源综合科学考察和调查评价基本要求：①根据我国水文资料积累情况，在考虑水文系列代表性的基础上，确定采用统一的同期水文系列，作为水资源评价的基本依据。②根据流域下断面条件的变化，对天然径流系列进行一致性分析，提出地表水资源评价成果。③根据地下水补排条件以及地表水与地下水转化关系，对地下水资源进行统一评价。④水资源评价成果应反映水资源的时空分布特征。

（4）确定了流域规划和区域规划的编制和审批程序。

国家确定的重要江河、湖泊的流域综合规划，由国务院水行政主管部门会同国务院有关部门和有关省、自治区、直辖市人民政府编制，报国务院批准。跨省、自治区、直辖市的其他江河、湖泊的流域综合规划和区域综合规划，由有关流域管理机构会同江河、湖泊所在地的省、自治区、直辖市人民政府水行政主管部门和有关部门编制，分别经有关省、自治区、直辖市人民政府审查提出意见后，报国务院水行政主管部门审核；国务院水行政主管部门征求国务院有关部门意见后，报国务院或者其授权的部门批准。

前款规定以外的其他江河、湖泊的流域综合规划和区域综合规划，由县级以上地方人民政府水行政主管部门会同同级有关部门和有关地方人民政府编制，报本级人民政府或者其授权的部门批准，并报上一级水行政主管部门备案。

专业规划由县级以上人民政府有关部门编制，征求同级其他有关部门意见后，报本级人民政府批准。其中，防洪规划、水土保持规划的编制、批准，依照《防洪法》《水土保持法》的有关规定执行。

（5）规划一经批准，必须严格执行。

这样的规定维护了规划的严肃性和权威性。规划体现了国家一定时期内经济社会发展和改善生态环境对水资源开发利用和防治水害的要求；规划是在深入调查研究基础上，按照一定的原则，应用科学的方法，进行多种可能方案的分析比较；它兼顾多方面要求和利益，协调有关方面的关系，经过反复权衡筛选，是较为现实可行的措施和方案；规划是按照既定程序，由有关方参与编制，经过政府或主管部门的审查和批准，反映了国家和社会的要求，代表了大多数人的利益。因此，经批准的规划，应有一定的权威性和法律地位。

（6）建设水利用工程，必须符合流域综合规划。

水利用工程是在江河、湖泊和地下水源上用于开发、利用、控制、调配和保护水资源的各类工程。水资源的流域性、多功能性、不可替代性，使得水工程建设必然涉及上下游、左右岸相邻用水者和不同行业的权益以及兴利除害的关系，特别是面对水资源短缺、水环境恶化、洪涝灾害三大问题，兴建任何水工程都必须科学地、严格地审查是否符合流域的水资源和水环境承载能力，是否影响防洪。流域综合规划是在协调上述关系的基础上制定的，因此建设水工程，必须符合流域综合规划。

（7）规划分为流域规划和区域规划。

流域规划包括流域综合规划和流域专业规划；区域规划包括区域综合规划和区域专业规划。

综合规划，是指根据经济社会发展需要和水资源开发利用现状编制的开发、利用、节约、保护水资源和防治水害的总体部署。

专业规划，是指防洪、治涝、灌溉、航运、供水、水力发电、竹木流放、渔业、水资源保护、水土保持、防沙治沙、节约用水等规划。

3. 水资源开发利用

对于水资源的开发利用，新《水法》作了一系列相应的规定。这些规定的主要内容体现了我国在水资源利用过程中应遵循的一些基本原则。

（1）兴利除害、统筹兼顾的原则

这与前面所述的水资源开发利用的基本原则“全面规划，综合利用”是一致的。即水资源在开发利用时，要做到兼顾上下游、左右岸和有关地区之间的利益，同时满足防洪和水污染防治和防止其他水害的要求，做到兴利与除害相统一，对防洪、排涝、灌溉、发电、水产、供水和木材流放、航运等各方面统筹兼顾，全面规划，以得到综合利用的效益。

（2）生活用水优先，兼顾农业、工业、生态和航运用水

开发、利用水资源，应当首先满足城乡居民生活用水，并兼顾农业、工业、生态环境用水以及航运等需要。

水是人们生活、生产必不可少的自然资源，也是生态环境的控制性要素。人们对水的第一需求就是饮水保障。获得充足、洁净的饮水，是城乡居民最基本的生活需要，因此，在各项用水需求中，应当把生活用水放在优先地位。“各级人民政府应当积极采取措施，改善城镇居民的饮用水条件”。随着经济社会的快速发展，城镇化进程的加快，以及人们生活质量的提高和生态环境的改善，用水需求将不断增加，对供水量和水质的要求不断提高，水资源供需矛盾将不断加剧。因此，必须合理开发、高效利用和优化配置水资源，大力发展供水事业，调整经济布局与产业结构，优先满足人民生活用水，基本保障经济和社会发展用水，努力改善生态环境用水，逐步形成水资源合理配置的格局和安全供水体系。

但是长期以来，我国水资源的开发利用重视满足生活、生产用水，而忽视生态环境用水的需要。这种不合理的水资源开发利用导致严重的生态环境问题。尤其是在干旱区和半干旱区。我国干旱区和半干旱区占整个国土面积近一半。这些区域生态环境的稳定，在很大程度上取决于水资源的供给状况。但是长期以来这些地区的水资源开发利用没有考虑生态环境保护，由于过度开发水资源、大量挤占生态环境用水，导致江河断流、湖泊萎缩、湿地消失、地表植被退化甚至死亡、土地荒漠化、沙尘暴、下游河床淤积、河口生态破坏等一系列生态环境问题。生态环境的破坏严重制约了经济和社会的可持续发展，严重危害了人民生活。改善和恢复生态环境，实现人与自然的和谐共处，已是刻不容缓的任务。因此新《水法》第二十一条规定：“在干旱和半干旱地区开发、利用水资源，应当充分考虑生态环境用水需要。”

（3）开源与节流相结合，节流优先，污水再生利用兼顾

这一原则与前面所述“节约用水”的原则相一致，也是实现水资源有效利用，促进水资源可持续利用的主要原则。

除了以上三条水资源利用的原则外，新《水法》还就跨流域调水，地表水和地下水统

一调度，鼓励利用雨水、微咸水和海水，鼓励开发利用水能、水运资源，水工程建设移民实行开发性移民以及实行水资源论证制度等分别进行了阐述。

(1) 关于跨流域调水的规定

跨流域调水是水资源开发利用的重要手段。世界许多国家通过实施跨流域调水，优化配置水资源，保障了经济和社会发展用水，改善了生态环境。由于我国特定的自然地理条件，水资源时空分布严重不均，北方地区水资源不足的情况更为突出。随着社会经济的进一步发展、城镇化进程的加快，用水需求总量还将会有较大增加，这主要是工业用水和生活用水的增加。水资源短缺已经成为我国经济和社会发展的严重制约因素。为了缓解水资源的紧张状况，除了大力抓好节约和保护水资源之外，跨流域调水已经成为我国北方许多城镇的必然选择。

实施跨流域调水，进行流域间的水资源合理配置，对改变流域与区域间水资源分布不均，缓解重点缺水地区的水资源供需矛盾具有十分重要的意义。但是，跨流域调水会对调出区的生态环境和水资源形势带来影响。国际上通行的标准是调水量不得超过调出径流总量的20%，否则将造成生态环境的破坏。因此，跨流域调水一定要全面规划、科学论证，统筹考虑调出和调入流域的用水需要，绝不能造成调出区生态环境的恶化。新《水法》规定："跨流域调水，应当进行全面规划和科学论证，统筹兼顾调出和调入流域的用水需要，防止对生态环境造成破坏。"

南水北调工程，是缓解我国北方地区缺水矛盾、提高城乡抗御干旱能力、实现水资源合理配置的重大战略性工程。南水北调工程按照"先节水后调水、先治污后通水、先环保后用水"的原则，通过东、中、西三条调水线路，实现江、淮、黄、海四个流域的水资源合理调配，形成南北方和东西部水资源互相补充的格局。南水北调直接供水的主要目标是城镇生活和工业用水，并可通过水量调配和优化调度等多种方式，缓解农业和生态环境的缺水状况，确保京津等特大城镇的供水安全。

(2) 关于地表水和地下水统一调度的规定

水资源是大气降雨循环再生的动态资源，大气水、地表水和地下水相互转化，不能分割。这三种形态是水循环的不同阶段，水在任何一个阶段受到损害，都会影响到其他阶段。长期以来，不少地区过量开采地下水，造成地下水位持续下降、地面沉降、海水入侵、水源枯竭、水质恶化等环境问题，不仅破坏了水资源，而且导致严重的社会经济问题。因此，新《水法》规定了"地表水与地下水统一调度开发"的原则，以加强水资源的合理开发利用。

地方各级人民政府应当按照新《水法》的要求，结合本地区水资源的实际情况，从获得最大经济、社会、环境效益的目标出发，加强地表水、地下水的统一管理、科学调度、联合运用，实现水资源优化配置；按照"先生活、后生产，先节水、后调水，先地表、后地下"的原则安排用水，以水资源的可持续利用保障经济和社会的可持续发展。

(3) 关于水工程建设移民实行开发性移民的规定

十一届三中全会以来，国家实行开发性移民方针，制定了一系列有利于移民经济发展的方针和政策。所谓开发性移民是指把工程建设移民所列投资统筹考虑，除去必需的一次性补偿外，主要部分作为发展资金，由政府来领导、组织移民进行经济开发。开发性移民安置的关键是从单纯补偿性安置的传统做法中解脱出来，改消极赔偿为积极创业，变救济生活为扶持生产，采取前期补偿、补助与后期生产扶持相结合的办法进行移民安置，充分利用当地资源，广开生产就业门路，帮助移民建立稳定的生产生活基础，真正把移民的生产生活安排好，实现安居乐业、长治久安。

因此，新《水法》在总结以往移民安置经验教训的基础上，将国家有关移民安置的方针、政策用法律的形式固定下来。第二十九条规定："国家对水工程建设移民实行开发性移民的方针，按照前期补偿、补助与后期扶持相结合的原则，妥善安排移民的生产和生活，保护移民的合法权益。"

移民安置应当与工程建设同步进行。建设单位应当根据安置地区的环境容量和可持续发展的原则，因地制宜，编制移民安置规划，经依法批准后，由有关地方人民政府组织实施。所需移民经费列入工程建设投资计划。

为了把移民工作做好，在组织实施过程中，通常要求达到3个同步：一是移民安置进度同水利枢纽工程建设同步，不拖工程建设的后腿，保证工程能按时投入使用；二是专业项目迁建同移民搬迁同步，为移民搬迁安置创造良好条件，方便移民群众的生产生活；三是移民生产安置同移民生活安置同步，使移民搬迁后的生产生活门路得到真正落实，尽快达到或超过搬迁前的水平。这和国际惯用的移民政策比较接近，例如，世界银行贷款项目涉及移民安置时，要求采取措施，保证移民的生活水平"不得低于移民前的水平"。

(4) 关于水资源论证的规定

水资源是可循环、可更新的自然资源，但在一定时期、一定地点，水资源承载能力也是有限的。因此，生产力布局和城镇建设就应当与当地水资源条件和防洪要求相适应，科学进行水资源论证。清楚当地的水资源承载能力和水环境承载能力。"因水制宜，以供定需"，合理安排经济和社会发展。

水资源论证包括两个方面。一是水资源承载能力。水资源承载能力指的是在一定流域或区域内，其自身的水资源能够持续支持经济社会发展规模并维系良好生态系统的能力。二是水环境承载能力。水环境承载能力指的是在一定的水域，其水体能够被继续使用并仍保持良好生态系统时，所能够容纳污水及污染物的最大能力。这两者是相辅相成、紧密相连的。根据新《水法》，经济和社会发展一定要认真分析当地水资源状况，科学论证水资源承载能力和水环境承载能力，并采取法律、经济、行政、技术、工程等措施，充分挖掘节水潜力，搞好流域或区域水资源的合理配置，协调好生活、生产和生态用水，保持经济和社会可持续发展。

新《水法》第二十三条规定："国民经济和社会发展规划以及城镇总体规划的编制、重大建设项目的布局，应当与当地水资源条件和防洪要求相适应，并进行科学论证；在水资源不足的地区，应当对城镇规模和建设耗水量大的工业、农业和服务业项目加以限制。"第三十二条规定："县级以上人民政府水行政主管部门和流域管理机构应当按照水功能区水质的要求和水体的自净能力，核定该水域的纳污能力，向环境保护行政主管部门提出该水域的限制排污总量意见。"

为促进水资源的优化配置和可持续利用，保障建设项目的合理用水要求，2002年4月6日，水利部和国家发展计划委员会发布了《建设项目水资源论证管理办法》(2002年5月1日起实施)，规定：对于直接从江河、湖泊或地下取水并需申请取水许可证的新建、改建、扩建的建设项目，建设项目业主单位应当进行建设项目水资源论证，编制建设项目水资源论证报告书；建设项目利用水资源，必须遵循合理开发、节约使用、有效保护的原则，符合江河流域或区域的综合规划及水资源保护规划等专项规划。《办法》的实施，进一步推动了新《水法》有关“水资源论证”的规定在建设项目方面的具体贯彻落实。

4. 水资源、水域和水工程保护

这一部分内容主要是新《水法》中关于水资源、水域和水工程保护，维持水资源可持续利用，充分利用水资源的规定。主要包括三个部分的内容：①水资源保护；②水域保护；③水工程保护。

(1) 水资源保护

水资源保护是指为了满足水资源可持续利用的要求，采取经济的、法律的、行政的、技术的和工程的等手段，合理安排水资源的开发利用，并对影响水资源的客观规律的各种行为进行干预，保证水资源发挥自然资源功能和商品经济功能的活动。就其内容而言，包括地表水和地下水的水量与水质的保护。

在水量保护方面，要求开发、利用水资源和防治水害，应当全面规划、统筹兼顾、标本兼治、综合利用、讲求效益，发挥水资源的多种功能，协调好生活、生产经营和生态环境用水，注意避免水源枯竭、生态环境恶化，应当注意维持江河的合理流量和湖泊、水库以及地下水的合理水位。在水质保护方面，要求从水域纳污能力的角度对污染物的排放浓度和总量进行控制，以维持水质的良好状态。在地下水保护方面，一方面要避免因对地下水的超采引起地面沉降和海水入侵；另一方面要避免地面水污染和陆源污染对地下水形成的污染。因此，要坚持预防为主的方针，对包括地下水在内的整个水资源进行统一评价、统一规划、统一调度和统一管理；同时，要加强对供水水源地的保护。关于在水质方面的保护，我国《水污染防治法》作了专门的详细的规定。新《水法》中关于水质保护方面的一些规定，如建立饮用水水源保护区、对污染物实行总量控制等，在《水污染防治法》中均有相应的规定。

新《水法》中关于水量保护的规定主要有，第三十条：“在制定水资源开发、利用规划和调度水资源时，应当注意维持江河的合理流量和湖泊、水库以及地下水的合理水位，维护水体的自然净化能力。”第三十一条：“开采矿藏或者建设地下工程，因疏干排水导致地下水水位下降、水源枯竭或者地面塌陷，采矿单位或者建设单位应当采取补救措施；对他人生活和生产造成损失的，依法给予补偿。”第三十五条：“占用农业灌溉水源，采取相应的补救措施；造成损失的，依法给予补偿。”第三十六条：“划定地下水禁止开采或者限制开采区。”

新《水法》中关于水质保护的规定主要有，第三十一条：“从事水资源开发、利用、节约、保护和防治水害等水事活动，应当遵守经批准的规划；因违反规划造成江河和湖泊水域使用功能降低、地下水超采、地面沉降、水体污染的，应当承担治理责任。”第三十二条：“水域功能区划的制定和审批。”第三十三条：“建立饮用水水源保护区制度”。

(2) 水域保护

水域调蓄水量、防洪抗灾、供养生物、调节气候，是保持生态平衡的重要因素。但是，长期以来人们对河道、湖泊等天然水域的保护意识淡薄，在河漫滩上堆置垃圾、修筑建筑、种植谷物、围湖造地等现象屡禁不止，使水域面积锐减，导致河道泄洪和湖泊水库调蓄水量能力下降，引发洪水灾害和旱灾。为此，新《水法》关于水域保护作出了一系列规定。

小知识：禁止围湖造地、围垦河道的重要性

河道是水流的通道，保证河道畅通可以保持或提高河道的行洪能力，减少洪水发生的几率。湖泊是水的天然贮存地，可以在一定程度上调节洪水流量，减轻洪水对河道和水工程的压力。充分发挥湖泊、河道的自然功能，对于保障防洪安全、促进社会主义经济建设具有十分重要的意义。随着我国经济的发展和人口的增加，人与自然的矛盾日益突出，人们为了拓展生存空间不断地与水争地，不合理的围垦河道、湖泊的现象比较普遍，使一些河道过洪断面减少，湖区面积缩小，河湖防洪能力下降。这些违背自然规律的人类活动最终必将损害人类自身的利益。据统计，全国被围垦的湖泊面积至少有2000多万亩，减少蓄洪容积350多亿m^3。1998年，我国长江、松花江、嫩江流域发生了历史罕见的大洪水，长江干堤修筑子堤600多千米；九江市长江干堤以及长江中下游孟溪、安造等67座较大堤垸溃决，造成了巨大的经济损失，影响了经济建设和人民群众的正常生活秩序。究其原因，很重要的一条就是河湖的行洪、蓄洪能力下降。大灾之后，国务院实行了“平垸行洪、退田还湖、移民建镇”的政策。1999年，长江中下游干流、洞庭湖、鄱阳湖出现了1954年后仅次于1998年的历史第二高水位，湖北、湖南、江西、安徽四省先后运用了337个平垸行洪的堤垸行洪，增加蓄滞洪水23.5亿m^3，有效降低了洪水位，避免了近百万人流离失所。正反两方面的事例充分说明了围垦河湖的危害以及平垸行洪、退田还湖的重要意义。

新《水法》从保持河道畅通、维护河势稳定和确保防洪安全出发，针对河道管理范围内各类生产建设活动的特点及其可能造成的危害程度，对其分别作出了禁止或限制性规定。

1）禁止性规定。主要是：第三十七条规定，禁止在江河、湖泊、水库、运河、渠道内弃置、堆放阻碍行洪的物体和种植阻碍行洪的林木及高秆作物。禁止在河道管理范围内建设妨碍行洪的建筑物、构筑物以及从事影响河势稳定、危害河岸堤防安全和其他妨碍河道行洪的活动。第四十条规定，禁止围湖造地。已经围垦的，应当按照国家规定的防洪标准有计划地退地还湖。同时规定禁止围垦河道。基于上述规定，在河道管理范围内从事以上活动将可能对河势稳定和防洪安全造成严重影响，应予严格禁止。

2）限制性规定。主要是：第三十八条规定，在河道管理范围内建设桥梁、码头和其他拦河、跨河、临河建筑物、构筑物，铺设跨河管道、电缆，应当符合国家规定的防洪标准和其他有关的技术要求，工程建设方案应当依照防洪法的有关规定报经有关水行政主管部门审查同意。第三十九条规定，对在河道管理范围内进行采砂活动的，国家实行河道采砂许可制度。第四十条第2款规定，对于确需围垦的，应当经过科学论证，经省、自治区、直辖市人民政府水行政主管部门或者国务院水行政主管部门同意后，报本级人民政府批准。这是禁止围垦河道的例外性规定。根据上述规定，在河道内从事上述活动，尽管也会对河势稳定和防洪安全产生不良影响，但为了兼顾生产生活和防洪安全的双重需要，通过设定必要的法律制度和实施严格的管理措施，应当可以将影响降低到最低程度。

（3）水工程保护

新《水法》第七十九条规定：本法所称水工程，是指在江河、湖泊和地下水源上开发、利用、控制、调配和保护水资源的各类工程。水工程按照其服务对象可分为防洪工程、农田水利工程、水力发电工程、航运及港口工程、城镇供水排水工程和环境水利工程等。按其对水的作用方式分为蓄水工程、排水工程、取水工程、抽水工程、提水工程、河道及航道整治工程、水质净化和污水处理工程等。水工程是国民经济和社会发展的基础设施，是兴水利、除水害的重要物质基础。

为了加强对水工程的保护，新《水法》对水工程安全保障、水工程管理和保护范围的划定、水工程设施补偿以及侵占、毁坏水工程的法律责任作出了明确规定，主要内容是：

1）规定了单位和个人都有保护水工程的义务。新《水法》第四十一条规定，单位和个人有保护水工程的义务，不得侵占、毁坏堤防、护岸、防汛、水文监测、水文地质监测等工程设施。第四十三条第4款规定，在水工程保护范围内，禁止从事影响水工程运行和危害水工程安全的爆破、打井、采石、取土等活动。

2）规定了水工程设施补偿制度。新《水法》第三十八条规定，在河道管理范围内建设桥梁、码头和其他拦河、跨河、临河建筑物、构筑物，铺设跨河管道、电缆，应当符合国家规定的防洪标准和其他有关的技术要求；需要扩建、改建、拆除或者损坏原有水工程设施的，建设单位应当负担扩建、改建的费用和损失补偿。

3）规定了水工程安全保障制度。新《水法》第四十二条规定，县级以上人民政府应当采取措施，保障本行政区域内水工程，特别是水坝和堤防的安全，限期消除险情。水行政主管部门应当加强对水工程安全的监督管理。

4）规定了水工程管理和保护范围的划定制度。新《水法》第四十三条分别规定了国家所有的、国务院水行政主管部门或者流域管理机构管理的水工程管理和保护范围的划定以及其他水工程保护范围的划定。

5. 水资源配置和使用

我国水资源短缺，再加上开发利用不合理，污染和浪费，使我国的水资源面临严峻的形势，成为经济社会发展的制约因素。为了解决水资源短缺的矛盾，实现水资源可持续利用，就必须加强对水资源开发、利用的宏观管理，合理配置水资源、规范水资源分配行为，统筹考虑地表水、地下水、上下游、左右岸、调水区、受水区的关系，协调好生活、生产和生态用水。由此，新《水法》专设一章，对如何进行水资源配置和使用进行规定。规定中一部分是水资源分配和使用的基本制度，如总量控制和定额管理相结合的制度，实行取水许可制度和水资源有偿使用制度，实行节水设施“三同时”制度等，在水资源利用法规的基本制度中已经作了阐述，这里不再冗述。下面介绍一下其他规定和对取水许可制度进行一些补充：

(1) 国务院发展计划主管部门和国务院水行政主管部门负责全国水资源的宏观调配。各级水行政主管部门应制定相应的水中长期供求规划。

(2) 调蓄径流和分配水量，应当依据流域规划和水中长期供求规划，以流域为单元制定水量分配方案。

水量分配方案和旱情紧急情况下的水量调度预案经批准后，有关地方人民政府必须执行。

在不同行政区域之间的边界河流上建设水资源开发、利用项目，应当符合该流域经批准的水量分配方案。

小知识：水中长期供求规划

水中长期供求规划，是调节水资源的总供给和总需求总体部署的关系，以水资源的可供给量和生态环境承受的能力为基础，立足现实、展望中期。根据经济社会发展对水的需求量和可开发水平决定的可供水量，确定需求，按照统筹兼顾、供需协调、综合平衡和合理调配的原则，协调好全国或者流域、区域的生活、生产生态用水。

新《水法》第四十四条规定："水中长期供求规划应当依据水的供求现状、国民经济和社会发展规划、流域规划、区域规划，按照水资源供需协调、综合平衡、保护生态、厉行节约、合理开源的原则制定。"

小知识：水资源需求管理

水资源需求管理就是运用工程措施和非工程的法律的、经济的、行政的手段来管理水资源的开发利用行为，实现水资源的优化配置和合理利用的一种管理方式。这种管理着眼于现状的水资源供给量，分析研究现状条件下的各类用水结构、水的利用率，通过加强管理、突出节约用水、提高用水效率，满足人类生活用水、生产用水和生态环境的用水需求。

(3) 县级以上地方人民政府水行政主管部门或者流域管理机构应当根据批准的水量分配方案和年度预测来水量，制定年度水量分配方案和调度计划，实施水量统一调度；有关地方人民政府必须服从。

(4) 用水应当计量，并按照批准的用水计划用水。用水实行计量收费和超定额累进加价制度。

超定额用水累进加价，是指对各用水户在定额以内的用水实行平价（低价）计收水费，而对超出定额以外的用水实行平价基础上的累进加价计收水费的一种制度。实行这一制度有利于各用水户加强管理、采用新技术、新设备和新工艺，以及回收废水，重复利用，提高水的重复利用率。这样做既可以节约水资源，也可以降低生产成本，还可以大大促进全社会节约用水，提高水资源忧患意识，优化配置水资源，推动节水型农业、节水型工业和节水型社会的建立。

(5) 各级人民政府应当推行节水灌溉方式和节水技术，对农业蓄水、输水工程采取必要的防渗漏措施，提高农业用水效率。

(6) 工业用水应当采用先进技术、工艺和设备，增加循环用水次数，提高水的重复利用率。对于落后的、耗水量高的工艺、设备和产品实行淘汰制度。

(7) 推广节水型生活用水器具，降低城镇供水管网漏失率，提高生活用水效率；加强城镇污水集中处理，鼓励使用再生水，提高污水再生利用率。

(8) 各级人民政府应当积极采取措施，改善城乡居民的饮用水条件。

(9) 取水许可制度：

1) 取水许可的范围与例外。依照《取水许可与水资源费征收管理条例》的规定：所谓取水，是指利用取水工程或者设施直接从江河、湖泊或者地下取用水资源。其取水工程包括取水工程或者设施，是指闸、坝、渠道、人工河道、虹吸管、水泵、水井以及水电站等。取用水资源的单位和个人，都应当申请领取取水许可证，并缴纳水资源费。

但下列情形不需要申请取水许可证：农村集体经济组织及其成员使用本集体经济组织的水塘、水库中的水的；家庭生活和零星散养、圈养畜禽饮用等少量取水的；为保障矿井等地下工程施工安全和生产安全必须进行临时应急取（排）水的；为消除对公共安全或者公共利益的危害临时应急取水的；为农业抗旱和维护生态与环境必须临时应急取水的。

2）申请取水许可的程序。申请取水的单位或者个人（以下简称申请人），应当向具有审批权限的审批机关提出申请。申请利用多种水源，且各种水源的取水许可审批机关不同的，应当向其中最高一级审批机关提出申请。取水许可权限属于流域管理机构的，应当向取水口所在地的省、自治区、直辖市人民政府水行政主管部门提出申请。

3）申请取水许可资料。包括：申请书；与第三者利害关系的相关说明；属于备案项目的，提供有关备案材料；国务院水行政主管部门规定的其他材料。申请书内容包括：①申请人的名称（姓名）、地址；②申请理由；③取水的起始时间及期限；④取水目的、取水量、年内各月的用水量等；⑤水源及取水地点；⑥取水方式、计量方式和节水措施；⑦退水地点和退水中所含主要污染物以及污水处理措施；⑧国务院水行政主管部门规定的其他事项。

建设项目需要取水的，申请人还应当提交由具备建设项目水资源论证资质的单位编制的建设项目水资源论证报告书。论证报告书应当包括取水水源、用水合理性以及对生态与环境的影响等内容。

4）申请取水许可的程序。新建、改建、扩建的建设项目，要申请或者重新申请取水许可的，建设单位应当在报送建设项目设计任务书前，向县级以上人民政府水行政主管部门提出取水许可预申请，水行政主管部门应当会同有关部门对其进行审议并提出书面意见。建设单位在报送建设项目设计任务书时，应当附具水行政主管部门的书面意见。建设项目经批准后，建设单位再持有关批准文件向水行政主管部门正式申请取水许可。

5）申请取水许可应提交的文件。申请取水许可应当提交取水许可申请书和取水许可申请所依据的有关文件，取水许可申请与第三人有利害关系时，还应当附具第三人的承诺书或者其他文件。取水许可申请书应当载明下列事项：①申请人的名称、姓名和地址；②取水起始时间及期限；③取水目的、取水量、年内各月的用水量、保证率等；④申请理由；⑤水源及取水地点；⑥取水方式；⑦节水措施；⑧退水地点和退水中所含主要污染物以及污水处理措施。

6）取水许可申请的批准。水行政主管部门应当在收到申请之日起60日内决定是否批准，对急需用水的，应当在30日内决定是否批准。如果取水许可申请引起争议或者诉讼的，应当书面通知申请人待争议或者诉讼终止后，再重新提出取水许可申请。按照有关规定，下列取水许可申请应当由国务院水行政主管部门或者其授权的流域管理机构负责审批：①在长江、黄河、珠江、松花江等十大河流干流取水，或者国际河流、国境边界河流取水，或者在其他河段超过一定限额取水的；②在省际边界河流、湖泊超出一定限额取水的；③跨省际行政区域且超出一定限额取水的；④由国务院批准的大型建设项目的取水，原则上也适用该规定。其他取水许可申请则由县级以上地方人民政府水行政主管部门依法审批。

7）取水许可后的管理。按照《取水许可和水资源费征收管理条例》（2006年版）的规定，得到取水许可证后，持证人应当按照规定的时限、地点和方式取水，其节约的水资源，在取水许可的有效期和取水额度内可依法有偿转让，并按期报送本年度的取水情况及下一年度取水计划建议。此外，水行政主管部门还有以下主要管理措施：①在自然原因使本地区总水量减少或者地下水严重超采等情况下，经县级以上人民政府或者国务院水行政主管部门批准，可以适当减少或限制其取水量；②对水耗超过规定标准的取水单位，应当责令其限期改进或改正；③持证人有未按照规定取水、提供数据资料等违法行为的，经县级以上人民政府或者国务院水行政主管部门批准，可以吊销其取水许可证。

2.3 水环境保护法规

2.3.1 水环境保护的基本制度

1. 保护区制度

保护区制度指国家可以对饮用水水源、风景名胜、重要渔业水体和其他具有特殊经济文化价值的水体，划定保护区并采取措施，保证保护区的水质符合规定用途的水质标准。

对于生活饮用水水源保护区，可以分为地表水源保护区和地下水源保护区，我国《水污染防治法》（2016年）和《国务院关于环境保护若干问题的决定》（1996年）等法律法规有比较详尽的规定并提出了具体实施办法。

《水污染防治法》中针对饮用水水源保护作出了相关规定：①在饮用水水源保护区内，禁止设置排污口。②禁止在饮用水水源准保护区内新建、扩建对水体污染严重的建设项目；改建建设项目，不得增加排污量。③县级以上地方人民政府应当根据保护饮用水水源的实际需要，在准保护区内采取工程措施或者建造湿地、水源涵养林等生态保护措施，防止水污染物直接排入饮用水水体，确保饮用水安全。④饮用水水源受到污染可能威胁供水安全的，环境保护主管部门应当责令有关企业事业单位采取停止或者减少排放水污染物等措施。⑤国务院和省、自治区、直辖市人民政府根据水环境保护的需要，可以规定在饮用水水源保护区内，采取禁止或者限制使用含磷洗涤剂、化肥、农药以及限制种植养殖等措施。⑥县级以上人民政府可以对风景名胜区水体、重要渔业水体和其他具有特殊经济文化价值的水体规定保护区，并采取措施，保证保护区的水质符合规定用途的水环境质量标准。⑦在风景名胜区水体、重要渔业水体和其他具有特殊经济文化价值的水体的保护区内，不得新建排污口。在保护区附近新建排污口，应当保证保护区水体不受污染。

对于饮用水水源一级保护区，《水污染防治法》规定了比较详细的水质保障措施：①禁止在生活饮用水地表水源一级保护区内从事网箱养殖、旅游、游泳、垂钓和其他可能污染生活饮用水水体的活动。②禁止在饮用水水源一级保护区内新建、扩建与供水设施和保护水源无关的建设项目；已建成的与供水项目和保护水源无关的建设项目，由县级以上人民政府责令拆除或者关闭。

对于饮用水水源二级保护区，也有相应的规定：①禁止在饮用水水源二级保护区内新建、扩建向水体排放污染物的建设项目；已建成的排放污染物的建设项目，由县级以上人民政府责令拆除或者关闭。②在生活饮用水地表水源二级保护区内从事网箱养殖、旅游等活动的，应当按照规定采取措施，防止污染饮用水水源。

其次，生活饮用水地下水源保护区，由县级以上地方人民政府环境保护部门会同同级水利、国土资源、卫生、建设等有关行政主管部门，根据饮用水水源地所处的地理位置、水文地质条件、供水量、开采方式和污染源的分布提出划定方案，报本级人民政府批准。其水质适用国家《地下水质量标准》Ⅱ类标准。

对生活饮用水地下水源保护区的水质保障措施有：在生活饮用水地下水源保护区内，①禁止利用污水灌溉；②禁止利用含有毒污染物的污泥作肥料；③禁止使用剧毒和高残留农药；④禁止利用储水层孔隙、裂隙、溶洞及废弃矿坑储存石油、放射性物质、有毒化学品、农药等。

2. 环境影响评价制度

环境评价包括：环境现状评价、环境回顾评价和环境影响评价三类。环境影响评价，也称环境质量预断评价，是指对规划和建设项目实施后可能造成的环境影响进行分析、预测和评估，提出预防或者减轻不良环境影响的对策和措施，进行跟踪监测的方法与制度。环境影响评价制度是环境影响评价在法律上的表现，是法律对环境影响的调查方式、评价程序、范围、内容及法律后果等规定的一系列相对完整的实施规则系统。

环境影响评价制度几乎是世界各国均采用的一种环境行政管理制度。1969 年，美国的《国家环境政策法》最早确立了环境影响评价制度。之后，环境影响评价制被许多国家采纳。美国纽约州、加拿大、韩国等国家和地区还专门制定了《环境影响评价法》。实践证明，环境影响评价制度在西方发达国家起到了协调环境保护与经济发展关系的作用，对于加强有关项目和规划、立法的环境影响管理，预防环境纠纷的产生，保护人们的环境权具有重要的意义，值得我国借鉴。

在我国，环境影响评价制度也是环境保护的一项根本制度。从 1979 年的《中华人民共和国环境保护法（试行）》，1981 年的《基本建设项目环境保护管理办法》，1984 年《水污染防治法》，1986 年《建设项目环境保护管理办法》，1989 年《环境保护法》，到 1998 年《建设项目环境保护管理条例》，对环境影响评价都作了明确规定。特别是 1998 年国务院针对建设项目环境管理出现的新问题发布的《建设项目环境保护管理条例》，该条例对建设项目的环境影响评价制度进行了详尽的规定，基本符合环境保护的要求。但是作为一个适用于建设项目的行政法规，其适用和局限性及效力等级缺陷是不言而喻的。因此，为满足“可持续发展战略，预防因规划和建设项目实施后对环境造成不良影响，促进经济、社会和环境的协调发展”，2002 年 10 月 28 日全国人大常委会通过了《环境影响评价法》，2016 年 7 月 2 日又进行了修正，将环境影响评价制度提高到了基本法律的高度。

3. 防治污染设施的“三同时”制度

根据《环境保护法》第四十一条规定：“建设项目中防治污染的设施，应当与主体工程同时设计、同时施工、同时投产使用。防治污染的设施应当符合经批准的环境影响评价文件的要求，不得擅自拆除或者闲置。”“三同时”制度与环境影响评价制度紧密相关，是贯彻“预防为主”原则的重要法律制度。“同时设计”，是指建设项目的初步设计，应当按照环境保护设计规范的要求，编制环境保护篇章，并依据经批准的建设项目环境影响报告书或者环境影响报告表，在环境保护篇章中落实防治污染设施的投资概算。"同时施工"，是指建设项目施工阶段，建设单位应当将防治污染设施的施工纳入项目的施工计划，保证其建设进度和资金落实。"同时投产使用"，是指建设单位必须把防治污染设施与主体工程同时投入运转，不仅指正式投产使用，还包括建设项目试生产和试运行过程中的同时投产使用。

4. 实行总量控制和浓度控制相结合的制度

在水环境保护方面，《水污染防治法》对污染物总量控制都进行了相应的规定。指出："对实现水污染物达标排放仍不能达到国家规定的水环境质量标准的水体，可以实施重点污染物排放总量控制制度。……总量控制计划应当包括总量控制区域、重点污染物的种类及排放总量、需要削减的排污量及削减时限。对依法实施重点污染物排放总量控制的水体，县级以上地方人民政府应当依据总量控制计划分配的排放总量控制指标，组织制定本行政区域内该水体的总量控制实施方案。总量控制实施方案应当确定需要削减排污量的单位、每一排污单位重点污染物的种类及排放总量控制指标、需要削减的排污量以及削减时限要求。县级以上地方人民政府环境保护部门根据总量控制实施方案，审核本行政区域内向该水体排污单位的重点污染物排放量，对不超过排放总量控制指标的，发给排污许可证；对超过排放总量控制指标的，限期治理，限期治理期间，发给临时排污许可证。具体办法由国务院环境保护部门制定。总量控制实施方案确定的削减污染物排放量的单位，必须按照国务院环境保护部门的规定设置排污口，并安装总量控制的监测设备。"

5. 排污许可证制度

我国《水污染防治法》规定：直接或者间接向水体排放工业废水和医疗污水以及其他按照规定应当取得排污许可证方可排放的废水、污水的企业事业单位和其他生产经营者，应当取得排污许可证；城镇污水集中处理设施的运营单位，也应当取得排污许可证。

排污许可证应当明确排放水污染物的种类、浓度、总量和排放去向等要求。禁止企业事业单位和其他生产经营者无排污许可证或者违反排污许可证的规定向水体排放前款规定的废水、污水。

向水体排放污染物的企业事业单位和其他生产经营者，应当按照法律、行政法规和国务院环境保护主管部门的规定设置排污口；在江河、湖泊设置排污口的，还应当遵守国务院水行政主管部门的规定。

实行排污许可管理的企业事业单位和其他生产经营者应当按照国家有关规定和监测规范，对所排放的水污染物自行监测，并保存原始监测记录。重点排污单位还应当安装水污染物排放自动监测设备，与环境保护主管部门的监控设备联网，并保证监测设备正常运行。实行排污许可管理的企业事业单位和其他生产经营者应当对监测数据的真实性和准确性负责。

排污许可证制度涉及两方面内容，一是排污申报登记，二是排污许可。

首先，排污申报登记是指直接或者间接向水体排放污染物的企业事业单位，应当按照国务院环境保护部门的规定，向所在地的环境保护部门申报登记拥有的污染物排放设施、处理设施和在正常作业条件下排放污染物的种类、数量和浓度，并提供防治水污染方面的有关技术资料。当排污单位排放水污染的种类、数量和浓度有重大改变的，应当及时申报。排污申报登记的目的在于使环保部门全面了解和掌握排污单位的污染排放和防治动态。另外，对于超标排污和超过总量控制指标排污的单位，在向有管辖权的环境保护行政主管部门申报登记时，应当写明超标排污和超过总量控制指标排污的原因及限期治理或限期削减污染物排放量的措施。企业暂停生产经营、中止陆源污染物排放的，应当登记；恢复生产需排污的，也应登记。企业在被撤销、解散、宣告破产或者其他原因终止生产经营的，应进行有关的注销登记。

其次，排污许可证制度属于行政许可制度的一种，是指凡从事需向水体排污的活动（主要指需要排污的生产活动），必须按照法律规定向有关环境保护部门提出申请，经审查批准，发给排污许可证，方可进行活动的一系列相对完整的实施规划系统。

水污染排放许可证的内容包括允许污染物的类型、排放时间、排放地点、排放方式、排放口设置、排放浓度、排放总量、排放期限等，有时行政指导、技术措施、削减时限等也是其内容。

持有排污许可证的单位或个人必须按照许可证和法律规定从事活动，发证机关对持证者是否按照许可证的要求从事有关活动也要进行监督检查。对于持证人违反许可证和法律规定的，应当承担相应的法律责任，情节严重的可以宣布许可证无效。

6. 征收排污费和生态保护补偿制度

征收排污费制度又称排污收费制度。是环境保护机关依照法律的规定，向排放污染物的单位收取一定费用的制度。包括排污费的征收、管理和使用三个环节。

我国目前有两种意义的排污收费制度：

（1）超标准排污收费。1979 年的《环境保护法（试行）》首先规定了在我国实行征收超标准排污费制度。现行的《水污染防治法》第十五条也明确规定："排放污染物超过国家或地方规定的污染物排放标准的企事业单位，依照国家规定缴纳超标准排污费。"

（2）排污收费。即《水污染防治法》第十五条规定的，凡向水体排放污染物的，即使不超过标准，也要征收排污费。征收排污费的目的，是为促进企事业单位加强经营管理，节约和综合利用资源，治理污染，改善环境。征收的排污费必须用于防治污染，不得挪作他用。排污单位缴纳排污费并不意味着购买了排污权，也不排除其治理污染、赔偿损失及法律规定的其他责任。排污单位如果拒绝或者拖延缴纳超标准排污费或排污费，应承担相应的法律后果。

排污收费制度是依据污染者负担的原则要求，污染者要承担对社会污染损害的责任。排污收费制度是运用经济手段控制污染的一项重要环境政策。

《环境保护法》第三十一条规定：国家建立、健全生态保护补偿制度。国家加大对生态保护地区的财政转移支付力度。有关地方人民政府应当落实生态保护补偿资金，确保其用于生态保护补偿。国家指导受益地区和生态保护地区人民政府通过协商或者按照市场规则进行生态保护补偿。

生态补偿制度是以防止生态环境破坏、增强和促进生态系统良性发展为目的，以从事对生态环境产生或可能产生影响的生产、经营、开发、利用者为对象，以生态环境整治及恢复为主要内容，以经济调节为手段，以法律为保障的新型环境管理制度。

建立生态补偿制度的意义是：

(1) 建立生态补偿制度是确保生态功能区建设的需要。生态区群众的发展权与非生态区群众的发展权是平等的。国家为追求宏观上经济、社会和生态效益的最大化，规划了不同的功能区，并分别制定了相应的优化开发、重点开发、限制开发、禁止开发的政策。保证功能区规划落到实处，需要设计相应的生态补偿制度。如果没有生态补偿制度安排，限制开发、禁止开发区域就会选择"博弈"行为，导致"限、禁"失效。

(2) 建立科学的生态补偿制度可以约束生态环境消费。生态环境的容量有限，生态环境消费无度会损害生态环境。建立科学的生态补偿制度，对生态环境过度消费征费，以作生态补偿之资，让生态环境消费者的消费成本内部化、制度化、刚性化，能够有效约束生态环境消费者对生态环境的过度消费。

(3) 建立科学的生态补偿制度可以激励生态环境保护行为。建立科学的生态补偿制度可以让生态环境保护的收益内部化，使保护者得到补偿与激励，实现生态环境保护行为的自觉自愿自利，可持续地坚持下去。建立生态环境保护的长效机制，还可以增强生态产品的生产和供给能力。

生态补偿的实现路径，常见的包括：财政转移支付、市场调节、保证金（或储备金）制度和协商谈判机制。

生态保护补偿制度是按照"谁开发谁保护、谁受益谁补偿"的原则，将生态保护的外部问题内部化，让受益者支付相关费用。《环境保护法》中规定了两种生态保护补偿方式：一是国家对生态保护地区的财政转移支付；二是受益地区和生态保护地区人民政府通过协商或者按照市场规则进行生态保护补偿。

7. 限期治理制度

限期治理制度是对现已存在危害环境的污染源，由法定机关作出决定，强令其在规定的期限内完成治理任务并达到规定要求的制度。

(1) 限期治理的决定权由县级以上人民政府作出。

(2) 限期治理的范围可分为：

1) 区域性治理。是指对污染严重的某一区域、某个水域的限期治理。如：国家重点治理的三河（淮河、海河、辽河）、三湖（太湖、巢湖、滇池）、两区（酸雨、二氧化硫控制区）、一市（北京市）、一海（渤海）是限期治理的重点区域。

2) 行业性限期治理。是针对某个行业某项污染物的行业性限期治理。

3) 企业限期治理。是针对某个企业的排污超标情况进行限期治理。

(3) 限期治理的期限法律中没有作出明确规定，一般由决定限期治理的机构根据污染源的具体情况、治理的难度等因素来确定。其最长期限不得超过3年。

8. 突发环境事件应对制度

为预防和减少突发环境事件的发生，控制、减轻和消除突发环境事件引起的危害，规范突发环境事件应急管理工作，保障公众生命安全、环境安全和财产安全，环境保护部2015年3月19日颁布《突发环境事件应急管理办法》（环境保护部令第34号）。适用于各级环境保护主管部门和企业事业单位组织开展的突发环境事件风险控制、应急准备、应急处置、事后恢复等工作。

突发环境事件，是指由于污染物排放或者自然灾害、生产安全事故等因素，导致污染物或者放射性物质等有毒有害物质进入大气、水体、土壤等环境介质，突然造成或者可能造成环境质量下降，危及公众身体健康和财产安全，或者造成生态环境破坏，或者造成重大社会影响，需要采取紧急措施予以应对的事件。

突发环境事件按照事件严重程度，分为特别重大、重大、较大和一般四级。突发环境事件应急管理工作坚持预防为主、预防与应急相结合的原则。突发环境事件应对，应当在县级以上地方人民政府的统一领导下，建立分类管理、分级负责、属地管理为主的应急管理体制。

企业事业单位应当按照相关法律法规和标准规范的要求，履行下列义务：开展突发环境事件风险评估；完善突发环境事件风险防控措施；排查治理环境安全隐患；制定突发环境事件应急预案并备案、演练；加强环境应急能力保障建设。发生或者可能发生突发环境事件时，企业事业单位应当依法进行处理，并对所造成的损害承担责任。

《水污染防治法》第七十六条规定："各级人民政府及其有关部门，可能发生水污染事故的企业事业单位，应当依照《中华人民共和国突发事件应对法》的有关规定，做好突发水污染事故的应急准备、应急处置和事后恢复等工作。"第六十七条规定："可能发生水污染事故的企业事业单位，应当制定有关水污染事故的应急方案，做好应急准备，并定期进行演练。"第七十八条规定："企业事业单位发生事故或者其他突然性事件，造成或者可能造成水污染事故的，必须立即采取应急措施，通报可能受到水污染危害和损失的单位，并向当地环境保护部门报告。环境保护主管部门接到报告后，应当及时向本级人民政府报告，并抄送有关部门。船舶造成污染事故的，应当向就近的航政机关报告，接受调查处理。造成渔业污染事故的，应当接受渔政监督管理机构的调查处理。"《环境保护法》第四十七条也规定："各级人民政府及其有关部门和企业事业单位，应当按照《中华人民共和国突发事件应对法》的规定，做好环境事件的风险控制、应急准备、应急处置和事后恢复等工作。县级以上人民政府应当建立环境污染公共检测预警机制，组织制定预警方案；环境受到污染，可能影响公众健康和环境安全时，依法及时公布预警信息，启动应急措施……突发环境事件应急处置工作结束后，有关人民政府应当立即组织评估事件造成的环境影响和损失，并及时将评估结果向社会公布。"

《水污染防治法实施细则》作了进一步规定，企业事业单位造成水污染事故时，必须在事故发生后四十八小时内，向当地环境保护部门作出事故发生的时间、地点、类型和排放污染物的数量、经济损失、人员受害等情况的初步报告。事故查清后，应当向当地环境保护部门作出事故发生的原因、过程、危害、采取的措施、处理结果以及事故潜在危害或者间接危害、社会影响、遗留问题和防范措施等书面报告，并附有关证明文件。

环境保护部门接到水污染事故的初步报告后，应当立即会同有关部门采取措施，减轻或者消除污染，对事故可能影响的水域进行监测，并由环境保护部门或者其授权的有关部门对事故进行调查处理。

9. 现场检查与在线监测相结合的制度

现场检查制度是对环保等行政管理部门对污染物排放单位进行现场检查所作的一系列规定。具体如下：

环境保护部门和海事、渔政管理机构对管辖范围内向水体排放污染物的单位进行现场检查时，应当出示行政执法证件或者佩戴行政执法标志。

环境保护部门和海事、渔政管理机构进行现场检查时，根据需要，可以要求被检查单位提供：①污染物排放情况；②污染物治理设施及其运行、操作和管理情况；③监测仪器、仪表、设备的型号和规格以及检定、校验情况；④采用的监测分析方法和监测记录；⑤限期治理进展情况；⑥事故情况及有关记录；⑦与污染有关的生产工艺、原材料使用的资料；⑧与水污染防治有关的其他情况和资料。

在线自动监测是及时监测污染物排放情况和有效控制排污单位污染物排放的有效手段。《水污染防治法》第二十三条规定："重点排污单位应当安装水污染物排放自动监测设备，与环境保护主管部门监控设备联网，并保证监测设备正常运行……"

2.3.2　水环境保护的法律规定

1. 监督管理体制

水污染防治与水资源的开发利用紧密相关，必然涉及许多行政管理部门的职责范围。因此，《水污染防治法》规定对水污染防治工作实行统一主管、分工负责和协同相结合的监督管理体制。其具体内容是：县级以上人民政府的环境保护主管部门是对水污染防治实施统一监督管理的机关；交通部门的航政机关是对船舶污染实施监督管理的机关；县级以上人民政府的水行政、国土资源、卫生、建设、农业、渔业等部门以及重要江河、湖泊的流域水资源保护机构，在各自的职责范围内，对有关水污染防治实施监督管理。《水污染防治法》的第三章详尽介绍了水污染防治的监督管理办法。

2. 水环境保护的监督管理

(1) 维护水体的自净能力

《水污染防治法》规定，在开发、利用和调节、调度水资源的时候，应当统筹兼顾，维护江河的合理流量和湖泊、水库以及地下水体的合理水位，维护水体的自然净化能力。在《水法》中也有相似规定。

水体对一定量的污染物质有自然净化的能力，即环境容量。但是当排入水体的污染物量超过了水体的自然净化能力时，就会导致水污染的发生，影响水体正常使用功能的发挥。因此应尽量减少污染物的排放，并且充分利用水体的整体性和流动性以维护水体的自然净化能力，是水资源合理利用和水污染防治工作的重要内容。

(2) 水污染防治规划

由于水体的整体性和流动性，零散的污染治理是不可能解决水污染问题的。水污染防治必须有流域性或者区域性的统一规划，是许多国家防治水污染的成功经验，也是中国水污染防治工作极为重要的经验教训的科学总结。新修改的《水污染防治法》明确规定了防治水污染应当按流域或者按区域进行统一规划，并就各级规划的制定程序、规划的法律性质以及规划的实施作了规定。其具体内容包括：

第一，国家确定的重要江河的流域水污染防治规划，由国务院环境保护部门会同计划主管部门、水利管理部门等有关部门和有关省级人民政府编制，报国务院批准。其他跨省、跨县江河的流域水污染防治规划，根据国家确定的重要江河的流域水污染防治规划和本地实际情况，由省级以上人民政府环境保护部门会同水利管理部门等有关部门和有关地方人民政府编制，报国务院或者省级人民政府批准。跨县不跨省的其他江河的流域水污染防治规划由该省级人民政府报国务院备案。

第二，经批准的水污染防治规划是防治水污染的基本依据，规划的修订须经原批准机关的批准。

第三，县级以上地方人民政府，应当根据依法批准的江河流域水污染防治规划，组织制定本行政区域的水污染防治规划，并纳入本行政区域的国民经济和社会发展中长期和年度计划。

新《环境保护法》中也表明了“环境保护规划的内容应当包括生态保护和污染防治的目标、任务、保障措施等”、“国家建立跨行政区域的重点区域、流域环境污染和生态破坏联合防治协调机制，实行统一规划、统一标准、统一监测、统一的防治措施”等。

(3) 城镇污水集中处理

城镇是污染源集中之地，也是水环境保护的重点区域。污水的集中处理是城镇水污染防治的成功经验，它既有利于水污染的防治，亦符合经济效率的原则。《水污染防治法》第四十四条明确规定了城镇污水应当集中处理，并就城镇污水集中处理的实施和污水处理费用作了规定。

(4) 清洁生产和落后生产工艺、设备的淘汰制度

生产工艺和生产设备的落后，必然导致原材料及能源利用效率的低下及污染物排放量大，是污染严重的客观原因。通过技术改造，采用新工艺、新设备，并加强环境保护管理，实现清洁生产，是现代工业生产企业的发展方向。《水污染防治法》明确规定了企业在实现清洁生产方面的义务，并规定了落后工艺、设备的淘汰制度以促进企业履行这一义务。

为了防止落后设备的非法转移，法律还规定依法被淘汰的设备，不得转让给他人使用。

(5) 禁止新建无水污染防治措施的严重污染水环境的小型企业

国家禁止新建无水污染防治措施的小型化学制纸浆、印染、染料、制革、炼焦、炼硫、炼砷、炼汞、电镀、炼油、农药以及其他严重污染水环境的企业。

3. 饮用水水源保护

设立保护区采取特别措施保护具有特殊价值的环境因素或者区域是环境保护的基本方法之一。新《水法》规定：县级以上人民政府可以对风景名胜区水体、重要渔业水体和其他具有特殊经济文化价值的水体，划定保护区，并采取措施，保证保护区的水质符合规定用途的水质标准。同时《水污染防治法》规定在饮用水水源禁止设置排污口；规定了饮用水水源一级、二级保护区及准保护区内水污染防治的措施；在饮用水水源地、风景名胜区水体、重要渔业水体和其他有特殊经济文化价值的水体保护区内，不得新建排污口。在保护区附近新建排污口，必须保证保护区水体不受污染。

4. 防止地表水污染

(1) 有关水污染物的禁排规定

对于严重危害水环境的污染物质和排污行为，《水污染防治法》作出了如下禁止性规定：

禁止向水体排放油类、酸液、碱液或者剧毒废液。

禁止在水体清洗装贮过油类或者有毒污染物的车辆和容器。

禁止将含有汞、镉、砷、铬、铅、氰化物、黄磷等的可溶性剧毒废渣向水体排放、倾倒或者直接埋入地下。存放可溶性剧毒废渣的场所，必须采取防水、防渗漏、防流失的

措施。

禁止向水体排放、倾倒工业废渣、城镇垃圾和其他废弃物。

禁止在江河、湖泊、运河、渠道、水库最高水位线以下的滩地和岸坡堆放、存贮固体废弃物和其他污染物。

禁止向水体排放或者倾倒放射性固体废弃物或者含有高放射性和中放射性物质的废水。

(2) 有关水污染物的限排规定

对于危害水环境的一些特殊种类的废水和污水的排放，《水污染防治法》作了限制排放的规定：

向水体排放含低放射性物质的废水，必须符合国家有关放射防护的规定和标准。

向水体排放含热废水，应当采取措施，保证水体的水温符合水环境质量标准，防止热污染危害。

排放含病原体的污水，必须经过消毒处理，符合国家有关标准后，方可排放。

国务院有关部门和县级以上地方人民政府应当合理规划工业布局，要求造成水污染的企业进行技术改造，采取综合防治措施，提高水的重复利用率，减少废水和污染物排放量。

案例 2：某市水污染事件案例分析

2012 年，某市一材料厂自转让后不挂牌闭门生产，擅自变更原生产工艺，没有建设污染防治设施，利用溶洞恶意排放高浓度镉污染物的废水，致使地下溶洞入口旁的底泥镉含量严重超出《土壤环境质量标准》；另一冶化厂未按相关规定建设渣场，未按规定堆放废弃物，部分废渣渗滤液及厂区面源污水通过排水沟流入溶洞，且通过岩溶落水洞将镉浓度超标的废水排放入某河。这导致了该河段重金属镉严重超标，致使大量鱼类死亡，其中某电站坝首前 200m 处，镉含量一度超《地表水环境质量标准》Ⅲ类标准约 80 倍，严重危害沿岸及下游 300 多万居民饮用水安全。经环保及有关部门认定，此次造成的污染事件情节严重、社会影响恶劣，涉及民事及刑事违法行为，涉事的 10 名企业有关责任人和 3 名政府官员均获刑。

事件发生后，环保部、卫生部启动治污紧急预案，关停两厂并排查该市流域内的企业污染状况，采取多项措施保障民众饮用水安全；地方政府积极作出响应，及时跟踪事件进展、平息市民恐慌，对涉及此事件的水产养殖户进行安抚和赔偿，建立和完善有关应急管理、检查、监督机制；依法追究涉案人员责任。

经专家调查组认定，该材料厂存在非法生产、非法经营、违法排污行为，违反了《水污染防治法》第三十五条“禁止向溶洞排放倾倒含有毒污染物的废水”及《环境保护法》第四十六条“任何单位和个人不得生产、销售或者转移、使用严重污染环境的工艺、设备和产品”，其严重污染环境的行为违反了《刑法》第三百三十八条规定：“违反国家规定，排放、倾倒有毒物质，严重污染环境的，构成污染环境罪。”该冶化厂存在违法排污行为，因其“未按规定建设渣场、未按规定堆放废弃物”，违反了《环境影响评价法》第三十一条规定、《水污染防治法》第三十三条“存放可溶性剧毒废渣的场所，应当采取防水、防渗漏、防流失的措施”及第三十五条规定、《环境保护法》污染防治的相关规定；法院依法对涉事 10 名企业责任人判处不同程度的刑罚及赔偿；涉事 3 名环保部门官员犯有环境监管失职、受贿罪，触犯了《环境保护法》《环境影响评价法》《刑法》等法律，依法追究其行政及刑事责任。

5. 防治地下水污染

（1）有关污染物的禁排规定

对于严重危害地下水的排污行为，《水污染防治法》作出了禁止性规定：禁止企业、事业单位利用渗井、渗坑、裂隙和溶洞排放、倾倒含有毒污染物的废水、含病原体的污水和其他废弃物。在无良好隔渗地层，禁止企业、事业单位使用无防止渗漏措施的沟渠、坑塘等输送或者存贮含有毒污染物的废水、含病原体的污水和其他废弃物。

（2）分层开采地下水

在开采多层地下水的时候，如果各含水层的水质差异大，应当分层开采；对已受污染的潜水和承压水，不得混合开采。

（3）防治地下水污染

兴建地下工程设施或者进行地下勘探、采矿等活动，应当采取防护性措施，防治地下水污染。人工回填补给地下水，不得恶化地下水质。

6. 防治工业水污染

国务院有关部门和县级以上地方人民政府应当合理规划工业布局，要求造成水污染的企业进行技术改造，采取综合防治措施，提高水的重复利用率，减少废水和污染物排放量。

国家对严重污染水环境的落后工艺和设备实行淘汰制度。国务院经济综合宏观调控部门会同国务院有关部门、公布限期禁止采用的严重污染水环境的工艺名录和限期禁止生产、销售、进口、使用的严重污染水环境的设备名录。

国家禁止新建不符合国家产业政策的小型造纸、制革、印染、染料、炼焦、炼硫、炼砷、炼汞、炼油、电镀、农药、石棉、水泥、玻璃、钢铁、火电以及其他严重污染水环境的生产项目。

企业应当采用原材料利用效率高、污染物排放量少的清洁工艺，并加强管理，减少水污染物的产生。

7. 防治城镇水污染

城镇污水应当集中处理。

向城镇污水集中处理设施排放水污染物，应当符合国家或者地方规定的水污染物排放标准。

城镇污水集中处理设施的出水水质达到国家或者地方规定的水污染物排放标准的，可以按照国家有关规定免缴排污费。

城镇污水集中处理设施的运营单位，应当对城镇污水集中处理设施的出水水质负责。

环境保护主管部门应当对城镇污水集中处理设施的水质和水量进行监督检查。

建设生活垃圾填埋场，应当采取防渗漏等措施，防止造成水污染。

8. 防治农业和农村水污染

向农田灌溉渠道排放工业废水和城镇污水，应当保证其下游最近的灌溉取水点的水质符合农田灌溉水质标准。

利用工业废水和城镇污水进行灌溉，应当防止污染土壤、地下水和农产品。

使用农药，应当符合国家有关农药安全使用的规定和标准。

运输、存贮农药和处置过期失效农药，必须加强管理，防止造成水污染。

县级以上地方人民政府农业主管部门和其他有关部门，应当采取措施，指导农业生产者科学、合理地施用化肥和农药，控制化肥和农药的过量使用，防止造成水污染。

国家支持畜禽养殖场、养殖小区建设畜禽粪便、废水的综合利用或者无害化处理设施。

畜禽养殖场、养殖小区应当保证其畜禽粪便、废水的综合利用或者无害化处理设施正常运转，保证污水达标排放，防止污染水环境。

从事水产养殖应当保护水域生态环境，科学确定养殖密度，合理投饵和使用药物，防止污染水环境。

9. 防治船舶污染

通航水域的船舶是水污染的来源之一，《水污染防治法》的有关规定是：

船舶排放含油污水、生活污水，必须符合船舶污染物排放标准。从事海洋航运的船舶，进入内河和港口的，应当遵守内河的船舶污染物排放标准。

船舶的残油、废油必须回收，禁止排入水体。禁止向水体倾倒船舶垃圾。船舶装载运输油类或者有毒货物，必须采取防止溢流和渗漏的措施，防止货物落水造成水污染。

船舶应当按照国家有关规定配置相应的防污设备和器材，并持有合法有效的防止水域环境污染的证书与文书。

船舶进行涉及污染物排放的作业，应当严格遵守操作规程，并在相应的记录簿上如实记载。

港口、码头、装卸站和船舶修造厂应当备有足够的船舶污染物、废弃物的接收设施。从事船舶污染物、废弃物接收工作，或者从事装载油类、污染危害性货物船舱清洗作业的单位，应当具备与其运营规模相适应的接收处理能力。

船舶进行下列活动，应当编制作业方案，采取有效的安全和防污染措施，并报作业地海事管理机构批准：①进行残油、含油污水、污染危害性货物残留物的接收工作，或者进行装载残油、污染危害性货物船舱的清洗作业；②进行散装液体污染危害性货物船舱的过驳作业；③进行船舶水上拆解、打捞或者其他水上、水下船舶施工作业。在渔港水域进行渔业船舶水上拆解活动，应当报作业地渔业主管部门批准。

2.3.3　公众参与和法律责任

1. 公众参与机制

新《环境保护法》首次明确提出公民对环境保护有“公众参与”的权利。该规定引入了全民参与的理念，强化公众参与机制，明确公众环保的权利与义务。在这里，“公众参与”指的是参与环境保护和监督环境保护的权利。

（1）公民、法人和其他组织依法享有获取环境信息、参与和监督环境保护的权利。各级人民政府环境保护主管部门和其他负有环境保护监督管理职责的部门，应当依法公开环境信息、完善公众参与程序，为公民、法人和其他组织参与和监督环境保护提供便利。

（2）重点排污单位应当如实向社会公开其主要污染物的名称、排放方式、排放浓度和总量、超标排放情况，以及防治污染设施的建设和运行情况，接受社会监督。

(3) 对依法应当编制环境影响报告书的建设项目，建设单位应当在编制时向可能受影响的公众说明情况。负责审批建设项目环境影响评价文件的部门在收到建设项目环境影响报告书后，除涉及国家秘密和商业秘密的事项外，应当全文公开；发现建设项目未充分征求公众意见的，应当责成建设单位征求公众意见。

(4) 公民、法人和其他组织发现任何单位和个人有污染环境和破坏生态行为的，有权向环境保护主管部门或者其他负有环境保护监督管理职责的部门举报。公民、法人和其他组织发现地方各级人民政府、县级以上人民政府环境保护主管部门和其他负有环境保护监督管理职责的部门不依法履行职责的，有权向其上级机关或者检察机关举报。接受举报的机关应当对举报人的相关信息予以保密，保护举报人的合法权益。

2. 法律责任

法律责任分为民事责任、行政责任、刑事责任三类。环境立法制度的建立与完善对于环境违法行为有着较强的约束和震慑作用。同一违法行为，可能同时承担民事责任，并追究行政责任和刑事责任。对于一般环境违法行为，按照相应法律规定作出处罚。我国环境相关法律处罚模式有按日计罚、限期处理等方式。

《环境保护法》第五十九条规定："企业事业单位和其他生产经营者违法排放污染物，受到罚款处罚，被责令改正，拒不改正的，依法作出处罚决定的行政机关可以自责令改正之日的次日起，按照原处罚数额按日连续处罚。前款规定的罚款处罚，依照有关法律法规按照防治污染设施的运行成本、违法行为造成的直接损失或者违法所得等因素确定的规定执行。地方性法规可以根据环境保护的实际需要，增加第一款规定的按日连续处罚的违法行为的种类。"第六十条规定："企业事业单位和其他生产经营者超过污染物排放标准或者超过重点污染物排放总量控制指标排放污染物的，县级以上人民政府环境保护主管部门可以责令其采取限制生产、停产整治等措施；情节严重的，报经有批准权的人民政府批准，责令停业、关闭。"第六十一条规定："建设单位未依法提交建设项目环境影响评价文件或者环境影响评价文件未经批准，擅自开工建设的，由负有环境保护监督管理职责的部门责令停止建设，处以罚款，并可以责令恢复原状。"

严重违反环境保护相关法律法规，构成违反治安管理行为且不构成犯罪的企业事业单位和其他经营者，依法给予治安管理处罚。如《环境保护法》第六十三条规定："企业事业单位和其他生产经营者有下列行为之一，尚不构成犯罪的，除依照有关法律法规规定予以处罚外，由县级以上人民政府环境保护主管部门或者其他有关部门将案件移送公安机关，对其直接负责的主管人员和其他直接负责人员，处十日以上十五日以下拘留；情节较轻的，处五日以上十日以下拘留。

(一) 建设项目未依法进行环境影响评价，被责令停止建设，拒不执行的；

(二) 违反法律规定，未取得排污许可证排放污染物，被责令停止排污，拒不执行的；

(三) 通过暗管、渗井、渗坑、灌注或者篡改、伪造监测数据，或者不正常运行防治污染设施等逃避监管的方式违法排放污染物的；

(四) 生产、使用国家明令禁止生产、使用的农药，被责令停止改正，拒不改正的。"

第六十四条规定："因污染环境和破坏生态造成损害的，应当依照《中华人民共和国侵权责任法》的有关规定承担侵权责任。"

对于未依法执行《环境保护法》的有关执法人员和政府机关，依照法律应承担相应的处罚。如《环境保护法》第六十五条规定："环境影响评价机构、环境监测机构以及从事环境监测设备和防治污染设施维护、运营的机构，在有关环境服务活动中弄虚作假，对造成的环境污染和生态破坏负有责任的，除依照有关法律法规规定予以处罚外，还应当与造成环境污染和生态破坏的其他责任者承担连带责任。"第六十七条规定："上级人民政府及其环境保护主管部门应当加强对下级人民政府及其有关部门环境保护工作的监督。发现有关工作人员有违法行为，依法应当给予处分的，应当向其任免机关或者监察机关提出处分建议。依法应当予以行政处罚，而有关环境保护主管部门不给予行政处罚的，上级人民政府环境保护主管部门可以直接作出行政处罚的决定。"第六十八条规定："地方各级人民政府、县级以上人民政府环境保护主管部门和其他负有环境保护监督管理职责的部门有下列行为之一的，对直接负责的主管人员和其他直接责任人员给予记过、记大过或者降级处分；造成严重后果的，给予撤职或者开除处分，其主要负责人应当引咎辞职：

（一）不符合行政许可条件准予行政许可的；

（二）对环境违法行为进行包庇的；

（三）依法应当作出责令停业、关闭的决定而未作出的；

（四）对超标排放污染物、采用逃避监管的方式排放污染物、造成环境事故以及不落实生态保护措施造成生态破坏等行为，发现或者接到举报未及时查处的；

（五）违反本法规定，封查、扣押企业事业单位和其他生产经营者的设施、设备的；

（六）篡改、伪造或者指使篡改、伪造监测数据的；

（七）应当依法公开环境信息而未公开的；

（八）将征收的排污费截留、挤占或者挪作他用的；

（九）法律法规规定的其他违法行为。"

环境违法构成犯罪，根据《刑法》有关规定依法追究刑事责任。如《刑法》中规定的破坏环境资源保护罪、污染防治罪和非法处置进口的固体废物罪等，个人和单位均可构成。《环境保护法》第六十六条规定："提起环境损害赔偿诉讼的时效期间为三年，从当事人知道或者应当知道其受到损害时起计算。"

小知识：《刑法》中的破坏环境资源保护罪

环境违法行为违反《刑法》构成犯罪的，应根据 2015 年 8 月 29 日《刑法修正案（九）》中有关规定追究刑事责任。《刑法》第三百三十八至三百四十六条规定了破坏环境资源保护罪的基本条例，包括：（一）污染环境罪。（二）非法处置进口的固体废物罪；擅自进口固体废物罪；走私固体废物罪。（三）非法捕捞水产品罪。（四）非法猎捕、杀害珍贵、濒危野生动物罪；非法收购、运输、出售珍贵濒危野生动物、珍贵濒危野生动物制品罪。（五）非法占用农用地罪。（六）非法采矿罪；破坏性采矿罪。（七）非法采伐、毁坏国家重点保护植物罪；非法收购、运输、加工、出售国家重点保护植物、国家重点保护植物制品罪。（八）盗伐林木罪；滥伐林木罪；非法收购、运输盗伐、滥伐的林木罪。（九）单位犯破坏环境资源保护罪的处罚规定。

小知识：污 染 环 境 罪

根据2015年8月29日《刑法修正案（九）》中《刑法》第三百三十八条规定："违反国家规定，排放、倾倒或者处置有放射性的废物、含传染病病原体的废物、有毒物质或者其他有害物质，严重污染环境的，处三年以下有期徒刑或者拘役，并处或者单处罚金；后果特别严重的，处三年以上七年以下有期徒刑，并处罚金。"

根据《最高人民法院、最高人民检察院关于办理环境污染刑事案件适用法律若干问题的解释》的规定，实施《刑法》第三百三十八条、第三百三十九条规定的行为，具有以下情形，应当认定为"严重污染环境"：(一）在饮用水水源一级保护区、自然保护区核心区排放、倾倒、处置有放射性的废物、含传染病病原体的废物、有毒物质的；（二）非法排放、倾倒、处置危险废物三吨以上的；(三）非法排放含重金属、持久性有机污染物等严重危害环境、损害人体健康的污染物超过国家污染物排放标准或者省、自治区、直辖市人民政府根据法律授权制定的污染物排放标准三倍以上的；(四）私设暗管或者利用渗井、渗坑、裂隙、溶洞等排放、倾倒、处置有放射性的废物、含传染病病原体的废物、有毒物质的；(五）两年内曾因违反国家规定，排放、倾倒、处置有放射性的废物、含传染病病原体的废物、有毒物质两次以上行政处罚，又实施前列行为的；(六）致使乡镇以上集中式饮用水水源取水中断十二小时以上的；(七）致使基本农田、防护林地、特殊用途林地五亩以上，其他土地二十亩以上基本功能丧失或者遭受永久性破坏的；(八）致使森林或者其他林木死亡五十立方米以上，或者幼苗死亡二千五百株以上的；(九）致使公私财产损失三十万元以上的；(十）致使疏散、转移群众五千人以上的；(十一）致使三十人以上中毒的；(十二）致使三人以上轻伤、轻度残疾或者器官组织损伤导致严重功能障碍的；(十三）致使一人以上重伤、中度残疾或者器官组织损伤导致严重功能障碍的；(十四）其他严重污染环境的情形。

实施《刑法》第三百三十八条、第三百三十九条规定的行为，具有以下情形，应当认定为"后果特别严重"：(一）致使县级以上集中式饮用水水源取水中断十二小时以上的；(二）致使基本农田、防护林地、特殊用途林地十五亩以上，其他农用地三十亩以上，其他土地六十亩以上基本功能丧失或者遭受永久性破坏的；(三）致使森林或者其他林木死亡一百五十立方米以上，或者幼苗死亡七千五百株以上的；(四）致使公私财产损失一百万元以上的；(五）致使疏散、转移群众一万五千人以上的；(六）致使一百人以上中毒的；(七）致使十人以上轻伤、轻度残疾或者器官组织损伤导致一般功能障碍的；(八）致使三人以上重伤、中度残疾或者器官组织损伤导致严重功能障碍的；(九）致使一人以上重伤、中度残疾或者器官组织损伤导致严重功能障碍，并致使五人以上轻伤、轻度残疾或者器官组织损伤导致一般功能障碍的；(十）致使一人以上死亡或者重度残疾的；(十一）其他严重污染环境的情形。

《刑法》第十条规定的以下物质，应当认定为"有毒物质"：(一）危险废物，包括列入国家危险废物名录的废物，以及根据国家规定的危险废物鉴别标准和鉴别方法认定的具有危险特性的废物；(二）剧毒化学品、列入重点环境管理危险化学品名录的化学品，以及含有上述化学品的物质；(三）含有铅、汞、镉、铬等重金属的物质；(四）《关于持久性有机污染物的斯德哥尔摩公约》附件所列物质；(五）其他具有毒性，可能污染环境的物质。

2.4 水资源利用与水环境保护标准

水资源利用和水环境保护标准是为了保障合理开发利用水资源，保护水环境，保障人们身体健康，促进经济、社会的协调稳定发展，而按照法定程序制定的各种技术规范的总称。它是我国水资源利用和水环境保护法规中重要的组成部分，是许多法律条款的制定基础。其主要内容为技术要求和各种量值规定，它可为实施相关法律法规提供准确、严格的范围界限，为一些法律判定提供法定的技术依据。

我国的水资源利用和水环境保护标准可以分为两级，即国家标准和地方标准。

国家标准是由国务院有关部门依法制定和颁发的，在全国范围内或者在全国的特定区域、特定行业适用的水资源利用和水环境保护标准。地方标准，是指由省、自治区、直辖市人民政府制定颁发的在其管辖区域内适用的标准。地方标准只有省、自治区、直辖市人民政府有权制定，其他地方人民政府均无权制定地方水事标准。

国家标准与地方标准的关系为：国家水资源利用和水环境保护标准适用于全国，地方标准只适用于制定该标准的机构所辖的或其下级行政机构所辖的地区；国家标准可以有各类标准，地方标准只有水环境质量标准和污染物排放标准，而没有基础标准、方法标准和样品标准；当地方污染物排放标准与国家污染物排放标准并存且地方标准严于国家标准时，按地方污染物排放标准优于国家污染物排放标准实施。

根据标准的用途，可以把水资源利用与水环境保护标准划分为水环境质量标准、水环境保护标准、基础标准、方法标准和样品标准。

1. 水环境质量标准

水环境质量标准是为了保护人体健康，合理利用、分配水资源，发挥水资源的多种功效，维护生态平衡，对水中的各种有毒物质（或因素）在一定时间和空间上的允许含量。水环境质量标准反映了人群、动植物和生态系统对环境质量的综合要求，也标志着在一定时期国家利用水资源和防治水污染等方面在技术和经济上可能达到的水平。

我国的水环境质量标准的制定工作，开始于20世纪50年代，为了控制工业集中地区出现的局部环境污染，首先制定了以保护人体健康为主的水环境质量标准。1955年5月首次颁布《自来水水质暂行标准》，在12个城镇试行。1959年8月颁布了《生活饮用水卫生规程》，1976年进行修订改名为《生活饮用水卫生标准》，规定了生活饮用水的感官性指标、化学指标、毒理学指标等23项指标。1985年再次修订了《生活饮用水标准》GB 5749—85，经1985年修订后，2006年再次修订了《生活饮用水标准》GB 5749—2006，正式规定的限量参数共106项，包括感官性指标和一般化学指标、毒理学指标、细菌学指标和放射性指标。70年代以后，陆续制定一系列水环境质量指标：《地表水环境质量标准》GB 3538—2002，《地下水质量标准》GB/T 14848—1993（2014年修订，2015年报批稿），《地表水资源质量标准》SL 63—1994，《生活饮用水水源水质标准》CJ 3020—1993，《城市污水再生利用 景观环境用水水质》GB/T 18921—2002，《城市污水再生利用 城市杂用水水质》GB/T 18920—2002，《游泳池水质标准》CJ 244—2007。

2. 水污染物排放标准

污染物排放标准，是指为了实现环境目标和环境质量标准，结合技术经济条件或环境特点而制定的，规定污染源容许排放的污染物的最高限额。因此，污染物排放标准是达到环境质量标准的手段之一。在水污染物排放标准方面，1973年颁布的《工业："三废"排放试行标准》中，规定了能在环境或动物内蓄积，对人体健康产生长远影响的5项有害物质的最高容许排放浓度和其长远影响较小的14项有害物质的最高容许排放浓度。1983年后陆续颁布了医院、造纸、甜菜制糖、合成脂肪酸、合成洗涤剂、制革、石油开发、石油炼制、化工、医药、金属、食品、船舶、电影洗片等 27 个行业的水污染排放标准。1988 年颁布《污水综合排放标准》，1996 年又对该标准进行修订后颁布。对于城镇污水处理厂的污染物排放标准执行《城镇污水处理厂污染物排放标准》GB 18918—2002。对于排入城镇下水道的企事业单位污水还须达到《污水排入城镇下水道水质标准》GB/T 31962—2015 的要求。

3. 环境基础标准

国家对环境保护工作中需要统一的技术术语、符号、代号（代码）、图形、指南、导则及信息编码等所作的规定，叫做环境基础标准。它是制定其他环境标准的基础。其目的是为制定和执行各类环境标准，提供一个统一遵循的准则，避免各标准间的相互矛盾。

4. 方法标准

国家为监测环境质量和污染物排放，规范环境采样、分析测试、数据处理等技术所作的规定，叫做环境监测方法标准，简称环境方法标准。它是使各种环境监测和统计数据准确、可靠并具有可比性的保证。

5. 样品标准

为了保证环境监测数据的准确、可靠，而由国家法定机关制作的能够确定一个或多个环境特性值的物质或材料，叫做环境标准样品标准，简称为环境样品标准。它可以在环境保护工作中和环境标准实施过程中用于标定仪器、检验测试方法，进行量值传递和质量控制。

【思考题】

1. 水资源的定义，我国水法的适用范围。
2. 水资源开发的原则。
3. 水污染防治的基本制度。
4. 地表水污染防治的规定。
5. 地下水污染防治的规定。
6. 水环境保护的监督管理规定。
7. 水域功能区划。
8. 水资源规划的规定。
9. 环境标准的分类和各类标准的含义及适用范围。

第3章　水工程合同法规

3.1　水工程合同法规概述

3.1.1　水工程合同的概念和特征

合同是平等主体的自然人、法人、其他经济组织之间设立、变更、终止民事权利义务关系的协议。合同作为一项法律制度，是由经济基础决定的。它是随着私有制的产生和商品经济的发展而出现的。合同制度在本质上是社会商品交换的法律表现，商品交换是合同这种形式的经济内容。合同的法律特征在于由法律地位上平等的双方当事人通过自由协商、共同决定他们相互间的权利义务关系。一个人是否缔结合同关系，同谁缔结合同关系以及合同关系的内容，完全取决于当事人的自由意志，合同之精髓是当事人自由意志之结合。只要不违反法律、道德和公共秩序，每个人都享有完全的合同自由，这种自由被概括为著名的合同自由原则。

水工程合同是水工程建设法律关系中的当事人为了实现完成水工程的经济目的，明确相互权利义务关系而达成的协议。与其他合同相比，水工程合同具有如下特征：

（1）合同客体的特殊性。水工程合同的客体是完成水工程建设项目的工作或者服务，而水工程活动生产出的产品除了与其他产品一样具有性能、寿命、可靠性、安全性、经济性五项质量特征外，还具有与一般产品不同的特征，如水工程构筑物建设活动完成后的产品是一个不可分割的整体而与土地相衔接，不能异地交换，每件产品都具有不同的使用价值和价值，与周围环境相协调，同时又影响着周围的景观，这些都决定了水工程合同的重要性，也使得水工程合同具有与普通合同不同的法律特征。

（2）合同主体的特殊性。水工程建设技术含量较高、社会影响很大，所以，法律对水工程合同主体的资格有严格的限制，只有经国家主管部门审查，具有相应资质等级，并经登记注册，持有营业执照的单位，才具有签约承包的民事权利能力和民事行为能力。任何个人及其他单位因不具有签约资格而不得承包水工程。

（3）合同形式的特殊性。水工程建设过程周期长，涉及因素多，专业技术性强，当事人之间的权利义务关系非常复杂，仅有口头约定不足以固定当事人之间的权利义务关系，所以，我国法律明文规定水工程合同必须采用书面形式。为使水工程合同内容更为严谨周密，双方当事人的权利义务更为平等合理，相关国际组织及各国政府的行业协会都组织专家进行研究，制定出了一批有关工程建设的合同样本或示范文本，推荐给当事人加以选择使用。

（4）合同监督管理的特殊性。由于水工程合同本身具有的特殊性，国家对水工程合同的监督管理也十分严格。如工程承发包双方的资质要接受有关部门的审查；部分水工程合同签订以后，还须经有关建设行政主管部门审查批准后才能生效等。

3.1.2 水工程合同的分类

通过对水工程合同的分类，可以确定不同的水工程合同适用不同的法律法规并进行调整。还可以确定不同水工程合同内容的侧重点不同，签订合同的条款也不同，具体要求也不同，同时，也可以通过分类确定不同的合同中当事人的权利义务不同，这些对订立及履行水工程合同均具有重要意义。

依据不同的标准，可以对水工程合同做不同的分类。依水工程合同的内容不同，对水工程合同可以作如下分类：

(1) 水工程咨询合同。是指依委托人的委托，就某项水工程中缺乏的必要工程技术知识提供公正合理建议而达成的协议。

(2) 水工程勘察设计合同。是指委托方与承包方为完成一定的勘察设计任务，明确相互权利义务的协议。这类水工程合同又可分为以完成建设地理、地质状况的调查研究工作为内容的勘察合同和以水工程建设项目决策或具体施工的设计工作为内容的设计合同。

(3) 水工程建筑安装承包合同。是指发包人与承包人之间达成的为完成商定的水工程建筑安装项目，明确相互权利义务关系的协议。

(4) 水工程建设物资买卖合同。是指双方当事人为实现水工程建筑材料和项目机电成套设备的买卖，明确相互权利义务的协议。

(5) 水工程建设施工合同。是指建设单位与施工企业为完成商定的水工程建筑项目，明确相互权利和义务关系的协议。

(6) 国际水工程承包合同。指一国的水工程发包方与另一国的水工程建筑承包方之间，为承包水工程建设项目而达成的协议。国际水工程承包合同法律关系三要素中的主体一方或双方是外国人，其标的是特定的水工程项目，其内容是合同当事人确立的为完成本项特定水工程应享有的权利和应承担的义务，具体包括：

1) 国际水工程咨询合同。国际水工程咨询业务包括：投资前研究，如项目可行性研究、项目现场勘察；项目准备工作，如建筑设计、工程设计、准备招标文件；工程实施服务，如水工程建设监督、项目管理；技术服务，如技术咨询、技术培训、技术推广服务。

2) 国际水工程施工合同。这是国际工程承包合同中最重要，也是必要的一部分。按水工程施工合同价格分类，可分为总价合同、工程单价合同、成本补偿合同；按合同主体分类，可分为总承包合同、分别承包合同、分包合同、转包合同、劳务合同、设计—施工合同。

3) 国际水工程服务合同。是业主对复杂的水工程项目委托工程公司、设备制造公司或生产公司负责水工程服务工作而订立的合同。

4) 提供设备和安装合同。这类合同包括：单纯的设备供应合同、设备供应和安装合同、单纯的安装合同、监督安装合同。

除了上述划分方法外，水工程合同还可分为：

(1) 总包合同。总包合同是由一个承包人独立地对全部建设工程承担责任的合同。

(2) 分包合同。分包合同是由两个以上的承包人对筹建人负责，完成水工程建设的合同。主要包括三种情况：

1) 分别承包，是指各承包人独立地与发包人建立合同关系，各承包人之间无法律关系。

2）联合承包，是指两个以上的承包人共同与发包人签订总包合同，然后各个承包人依其内部协议将项目建设中的各个单项工作落实到每一个承包人。

3）工程承包人将承包工程中的部分工程发包给具有相应资质条件的其他承包人。但是，除总承包合同中约定的分包外，必须经发包人认可。施工总承包的水工程主体结构的施工必须由总承包人自行完成。

（3）转包合同。转包合同是指承包人将其承包的工程项目全部转让给其他承包人，包括承包人将其承包的全部水工程肢解以后以分包的名义分别转包给他人。我国法律禁止签订这种转包合同。

3.1.3　水工程合同法规体系

水工程合同法规是指调整水工程合同法规关系的法律规范的总称。水工程合同法规主要调整具有相应生产经营资格的法人、非法人组织在工程建设法律关系所发生的经济协作关系。与其他部门合同法相比，水工程合同法规除具备合同法的一般特征外，它只调整水工程建设法律关系领域内的经济协作关系，属于第一层次的商品交换关系。

水工程合同法规体系是指按照一定的标准，将现行的和需要制定的水工程合同法规规范分类组合，形成内容和谐，结构严密、完整的统一体。它不仅包括现行的水工程合同法规，也包括已颁布的与之配套的水工程合同条例、实施细则、管理办法，以及调解、仲裁、审理水工程合同纠纷的各种程序法规，还包括将来可能颁布的上述法律法规。此外，也包括散见于其他部门法律法规中的水工程建设法律法规。

1. 水工程合同相关的法律

水工程合同属民商事合同，凡是调整民商事合同法律关系由全国人民代表大会及其常务委员会依照立法程序制定的法律，对水工程合同均有约束力，其效力高于行政法规。如：

（1）《中华人民共和国民法通则》于 1986 年 9 月 12 日由第六届全国人民代表大会第四次会议通过，1987 年 1 月 1 日起施行。该法是民事基本法，水工程合同中的一切民事行为，均受该法基本原则及相关条款的约束。

（2）《中华人民共和国合同法》于 1999 年 3 月 15 日由第九届全国人民代表大会第二次会议通过，1999 年 10 月 1 日起实施。该法是调整合同法律关系的基本法律，水工程合同作为合同的一类，必须遵循该法的通用性规定，同时，该法还对水工程合同的签订和履行以及违约责任作出了具体规定。

（3）《中华人民共和国招标投标法》于 1999 年 8 月 30 日由第九届全国人民代表大会常务委员会第十一次会议通过，2000 年 1 月 1 日起施行。

（4）《中华人民共和国建筑法》于 1997 年 11 月 1 日由第八届全国人民代表大会常务委员会第二十八次会议通过，于 1998 年 3 月 1 日施行，2011 年 4 月 22 日修正。它是我国调整水工程建设活动的基本法。

（5）《中华人民共和国物权法》于 2007 年 3 月 16 日由第十届全国人民代表大会第五次会议通过，2007 年 10 月 1 日起施行。因物的归属和利用而产生的民事关系，均应使用该法。

（6）《中华人民共和国侵权责任法》于2009年12月26日由第十一届全国人民代表大会常务委员会第十二次会议通过，2010年7月1日起施行。只要侵害民事权益的，均应依照该法承担侵权责任。

2. 水工程合同相关的行政性法规、规章

国务院根据法律制定的各类具体的水工程合同条例、实施细则属水工程合同行政法规，如：

（1）2000年1月30日国务院发布的《建设工程质量管理条例》。

（2）2003年11月24日国务院发布的《建设工程安全生产管理条例》。

（3）2015年6月12日国务院修订的《建设工程勘察设计管理条例》（该条例于2000年9月25日发布）。

（4）2016年6月24日国务院发布的《关于优化建设工程防雷许可的决定》。

国务院各部、委、局也有权根据法律和国务院的有关行政法规，在本部门的权限内，发布水工程合同行政性规章：

（1）1997年11月国家工商行政管理局发布的《合同争议行政调解办法》。

（2）2013年1月1日原国家电力监管委员会实施的《电力建设工程备案管理规定》。

（3）2014年8月4日住房城乡建设部发布的《建筑工程施工转包违法分包等违法行为认定查处管理办法（试行）》。

（4）2015年3月12日交通运输部发布的《铁路建设工程质量监督管理规定》。

（5）2016年2月25日国家铁路局发布的《铁路建设工程质量安全监管暂行办法》。

（6）2017年6月20日住房城乡建设部、财政部发布的《建设工程质量保证金管理办法》。

3. 水工程合同相关的地方性法规

省、自治区、直辖市的人民代表大会及其常务委员会，在不与国家的工程合同法规、行政法规规章相冲突的情况下，可以制定工程合同地方性法规。民族自治地区的人民代表大会也有权制定工程合同单行条例。这些规范性文件只能在本辖区内有效。

4. 水工程合同相关的司法解释

最高人民法院对在审判过程中如何具体应用法律法规所作的解释是司法解释，这种解释对下级法院具有普遍的约束力。目前，有关水工程合同的司法解释主要有：

（1）1988年4月2日最高人民法院发布的《关于贯彻执行〈中华人民共和国民法通则〉若干问题的意见（试行）》。

（2）1999年12月29日最高人民法院发布的《关于适用〈中华人民共和国合同法〉若干问题的解释（一）》。

（3）2001年4月2日最高人民法院发布的《关于建设工程承包合同案件中双方当事人已确认的工程决算价款与审计部门审计的工程决算价款不一致时如何适用法律问题的电话答复意见》。

（4）2002年6月20日最高人民法院发布的《关于建设工程价款优先受偿权问题的批复》。

（5）2004年10月25日最高人民法院发布的《关于审理建设工程施工合同纠纷案件适用法律问题的解释》。

(6) 2004年12月8日最高人民法院发布的《关于装修装饰工程款是否享有合同法第二百八十六条规定的优先受偿权的函复》。

(7) 2006年4月25日最高人民法院发布的《关于如何理解和适用〈最高人民法院关于审理建设工程施工合同纠纷案件适用法律问题的解释〉第二十条的复函》。

(8) 2008年5月16日最高人民法院发布的《关于人民法院在审理建设工程施工合同纠纷案件中如何认定财政评审中心出具的审核结论问题的答复》。

(9) 2009年4月24日最高人民法院发布的《关于适用〈中华人民共和国合同法〉若干问题的解释（二）》。

除上述直接调整水工程合同法规关系的法律法规外，其他相关法律规范中，也有部分调整水工程合同的内容。此外，在有关的水资源利用与保护法规、水土保持法规、水污染防治法规、勘察设计法规、建设施工管理法规、建筑质量法规、建设监理法规、建筑市场与招标投标法规、建筑施工企业财务会计法规、建筑机械设备管理法规、房屋拆迁管理法规、城镇规划法规、土地管理法规、标准化法规、环境保护法规以及固定资产投资法规中可能涉及水工程合同法规的内容。

3.2 水工程合同的成立

3.2.1 概述

水工程合同的成立是指当事人双方就水工程合同的主要条款达成意思表示一致。水工程合同的成立包含以要约承诺或其他方式订立水工程合同的过程以及该过程所产生的法律后果。水工程合同的成立是水工程合同法律关系确立、变更和终止的前提，也是确认水工程合同有效和判断水工程合同责任的前提。一般而言，水工程合同的成立条件可包括一般成立条件与特殊成立条件。水工程合同的一般成立条件是：

(1) 需有双方当事人。水工程合同的本质是水工程商品交换的法律形式。任何水工程合同均是双方或多方的民事法律行为。单方当事人不可能成立合同，水工程合同的成立也不例外。

(2) 需意思表示一致。水工程合同作为一种协议，也是通过一方当事人的要约和另一方当事人的承诺而达成的。通过要约承诺方式将双方当事人的内在意志在外部表现上达成一致。

(3) 权利义务具体明确。一般而言，任何水工程合同缺少任何一项必要条款都可能导致水工程合同关系不成立。合同的必要条款是由各种合同的具体性质决定的，不可能由法律统一作出规定，因此，针对具体的水工程合同，具体要求的内容也不同，在具体的水工程合同中均需订明。当然，并非缺乏其中某些条款就一定会导致水工程合同不成立，在此情况下，可根据法律、行政性法规中的相关规定补缺。

(4) 需有一定的外在形式。一般而言，水工程合同均是非即时结清的合同，依我国现行合同法规定，应当采用书面形式。不仅包括水工程合同文本，而且还包括有关的文书、电报、图表、会议纪要、洽商记录等。水工程合同当事人和法律均可赋予书面形式以不同的法律效力，如证据效力、成立效力和生效效力等。如无法律规定或水工程合同中无特殊约定，应该采取书面形式的水工程合同未采取书面形式的，书面形式要件只是作为证据要素起作用，即无书面形式，水工程合同当事人很难证明水工程合同关系存在，或者即使能证明水工程合同关系存在，但也难以证明水工程合同的某些具体内容。如果当事人能够证明水工程合同关系存在，并且这种水工程合同关系符合有效合同的条件，那么不合法定形式的水工程合同仍应受到法律保护。

水工程合同的特殊成立要件是各种具体的水工程合同依该合同的性质或当事人的约定应具备的条件，如实践合同以交付作为成立的要件之一，要式合同则以符合法定或约定的形式作为合同成立的要件。

值得注意的是，水工程合同的成立与水工程合同的生效是一个极易混淆的问题。在大多数情况下，水工程合同成立与水工程合同的生效在时间上是一致的，所以，水工程合同从成立时起具有法律约束力。但是，如果当事人约定了水工程合同生效的前提条件，则附条件的水工程合同在条件成立之前，虽不发生效力，但水工程合同是成立的。

3.2.2　水工程合同的内容

1. 合同的一般内容

合同的主要内容就是合同的主要条款。一般而言，合同中除应订明当事人的名称或者姓名和住所外，还应包括以下主要条款：

(1) 标的。指合同当事人双方权利义务共同指向的对象，主要包括：货物、劳务、工程项目。

(2) 数量和质量。这是标的的具体化。数量包括计量单位、计量方法、数量、误差幅度、配套附件。质量是标的的内在素质和外在形式的综合体，包括产品的性能构造、效用、指标、规程、工艺、外观、等级等，质量条款应明确产品质量和包装标准、产品的验收、产品的质量异议及处理。

(3) 价款或报酬。统称“价金”，是合同当事人一方向另一方所支付的代价。包括：价金的确定标准、价格的计算方法、货币种类、计算和支付的时间和方式。

(4) 履行的期限、地点和方式。履行的期限是指履行合同标的和价金的时间界限，履行期限必须规定得明确具体；履行地点是指交付或提取标的物的地点；履行方式是指当事人采用什么方式履行合同义务。此外，合同的履行还包括标的交付方式、价金的结算方式等。

(5) 违约责任。指因合同当事人不履行合同或履行合同不符合法定条件而应承担的民事责任。

(6) 解决争议的办法。

(7) 根据法律规定或按合同性质必须具备的条款。

(8) 当事人一方要求必须规定的条款。例如：担保条款、风险转移条款、合同终止条款、仲裁条款、不可抗力条款等。

2. 勘察设计合同的内容

勘察设计合同是委托方与承包方为完成一定的勘察设计任务，明确相互权利义务关系的协议。根据我国《合同法》以及有关法规的规定，水工程勘察设计合同应包括以下内容。

（1）水工程名称、规模、投资额、建设地点。本条款内容是勘察设计的基础资料。

（2）委托方提供资料的内容、技术要求及期限。包括承包方勘察的范围、进度和质量，设计的阶段、进度、质量和设计文件份数。本条款是关于勘察设计的质量方面的要求。质量是产品或服务满足规定或潜在需要的特征和特性的总和。勘察设计合同的工作成果表现为勘察设计文件，因此勘察设计文件的质量要求主要表现在对勘察设计的文件技术要求上。

（3）勘察设计取费的依据，取费标准及拨付办法。本条款是关于勘察设计费用的规定。它包含金额计算方法与支付方式两方面的内容。

（4）违约责任。因合同当事人的一方过错，造成合同不能履行、不能完全履行或不适当履行，应由有过错的一方承担违约责任，如属双方过错，应根据实际情况，由双方分别承担各自应负的违约责任。

2016年9月12日，住房城乡建设部、国家工商行政管理总局发布了《建设工程勘察合同（示范文本）》GF-2016-0203。该《示范文本》由合同协议书、通用合同条款和专用合同条款三部分组成，主要适用于岩土工程勘察、岩土工程设计、岩土工程物探/测试/检测/监测、水文地质勘察及工程测量等工程勘察活动。该《示范文本》非强制性使用文本，合同当事人可结合工程具体情况，根据《示范文本》订立合同。

3. 物资买卖合同的内容

一般来讲，物资买卖合同应具备下列内容：

（1）标的。在物资买卖合同中也称标的物。

（2）质量要求和技术标准。产品的质量体现在产品的性能、耐用程度、可靠性、外观、经济性等方面。产品的技术标准则是指国家对建设物资的性能、规格、质量、检验方法、包装以及储运条件等所作的统一规定，是设计、生产、检验、供应、使用该产品的共同技术依据。

（3）数量和计量单位。物资买卖合同的数量是衡量当事人权利、义务大小的一个尺度，计量单位应具体明确，切忌使用含糊不清的计量概念。

（4）包装条款。产品的包装标准是对产品包装的类型、规格、容量、印刷标志以及产品的盛放、衬垫、封袋方法等统一规定的技术要求。

（5）价格条款。产品的价格，必须遵守国家有关物价管理的规定，凡有国家定价的按国家定价执行；属国家指导价的产品则按国家指导价执行；不属于国家定价和国家指导价的，可由双方协商定价。

（6）交货条款。交货条款包括明确交货的单位、交货方法、运输方式、到货地点、提货人、交（提）货期限等内容。

（7）验收条款。验收是指买方按合同规定的标准和方法对货物的名称、品种、规格、型号、花色、数量、质量、包装等进行检测和测试，以确定是否与合同相符。在确定这项条款时，应特别注意验收根据、验收内容、验收方法、验收标准、验收期限、验收地点等问题。

（8）结算条款。结算是对建设物资价款的了结和清算。建设物资的运杂费和其他费用的结算方式也应在合同中明确规定。

（9）违约责任。物资买卖合同签订后，供需双方就应及时全面地履行合同中约定的义务，如果一方或双方违反合同义务，就要承担相应的违约责任。

(10) 纠纷解决。一旦因合同而发生纠纷，经协商无效后，是选择仲裁还是诉讼方式解决纠纷，以及选择某一具体的仲裁委员会或人民法院管辖。

(11) 当事人协商同意的其他条款。

4. 水工程建设监理合同

住房城乡建设部、国家工商行政管理总局于2012年3月27日联合颁布了《建设工程监理合同（示范文本）》GF-2012-0202。

该范本是以FIDIC编制的文本为基础，结合我国水工程建设的具体特点而编制的，以规范性文件形式发布，要求在签订监理合同时参照执行。《建设工程监理合同（示范文本）》GF-2012-0202由《协议书》《通用条件》《专用条件》三部分组成。

(1)《协议书》是一份标准化的格式文件，经当事人双方在有限的空格内填写具体规定的内容并签字盖章后，即发生法律效力。它是一个总的协议，属纲领性的法律文书。主要内容包括当事人双方确认的工程概况、词语限定、组成合同的文件、总监理工程师、签约酬金、期限、双方承诺、合同订立时间与地点等内容。

(2)《通用条件》是不针对具体工程地域特点、行业特点、专业特点和规模编制的，广泛适用于各类工程监理任务的标准条件，其内容涵盖了合同正常履行过程中和非正常情况下当事人之间的权利义务划分，以及标准化的管理程序约定，避免在订立合同时遗漏某些内容或约定的风险和责任分担。它是监理合同的通用文本，适用于各类建设工程监理。通用条件的内容包括：①定义与解释；②监理人的义务；③委托人的义务；④违约责任；⑤支付；⑥合同生效、变更、暂定、解除与终止；⑦争议的解决；⑧其他。

(3)《专用条件》是对通用条件的某些条款的补充和修正。由于通用条件适用于所有的建设工程监理，因此，其中的某些条款规定得比较笼统，需要在签订具体工程项目监理合同时，就地域特点、专业特点和委托监理项目的工程特点，对标准条件中的某些条款进行补正。

3.2.3 建设工程施工合同（示范文本）

现行的《建设工程施工合同（示范文本）》GF-2017-0201是由住房城乡建设部会同国家工商行政管理总局制定发布的。该示范文本为非强制性使用文本，适用于房屋建筑工程、土木工程、线路管道和设备安装工程、装修工程等建设工程的施工承发包活动。共由合同协议书、通用合同条款和专用合同条款三部分组成。

(1) 合同协议书。共计13条，这是《建设工程施工合同（示范文本）》中总纲领性的文件。主要内容包括：工程概况、合同工期、质量标准、签约合同价和合同价格形式、项目经理、合同文件构成、承诺以及合同生效条件等重要内容，集中约定了合同当事人基本的合同权利义务。这部分内容文字量不大，但它是合同当事人最主要义务的高度概括，经合同当事人在这份文件上签字盖章，就对双方当事人产生法律约束力，而且在所有施工合同文件组成中它具有最优的解释效力。

(2) 通用合同条款。共计20条，这是根据我国《建筑法》《合同法》等法律法规的规定，就工程建设的实施及相关事项，对合同当事人的权利义务作出的原则性约定。主要内容包括：一般约定、发包人、承包人、监理人、工程质量、安全文明施工与环境保护、工期和进度、材料与设备、试验与检验、变更、价格调整、合同价格、计量与支付、验收和工程试车、竣工结算、缺陷责任与保修、违约、不可抗力、保险、索赔和争议解决。这些条款是一般土木工程所共同具备的共性条款，具有规范性、可靠性、完备性和适用性等特点，该部分可适用于任何工程项目，并可作为招标文件的组成部分而予以直接采用。

(3) 专用合同条款。这是对通用合同条款原则性约定的细化、完善、补充、修改或另行约定的条款。根据不同建设工程的特点及具体情况，当事人可以通过双方的谈判、协商对相应的专用合同条款进行修改补充。在使用专用合同条款时，应注意以下事项：一是专用合同条款的编号应与相应的通用合同条款的编号一致；二是当事人可以通过对专用合同条款的修改，满足具体建设工程的特殊要求，避免直接修改通用合同条款；三是在专用合同条款中有横道线的地方，合同当事人可针对相应的通用合同条款进行细化、完善、补充、修改或另行约定。如无细化、完善、补充、修改或另行约定，则填写“无”或画“/”。

3.2.4 FIDIC 土木工程施工合同条件

1. FIDIC组织简介

FIDIC是“国际咨询工程师联合会”(Federation Internationale des lngenieus Conseils) 的缩写。该组织在每个国家或地区只吸收一个独立的咨询工程师协会作为团体会员，至今已有60多个发达国家和发展中国家或地区的成员，因此它是国际上最具有权威性的咨询工程师组织。我国已在1996年正式加入该组织。

2. FIDIC合同条件简介

为了规范国际工程咨询和承包活动，FIDIC先后发布了很多重要的管理性文件和标准化的合同文件范本。目前作为惯例已成为国际工程界公认的标准化合同格式，有适用于工程咨询的《业主—咨询工程师标准服务协议书》，适用于施工承包的《土木工程施工合同条件》《电气与机械工程合同条件》《设计—建造与交钥匙合同条件》和《土木工程分包合同条件》。1999年FIDIC出版了新的《施工合同条件》《工程设备与设计—建造合同条件》《EPC交钥匙合同条件》及《合同简短格式》。2005年还出版了多边开发银行统一版《施工合同条件》。这些合同文件不仅被FIDIC成员国广泛采用，而且世界银行、亚洲开发银行、非洲开发银行等金融机构也要求在其贷款建设的土木工程项目实施过程中使用以该文本为基础编制的合同条件。这些合同条件的文本不仅适用于国际工程，而且稍加修改后同样适用于国内工程，我国有关部委编制的适用于大型工程施工的标准化范本都以FIDIC编制的合同条件为蓝本。

3. FIDIC合同条件种类

(1)《土木工程施工合同条件》。它是FIDIC最早编制的合同文本，也是其他几个合同条件的基础。该文本适用于业主（或业主委托第三人）提供设计的工程施工承包，以单价合同为基础（也允许其中部分工作以总价合同承包），广泛用于土木建筑工程施工、安装承包的标准化合同格式。土木工程施工合同条件的主要特点表现为，条款中责任的约定以通过招标选择承包商为前提，合同履行过程中建立以工程师为核心的管理模式。

(2)《电气与机械工程合同条件》。它适用于大型工程的设备提供和施工安装，承包工作范围包括设备的制造、运送、安装和保修几个阶段。这个合同条件是在土木工程施工合同条件基础上编制的，针对相同情况制定的条款完全照抄土木工程施工合同条件的规定。与土木工程施工合同条件的区别主要表现为：一是该合同涉及的不确定风险的因素较少，但实施阶段管理程序较为复杂，因此条目少款数多；二是支付管理程序与责任划分基于总价合同。这个合同条件一般适用于大型项目中的安装工程。

(3)《设计—建造与交钥匙工程合同条件》。FIDIC 编制的《设计—建造与交钥匙工程合同条件》是适用于总承包的合同文本，承包工作内容包括：设计、设备采购、施工、物资供应、安装、调试、保修。这种承包模式可以减少设计与施工之间的脱节或矛盾，而且有利于节约投资。该合同文本是基于不可调价的总价承包编制的合同条件。土建施工和设备安装部分的责任，基本上套用土木工程施工合同条件和电气与机械工程合同条件的相关约定。交钥匙合同条件既可以用于单一合同施工的项目，也可以用于作为多合同项目中的一个合同，如承包商负责提供各项设备、单项构筑物或整套设施的承包。

(4)《土木工程施工分包合同条件》。FIDIC 编制的《土木工程施工分包合同条件》是与《土木工程施工合同条件》配套使用的分包合同文本。分包合同条件可用于承包商与其选定的分包商或与业主选择的指定分包商签订的合同。分包合同条件的特点是既要保持与主合同条件中分包工程部分规定的权利义务约定一致，又要区分负责实施分包工作当事人改变后，在两个合同之间产生的差异。

4. FIDIC 合同文本的标准化

FIDIC 出版的所有合同文本结构，都是以通用条件、专用条件和其他标准化文件的格式编制。

(1) 通用条件。所谓“通用”，其含义是工程建设项目不论属于哪个行业，也不管处于何地，只要是土木工程类的施工均可适用。条款内容涉及合同履行过程中业主和承包商各方的权利与义务，工程师（交钥匙合同中为业主代表）的权力和职责，各种可能预见到事件发生后的责任界限，合同正常履行过程中各方应遵循的工作程序，以及因意外事件而使合同被迫解除时各方应遵循的工作准则等。

(2) 专用条件。专用条件是相对于“通用”而言，要根据准备实施项目的工程专业特点，以及工程所在地的政治、经济、法律、自然条件等地域特点，针对通用条件中条款的规定加以具体化。可以对通用条件中的规定进行相应补充完善、修订或取代其中的某些内容，以及增补通用条件中没有规定的条款。专用条件中条款序号应与通用条件中要说明条款的序号对应，通用条件和专用条件内相同序号的条款共同构成对某一问题的约定责任。如果通用条件内的某一条款内容完备、适用，专用条件内可不再重复列此条款。

(3) 标准化的文件格式。FIDIC 编制的标准化合同文本，除了通用条件和专用条件以外，还包括有标准化的投标书（及附录）和协议书的格式文件。投标书的格式文件只有一页内容，是投标人愿意遵守招标文件规定的承诺表示。投标人只需填写投标报价并签字后，即可与其他材料一起构成有法律效力的投标文件。投标书附件列出了通用条件和专用条件内涉及工期和费用内容的明确数值，与专用条件中的条款序号和具体要求相一致，以使承包商在投标时予以考虑。这些数据经承包商填写并签字确认后，合同履行过程中作为双方遵照执行的依据。协议书是业主与中标承包商签订施工承包合同的标准化格式文件，双方只要在空格内填入相应内容，并签字盖章后合同即可生效。

3.3 水工程合同的效力

合同效力问题其实质是水工程合同是否受法律保护的问题。水工程合同的效力是指水工程合同依法成立后所具有的法律约束力，即水工程合同当事人必须严格遵守水工程合同的约定。如果违反水工程合同，就要承担相应的法律责任。

3.3.1 有效水工程合同

依法成立，具有法律约束力，受国家保护的水工程合同是有效的水工程合同。

1. 有效的水工程合同的条件

（1）主体合格。水工程合同的当事人必须符合法律规定的要求，企业法人必须受其设立宗旨、目的、章程及经营范围、专营许可、资质等级的约束。

（2）内容合法。水工程合同中约定的当事人权利义务必须合法。凡是涉及法律法规有强制性规定的，必须符合有关规定，不得利用水工程合同进行违法活动，扰乱社会经济秩序，损害国家利益和社会公共利益。

（3）意思表示真实。水工程合同中必须贯彻平等互利、协商一致原则，任何一方不得把自己的意志强加给对方。

（4）符合水工程合同生效条件。水工程合同应当符合法定的或约定的形式要件。水工程合同除应采用书面形式外，如依法律规定或依水工程合同约定当采用公证、鉴证、登记、批准等形式后才生效的，那么，水工程合同双方当事人依一般程序就水工程合同的主要条款达成合意，该水工程合同成立，依法或依约经过公证、鉴证、批准等特别程序后，该水工程合同才生效。未履行特别程序，不影响水工程合同的成立。

水工程合同除应符合程序意义上的生效条件外，还应符合实体意义上的生效条件，如水工程合同当事人在水工程合同中约定了该合同生效附有一定条件，则只有在符合所附条件时，该水工程合同才生效。

2. 有效水工程合同的效力

水工程合同的效力具有如下特征：

（1）水工程合同的效力以水工程合同的成立为前提条件。成立水工程合同也即存在水工程合同。不存在水工程合同，也就谈不上水工程合同的效力问题。

（2）水工程合同的效力一般产生于水工程合同成立之时。但是，附生效条件的水工程合同则例外，这类水工程合同只有在所附条件成立时，水工程合同才具有法律约束力。

（3）水工程合同效力必须以水工程合同的依法成立为条件。只有依法成立的水工程合同才是有效的水工程合同，才具有法律约束力。

（4）水工程合同的效力内容是指具有法律约束力，这种约束力体现为水工程合同的履行力。

1）对内效力。水工程合同的约束力首先表现在水工程合同当事人之间产生特定的法律效果，在当事人之间产生相应的权利和义务，当事人应依约正确行使自己的权利，认真履行自己的义务。而不得滥用权利，逃避义务，也不得擅自变更和解除该水工程合同。

2）对外效力。一般而言，水工程合同的效力只及于水工程合同双方当事人，此即所谓合同相对性原则。但是，这并不排除水工程合同对当事人以外的第三人也可能会发生一定法律效果。依法成立的水工程合同不受任何非法干预即是其对外效力的典型表现，任何单位和个人不得利用任何方式侵犯水工程合同当事人依据水工程合同约定所享有的权利，也不得用任何方式非法阻挠当事人履行义务，更不得用行政命令的方式废除水工程合同的效力。

3）制裁效力。水工程合同的效力还表现在当事人违反水工程合同约定的行为，将依法承担相应的法律责任。

3.3.2 无效水工程合同

无效水工程合同是指虽然水工程合同已经订立，但不具有法律约束力，不受国家法律保护的水工程合同。无效水工程合同是相对于有效水工程合同而言的，依法成立的水工程合同能够产生设立、变更和终止当事人之间权利义务关系的效力。如果当事人签订水工程合同的行为不符合法律规定的要求，即水工程合同本身不受法律的保护，也就不存在违约的问题，也就不用承担违约责任。因此，这种“不具有法律约束力”的实质是指不发生履行效力，而并不是说无效水工程合同不引起任何法律后果，只是无效水工程合同引起的法律后果并非当事人订立水工程合同时所预期。

1. 引起水工程合同无效的原因

（1）一方以欺诈、胁迫的手段订立合同，损害国家利益；

（2）恶意串通，损害国家、集体或者第三人利益；

（3）以合法形式掩盖非法目的；

（4）损害社会公共利益；

（5）违反法律、行政法规的强制性规定。

2. 确认水工程合同无效的规则

导致水工程合同无效的原因均是水工程合同违反了法律规定的要求，但是这些原因发生的时间和阶段只能是发生在水工程合同订立时或水工程合同订立阶段，即订立水工程合同时不合法。对于水工程合同订立后发生的某些可导致水工程合同效力终止的条件则只是水工程合同履行过程中的违约等问题了。对于部分无效的水工程合同则应遵循下列规则：（1）水工程合同中的某些条款无效，与合同中的其他条款相比较，无效条款部分是相对独立的，该部分与水工程合同整体具有可分性，则应认定无效条款不影响其他条款的效力，相反，无效条款部分与水工程合同整体具有不可分性，则应认定整体水工程合同无效；（2）水工程合同的目的违法的，则应认定整个水工程合同无效。

3. 主张水工程合同无效的主体和时间

依引起合同无效的原因，可把无效水工程合同分为违反社会公共利益和国家利益的无效水工程合同和只涉及水工程合同当事人利益或除水工程合同当事人之外只涉及特定第三人利益的无效水工程合同。

对于只涉及当事人利益的一般无效水工程合同，主张该水工程合同无效应受主体和时间的限制，即主张水工程合同无效的主体只能是水工程合同当事人，同时，应受我国时效制度的约束，否则，时效届满，对权利人的权利不予强制保护。当无效水工程合同涉及第三人利益，对第三人构成侵权时，第三人有权请求主张该水工程合同无效，也同样应受时效限制。对于违反社会公共利益和国家利益的水工程合同，主张无效的主体则不应受到限制，也不受民法时效制度的限制。

4. 确认水工程合同无效的机构

在我国，水工程合同的效力由人民法院或仲裁机构确认。其他任何单位和个人都无权确认水工程合同无效。

5. 无效水工程合同的处理方法

无效的水工程合同从订立起，就没有法律约束力，就不产生履行水工程合同的效力，但它仍然要发生一定的法律后果。水工程合同被确认无效后，水工程合同尚未履行的，不得履行，已经履行的，应当立即终止履行。水工程合同被确认无效后，应视不同情况作出处理，主要有下列五种方式：

（1）返还财产。返还财产是使当事人的财产关系恢复到水工程合同签订时的状态。这是消除无效水工程合同造成财产后果的一种法律手段，而非惩罚措施。水工程合同被确认无效后，当事人依据水工程合同所取得的财产应返还给对方，不能返还或者没有必要返还的，应当折价补偿。这里的“财产”只包括依据水工程合同已取得的财产，不包括约定取得而尚未取得的财产。

（2）折价补偿。折价补偿是在因无效水工程合同所取得的对方当事人的财产不能返还或者没有必要返还时，按照所取得的财产价值进行折算，以金钱的方式对对方当事人进行补偿的责任形式。

（3）赔偿损失。赔偿损失是过错方给对方造成损失时，应当承担的责任。有过错的一方应赔偿对方因此而遭受的损失，如果双方都有过错的，各自承担相应责任。

（4）收归国有。收归国有是一种惩罚手段，只适用于恶意串通，损害国家利益的水工程合同。这类无效水工程合同的危害比较严重，仅以返还、赔偿等方法尚不足以消除其造成的不良后果。如果双方当事人都是故意的，应追缴双方已经取得的或约定取得的财产，收归国有；如果是由一方故意造成的，则故意的一方应将从对方取得的财产返还对方，非故意的一方已经取得或约定取得的财产应收归国有。

（5）返还集体或者第三人。恶意串通，损害集体或第三人利益的，采用民法的救济手段将从集体或者第三人处取得的财产予以返还。

3.3.3 可变更或可撤销的水工程合同

可变更或可撤销的水工程合同是指基于法定原因，水工程合同当事人有权诉请人民法院或仲裁机构予以变更或撤销的水工程合同。也称为相对无效的水工程合同。

对于可变更和可撤销的水工程合同，只能由水工程合同当事人提出，由人民法院或仲裁机构进行审查，并确认该水工程合同是否有效或应否予以撤销。人民法院或仲裁机构审查、判决或裁决的范围不应超出当事人的诉讼请求。确认变更或撤销水工程合同的机构为人民法院或仲裁机构。

1. 确定水工程合同变更或撤销的依据

变更或撤销水工程合同需具备一定的法律事实，在下列两种情况下，水工程合同可以变更或撤销。

（1）重大误解。水工程合同中的误解又称协议错误，是水工程合同当事人对水工程合同关系中某种事实因素产生的错误。因重大误解而订立的水工程合同，是基于主观认识上的错误而订立的水工程合同，水工程合同履行的后果与水工程合同缔约人的真实意思相悖，因此，因重大误解而订立的水工程合同是意思表示有瑕疵的水工程合同，它使水工程合同效力处于可动摇的状态。构成重大误解，首先是成立了水工程合同，除此之外，构成重大误解还应符合下列条件：①重大误解与水工程合同的订立或水工程合同条件存在因果关系；②重大误解是水工程合同当事人自己的误解；③误解必须是重大的，如对标的物本质或性质的误解。对水工程合同中无关紧要的、细节的或一般性误解不构成重大误解，对不构成水工程合同内容的市场行情的判断错误也不构成重大误解，此外，误解须造成当事人的重大不利后果，如水工程合同关系对价不充分或达不到履行目的而遭受重大损失；④水工程合同当事人不愿承担对误解的风险。

值得注意的是，误解是对水工程合同法规关系要素的错误理解，动机上的错误、判断上的错误、法律上的错误及单方意图表达错误是不能导致水工程合同变更或撤销的误解，或者说不属于水工程合同法律意义上的重大误解。

（2）显失公平。在订立水工程合同时，水工程合同当事人之间享有的权利和承担的义务严重不对等，如价款与标的价值过于悬殊，责任承担或风险承担显然不合理都构成显失公平。一般认为，构成显失公平的水工程合同只需客观要件具备即可认定。所谓客观要件是指依水工程合同成立时的一般情势衡量，双方当事人的物质利益显著不均衡。但我国现行有关司法解释对此客观要件又有所限制，规定一方当事人利用优势或利用对方没有经验，致使双方的权利义务明显违反公平、等价有偿原则。这些限制性规定似可理解为主观要件，即认定水工程合同是否显失公平时，既要看水工程合同当事人物质利益是否过于悬殊，又要看当事人意思表示是否有瑕疵。

此外，一方以欺诈、胁迫的手段或者乘人之危，使对方在违背真实意思的情况下订立的水工程合同，受损害方有权请求人民法院或者仲裁机构变更或者撤销。

2. 可变更或可撤销水工程合同的效力

对于可变更或可撤销的水工程合同，如果当事人没有向人民法院或仲裁机构提出申请要求变更或撤销，则该水工程合同仍然有效。只有在当事人提出了申请，人民法院或仲裁机构又作出变更或撤销的判决或裁决的，已变更部分的水工程合同内容或已被撤销了的水工程合同才无效。

3.4 水工程合同的履行

3.4.1 概述

水工程合同履行以其依法成立并且生效为前提，水工程合同的履行是指水工程合同双方当事人依法完成水工程合同约定义务的行为。它是水工程合同法律制度的核心，它集中体现了水工程合同所具有的法律约束力，水工程合同法规制度中的其他制度实质上都是为了保证水工程合同得以切实履行，水工程合同的实际履行也是其他水工程合同法规制度的延伸和归宿，水工程合同的履行具有如下特征：

（1）水工程合同履行是当事人履行水工程合同义务的行为。水工程合同的宗旨就是实现一方或双方的经济利益，这种经济利益必须通过当事人履行水工程合同的行为才能实现。

（2）当事人履行水工程合同的行为必须全面和正确。从本质上讲，水工程合同的履行是指水工程合同的全面履行和正确履行，要求当事人必须依照水工程合同的约定，全部履行自己承担的义务，既不能只履行部分义务而将其他部分弃之不顾，更不能任意变更水工程合同的内容或解除水工程合同，否则未全面履约应承担相应的违约责任。同时，水工程合同当事人应采取适当的方法履行自己承担的义务。

（3）水工程合同的履行是当事人完成合同义务的行为过程。一般而言，水工程合同是非即时结清的合同，履行合同需要延续一段时间。在这个履行过程中，要将当事人最后的交付行为和为此进行的一系列准备行为联系起来，关注双方履行水工程合同义务的具体环节，使双方当事人在相互监督的状况下，及时发现履行过程中的问题。采取相应的预防措施和解决办法，保护自己和对方的合法权益。

3.4.2 水工程合同履行原则和规则

1. 水工程合同的履行原则

（1）遵守约定原则。本原则来源于合同自由和契约神圣原则，即所谓依法缔结的合同在当事人之间具有相当于法律的效力。水工程合同一经依法成立，当事人应当信守诺言，履行水工程合同约定的全部义务，按照水工程合同的条款全面正确地履行水工程合同。遵守约定原则是判定水工程合同是否履行、是否违约的标准，同时也是衡量水工程合同履行和承担违约责任程度的一个尺度。

（2）诚实信用原则。诚实信用是市场交易活动中形成的道德准则，它要求市场主体在市场活动中讲究信用，遵守诺言，诚实不欺，在不损害他人利益和社会利益的前提下追求自己的利益。诚实信用原则为指导合同履行的基本原则，对于一切合同及其履行的一切方面均应适用。并根据水工程合同的性质、目的和交易习惯履行附随义务，如及时通知、协助、提供必要的条件、防止损失的扩大及保密等。

2. 水工程合同的履行规则

（1）履行的一般规则。①亲自履行。亲自履行是指水工程合同应当由债务人或其代理人向债权人本人履行。凡依国家法律、水工程合同性质及双方约定必须由债务人亲自履行的水工程合同都不得由第三人代替履行，而且必须由债务人亲自履行。②同时履行。同时履行是指在双务水工程合同中，由于双方当事人既是债权人，又是债务人，因此，都同时负有履行水工程合同义务的责任。如果水工程合同双方未事先约定谁先给付，一方当事人在他方未对等给付前，有权拒绝履行自己负担的给付义务。

（2）约定不明确时的履行规则。当事人就质量、价款或者报酬、履行地点等内容没有约定或者约定不明确的，可以协议补充；不能达成补充协议的，按照水工程合同有关条款或者交易习惯确定。当事人就有关水工程合同内容约定不明确，依前述办法仍不能确定的，适用下列规定：①质量要求不明确的，按照国家标准、行业标准履行；没有国家标准、行业标准的，按照通常标准或者符合水工程合同目的的特定标准履行。②价款或者报酬不明确的，按照订立水工程合同时履行地的市场价格履行；依法应当执行政府定价或者政府指导价的，按照规定履行。③履行地点不明确，给付货币的，在接受货币一方所在地履行，交付不动产的，在不动产所在地履行，其他标的，在履行义务一方所在地履行。④履行期限不明确的，债务人可以随时履行，债权人也可以随时要求履行，但应当给对方必要的准备时间。⑤履行方式不明确的，按照有利于实现水工程合同目的的方式履行。⑥履行费用的负担不明确的，由履行义务一方负担。

3.4.3 水工程合同的解释

水工程合同解释是对有争议水工程合同内容的理解和确认。在水工程合同实践中，订立完美无缺的水工程合同还只是一种理想，水工程合同中存在缺憾，这种缺憾会导致争议，在争议不能通过水工程合同解决，当事人协商达成协议时，就必然涉及对水工程合同的解释问题。

1. 引起水工程合同缺陷产生的原因

（1）语言习惯造成意思表达的差异；

（2）语言环境造成对水工程合同内容理解不一致；

（3）当事人的表达力和受领力造成对意思理解不一致；

（4）合同的内容具有局限性，不可能把一切内容都表达出来，合同中总存在默示条款；

（5）当事人在订立水工程合同时，未能将所有的条款确定下来，某些条款暂付阙如，保留一些内容留待以后协商解决，协商不成时，需进行补充性解释。

2. 水工程合同解释的主体和客体

水工程合同解释的主体是解决争议的人民法院或仲裁机构。水工程合同解释的客体是有关文字、口头语言和行为。

3. 水工程合同解释的规则

（1）整体解释规则。把水工程合同的全部条款看作一个整体，条款前后表达有矛盾时，则应根据水工程合同条文的整体意思来解释，而不拘泥于只言片语。

（2）按水工程合同目的解释的规则。解释水工程合同时，应考虑水工程合同当事人缔约的目的，在水工程合同条款表述有矛盾时，应采取适合于水工程合同目的的解释。

（3）按有效解释的规则。如按水工程合同文句，可作有效、无效、未成立、撤销解释时，应按照使水工程合同有效的意思来解释，这样才符合当事人订立水工程合同的愿望和追求。

（4）按水工程合同内容解释的规则。如水工程合同的名称与水工程合同内容不一致时，水工程合同的性质应根据水工程合同的内容来确定。

（5）按商业习惯解释的原则。解释水工程合同时，应考虑水工程合同的商业背景以及当事人依据的商业习惯。

（6）不拘泥文字的解释规则。当水工程合同中使用的文字没有正确表达当事人的真实意思时，则要结合水工程合同目的和水工程合同成立的背景来确定当事人的意思。

（7）按普通字面含义解释的规则。在没有特殊商业背景的情况下，应按普通的字面含义即一般公众理解的含义和价值判断进行解释。

（8）特殊用语优于一般用语的解释规则。一般而言，特殊用语所包含反映的意思比一般用语更为具体、更为准确，因此，在一般用语与特殊用语有矛盾时，应先按特殊用语解释。

(9) 限制解释规则。对表示范围的词句，应做限制解释。如果水工程合同条款将具体事项列举，最后用“等”、“其他”等文字表达的，对“等”、“其他”的解释，应与水工程合同所列举的具体事项属于同一种类。

(10) 按手写体解释的规则。有印刷和手写的两种不同内容条文时，应按手写的条文解释。从时间上看，手写的条文晚于印刷的条文，往往是当事人在印好的定式或格式合同上填写，或在印刷好的合同中临时加上某些内容，故手写的内容，更能反映当事人的意思。

(11) 按大写解释的规则。当水工程合同中表示数字的大写与小写发生矛盾时，应按大写解释，即认定大写的效力。适用这一规则的条件是：没有其他有效证据说明大写是真实的还是小写是真实的。如果有证据证明小写是真实的，则自然要认定小写的效力。

(12) 不利于表意人的解释规则。在现代合同法规中，要求当事人对自己表达的含混负责，此规则适用于要约和承诺能明确分开的场合，如异地要约和承诺等。

(13) 不利于格式合同制作人的解释规则。格式合同也称标准合同，它是制作人预先拟订了水工程合同条款，相对人只有是否接受水工程合同的自由，即所谓“要么接受、要么走开”，没有协商并改变水工程合同条款的机会，这样，事实上使水工程合同相对人的合同自由受到一定程度的限制。在这种情况下，如对合同条款发生歧义，有两种或两种以上的解释，则应采用对格式合同制作人不利而对相对人有利的解释。

(14) 口头证据不能对抗书面协议的解释规则。当事人的口头证据与书面达成的合意不一致时，应以书面合意为准。在二者不相抵触时，口头证据可以起到补充作用。口头证据也可以用来解释双方知道或应当知道的商业惯例，还可以用来解释印刷或抄写的错误等。

(15) 在后行为效力优于书面文字效力的解释规则。当事人订立水工程合同后，双方的履行合同行为可能与合同的文字规定有矛盾，这时，履行合同行为的效力优于文字的效力或者说文字规定失去效力。

上述所谓诸多水工程合同解释的规则需融会贯通、综合运用才能实现合同解释的目的。

3.4.4　水工程合同的履行抗辩权

水工程合同的履行抗辩权是水工程合同当事人在符合条件时将自己应为的给付暂时保留的权利。在水工程合同中，合同当事人互为债权人和债务人。由于合同抗辩权是从债务人角度设置的权利，因此，也可以说履行抗辩权是债务人的权利。

履行抗辩权体现了水工程合同的效力，体现了交易安全的需要，有利于保护债务人的利益，督促对方履行水工程合同。这种权利的行使无需对方的意思表示与合作，也不必经诉讼或仲裁程序，水工程合同债务人在符合法定条件时，就可以自己行使这种权利。履行抗辩权实质上是一种自助权，当事人在行使这项权利时，不得滥用，应遵循诚实信用原则，及时通知对方，防止损失的扩大。可将水工程合同的履行抗辩权分为同时履行抗辩权、先履行抗辩权和不安抗辩权。

1. 同时履行抗辩权

同时履行抗辩权是指水工程合同当事人一方于他方未为对待给付时，自己拒绝给付的权利。设立同时履行抗辩权的目的在于授权当事人一方以不履行义务对抗对方不履行义务，或者说，同时履行抗辩权的主要目的就是要对抗对方所提出的履行或承担违约责任的请求，这是同时履行抗辩权所具有的一般性质的体现，其基本意义在于维护合同的公平和安全。成立同时履行抗辩权需具备一定条件：

(1) 双方当事人的债务因同一水工程合同而发生。水工程合同是双务合同，有两项给付，两项给付成对价关系，两项给付互为条件或互为原因，两项给付的交换即为水工程合同的履行。在单务合同中，因只有一项给付，不能成立同时履行抗辩权。

(2) 两项给付没有先后顺序。在合同中，当事人没有约定，且法律也没有规定由哪一方先履行水工程合同。在此情况下，按照公平原则，双方当事人应当同时履行义务。

(3) 对方当事人未履行债务或未提出履行债务。如果合同当事人一方已经履行了合同债务，另一方当事人不能产生同时履行抗辩权。同时，合同一方当事人提出履行债务，并且该意思表示有充分的能力得以实现以保障对方当事人的期待利益，也不产生同时履行抗辩权。

(4) 同时履行抗辩权的行使，以对待给付尚属可能时为限。同时履行抗辩权的行使并不消灭水工程合同的履行效力，其目的在于等待对方与自己同时履行，若对方丧失了履行能力，则水工程合同应归于解除，同时履行抗辩权就丧失了存在的价值和基础。

2. 先履行抗辩权

先履行抗辩权是指依照水工程合同约定或法律规定负有先履行义务的一方当事人，届期未履行义务、履行义务有重大瑕疵或预期违约时，相对方为保护自己的期待利益、顺序利益或为保证自己履行水工程合同的条件而中止履行水工程合同的权利。先履行抗辩权本质上是对违约的抗辩，因此，也称违约救济权、顺序履行抗辩权。

先履行抗辩权的成立不以水工程合同的对待给付为限。只要一方的履行是另一方履行的先决条件，后履行者就可以行使先履行抗辩权，因此，在互为对价的两项债务中，负有先履行义务的一方不履行，另一方便可成立先履行抗辩权。先履行抗辩权不可能永久存续，当先期违约人纠正违约，使水工程合同的履行趋于正常时，先履行抗辩权消灭，行使先履行抗辩权的一方应当及时恢复履行。行使先履行抗辩权无效果时，水工程合同可归于解除。先履行抗辩权可适用于未履行担保义务、实际违约和预期违约等情形。

3. 不安抗辩权

不安抗辩权是指在水工程合同中，负有先给付义务的一方当事人，在对方财产明显减少，不能保证对待给付时，拒绝给付的权利。不安抗辩权也是一种自助权。在有证据表明对方有不能为对待给付的现实危险时，负有先履行义务的一方当事人可以中止履行水工程合同，而无需对方同意或经过诉讼、仲裁程序。成立不安抗辩权需具备一定的条件：

(1) 双方债务因同一水工程合同而发生；

(2) 负有先履行义务的一方当事人才能享有不安抗辩权；

(3) 对方财产明显减少，有不能为对待给付的现实危险。

针对“有不能为对待对付的现实危险”，需注意以下几点：第一，有不能为对待给付的危险是客观存在的，并且是不安抗辩权产生的基础；第二，该现实危险可因破产、意外事故等原因致使履行能力丧失或减弱，也可因内部人员渎职，使财产急剧减少，危及到水工程合同的履行；第三，在后履行一方本身财产状况恶化，但在水工程合同订立时为自己的履行提供了可靠担保，先履行一方当事人不能行使不安抗辩权；第四，该现实危险应当发生在水工程合同订立后；第五，不能对待给付的现实危险主要表现为：经营状况严重恶化；转移财产、抽逃资金，以逃避债务；丧失商业信誉；有丧失或者可能丧失履行债务能力的其他情形。

值得注意的是，行使不安抗辩权是水工程合同一方当事人依法享有的权利，不以对方当事人同意为必要，但是，权利人应及时通知对方当事人。同时，行使不安抗辩权的一方当事人还负有证明对方财产恶化，足以危及自己获得对待给付的现实危险的举证义务，否则，如不能证明而中止履行水工程合同，则构成违约，应由行使不安抗辩权一方当事人承担违约责任。当对方提供适当担保时，应当恢复履行。中止履行后，对方在合理期限内未恢复履行能力并且未提供适当担保的，中止履行的一方可以解除水工程合同。

3.4.5　建设工程优先受偿权

我国现行《合同法》第二百八十六条规定："发包人未按照约定支付价款的，承包人可以催告发包人在合理期限内支付价款。发包人逾期不支付的，除按照建设工程的性质不宜折价、拍卖的以外，承包人可以与发包人协议将该工程折价，也可以申请人民法院将该工程依法拍卖。建设工程的价款就该工程折价或者拍卖的价款优先受偿。"这即所谓的建设工程优先受偿权。根据有关司法解释，人民法院在审理房地产纠纷案件和办理执行案件中，应当依照合同法第二百八十六条的规定，认定建设工程的承包人的优先受偿权优于抵押权和其他债权。消费者交付购买商品房的全部或者大部分款项后，承包人就该商品房享有的工程价款优先受偿权不得对抗买受人。建设工程价款包括承包人为建设工程建设应当支付的工作人员报酬、材料款等实际支出的费用，不包括承包人因发包人违约所造成的损失。建设工程承包人行使优先权的期限为六个月，自建设工程竣工之日或者建设工程合同约定的竣工之日起计算。

值得注意的是，建设工程优先受偿权的实现需经过下列程序：

（1）催告程序。即需承包人向发包人发出催告通知后经过一个合理期限，而发包人仍未支付。此合理期限应综合考虑工程价款的数额、发包人支付能力、发包人付款意愿及筹集款项的难度等多方面因素。承包人没有经过催告程序的，不得直接向人民法院提起拍卖申请。

（2）协议折价。按合同法的规定，可由发包人与承包人协议将建设工程折价，承包人的工程价款对折价款优先受偿。在具体操作上，可考虑采用折价抵偿、变卖、协议拍卖等方式来实现协议折价。

（3）申请拍卖。此申请拍卖不以提起诉讼为前提。当事人可直接向人民法院申请拍卖。

3.5　水工程合同的变化

水工程合同依法成立即具有法律效力，水工程合同当事人应当严格遵照履行。但是，如果水工程合同成立之后，客观情况发生了变化，可能使水工程合同发生变化。

3.5.1 水工程合同的变更

水工程合同的变更有广义和狭义之分。狭义的变更是指合同内容的变更，即在主体不变的条件下，对水工程合同某些条款进行修改和补充。广义的变更是指除合同内容的变更外，还包括合同主体的变更，即由新的主体取代原合同的某一方主体，这实质上是水工程合同的转让。依我国现行合同法的规定，水工程合同的变更是指狭义的变更，即水工程合同内容的变更。

水工程合同变更是在合同没有履行或者没有全部履行之前，由于一定的原因，由当事人对合同约定的权利义务进行局部调整，通常表现为对合同某些条款的修改和补充，包括标的、数量和质量、价款和报酬、履行期限、地点及方式的变更等。

1. 水工程合同变更需具备的条件

（1）水工程合同变更以合同有效成立为前提；

（2）水工程合同变更需有双方当事人的协商一致；

（3）水工程合同变更必须有水工程合同内容的变化；

（4）水工程合同变更需遵循法定的形式。

2. 水工程合同变更的法律效力

（1）当事人应当按照变更后的水工程合同内容履行；

（2）水工程合同变更只对水工程合同未履行的部分有效，对已履行的水工程合同内容不发生法律效力；

（3）水工程合同变更不影响当事人请求赔偿损失的权利。

此外，当事人通过协商一致对水工程合同内容进行变更时，变更协议的内容应当具体、明确，如果当事人对水工程合同变更的内容约定不明确的，推定为未变更。

3.5.2 水工程合同的转让

水工程合同转让是指在不变更合同内容的前提下，将水工程合同规定的权利、义务或者权利义务一并转让给第三方，由受让方承担水工程合同的权利和义务。习惯上，将水工程合同转让称为水工程合同主体的变更。水工程合同转让体现了债权债务关系是动态的财产关系这一特性。水工程合同转让必须以水工程合同有效为前提，否则，水工程合同转让就没有合法的依据。

根据转让的程度，可分为全部转让和部分转让。根据转让的对象不同，可分为水工程合同权利的转让、水工程合同义务的转让和水工程合同权利义务的转让三种情形。

1. 债权的转让

债权转让也称水工程合同权利的转让，是指债权人通过协议将水工程合同权利转让给第三人的行为。在债权转让法律关系中，将债权转让给第三人的为转让人，接受债权转让的第三人为受让人。所转让的债权可以是全部，也可以是部分。债权转让应当符合下列条件：

（1）需有有效的水工程合同债权存在；

（2）转让人与受让人应达成转让协议；

（3）转让人与受让人达成的转让协议应当通知债务人；

（4）转让的水工程合同债权必须是依法可以转让的债权。

根据我国《合同法》的规定，下列水工程合同债权不得转让：其一，根据水工程合同性质不得转让的债权，包括因个人信任关系而订立的水工程合同如雇佣合同，因当事人的特定身份而订立的合同如婚姻关系产生的合同债权等；其二，按照当事人的约定不得转让的债权，该约定应当是当事人的真实意思表示、不违反法律行政法规的禁止性规定，而且，这种约定应在转让协议订立之前；法律规定不得转让的水工程合同债权，如依我国担保法规定，设定最高额抵押的水工程合同债权不得进行转让。

水工程合同债权一经转让，就由受让方承担水工程合同的权利，同时，也产生一系列的法律后果，具体包括：

（1）从权利的转移。根据从权利附属于主权利的原则，从权利通常随着主权利的转移而进行相应的转移，但是有特别约定或者法律有特别规定除外，如从权利专属于债权人的，不得转移。

（2）抗辩权的转移。抗辩权是与请求权相伴而生的，是随着请求权的转移而转移的，我国《合同法》规定，债务人接到债权转让通知时，债务人对让与人的抗辩，可以向受让人主张。

（3）抵销权的转移。抵销是指水工程合同当事人双方相互负有同种类的给付义务，将两项义务相互充抵。我国《合同法》规定，债务人接到债权转让通知时，债务人对让与人享有债权，并且债务人的债权先于转让的债权到期或者同时到期的，债务人可以向受让人主张抵销。当事人互负到期债务，该债务的标的物种类、品质相同的，任何一方可以将自己的债务与对方的债务抵销，但依照法律规定或者按照水工程合同性质不得抵销的除外。

2. 债务的转让

债务转让也称水工程合同义务的转让，是指债务人将水工程合同义务转让给第三人的行为。在债务转让法律关系中，将债务转让给第三人的为转让人，接受债务转让的第三人为受让人。所转让的债务可以是全部，也可以是部分。债务转让应当符合下列条件：

（1）需有有效的水工程合同债务存在；

（2）需有水工程合同债务转移的内容；

（3）转让的水工程合同债务是依法可以转让的债务；

（4）水工程合同义务的转移，应当取得债权人的同意。

值得注意的是，法律、行政法规规定债务人转移债务应当办理批准、登记手续的，只有在依法办理了批准或者登记手续后，债务转让才具有法律效力。

水工程合同债务一经转让，就由受让方承担水工程合同的义务，同时也产生一系列的法律后果，具体包括：

（1）从债务的转移。根据从债务附属于主债务的原则，从债务通常随着主债务的转移而进行相应的转移，但是有特别约定或者法律有特别规定除外，如从债务专属于债务人自身的，则不得随主债务的转移而转移。

（2）抗辩权的转移。抗辩权是与请求权相伴而生的，是随着请求权的转移而转移的，我国《合同法》规定，债务人转移义务的，新债务人可以主张原债务人对债权人的抗辩。抗辩权转移的时间界限为债权人同意转移债务的时间。

3. 债权债务的概括转让

债权债务的概括转让也称水工程合同权利义务的一并转让，是指水工程合同当事人一方将水工程合同权利义务一并转移给第三人，由第三人概括地继受这些权利义务。与债权转让和债务转让不同的是，债权债务的概括转让是将权利义务一并转让，而债权转让和债务转让仅是债权或者债务的单一转让。债权债务的概括转让仅适用于双务合同中，单务合同不适用概括转让的规定。依我国《合同法》的规定，债权债务的概括转让主要有当事人约定转让和法律规定转让两种情形。

债权债务概括转让的约定转让情形应当符合债权转让的条件，同时，也应当符合债务转让的条件。债权债务经合法概括转让后，就由受让方承担水工程合同的权利和义务，同时，也产生一系列的法律后果，具体包括：

（1）从权利的转移。概括转让也要受《合同法》关于债权转让和债务转让“从随主”原则的约束，但是有特别约定或者法律有特别规定除外。

（2）抗辩权的转移。《合同法》关于债权人对债务受让人的抗辩权的规定和债务受让人抗辩权的规定，同样适用于水工程合同权利义务的概括转让。

（3）抵销权的转移。《合同法》有关债务人对债权的转让人抵销权的规定，同样对水工程合同权利义务的概括转让有效。债权转让的通知到达债务人时，债务人可以以其所有的到期债权主张对原债权人进行抵销。

债权债务概括转让的法定转让情形是指当出现法律法规规定的某种特定条件时，合同的权利义务应当一并转移的情形。如我国《民法通则》规定：“企业法人分立、合并，它的权利和义务由变更后的法人享有和承担。”《合同法》也规定：“当事人订立合同后合并的，由合并后的法人或者其他组织行使合同权利，履行合同义务。当事人订立合同后分立的，除债权人和债务人另有约定的外，由分立的法人或者其他组织对合同的权利和义务享有连带债权，承担连带债务。”因此，根据合并和分立的不同，所产生的法律后果也不同：①合并情形下权利义务的转移。合并是指两个或者两个以上的法人或者其他组织依照法律规定或者通过协议而变更为一个法人或者组织的行为。当事人合并后，即产生一系列法律后果，合同权利义务的转移就是其中之一。根据法律规定，当事人订立合同后合并的，由合并后的法人或者其他组织行使权利，履行义务。②分立情形下权利义务的转移。分立是指一个法人或者组织依法变更为两个或者两个以上的新法人或者其他组织的行为。当事人分立后，也产生一系列法律后果，权利义务的转移就是其中之一。根据法律规定，当事人订立后分立的，由分立后的法人或者其他组织行使权利，履行义务，债权人和债务人另有约定的除外。

3.5.3 水工程合同的解除

水工程合同的解除是指有效成立的水工程合同，在尚未履行完毕前因一定的法定事由发生而使合同法律关系归于消灭。

1. 解除水工程合同的条件

（1）协商解除。双方当事人经协商同意，并且不因此损害国家利益和社会公共利益，允许解除。

（2）不可抗力。由于不可抗力致使水工程合同的全部义务不能履行的，允许解除水工程合同，部分不能履行的，允许变更水工程合同。所谓不可抗力是指不能预见、不能避免并不能克服的客观情况。一般包括自然原因和社会原因，前者如台风、地震、火灾、旱灾；后者如战争、禁运、封锁、暴乱等。不可抗力的具体范围，当事人可以在水工程合同中约定，如无约定，则依法律的规定结合案件的具体情况来确定是否属不可抗力。

（3）情势变更。情势变更是指水工程合同成立后，因不可归咎于当事人的原因发生情势变更，以致作为水工程合同基础的客观情况发生了非当事人所能预见的根本性变化，按原水工程合同履行会显失公平，从而允许根据当事人的请求变更和解除水工程合同而不承担责任。

（4）一方违约。有下列行为的，当事人可以解除水工程合同：在履行期限届满之前，当事人一方明确表示或者以自己的行为表明不履行主要债务；当事人一方迟延履行主要债务，经催告后在合理期限内仍未履行；当事人一方迟延履行债务或者有其他违约行为致使不能实现水工程合同目的；法律规定的其他情形。

2. 解除水工程合同的程序

（1）通知。在法定或约定的允许水工程合同解除的情形出现后，一方有权提出解除水工程合同的要求，并以书面形式通知对方，一般情况下，需取得对方同意。但是，在下列情形下，一方有权解除水工程合同：一是由于不可抗力致使水工程合同的义务不能履行；二是由于一方违约；三是约定解除的条件成熟。主张解除水工程合同，应当通知对方。水工程合同自通知到达对方时解除。对方有异议的，可以请求人民法院或者仲裁机构确认解除水工程合同的效力。法律、行政法规规定解除水工程合同应当办理批准、登记等手续的，依照其规定。

（2）答复。一方收到另一方解除水工程合同的书面通知后，应当在法定或约定的时间内予以答复。答复可以是同意，也可以是不同意，还可以是部分同意、部分不同意。如果在约定或法定的期限不答复，则应视为默认。

（3）协议。除前述不需答复的情况外，一方通知另一方解除水工程合同，须达成书面协议，书面协议的达成是水工程合同解除的标志，在此之前原水工程合同仍然有效。

3. 解除水工程合同的法律后果

水工程合同解除后，尚未履行的，终止履行；已经履行的，根据履行情况和水工程合同性质，当事人可以要求恢复原状、采取其他补救措施，并有权要求赔偿损失。

3.5.4 水工程合同的终止

与水工程合同解除不同，水工程合同的终止是由于一定事由的发生而使水工程合同的效力归于消灭。包括：①债务已经按照约定履行；②水工程合同解除；③债务相互抵消；④债务人依法将标的物提存；⑤债权人免除债务；⑥债权债务同归于一人；⑦法律规定或者当事人约定终止的其他情形。可见，水工程合同的解除只是水工程合同终止的一种情形。水工程合同的权利义务终止后，当事人应当遵循诚实信用原则，根据交易习惯履行通知、协助、保密等义务。

值得注意的是，水工程合同终止后，双方权利义务从实际履行的角度上讲归于消灭，但是，双方的权利义务关系特别是债务关系并未因此全部了结，水工程合同的有些条款并不因此自然失效，例如索赔要款、清理或结算条款、解决争议条款等。

3.6 水工程合同索赔

索赔是指水工程合同当事人一方违反法定或约定义务或出现合同约定的意外事件而给另一方当事人造成损失时，另一方当事人有权依合同约定或法律规定向对方当事人要求赔偿损失。索赔必须符合下列条件，即索赔方必须存在损失，并且这种损失不是由于自己的过错所引起；被索赔方按合同或有关法律规定必须对上述损失负赔偿的义务；索赔必须按照合同或有关法律规定进行。

3.6.1 水工程合同索赔分类

水工程承包中的索赔主要包括两大类：一是商务索赔，二是工程索赔。

商务索赔是指承包商与供应商、保险公司之间发生商业往来过程中的索赔，以及在工程施工过程与其他方面往来业务中发生的索赔。主要包括以下两种：①承包商与供应商之间的索赔。这种索赔通常是承包商与供应商之间的商业往来过程中，由于量的短缺，货物的损坏，质量不合要求和不能按期交货等而向供应商及其委托的运输部门和保险机构索取赔偿。在这种商务索赔中涉及三个责任方，即供应商、运输公司和保险公司。其各自的责任范围不同，因此，索赔的动因、依据、时效等也各不相同。②承包商向保险公司索赔。这种索赔通常是承包商在遭受自然灾害、事故或其他损害或损失时，承包商按照保险单的有关规定向其投保的保险公司索取赔偿。

工程索赔是指承包商在履约期间因非自身过失蒙受损失而向违约方或责任方索取赔偿或补偿。工程索赔也可分为两种：①承包商与工程业主之间的索赔。这种索赔的内容大都是发生在施工期间有关工程量计算、变更、工期、质量或价格方面的争议，有时也因出现合同规定的意外事件所引起，所以又叫施工索赔。水工程合同的索赔主要是这一类索赔。②承包商与分包商之间的索赔。这种索赔主要是分包商向承包商索要付款和赔偿，而非承包商对分包商罚款或扣留支付款等。其内容范围与施工索赔大体相似。除了以上种类外，也可能发生因工程质量不合格或工程延期引起的业主对承包商的索赔，其目的是要求承包商自费对不合格的工程修补或重建，并要求承包商赔偿因工程质量不合格或工程延期给业主造成的经济损失，还可能发生第三人向承包商的索赔。

3.6.2 水工程合同中的施工索赔

1. 引起施工索赔的原因

引起施工索赔的原因必须是合法的原因，即必须具有法定或约定的理由。一般来讲，引起施工索赔的主要原因有：

(1) 业主违约。业主未按合同约定履行合同义务，如拒绝履行合同、提交工程用地过迟、迟延交付施工图、支付工程款迟延等行为给承包商造成经济损失，除业主依约或法律规定应当负责的外，承包商有权向业主提出索赔。

(2) 施工条件变化。在施工过程中，业主不能提供确切的地质材料，而使承包商遇到与原设计、施工图纸或说明书所示自然条件出现重大异常，给承包商按合同约定的质量技术标准和工期完成工程增加难度和费用，承包商可以依据索赔条款，在合同规定的期限内，向业主提出索赔要求。

（3）工程量变化。承包商只负有完成合同约定工程任务的义务，对于合同之外的工程任务，承包商有权拒绝，如业主或执行工程师在其权限范围内要求增加、排除或修改部分工程的设计，以致影响承包商原定的整个施工计划，给承包商带来额外的支出，承包商可以向业主提出索赔要求。

（4）施工进度的变化。业主要求加快工程进度，导致承包商必须修改施工计划，加快材料、机器设备的运输和投入，增加人员的投入，新增或变更进行有关技术设备等给承包商带来一系列额外支出的费用，承包商可以向业主索赔。

（5）工程质量要求变化。施工过程中，业主或工程师对工程质量包括材料质量、设备性能、做工质量和试验要求等提出更高的要求，从而给承包商增加额外支出的，承包商可以向业主索赔。

（6）不可抗力事件。由于战争、外敌入侵、反叛、革命、篡权、内战等社会现象以及不可归责于当事人的自然现象导致承包商用于或将要用于工程上的财产或人身遭受损失的，承包商可以向业主索赔。

（7）情势变更。由于发生了不可归责于当事人的原因，致使作为合同基础的客观情况发生了根本性变化，继续按原合同执行将会导致当事人利益的显失公平。例如货币贬值、物价飞涨、捐税提高等原因均可由承包商向业主索赔。

（8）承包商根据合同约定进行调研的费用。根据业主或工程师的书面指示或要求，承包商研究工程中的缺陷、不完善及其原因，则其调查研究费用应由业主承担。

2. 施工索赔的赔偿范围

施工索赔的赔偿范围包括赔偿款项和赔偿工期。

（1）赔偿款项。在工程承包中，有四项基本费用，即人工费、材料费、施工机械设备费和分包费。其他费用包括保险费、保证金、管理费、工程贷款利息等。在施工过程中，承包人在上述各项费用中所遭受的损失，根据合同的有关条款，可以运用法律的手段，通过索赔得到补偿。

（2）赔偿工期。一般地讲，承包商在下列情况下可以向业主提出工期索赔，即要求展延工期：业主拖延提交合格的可以进行直接施工的现场；有记录可查的恶劣气候；业主委托的工程师对材料、图纸和施工工序质量认可的拖延，而且这种拖延影响了关键程序线路上的施工；工程变更或由于工程变更引起施工工程序被打乱；由于战争或内乱影响工程建设所需物资的供应；因业主方面的原因未能从境外或当地雇请到合格技术人员或工人；人力不可抗拒的灾害引起工程损坏或修复；业主或工程师要求的临时性中止工程；其他干扰，如不可预见的自然条件的变化，施工附近地区道路、交通的中断等等。

3.6.3 施工索赔的程序

在引起索赔发生的原因出现后，承包商应提供有关的书面资料包括工程项目资料和工程基本会计资料，以此作为索赔的证据材料。而且，索赔提起的时间应符合合同约定的期限，逾期则丧失索赔权。索赔要求应制作成书面形式，首先经监理工程师或其代表核实或审定，最后送业主或承包人要求赔偿。如果承包人或业主拒绝赔偿，则先由监理工程师解决，如都不能解决，则通过诉讼或依合同约定通过仲裁解决争议。

案例1（主体不合格，导致合同无效）

2010年1月4日，甲方与乙方签订了一份《工程施工劳务合同》，约定乙方将某污水处理厂及配套污水管网边坡支护工程劳务分包给甲方施工，工程总造价为固定单价乘以完成的工程量。合同签订后，甲方进场施工。2012年5月30日，双方确认工程总价款为978037.4元。乙方除支付20万元外，尚欠778037.4元工程款未付，甲方遂起诉到人民法院请求支付工程款及利息。

法院认为，甲方不具备建筑施工资质或劳务作业资质，但是工程竣工验收并交付使用，根据《最高人民法院关于审理建设工程施工合同纠纷案件适用法律问题的解释》第1条“建设工程施工合同具有下列情形之一的，应当根据《合同法》第五十二条第（五）项的规定，认定无效：（一）承包人未取得建筑施工企业资质或者超越资质等级的”，甲方与乙方签订《工程施工劳务合同》时，并未取得建筑施工资质或劳务作业资质，故《工程施工劳务合同》应为无效合同。上述司法解释第2条还规定：“建设工程施工合同无效，但建设工程经竣工验收合格，承包人请求参照合同约定支付工程价款的，应予支持。”故对甲方要求支付778037.4元工程款及利息的诉讼请求判决予以支持。

案例2（表见代理）

2009年10月18日，某建设公司中标某污水处理厂管网配套工程后设立了工程项目部，任命××为该项目部负责人。2009年11月18日，项目部与某公司签订了一份买卖合同，约定该公司向项目部供应一批排水管。合同落款的“买方”处加盖了项目部公章，××及委托代理人均进行了签字。由于项目部尚欠该公司货款1921258元未付，该公司以建设公司为被告起诉至法院。建设公司辩称，委托代理人并非本公司员工，项目部公章系委托代理人私刻，本公司没有授权××和委托代理人签订该合同，请求驳回该公司的诉讼请求。

法院审理后认为，我国《公司法》第十四条规定：“公司可以设立分公司。设立分公司，应当向公司登记机关申请登记，领取营业执照。分公司不具有法人资格，其民事责任由公司承担。”《合同法》第四十九条规定：“行为人没有代理权、超越代理权或者代理权终止后以被代理人名义订立合同，相对人有理由相信行为人有代理权的，该代理行为有效。”由于项目部是建设公司设立的无独立法人资格机构，其民事责任应由建设公司承担，××、委托代理人作为该项目部工作人员，其行为为职务行为，其后果应由建设公司承担。在签订合同时，该公司完全有理由相信××是在履行项目部负责人职务，也有理由相信委托代理人在合同上的签字是在履行职务行为，即使该二人确认没有得到建设公司的授权，其行为也构成《合同法》规定的表见代理，其法律后果应当由被代理人即建设公司承担，故判决建设公司支付货款1921258元并承担逾期付款利息。

案例3（举证责任）

2009年7月25日，甲公司与乙公司签订一份合同，约定由乙公司承建某污水处理厂管网工程，质量保修期为2年。2010年11月工程完工并交付给甲公司。2012年4月3日至2013年8月11日，案涉管网发生6起管道破损事故。事故发生后，甲公司致函乙公司要求维修。但是，乙公司认为该事故不是建设工程质量问题，是甲公司更改管道材料所造成，故未对6次事故进行维修。甲公司自行维修花费了155951元。2013年11月18日，甲公司诉至法院，要求乙公司赔偿甲公司经济损失101.22万元。

法院审理后认为，我国《民事诉讼法》第六十四条第一款规定“当事人对自己提出的主张，有责任提供证据”，甲公司提交的所有证据仅能证明事故发生后该公司通知乙公司进行抢修，并不能证明本次事故是质量事故，也不能证明所发生的6次事故是因乙公司未按约施工所导致，甲公司对自己的主张应承担举证不利的后果。因此，对甲公司要求乙公司赔偿经济损失101.22万元的诉讼请求不予支持。

案例4（可得利益）

2013年8月26日，甲公司与乙公司签订了一份合同，约定甲公司将某综合污水处理站臭气处理工程发包给乙公司施工。2014年3月26日，甲公司致函乙公司，要求终止合同履行。2014年5月5日，乙公司诉至法院，要求甲公司支付剩余工程款、赔偿停工损失以及因甲公司违约导致合同终止履行所产生的违约金85万元。

法院审理后认为，导致合同解除系甲公司单方违约所致。我国《合同法》第一百一十三条规定："当事人一方不履行合同义务或者履行合同义务不符合约定，给对方造成损失的，损失赔偿额应当相当于因违约所造成的损失，包括合同履行后可以获得的利益，但不得超过违反合同一方订立合同时预见到或者应当预见到的因违反合同可能造成的损失。"因此，甲公司单方解除合同致使乙公司无法取得合同履行后应获得的可得利益，应当承担赔偿损失的违约责任。可得利益损失计算标准应当以合同标的850万元，减去已完成的工程量造价及进场未安装的管道支架、膜材款后，差额乘以报价单确定的5%利润，其结果为乙公司的可得利益损失数额，通过计算乙公司可得利益损失为157850.1元，法院判决予以支持。

【思考题】

1. 什么是合同？水工程合同的概念和特征有哪些？
2. 水工程合同法规体系的内容有哪些？
3. 水工程合同成立的概念和条件有哪些？
4. 建设工程施工合同（示范文本）和FIDIC土木工程施工合同条件由哪些部分组成？
5. 水工程合同有效的条件和效力范围有哪些？
6. 什么是无效水工程合同，其处理方法有哪些？
7. 水工程合同履行原则和规则有哪些？
8. 水工程合同解释的规则有哪些？
9. 水工程合同履行抗辩权有哪些？
10. 什么是建设工程优先受偿权？设立该制度有何意义？
11. 水工程合同变化的情形有哪些？
12. 什么是水工程合同索赔？引起施工索赔的原因和赔偿范围有哪些？

第4章 水工程规划法规

4.1 城镇规划法规

4.1.1 概述

1. 城乡规划

为了加强城乡规划管理，协调城乡空间布局，改善人居环境，促进城乡经济社会全面协调可持续发展，我国于2007年制定并通过了《中华人民共和国城乡规划法》，自2008年1月1日起施行。城乡规划，包括城镇体系规划、城市规划、镇规划、乡规划及村庄规划和社区规划。城市规划、镇规划分为总体规划和详细规划。详细规划分为控制性详细规划和修建性详细规划。

我国自改革开放以来，伴随着工业化进程加速，城镇化取得了巨大成就，城镇在统筹城乡经济发展、加速城乡一体化进程中发挥着重要作用。为了适应城镇发展的需要，国家和地方各级政府历来重视城镇建设，相继在基础设施方面建成了一大批与生产和生活息息相关的供水、排水、燃气、热力、道路、桥梁、公交、园林、环卫和城镇防灾等设施。

2. 规划区

规划区是指城市、镇和村庄的建成区以及因城乡建设和发展需要，必须实行规划控制的区域。规划区的具体范围由有关人民政府在组织编制的城市总体规划、镇总体规划、乡规划和村庄规划中，根据城乡经济社会发展水平和统筹城乡发展的需要划定。

3. 城镇分级

根据2014年10月《国务院关于调整城市规模划分标准的通知》，对原有城镇规模划分标准进行了调整，明确了新的城镇规模划分标准，以城区常住人口为统计口径，将城镇划分为五类七档。

城区常住人口50万以下的城镇为小城镇，其中20万及以上50万以下的城镇为Ⅰ型小城镇，20万以下的城镇为Ⅱ型小城镇；城区常住人口50万及以上100万以下的城镇为中等城镇；城区常住人口100万及以上500万以下的城镇为大城镇，其中300万及以上500万以下的城镇为Ⅰ型大城镇，100万及以上300万以下的城镇为Ⅱ型大城镇；城区常住人口500万及以上1000万以下的城市为特大城市；城区常住人口1000万及以上的城市为超大城市。

《国家新型城镇化规划（2014—2020年）》中指出：优化城镇规模结构，增强中心城镇辐射带动功能，加快发展中小城镇，有重点地发展小城镇，促进大中小城镇和小城镇协调发展。20世纪50年代毛泽东同志就曾作过建设小城镇指示。1980年国务院在批转全国城镇规划工作会议纪要中明确提出“控制大城镇规模，合理发展中等城镇，积极发展小城镇”这一完整的方针。实践证明，上述方针政策对促进我国城镇化进程，开发我国城镇比较合理的发展格局发挥了重要作用。但是，特大城市及大城市的规模仍需进行有效控制，有计划加以引导，使其纳入合理发展的轨道。

有效控制特大城市规模，主要是控制市区人口与用地规模，以缓解由于人口过度膨胀造成的基础设施短缺、交通紧张、居住拥挤、环境恶化、城镇长期超负荷运转等矛盾。特大城市及大城市应当主要依靠技术进步，优化产业结构，调整用地布局，提高综合效益，走内涵发展的道路，有计划、有重点地建设大城市周围的小城镇，加强其与大城市市区基础设施连接和公共服务共享，引导人口和产业由特大城市主城区向周边和其他城市疏散转移。要充分发挥中等城市和小城镇的优势，加强管理和引导，使其有计划地合理发展，避免由于盲目建设，造成布局混乱、环境污染、土地浪费等弊端。

4. 规划时限

城市总体规划、镇总体规划的期限一般为二十年，同时可以对城市远景发展的空间布局提出设想。近期建设规划是总体规划的一个组成部分，原则上应当与城市国民经济和社会发展规划的年限一致，并不得违背城市总体规划的强制性内容，近期建设规划的期限一般为五年。

4.1.2　城镇规划的原则

《中华人民共和国城乡规划法》总则第四条规定：制定和实施城乡规划，应当遵循城乡统筹、合理布局、节约土地、集约发展和先规划后建设的原则，改善生态环境，促进资源、能源节约和综合利用，保护耕地等自然资源和历史文化遗产，保持地方特色、民族特色和传统风貌，防止污染和其他公害，并符合区域人口发展、国防建设、防灾减灾和公共卫生、公共安全的需要。

1. 城乡统筹发展的原则

以统筹城乡经济社会发展、推进城乡一体化为主线，建立高度统筹的城乡规划体系、建立城乡统一的行政管理体系、建立覆盖城乡的基础设施建设及其管理体系、建立城乡均衡化的公共服务保障体系、建立覆盖城乡居民的社会保障体系、建立城乡统一的户籍制度、健全基层自治组织、统筹城乡产业发展等。

2. 建设资源节约型和生态保护型社会的原则

正确处理城镇化快速发展与资源环境的矛盾，处理好经济建设、人口增长与资源利用、生态环境保护的关系，充分考虑资源与环境的承载能力，全面推进土地、水、能源的节约与合理利用，提高资源利用效率，实施城镇公共交通优先的发展战略，形成有利于节约资源、减少污染的发展模式，实现城镇可持续发展。

3. 尊重城镇历史和城镇文化的原则

把握社会主义先进文化的前进方向，保护城镇历史文化价值，弘扬和培育民族精神，全面展示城镇的文化内涵，形成融历史文化和现代文明为一体的城镇风格和城镇魅力。

4. 发挥市场对资源配置的基础性作用的原则

强调城镇规划在城乡发展中的宏观调控和综合协调作用，突出政府社会管理和公共服务职能，高度重视科技、教育、文化、卫生、体育、社会福利等社会事业的发展。

4.1.3 城镇规划的依据

1. 国民经济与社会发展

国民经济、社会发展情况是指国内生产总值、工农业总值、国民收入和财政状况；有关经济社会发展计划、发展战略、区域规划等方面的情况。经济与社会发展资料包括历年国内生产总值、财政收入、固定资产投资、产业结构及产值构成等。编制城镇规划特别是城镇总体规划应当以国民经济和社会发展规划以及城镇发展战略为重要依据。计划确定的建设项目，其选址和布局必须符合城镇规划的要求，同时城镇规划确定的基础设施和公共设施建设项目，应当分期分批，按照基本建设程序纳入国民经济和社会发展计划，以保证城镇规划的实施。

2. 自然环境与资源条件

了解城镇自然环境及资源条件，是城镇规划前期的一项十分重要的工作。需要收集以下资料：

城镇勘察资料：是指与城镇规划和建设有关的地质资料，主要包括工程地质，即城镇所在地区的地质构造，地面土层物理状况，城镇规划区内不同地段的地基承载力以及滑坡、崩塌等基础资料；地震地质，即城镇所在地区断裂带的分布及活动情况，城镇规划区内地震烈度区划等基础资料；水文地质，即城镇所在地区地下水的存在形式、储量、水质、开采及补给条件等基础资料。我国的许多城镇，特别是北方地区城镇，地下水往往是城镇的重要水源。勘明地下水资源、对于城镇选址、预测城镇发展规模、确定城镇的产业结构等都具有重要意义。

城镇测量资料：主要包括城镇平面控制网和高程控制网、城镇地下工程及地下管网等专业测量图以及编制城镇规划必备的各种比例尺的地形图等。

气象资料：主要包括温度、湿度、降水、蒸发、风向、风速、日照、冰冻等基础资料。

水文资料：主要包括江河湖海水位、流量、流速、水量、洪水淹没界线等。大河两岸城镇应收集流域规划、河道整治规划、现有防洪设施等基础资料。山区城镇应收集山洪、泥石流等基础资料。

市域自然资源资料：主要包括矿产资源、水资源、燃料动力资源、农副产品资源的分布、数量、开采利用价值等。

城镇园林、绿地、风景区、文物古迹、优秀近代建筑等资料。

城镇环境资料：主要包括环境监测成果，各厂矿、单位排放污染物的数量及危害情况，城镇垃圾的数量及分布，其他影响城镇环境质量的有害因素的环境资料。

3. 历史情况与现状特点

城镇规划应当注意保护优秀历史文化遗产，保护具有重要历史意义、革命纪念意义、科学和艺术价值的文物古迹、风景名胜和传统街区，保持民族传统和地方风貌，充分体现城镇各自的特色。

城镇的现状特点是指城镇现在的人口状况，土地利用状况，工矿企业，对外交通运输，各类商场、市场、仓库、货场、体育、文教设施等方面的现状。具体内容如下：

城镇历史资料：主要包括城镇的历史沿革、城址变迁、市区扩展以及城镇规划历史等基础资料。

城镇人口资料：主要包括现状及历年城镇常住人口、暂住人口、人口的年龄构成、自然增长、机械增长等。

城镇土地利用资料：主要包括现状及历年城镇土地利用分类统计、城镇用地增长状况、规划区内各类用地分布状况等。

工矿企事业单位的现状及规划资料：主要包括用地面积、建筑面积、产品产量、产值、职工人数、用水量、用电量、运输量及污染情况等。

交通运输资料：主要包括对外交通运输和市内交通的现状（用地、职工人数、客货运量、流向、对周围地区环境的影响以及城镇道路、交通设施等）。

各类仓储资料：主要包括用地、货物状况及使用要求的现状及发展预测。

城镇行政、经济、社会、科技、文教、卫生、商业、金融、涉外等机构以及人民团体的现状和规划资料：主要包括发展规划、用地面积和职工人数等。

建筑物现状资料：主要包括现有主要公共建筑的分布状况、用地面积、建筑面积、建筑质量等、现有居住区的情况以及住房建筑面积、居住面积、建筑层数、建筑密度、建筑质量等。

工程设施资料：主要包括市政工程、公用事业现状资料，包括场站及其设施的位置与规模、省网系统及其容量，防洪工程等。

城镇人防设施及其他地下建筑物、构筑物等资料。

4.1.4　城镇总体规划内容

根据《城市规划编制办法》第三章第二十条，城市总体规划包括市域城市体系规划和中心城区规划。编制城市总体规划，应当先组织编制总体规划纲要，研究确定总体规划中的重大问题，作为编制规划成果的依据。

《城乡规划法》第三十五条规定：城乡规划确定的铁路、公路、港口、机场、道路、绿地、输配电设施及输电线路走廊、通信设施、广播电视设施、管道设施、河道、水库、水源地、自然保护区、防汛通道、消防通道、核电站、垃圾填埋场及焚烧厂、污水处理厂和公共服务设施的用地以及其他需要依法保护的用地，禁止擅自改变用途。

例如：甲市违反城镇总体规划强制性内容审批某大学职工集资房项目，在无法定控制性详细规划的情况下，核发该大学职工集资房项目《建设工程规划许可证》，擅自将约4万 m^2 公园绿地变更为居住用地。乙市违反城镇总体规划强制性内容制定控制性详细规划，擅自将某公园东部约92.3万 m^2 公园绿地变更为居住、商业、文化娱乐及公建配套用地。上述行为严重违反了《城乡规划法》第三十五条。

1. 城镇基础设施和公共服务设施

(1) 公共交通规划

城镇体系规划要求在合理的城镇用地功能组织的基础上，有一个完整的道路体系，区分不同功能的道路性质，充分利用地形，考虑城镇环境和城镇面貌的要求，并满足敷设各种管线及与人防工程相结合的要求。

城镇道路选线、道路网的组织应当同对外交通设施相互衔接、协调，形成合理的综合交通运输体系。港口设施的建设必须综合考虑城镇岸线的合理分配和利用，并保证有足够的城镇生活岸线。城镇铁路编组站、铁路货运干线、过境公路、机场、供电高压走廊及重要军事设施等应当避开居民密集的市区，以免割裂城镇、妨碍城镇发展，造成城镇有关功能的相互干扰。

城镇道路及交通规划包括：确定交通发展目标和水平、交通方式和交通结构、道路交通综合网络布局、对外交通和市内的客货运设施的选址和用地规模；提出城镇道路交通规划过程中的重要技术经济对策和有关交通发展政策及交通需求管理政策的建议。

(2) 重大设施规划

主要包括给水工程规划、排水工程规划、供电工程规划、电信工程规划、供热工程规划、燃气工程规划。

1) 给水工程规划。包括：用水量标准，生产、生活、市政用水总量估算；水资源供需平衡、水源地选择、供水能力、取水方式、净水方案和水厂制水能力；输水管网及配水干管布置、加压站位置和数量；水源地防护措施。

2) 排水工程规划。包括：雨水工程与污水工程。内容有：确定排水体制；划分排水区域，估算雨水量、污水排放总量，制定不同地区污水排放标准，排水管（渠）系统规划布局，确定主要泵站及位置；污水处理厂布局、规模、处理等级以及综合利用的措施。

3) 供电工程规划。包括：用电量指标、总用电负荷、最大用电负荷、分区负荷密度；供电电源选择；变电站位置、变电等级、容量，输配电系统电压等级、敷设方式；高压走廊用地范围、防护要求。

4) 电信工程规划。包括：各项通信设施的标准和发展规模（包括长途电话、市内电话、电报、电视台、无线电台及部门通信设施）；邮政设施标准、服务范围、发展目标、主要局所网点位置；通信线路布置、用地范围，通信设施布局和用地范围；收发信区和微波通道的保护范围。

5) 供热工程规划。包括：估算供热负荷、确定供热方式；划分供热区域范围、布置热电厂；热力网系统、敷设方式；联片集中供热规划。

6) 燃气工程规划。包括：估算燃气消耗水平、选择气源、确定气源结构；确定燃气供应规模；确定输配系统供气方式、管网压力等级、管网系统；确定调压站、灌瓶站、贮存站等工程设施布置。

城镇规划确定的城镇道路、广场、园林绿地（包括水面）、高压供电走廊及各种地下管线是保持城镇功能正常运转，为城镇人民提供生产、生活的方便条件和适宜环境必不可少的重要的公共设施，高压供电、地下管线还有特殊的安全运行和正常维护要求。为了维护城镇整体和人民群众的公共利益，对这些设施必须严加保护，任何单位和个人不得占用来进行其他的建设活动。否则，将会影响城镇经济、社会活动的正常进行和生态环境，特别是影响城镇设施的正常运行，甚至带来灾难性后果。违反规定进行建设，属于严重影响城镇规划实施的违法行为，一般都应予以拆除。

(3) 公共服务设施规划

1) 环境卫生设施规划。包括：环境卫生设施设置原则和标准；生活废弃物总量，垃圾收集方式、堆放及处理；消纳场所的规模及布局；公共厕所布局原则、数量。

2) 园林绿化、文物古迹及风景名胜规划（必要时可分别编制）。包括：公共绿地指标；市、区级公共绿地布置；防护绿地、生产绿地位置范围；主要林荫道布置；文物古迹历史地段、风景名胜区保护范围、保护控制要求。

2. 城镇公共安全与综合防灾规划

（1）防洪规划

防洪规划包括城镇需设防地区（防江河洪水、防山洪、防海潮、防泥石流的范围），设防等级、防洪标准；防洪区段安全泄洪量；设防方案，防洪堤坝走向，排洪设施位置和规模；防洪设施与城镇道路、公路、桥梁交叉方式；排涝防渍的措施。

（2）地下空间开发及人防规划

重点设防城镇要编制地下空间开发利用及人防与城镇建设相结合规划，对地下防空（包括人防）基础工程设施、公共设施、交通设施、贮备设施等进行综合规划，统筹安排。城镇战略地位概述；地下空间开发利用和人防工程建设的原则和重点；城镇总体防护布局；人防工程规划布局；交通、基础设施的防空、防灾规划；贮备设施布局。

（3）抗震防灾规划

7度以上抗震设防城镇应编制抗震防灾规划。

3. 生态环境建设和保护

（1）环境保护规划。

包括：环境质量的规划目标和有关污染物排放标准；环境污染的防护、治理措施。

（2）城镇河湖、绿地系统的作用是保护环境，改善城镇面貌，提供休息游览的场所，并有利于战备、防震和抗灾。城镇河湖、绿地系统规划的主要任务是根据城镇发展的要求和具体条件，制定城镇各类绿地的用地指标，并选定各项主要绿地的用地范围，合理安排整个城镇的绿地系统，作为指导城镇各项绿地的详细和建设管理的依据。城镇河湖、绿地系统的规划布置必须和工业用地、道路系统、居住区规划等方面的条件综合考虑、全面安排，因地制宜，和河湖山川自然环境相结合，均衡分布，使之成为完整的系统。

4. 城镇历史文化遗产保护

包括：历史文化价值概述；保护原则和重点；总体规划层次的保护措施：保护地区人口规模控制，占据文物古迹风景名胜的单位的搬迁，调整用地布局改善古城功能的措施，古城规划格局、空间形态、视觉通廊的保护；确定文物古迹保护项目、划定保护范围和建设控制地带、提出保护要求；确定需要保护的历史地段、划定范围并提出整治要求；重要历史文化遗产修整、利用、展示的规划意见；规划实施管理的措施。

5. 市域城乡统筹，建设城镇体系规划

城镇总体规划中的市域、县域体系规划是完善和深化城镇总体规划的客观要求，也是完善市带县、镇管村行政体制的要求以及切实保证发挥中心城镇的作用，促使城乡协调发展的要求。市域、县域城镇体系规划的任务和内容主要是：了解市、县域的基本情况；分析市、县发展条件、发展优势和制约因素，提出市、县域城镇发展战略、发展目标，预测县城城镇化水平和途径；确定城镇体系的规模结构、职能分工和空间布局；分析市县域内重点城镇或中心城镇的发展条件及与周围城镇的关联；提出近期发展的重点和生产力布局的建议等；确定区域基础设施。如交通、水资源、能源及社会服务设施等的发展目标与布局；提出实施规划的有关技术、经济政策和措施。开展市、县域城镇体系规划工作，要在市、县人民政府的直接领导和组织下进行，要因地制宜、从实际出发，搞好各方面的协调，综合平衡，进行充分的分析论证，促使区域整体功能的优化。

4.2 城镇给水工程规划法规

4.2.1 概述

20世纪80年代以来，我国城镇规划事业发展迅速，积累了丰富的实践经验，但在制定城镇规划各项法规、标准上起步较晚，明显落后于发展需要。给水排水工程是城镇基础设施的重要组成部分，是城镇发展的重要保证，但在城镇给水排水工程规划中，由于没有相应的国家规范可参考，因此全国各地规划设计单位所做的给水排水工程规划内容和深度各不相同。这种情况，不利于城镇给水排水工程规划水平的提高，不利于城镇给水排水工程规划的统一评定和检查，同时也影响了城镇给水排水工程规划作为城镇发展政策性法规和后阶段设计工作指导性文件的严肃性。

随着《城乡规划法》《水法》《环境保护法》《水污染防治法》等一系列法规的颁布和《地面水环境质量标准》《生活饮用水卫生标准》《污水综合排放标准》等一系列标准的实施，人们的法制观念日渐加强，城镇给水排水工程规划法规正是应这一要求而制定的法律性条文，是保证城镇健康、持续发展的战略性规划法规。

城镇给水工程规划法规是为了在城镇给水工程规划中贯彻执行《城乡规划法》《水法》《环境保护法》，提高城镇给水工程规划编制质量，而主要对城镇水资源及城镇用水量、给水范围和规模、给水水质和水压、水源、给水系统、水厂和输配水等方面作出的一系列规定。体现了国家在给水工程中的技术经济政策，保证了城镇给水工程规划的先进性、合理性、可行性及经济性，是我国城镇规划规范体系日益完善的表现。

4.2.2 城镇给水规划的原则

1. 城镇给水工程规划期限应与城镇总体规划期限一致

城镇总体规划的规划期限一般为20年，城镇给水工程的规划期限应与城镇总体规划的期限相一致。作为城镇基础设施重要组成部分的给水工程关系着城镇的可持续发展，城镇的文明、安全和居民的生活质量，是创造良好投资环境的基石。因此，城镇给水工程规划应有长期的时效以符合城镇的要求。

城镇给水工程规划应重视近期建设规划，且应适应城镇远景发展的需要。编制城镇总体规划的给水工程规划是和总体规划一致的，但近期建设规划往往是马上要实施的。因此，近期建设规划应受到足够的重视，且应具有可行性和可操作性。由于给水工程是一个系统工程，为此应处理好城镇给水工程规划和近期建设规划的关系及二者的衔接，否则将会影响给水工程系统技术上的优化决策，并会造成城镇给水工程不断建设，重复建设的被动局面。在城镇给水工程规划中，宜对城镇远期的给水规模及城镇远期采用的给水水源进行分析。一则可对城镇远期的给水水源尽早的进行控制和保护，二则对工业的产业结构起到导向作用。所以城镇给水工程规划应适应城镇远景发展的给水工程的要求。

在规划水源地、地表水水厂或地下水水厂、加压泵站等工程设施用地时，应节约用地，保护耕地。由于城镇不断发展，城镇用水量也会大幅度增加，随之各类给水工程设施的用地面积也必然增加。但基于我国人口多，可耕地面积少等国情，在规划中节约用地是十分必要的。可以利用荒地的不占用耕地，可以利用劣地的不占用好地。

2. 城镇给水工程规划应与城镇排水工程规划相协调

城镇给水工程规划除应符合总体规划的要求外，还应与其他各项规划相协调。由于城镇给水工程规划与城镇排水工程规划之间联系紧密，因此和城镇排水工程规划的协调尤为重要。协调的内容包括城镇用水量和城镇排水量、水源地和城镇排水受纳体、水厂和污水处理厂厂址、给水管道和排水管道的管位等方面。

城镇给水工程规划除应符合《城市给水工程规划规范》GB 50282—2016外，还应符合国家现行的有关强制性标准的规定。给水工程规划，除执行《城乡规划法》《水法》《环境保护法》《水污染防治法》及《城市给水工程规划规范》外，还需同时执行相关的标准、规范和规定。目前主要有以下的这些标准和规范：《生活饮用水卫生标准》《城市污水再生利用　城市杂用水水质》《地表水环境质量标准》《生活饮用水水源水质标准》《饮用水水源保护区污染防治管理规定》《供水水文地质勘察规范》《室外给水设计规范》《高浊度水给水设计规范》《含藻水给水处理设计规范》《饮用水除氟设计规程》《建筑中水设计规范》《污水综合排放标准》《城镇污水再生利用工程设计规范》等。

4.2.3　城镇给水工程规划的依据

城镇给水工程规划的内容是根据《城市规划编制办法实施细则》的有关要求确定的，同时又强调了水资源保护及开源节流的措施。

水是不可替代资源，对国计民生有着十分重要的作用。根据《城市给水工程规划规范》《饮用水水源保护区污染防治管理规定》和《生活饮用水水源水质标准》的规定，饮用水水源保护区的设置和污染防治应纳入当地的社会经济发展规划和水污染防治规划。水源的水质和给水工程紧密相关，因此对水源的卫生保护必须在给水工程规划中予以体现。

我国是一个水资源匮乏的国家，城镇水资源不足已成为全国性问题，在一些水资源严重不足的城镇已影响到社会的安定。针对水资源不足的城镇，应从两方面采取措施解决，一方面是“开源”，积极寻找可供利用的水源（包括城镇污水的再生利用），以满足城镇发展的需要；另一方面是“节流”，贯彻节约用水的原则，采取各种行政、技术和经济的手段来节约用水，避免水的浪费。

4.2.4　城镇给水规划的内容

1. 水源选择

（1）选择城镇给水水源应以水资源勘察或分析研究报告和区域、流域水资源规划及城镇供水水源开发利用规划为依据，并应满足各规划区城镇用水量和水质等方面的要求。水源选择是给水工程规划的关键。在进行总体规划时应对水资源作充分的调查研究，以便尽可能使规划符合实际。若没有水源可靠性的综合评价，将会造成给水工程的失误。确保水源水量和水质符合要求是水源选择的首要条件。因此必须有可靠的水资源勘察或分析研究报告作依据，为防止对后续的规划设计工作和城镇发展产生误导作用，应进行必要的水资源补充勘察。

根据《中华人民共和国水法》：“水资源属于国家所有。”“开发、利用、节约、保护水资源和防治水害，应当全面规划、统筹兼顾、标本兼治、综合利用、讲求效益，发挥水资源的多种功能协调好生活、生产经营和生态环境用水。”因此，城镇给水水源的选择应以区域或流域水资源规划及城镇供水水源开发利用规划为依据，达到统筹兼顾、综合利用的目的。缺水地区，水质符合饮用水水源要求的水体往往是多个城镇的供水水源。而各城镇由于城镇的发展而导致的用水量增加又会产生相互间的矛盾。因此，规划城镇用水量的需求应与区域或流域水资源规划相吻合，应协调好与周围城镇和地区的用水量平衡，各项用水应统一规划、合理分配、综合利用。

城镇给水水源在水质和水量上应满足城镇发展的需求，给水工程规划应紧扣城镇总体规划中各个发展阶段的需水量，安排城镇给水水源，若水源不足应提出解决办法。

(2) 选用地表水为城镇给水水源时，城镇给水水源的枯水流量保证率应根据城镇性质和规模确定，可采用90%～97%。水资源较丰富地区及大中城镇的枯水流量保证率宜取上限，干旱地区、山区（河流枯水季节径流量很小）及小城镇的枯水流量保证率宜取下限。建制镇给水水源的枯水流量保证率应符合现行国家标准《镇规划标准》GB 50188—2007的有关规定。当水源的枯水流量不能满足保证率要求时，应采取选择多个水源，增加水源调蓄设施，市域外引水等措施来保证满足供水水量要求。

(3) 选用地表水为城镇给水水源时，城镇生活饮用水给水水源的卫生标准应符合现行国家标准《生活饮用水水源水质标准》CJ 3020—1993以及国家现行标准《生活饮用水卫生标准》GB 5749—2006的规定。当城镇水源不符合上述各类标准，且限于条件必须加以利用时，应采取预处理或深度处理等有效措施，确保水厂的出水水质符合要求。

(4) 贯彻优水优用的原则。符合现行国家标准《生活饮用水卫生标准》GB 5749—2006的地下水宜优先作为城镇居民生活饮用水水源。开采地下水应以水文地质勘察报告为依据，其取水量应小于允许开采量或采用回灌等措施，防止由于地下水超采造成地面沉陷和地下水水源枯竭。

(5) 低于生活饮用水水源水质要求的水源，可作为水质要求低的其他用水的水源。一般可作为城镇第二部分用水（除农村居民生活用水外）的水源，原水水质应与各种用途的水质标准相符合。

(6) 城镇回用水系统的设置。水资源不足的城镇宜将城镇污水再生处理后用作工业用水、生活杂用水及河湖环境用水、农业灌溉用水等，其水质应符合相应标准的规定。城镇回用水水质应符合《城市污水再生利用工程设计规范》GB 50335—2016、《城市污水再生利用 城市杂用水水质》GB/T 18920—2002等法规和标准。

(7) 缺乏淡水资源的沿海或海岛城镇宜将海水直接或经处理后作为城镇水源，其水质应符合相应标准的规定。由于我国沿海和海岛城镇往往淡水资源十分紧缺，为此提出可将海水经处理用于工业冷却和生活杂用水（有条件的城镇可将海水淡化作为居民饮用水），以解决沿海城镇和海岛居民缺乏淡水资源的困难。海水用于城镇各项用水，其水质应符合各项用水相应的水质标准。

2. 城镇用水量预测与水资源量的平衡计算

(1) 城镇用水量由两部分组成。第一部分为规划期内由城镇给水工程统一供给的用水量，包括居民生活用水、工业用水、公共设施用水及其他用水水量的总和。居民生活用水量是指城镇居民日常生活所需的用水量；工业用水量是指工业企业生产过程所需的用水量；公共设施用水量是指宾馆、饭店、医院、科研机构、学校、机关、办公楼、商业、娱乐场所、公共浴室等用水量；其他用水量是指交通设施用水、仓储用水、市政设施用水、浇洒道路用水、绿化用水、消防用水、特殊用水（军营、军事设施、监狱等）等水量。第二部分为城镇给水工程统一供给以外的所有用水水量的总和。其中包括工矿企业和大型公共设施的自备水，河湖为保持环境需要的各种用水，保证航运要求的用水，农业灌溉和水产养殖业、畜牧业用水，农村居民生活用水和乡镇企业的工业用水等水量。

（2）预测城镇用水量时应考虑相关因素。城镇给水工程统一供给的用水量应根据城镇的地理位置、水资源状况、城镇性质和规模、产业结构、国民经济发展和居民生活水平、工业回用水率等因素确定。用水量应结合城镇的具体情况和上述各项因素确定，并使预测的用水量尽量切合实际。一般地说，年均气温较高、居民生活水平较高、工业和经济比较发达的城镇用水量较高。而水资源匮乏、工业和经济欠发达或年均气温较低的城镇用水量较低。城镇的流动和暂住人口对城镇用水量也有一定影响，特别是风景旅游城镇、交通枢纽城镇和商贸城镇，这部分人口的用水量更不可忽视。

（3）城镇给水工程统一供给的用水量预测宜采用表4-1和表4-2中的综合指标。（摘自《城市给水工程规划规范》GB 50282—2016）。

城市综合用水量指标 g_1［万 m^3/（万人·d）］　　表4-1

区域	城市规模						
	超大城市（$P\geqslant 1000$）	特大城市（$500\leqslant P<1000$）	大城市		中等城市（$50\leqslant P<100$）	小城市	
			Ⅰ型（$300\leqslant P<500$）	Ⅱ型（$100\leqslant P<300$）		Ⅰ型（$20\leqslant P<50$）	Ⅱ型（$P<20$）
一区	0.50～0.80	0.50～0.75	0.45～0.75	0.40～0.70	0.35～0.65	0.30～0.60	0.25～0.55
二区	0.40～0.60	0.40～0.60	0.35～0.55	0.30～0.55	0.25～0.50	0.20～0.45	0.15～0.40
三区	—	—	—	0.30～0.50	0.25～0.45	0.20～0.40	0.15～0.35

注：1. 一区包括：湖北、湖南、江西、浙江、福建、广东、广西壮族自治区、海南、上海、江苏、安徽；

二区包括：重庆、四川、贵州、云南、黑龙江、吉林、辽宁、北京、天津、河北、山西、河南、山东、宁夏回族自治区、陕西、内蒙古河套以东和甘肃黄河以东地区；

三区包括：新疆维吾尔自治区、青海、西藏自治区、内蒙古河套以西和甘肃黄河以西地区。

2. 本指标已包括管网漏失水量。

3. P 为城区常住人口，单位：万人。

不同类别用地用水量指标［m^3/（hm^2·d）］　　表4-2

类别代码	类别名称		用水量指标
R	居住用地		50～130
A	公共管理与公共服务设施用地	行政办公用地	50～100
		文化设施用地	50～100
		教育科研用地	40～100
		体育用地	30～50
		医疗卫生用地	70～130

续表

类别代码	类别名称		用水量指标
B	商业服务业设施用地	商业用地	50～200
		商务用地	50～120
M	工业用地		30～150
W	物流仓储用地		20～50
S	道路与交通设施用地	道路用地	20～30
		交通设施用地	50～80
U	公用设施用地		25～50
G	绿地与广场用地		10～30

注：1. 类别代码引自现行国家标准《城市用地分类与规划建设用地标准》GB 50137。
2. 本指标已包括管网漏失水量。
3. 超出本表的其他各类建设用地的用水量指标可根据所在城镇具体情况确定。

由于城镇用水量与城镇规模、所在地区气候、居民生活习惯有着不同程度的关系。按国家的《城乡规划法》的规定，将城市规模分成超大城市、特大城市、大城市（Ⅰ型、Ⅱ型)、中等城市和小城市（Ⅰ型、Ⅱ型)。同时为了和《室外给水设计规范》中城镇生活用水量定额的区域划分一致，故将该定额划分的三个区域用来作为城镇综合用水量指标区域划分。

在选用本综合指标时有以下几点需加以说明：

1）自备水源是城镇用水量的重要组成部分，但因各相似城镇的用水量出入极大，没有规律，无法得出共性指标，所以只能在综合指标中舍去自备水源这一因素。故在确定城镇用水量，进行城镇水资源平衡时，应根据城镇具体情况对自备水源的水量进行合理预测。

2）综合指标是预测城镇给水工程统一供给的用水量和确定给水工程规模的依据，制定表 4-2 时，已将至 2015 年城镇用水的增长率考虑在指标内，若城镇规划年限超过 2015 年，用水量指标可酌情增加。用水量年增长率一般为 1.5%～3%，大城镇趋于低值，小城镇趋于高值，当城镇规模趋于稳定时，用水量也渐趋稳定。

3）由于我国城镇情况十分复杂，对城镇用水量的影响很大。故在分析整理数据时已将特殊情况删除，从而本综合指标只适用于一般性质的城镇。对于那些特殊的城镇，诸如：经济特区、纯旅游城镇、水资源紧缺城镇、一个城镇就是一个大企业的城镇（如：鞍钢、大庆）等，都需要按实际情况将综合指标予以修正采用。

采用综合指标法预测城镇用水量后，可采用用水量递增法和相关比例法等预测方法对城镇用水量进行复核，以确保水量预测的准确性。

(4）城镇给水工程统一供给的综合生活用水量的预测，应根据城镇特点、居民生活水平等因素确定。

人均综合生活用水量系指城镇居民生活用水和公共设施用水两部分的总水量。不包括工业用水、消防用水、市政用水、浇洒道路和绿化用水、管网漏失等水量。在应用时应结合当地自然条件、城镇规模、公共设施水平、居住水平和居民的生活水平来选择指标值。城镇给水工程统一供给的用水量中工业用水所占比重较大。而工业用水量因工业的产业结构、规模、工艺的先进程度等因素，各城镇不尽相同。但同一城镇的城镇用水量与人均综合生活用水量之间往往有相对稳定的比例，因此可采用“人均综合生活用水量指标”结合两者之间的比例预测城镇用水量。

（5）在城镇总体规划阶段，估算城镇给水工程统一供水的给水干管管径或预测分区的用水量时，可按照下列不同性质用地用水量指标确定。

不同性质用地用水量指标为规划期内最高日用水量指标，近期建设规划采用该指标值时可酌情减少。

城镇居住用地用水量应根据城镇特点、居民生活水平等因素确定。单位居住用地用水量可采用表4-2中R的指标。

居住用地用水量包括了居民生活用水及居住区内的区级公共设施用水、居住区内道路浇洒用水和绿化用水等用水量的总和。由于在城镇总体规划阶段对居住用地内的建筑层数和容积率等指标只作原则规定，故确定居住用地用水量是在假设居住区内的建筑以多层住宅为主的情况下进行的。选用本指标时，需根据居住用地实际情况，对指标加以调整。

城镇公共管理与公共服务设施用地用水量应根据城镇规模、经济发展状况和商贸繁荣程度以及公共设施的类别、规模等因素确定。单位公共设施用地用水量可采用表4-2中A的指标。

城镇公共设施用地用水量不仅与城镇规模、经济发展和商贸繁荣程度等因素密切相关，而且公共设施随着类别、规模、容积率不同，用水量差异很大。在总体规划阶段，公共设施用地只分到大类或中类，故其用水量只能进行匡算。调查资料表明公共设施用地规划期最高日用水量指标一般采用30～130L/（人·d）。

城镇工业用地用水量不仅与城镇性质、产业结构、经济发展程度等因素密切相关。同时，工业用地用水量随着主体工业、生产规模、技术先进程度不同，也存在很大差别。城镇总体规划中工业用地以污染程度划分为一、二、三类，而污染程度与用水量多少之间对应关系不强。为此，城镇工业用水量宜根据城镇的主体产业结构，现有工业用水量和其他类似城镇的情况综合分析后确定。当地无资料又无类似城镇可参考时可采用表4-2中M指标确定工业用地用水量。

城镇其他用地用水量可采用表4-2中W、S、U、G的指标。

根据调查，不同城镇的仓储用地、对外交通、道路广场、市政用地、绿化及特殊用地等用水量变化幅度不大，而且随着规划年限的延伸增长幅度有限。在选用指标时，特大城镇、大城镇及南方沿海经济开放城镇等可取上限值，北方城镇及中小城镇可取下限值。

在使用不同性质用地用水量指标时，有以下几点说明：

1）“不同性质用地用水量指标”适用于城镇总体规划阶段。在总体规划中，城镇建设用地分类一般只到大类，各类用地中各种细致分类或用地中具体功能还未规定，这与城镇详细规划有明显差别。根据《城乡规划法》的规定，城镇详细规划应当在城镇总体规划或者分区规划的基础上，对城镇近期建设区域的各项建设作出具体规划。在详细规划中，城镇建设用地分类至中、小类，而且由于在建设用地中的人口密度和建筑密度不同以及建设项目不同都会导致用水量指标有较大差异。因此详细规划阶段预测用水量时不宜采用本规范的“不同性质用地用水量指标”，而应根据实际情况和要求并结合已经落实的建设项目进行研究，选择合理的用水量指标进行计算。

2）“不同性质用地用水量指标”是通用性指标。我国幅员辽阔，城镇众多，由于城镇性质、规模、地理位置、经济发达程度、居民生活习惯等因素影响，各城镇的用水量指标差异很大。为使“不同性质用地用水量指标”成为全国通用性指标，在推荐用水量指标时都给了一定的范围，并给出选用原则。对于具有特殊情况或特殊需求的城镇，应根据选用原则，结合城镇的具体条件对用水量指标作出适当的调整。

3）“不同性质用地用水量指标”是规划指标，不是工程设计指标。在使用该指标时，应根据各自城镇的情况进行综合分析，从指标范围中选择比较适宜的值。且随着时间的推移，规划的不断修改编制，指标也应不断的修正，从而对规划实施起到指导作用。

（6）进行城镇水资源供需平衡分析时，城镇给水工程统一供水部分所要求的水资源供水量为城镇最高日用水量除以日变化系数再乘上供水天数。各类城镇的日变化系数应根据城镇性质和规模、产业结构、居民生活水平及气候等因素分析确定。在缺乏资料时，宜采用1.1～1.5的数值。

城镇水资源平衡系指所能提供的符合水质要求的水量和城镇年用水总量之间的平衡。城镇年用水总量为城镇平均日用水量乘以年供水天数而得。城镇给水工程规划所得的城镇用水量为最高日用水量，最高日用水量和平均日用水量的比值称日变化系数，日变化系数随着城镇规模的扩大而递减。在选择日变化系数时可结合城镇性质、城镇规模、工业水平、居民生活水平及气候等因素进行确定。

（7）自备水源供水的工矿企业和公共设施的用水量应纳入城镇用水量中，由城镇给水工程进行统一规划。工矿企业和公共设施的自备水源用水是城镇用水量的一部分，虽然不由城镇给水工程统一供给，但对城镇水资源的供需平衡有一定影响。因此，城镇给水工程规划应对自备水源的取水水源、取水量等统一规划，提出明确的意见。规划期内未经明确同意采用自备水源的企业应从严控制兴建自备水源。

（8）城镇河湖环境用水和航道用水、农业灌溉和养殖及畜牧业用水、农村居民和乡镇企业用水等的水量应根据有关部门的相应规划纳入城镇用水量中。除自备水源外的城镇第二部分用水量应根据有关部门的相应规划纳入城镇用水量，统一进行水资源平衡。农村居民生活用水和乡镇工业用水一般属于城镇第二部分用水，但有些城镇周围的农村由于水源污染或水资源缺乏，无法自行解决生活、工业用水，在有关部门统一安排下可纳入城镇统一供水范围。

（9）城镇水资源应包括符合各种用水的水源水质标准的淡水（地表水和地下水）、海水及经过处理后符合各种用水水质要求的淡水（地表水和地下水）、海水、再生水等。凡是可用作城镇各种用途的水均为城镇水资源。包括符合各种用水水源水质标准的地表淡水和地下淡水；水源水质不符合用水水源水质标准，但经处理可符合各种用水水质要求的地表淡水和地下淡水；淡化或不淡化的海水以及将城镇污水经过处理达到各种用水相应水质标准的再生水等。

（10）城镇水资源和城镇用水量之间应保持平衡，以确保城镇可持续发展。在几个城镇共享同一水源或水源在城镇规划区以外时，应进行市域或区域、流域范围的水资源供需平衡分析。城镇水资源和城镇用水量之间的平衡是指水质符合各项用水要求的水量之间的平衡。根据中华人民共和国国务院令第158号《城市供水条例》第十条：“编制城市供水水源开发利用规划，应当从城市发展的需要出发，并与水资源统筹规划和水长期供求规划相协调。”

因此，当城镇采用市域内本身的水资源时应编制水资源统筹和利用规划，达到城镇用水的供需平衡。当城镇本身水资源贫乏时，可以考虑域外引水。可以一个城镇单独引水，也可几个城镇联合引水。根据《水法》第二十二条："跨流域调水工程，应当进行全面规划和科学论证，统筹兼顾调出和调入流域的用水需要，防止对生态环境造成破坏。"因此，当城镇采用外域水源或几个城镇共用一个水源时，应进行区域或流域范围的水资源综合规划和专项规划，并与国土规划相协调，以满足整个区域或流域的城镇用水供需平衡。

（11）根据水资源的供需平衡分析，应提出保持平衡的对策，包括合理确定城镇规模和产业结构，并应提出水资源保护的措施。在水资源供需平衡的基础上应合理确定城镇规模和城镇产业结构。由于水是一种资源，是城镇赖以生存的生命线，因此应采取确保水资源不受破坏和污染的措施。水资源供需不平衡的城镇应分析其原因并制定相应的对策。

3. 给水系统布局的框架

（1）为满足城镇供水的要求，给水系统应在水质、水量、水压三方面满足城镇的需求。给水系统应结合城镇具体情况合理布局。城镇给水系统一般由水源地、输配水管网、净（配）水厂及增压泵站等几部分组成，在满足城镇用水各项要求的前提下，合理的给水系统布局对降低基建造价、减少运行费用、提高供水安全性、提高城镇抗灾能力等方面是极为重要的。规划中应十分重视结合城镇的实际情况，充分利用有利的条件进行给水系统合理的布局。

（2）规划城镇给水系统时，应合理利用城镇已建给水工程设施，并进行统一规划。城镇总体规划往往是在城镇现状基础上进行的，给水工程规划必须对城镇现有水源的状况、给水设施能力、工艺流程、管网布置以及现有给水设施有否扩建可能等情况有充分了解。给水工程规划应充分发挥现有给水系统的能力，注意使新、老给水系统形成一个整体，做到既安全供水，又节约投资。

（3）城镇地形起伏大或规划给水范围广时，可采用分区或分压给水系统。一般情况下供水区地形高差大且界线明确宜于分区时，可采用并联分压系统；供水区呈狭长带形，宜采用串联分压系统；大、中城镇宜采用分区加压系统；在高层建筑密集区，有条件时宜采用集中局部加压系统。

（4）根据城镇水源状况、总体规划布局和用户对水质的要求，可采用分质给水系统。城镇在一定条件下可采用分质给水系统，包括：将原水分别经过不同处理后供给对水质要求不同的用户；分设城镇生活饮用水和水回用系统，将处理后达到水质要求的再生水供给相应的用户；也可采用将不同的水源分别处理后供给相应用户。

（5）大、中城镇有多个水源可供利用时，宜采用多水源给水系统。大、中城镇由于地域范围较广，其输配水管网投资所占的比重较大，当有多个水源可供利用时，多点向城镇供水可减少配水管网投资，降低水厂水压，同时能提高供水安全性，因此宜采用多水源给水系统。

（6）城镇有地形可供利用时，宜采用重力输配水系统。水厂的取、送水泵房的耗电量较大，要节约给水工程的能耗，往往首先从取、送水泵房着手。当城镇有可供利用的地形时，可考虑重力输配水系统，以便充分利用水源势能，达到节省输配水能耗，减少管网投资，降低水厂运行成本的目的。

（7）规划长距离输水管线时，输水管不宜少于两根。当其中一根发生事故时，另一根管线的事故给水量不应小于正常给水量的70%。当城镇为多水源给水或具备应急水源、安全水池等条件时，亦可采用单管输水。

市区的配水管网应布置成环状。为了配合城镇和道路的逐步发展，管网工程可以分期实施，近期可先建成枝状，城镇边远区或新开发区的配水管近期也可为枝状，但远期均应连接成环状网。给水系统主要工程设施供电等级应为一级负荷；给水系统中的调蓄水量宜为给水规模的10%～20%；给水系统的抗震要求应按国家现行标准《室外给水排水和燃气热力工程抗震设计规范》GB 50032—2003 执行。

4. 确定给水系统的位置与用地

(1) 一般规定

给水系统中的工程设施不应设置在易发生滑坡、泥石流、塌陷等不良地质地区及洪水淹没和内涝低洼地区。地表水取水构筑物应设置在河岸及河床稳定的地段。工程设施的防洪及排涝等级不应低于所在城镇设防的相应等级。给水系统的工程设施所在地的地质要求良好，如设置在地质条件不良地区，既影响设施的安全性，直接关系到整个城镇的生产活动和生活秩序，又增加建设时的地基处理费用和基建投资。在选择地表水取水构筑物的设置地点时，应将取水构筑物设在河岸、河床稳定的地段，不宜设在冲刷，尤其是淤积严重的地段，还应避开漂浮物多，冰凌多的地段，以保证取水构筑物的安全。给水工程为城镇的重要基础设施，为减少城镇发生洪涝灾害时的损失，避免疫情发生以及救灾的需要，首先应恢复城镇给水系统和供电系统，以保障人民生活，恢复生产。按照《城市防洪工程设计规范》GB/T 50805—2012，给水系统主要工程设施的防洪排涝等级应不低于城镇设防的相应等级。

(2) 水源地

水源地应设在水量、水质有保证和易于实施水源环境保护的地段。对于那些虽然可以作为水源地，但环保措施实施困难，或需大量投资才能达到目的的地段，应慎重考虑。选用地表水为水源时，水源地应位于水体功能区划规定的取水段或水质符合相应标准的河段。为防止水源地受城镇污水和工业废水的污染，饮用水水源地应位于城镇和工业区的上游。饮用水水源地一级保护区应符合现行国家标准《地表水环境质量标准》GB 3838—2002 中规定的Ⅱ类标准。地表水水体具有作为城镇给水水源、城镇排水受纳体和泄洪、通航、水产养殖等多种功能。环保部门为有利于地表水水体的环境保护，发挥其多种功能的作用，协调水体上下游城镇的关系，对地表水水体进行合理的功能区划，并报省、市、自治区人民政府批准颁布施行。当选用地表水作为城镇给水水源时，水源地应位于水体功能区划规定的取水段。按现行的《生活饮用水卫生标准》GB 5749—2006 规定“生活饮用水的水源，必须设置卫生防护地带”。

选用地下水水源时，水源地应设在不易受污染的富水地段。水源为高浊度江河时，水源地应选在浊度相对较低的河段或有条件设置避砂峰调蓄设施的河段，并应符合国家现行标准《高浊度水给水设计规范》CJJ 40—2011 的规定。当水源为咸潮江河时，水源地应选在氯离子含量符合有关标准规定的河段或有条件设置避咸潮调蓄设施的河段。水源为湖泊或水库时，水源地应选在藻类含量较低、水层较深和水域开阔的位置，并应符合国家现行标准《含藻水给水处理设计规范》CJJ 32—2011 的规定。

水源地的用地应根据给水规模和水源特性、取水方式、调节设施大小等因素确定。并应同时提出水源卫生防护要求和措施。水源地的用地因水源的种类（地表水、地下水、水库水等）、取水方式（岸边式、缆车式、浮船式、管井、大口井、渗渠等）、输水方式（重力式、压力式）、给水规模大小以及是否有专用设施（避砂峰、咸潮的调蓄设施）和是否有净水预处理构筑物等有关，需根据水源实际情况确定用地。同时应与城镇排水工程规划相协调。确定水源地的同时应提出水源地的卫生防护要求和采取的具体措施。

（3）水厂

地表水水厂的位置应根据给水系统的布局确定。水厂位置是否恰当涉及给水系统布局的合理性，同时对工程投资、常年运行费用将产生直接的影响。为此，应对水厂位置的确定作多方案的比较，宜选择在交通便捷以及供电安全可靠和水厂生产废水处置方便的地方，并考虑厂址所在地应不受洪水威胁，有良好的工程地质条件，卫生环境好，利于设立防护带，少占良田等因素。

地表水水厂应根据水源水质和用户对水质的要求采取相应的处理工艺，同时应对水厂的生产废水进行处理。符合《生活饮用水水源水质标准》CJ 3020—1993 中规定的一级水源水，只需经简易净水工艺（如过滤），消毒后即可供生活饮用。符合《生活饮用水水源水质标准》CJ 3020—1993 中规定的二级水源水，说明水质受轻度污染，可以采用常规净水工艺（如絮凝、沉淀、过滤、消毒等）进行处理；水质比二级水源水差的水，不宜作为生活饮用水的水源。若限于条件需利用时，在毒理性指标没超过二级水源水标准的情况下，应采用相应的净化工艺进行处理（如在常规净水工艺前或后增加预处理或深度处理）。地表水水厂均宜考虑生产废水的处理和污泥的处置，防止对水体的二次污染。

水源为含藻水、高浊水或受到不定期污染时，应设置预处理设施。如含藻水和高浊度水可根据相应规范的要求增设预处理设施；原水存在不定期污染情况时，宜在常规处理前增加预处理设施或在常规处理后增加深度处理设施，以保证水厂的出水水质。

地下水水厂的位置根据水源地的地点和不同的取水方式确定，宜选择在取水构筑物附近。地下水中铁、锰、氟等无机盐类超过规定标准时，应设置处理设施。

水厂用地应按规划期给水规模确定，用地控制指标应按表 4-3 采用。水厂厂区周围应设置宽度不小于 10m 的绿化地带。

水厂用地控制指标 表 4-3

给水规模（万 m^3/d）	地表水水厂		地下水水厂［$m^2/$（万 m^3/d）］
	常规处理工艺［$m^2/$（m^3/d）］	预处理＋常规处理＋深度处理工艺［$m^2/$（m^3/d）］	
5～10	0.50～0.40	0.70～0.60	0.40～0.30
10～30	0.40～0.30	0.60～0.45	0.30～0.20
30～50	0.30～0.20	0.45～0.30	0.20～0.12

注：1. 给水规模大的取下限，给水规模小的取上限，中间值采用插入法确定。

2. 给水规模大于 50 万 m^3/d 的指标可按 50 万 m^3/d 指标适当下调，小于 5 万 m^3/d 的指标可按 5 万 m^3/d 指标适当上调。

3. 地下水水厂建设用地按消毒工艺控制，厂内若需设置除铁、除锰、除氟等特殊水质处理工艺时，可根据需要增加用地。

4. 本表指标未包括厂区周围绿化带用地。

该指标系《城市给水工程项目建设标准》中规定的净配水厂用地控制指标。水厂周围设绿化带有利于水厂的卫生防护和降低水厂的噪声对周围的影响。

(4) 输配水管网及加压泵站

城镇应采用管道或暗渠输送原水。当采用明渠时，应采取保护水质和防止水量流失的措施。但由于原水在明渠中易受周围环境污染，又存在渗漏和水量不易保证等问题，所以不提倡用明渠输送城镇给水系统的原水。

输水管（渠）的根数及管径（尺寸）应满足规划期给水规模和近期建设的要求，宜沿现有或规划道路铺设，并应缩短线路长度，减少跨越障碍次数。城镇配水干管的设置及管径应根据城镇规划布局、规划期给水规模并结合近期建设确定。其走向应沿现有或规划道路布置，并宜避开城镇交通主干道。管线在城镇道路中的埋设位置应符合现行国家标准《城市工程管线综合规划规范》的规定。因输、配水管均为地下隐蔽工程，施工难度和影响面大，因此，宜按规划期限要求一次建成。为结合近期建设，节省近期投资，有些输、配水管可考虑双管或多管，以便分期实施。

输水管和配水干管穿越铁路、高速公路、河流、山体时，应选择经济合理线路。规划时可参照《室外给水设计规范》GB 50013—2006 有关条文。

当配水系统中需设置加压泵站时，其位置宜靠近用水集中地区。供水加压泵站用地应按规划期给水规模确定，其用地控制指标应按表 4-4 采用。泵站周围应设置宽度不小于 10m 的绿化地带，并宜与城镇绿化用地相结合。

供水加压泵站用地控制指标 **表 4-4**

建设规模（万 m^3/d）	用地指标［m^2/（万 m^3/d）］
5～10	2750～4000
10～30	4000～7500
30～50	7500～10000

注：1. 规模大于 50 万 m^3/d 的用地面积可按 50 万 m^3/d 用地面积适当增加，小于 5 万 m^3/d 的用地面积可按 5 万 m^3/d 用地面积适当减少。

2. 加压泵站有水量调节池时，可根据需要增加用地面积。

3. 指标未包括站区周围绿化带用地。

城镇配水管网中的加压泵站靠近用水集中地区设置，可以节省能源，保证供水水压。但泵站的调节水池一般占地面积较大，且泵站在运行中可能对周围造成噪声干扰，因此宜和绿地结合。若无绿地可利用时，应在泵站周围设绿化带，既有利于泵站的卫生防护，又可降低泵站的噪声对周围环境的影响。

用地指标系《城市给水工程项目建设标准》中规定的泵站用地控制指标。

5. 水资源保护与开源节流措施

按《饮用水水源保护区污染防治管理规定》，饮用水水源保护区一般划分为一级保护区和二级保护区，必要时可增设准保护区。饮用水地表水水源保护区包括一定的水域、陆域，其范围应按照不同水域特点进行水质定量预测，并考虑当地具体条件加以确定，保证在规划设计的水文条件和污染负荷下，当供应规划水量时，保护区的水质能达到相应的标准。饮用水地表水水源的一级和二级保护区的水质标准不得低于《地表水环境质量标准》GB 3838—2002 Ⅱ类和Ⅲ类标准。饮用水地下水水源保护区应根据饮用水水源地所处地理位置、水文地质条件、供水量、开采方式和污染源的分布划定。一、二级保护区的水质均应达到《生活饮用水卫生标准》GB 5749—2006 的要求。

水资源匮乏的城镇应限制发展用水量大的企业，并应发展节水农业。针对水资源不足的原因，应提出开源节流和水污染防治等相应措施。造成城镇水资源不足有多种原因，诸如：工程的原因、污染的原因、水资源匮乏的原因或综合性的原因等，可针对各种不同的原因采取相应措施。如建造水利设施拦蓄和收集地表径流；建造给水工程设施，扩大城镇供水能力；强化对城镇水资源的保护，完善城镇排水系统，建设污水处理设施；采取分质供水、循环用水、重复用水、再生水、限制发展用水量大的产业及采用先进的农业节水灌溉技术等，在有条件时也可以从外域引水等。

4.3　城镇排水工程规划法规

4.3.1　概述

长期以来，城镇排水工程规划未能与城镇性质、规模论证、总体用地布局等同步进行，缺少从水资源、水环境角度进行预测、检验，排水设施和管线缺乏优化配置而不能与城镇布局有机结合，加之城镇排水规划观念和方法落后，使得排水工程规划编制水平不高，影响城镇发展。

城镇排水工程规划法规是为在城镇排水工程规划中贯彻执行国家的有关法规和技术经济政策，提高城镇排水工程规划的编制质量，保证排水工程规划的合理性、可行性、先进性和经济性，而制定的法规性文件，体现了国家在城镇排水工程中的技术经济政策和保护环境、造福人民、实施城镇可持续发展的要求。其主要内容是划定城镇排水范围、预测城镇排水量、确定排水体制、进行排水系统布局；原则确定处理后污水污泥出路和处理程度；确定排水枢纽工程的位置、建设规模和用地。

做好城镇排水工程规划，对于科学、合理利用水资源，保护与改善水环境，提高与优化生产、生活环境，充分体现“安全、资源、环境”三者协调发展的思想，获得城镇经济、社会、环境的综合效益，促进城镇可持续发展具有重大现实意义。

通过规划，确定城镇排水体制，布置和建设各类污水和降水的收集、输送、处理、排放等工程设施和管网系统，合理处理、综合利用、安全排放城镇污水和降水，实现保护城镇水环境，保证城镇水安全的目标。

4.3.2　城镇排水规划的原则

1. 城镇排水工程规划期限与城镇总体规划一致，且重视近期建设与远景发展需要的原则

城镇排水工程规划期限与城镇总体规划期限一致，设市城镇一般为 20 年，建制镇一般为 15～20 年。城镇排水设施是城镇基础设施的重要组成部分，是维护城镇正常活动和改善生态环境，促进社会、经济可持续发展的必备条件。规划目标的实现和提高城镇排水设施普及率、污水处理达标排放率等都不是一个短时期能解决的问题，需几个规划期才能完成。因此，城镇排水工程规划应具有较长期的时效，以满足城镇不同发展阶段的需要。

城镇排水工程规划不仅要重视近期建设规划，而且还应考虑城镇远景发展的需要。城镇排水工程近期建设规划是城镇排水工程规划的重要组成部分，是实施排水工程规划的阶段性规划，是城镇排水工程规划的具体化及其实施的必要步骤。通过近期建设规划，可以起到对城镇排水工程规划进一步的修改和补充作用，同时也为城镇近期建设和管理乃至详细规划和单项设计提供依据。城镇排水工程近期建设规划应以规划期规划目标为指导，对近期建设目标、发展布局以及城镇近期需要建设项目的实施作出统筹安排。近期建设规划要有一定的超前性，并应注意城镇排水系统的逐步形成，为城镇污水处理厂的建成、使用创造条件。排水工程规划要考虑城镇发展、变化的需要，不但规划要近、远期结合，而且要考虑城镇远景发展的需要。城镇排水出口与污水受纳体的确定都不应影响下游城镇或远景规划城镇的建设和发展。城镇排水系统的布局也应具有弹性，为城镇远景发展留有余地。

2. 全面规划、合理布局，综合利用、保护环境的原则

在城镇总体规划时应根据规划城镇的资源、经济和自然条件以及科技水平，优化产业结构和工业结构，并在用地规划时给以合理布局，尽可能减少污染源。在排水工程规划中应对城镇所有雨、污水系统进行全面规划，对排水设施进行合理布局，对污水、污泥的处理、处置应执行“综合利用，化害为利，保护环境，造福人民”的原则。

在城镇排水工程规划中，对“水污染防治七字技术要点”也可作为参考，其内容如下：

保——保护城镇集中饮用水源；

截——完善城镇排水系统，达到清、污分流，为集中合理和科学排放打下基础；

治——点源治理与集中治理相结合，以集中治理优先，对特殊污染物和地理位置不便集中治理的企业实行分散点源治理；

管——强化环境管理，建立管理制度，采取有力措施以管促治；

用——污水资源化，综合利用，节省水资源，减少污水排放；

引——引水冲污、加大水体流（容）量、增大环境容量，改善水质；

排——污水科学排放，污水经一级处理科学排海、排江，利用环境容量，减少污水治理费用。

城镇排水工程设施用地应按规划期规模控制，节约用地，保护耕地。城镇排水工程设施用地应按规划期规模一次规划，确定用地位置、用地面积，根据城镇发展的需要分期建设。

3. 节约用地，保护耕地的原则

排水设施用地的位置选择应符合规划要求，并考虑今后发展的可能；用地面积要根据规模和工艺流程、卫生防护的要求全面考虑，一次划定控制使用。基于我国人口多，可耕地面积少的国情，排水设施用地从选址定点到确定用地面积都应贯彻“节约用地，保护耕地”的原则。

4. 城镇排水工程规划应与其他专业规划相协调的原则

城镇排水工程规划应与给水工程、环境保护、道路交通、竖向、水系、防洪以及其他专业规划相协调。城镇排水工程规划与城镇给水工程规划之间关系紧密，排水工程规划的污水量、污水处理程度和受纳水体及污水出口应与给水工程规划的用水量、再生水的水

质、水量和水源地及其卫生防护区相协调。城镇排水工程规划的受纳水体与城镇水系规划、城镇防洪规划相关，应与规划水系的功能和防洪的设计水位相协调。城镇排水工程规划的管渠多沿城镇道路敷设，应与城镇规划道路的布局和宽度相协调。城镇排水工程规划受纳水体、出水口应与城镇环境保护规划水体的水域功能分区及环境保护要求相协调。城镇排水工程规划中排水管渠的布置和泵站、污水处理厂位置的确定应与城镇竖向规划相协调。城镇排水工程规划除应与以上提到的几项专业规划协调一致外，与其他各项专业规划也应协调好。

4.3.3 城镇排水规划的内容

1. 确定城镇排水范围

城镇排水工程规划范围应与城镇总体规划范围一致。城镇总体规划包括的城镇中心区及其各组团，凡需要建设排水设施的地区均应进行排水工程规划。其中雨水汇水面积因受地形、分水线以及流域水系出流方向的影响，确定时需与城镇防洪、水系规划相协调，也可超出城镇规划范围。

当城镇污水处理厂或污水排出口设在城镇规划区范围以外时，应将污水处理厂或污水排出口及其连接的排水管渠纳入城镇排水工程规划范围。涉及邻近城镇时，应进行协调，统一规划。此外，位于城镇规划区范围以外的城镇，其污水需要接入规划城镇污水系统时，应进行统一规划。

保护城镇环境，防止污染水体应从全流域着手。城镇水体上游的污水应就地处理达标排放，如无此条件，在可能的条件下可接入规划城镇进行统一规划处理。规划城镇产生的污水应处理达标后排入水体，但对水体下游的现有城镇或远景规划城镇也不应影响其建设和发展，要从全局着想，促进全社会的可持续发展。

2. 预测城镇排水量

(1) 城镇污水量

1) 城镇污水量即城镇全社会污水排放量，包括城镇给水工程统一供水的用户和自备水源供水用户排出的城镇综合生活污水量和工业废水量。还有少量其他污水（市政、公用设施及其他用水产生的污水），因其数量小和排除方式的特殊性无法进行统计，可忽略不计。

2) 城镇污水量估算方法。城镇污水量等于城镇供水总量乘以城镇污水排放系数。城镇供水总量即城镇综合用水量，包括市政、公用设施及其他用水量及管网漏失水量。采用表4-5或“城镇单位人口综合用水量指标”或“城镇单位建设用地综合用水量指标”估算城镇污水量时，应注意按规划城镇的用水特点将“最高日”用水量换算成“平均日”用水量。

3) 城镇综合生活污水量的估算方法。城镇综合生活污水量等于城镇综合生活用水量乘以城镇综合排放系数。采用表4-3的“人均综合生活用水量指标”估算城镇综合生活污水量时，也应注意按规划城镇的用水特点将“最高日”用水量换算成“平均日”用水量。

4) 工业废水量估算方法。工业废水量为城镇平均日工业用水量（不含工业重复利用水量，即工业新鲜用水量或称工业补充水量）乘以城镇工业废水排放系数。在城镇工业废水量估算中，当工业用水量资料不易取得时，也可采用将已经估算出的城镇污水量减去城镇综合生活污水量，可以得出较为接近的城镇工业废水量。

5）污水排放系数及其取值。污水排放系数是在一定的计量时间（年）内的污水排放量与用水量（平均日）的比值。按城镇污水性质的不同可分为：城镇污水排放系数、城镇综合生活污水排放系数和城镇工业废水排放系数。

城镇污水排放系数根据城镇综合生活用水量和工业用水量之和占城镇供水总量的比例确定。城镇综合生活污水排放系数根据城镇规划的居住水平、给水排水设施完善程度与城镇排水设施规划普及率，结合第三产业产值在国内生产总值中的比重确定。城镇工业废水排放系数根据城镇的工业结构和生产设备、工艺先进程度及城镇排水设施普及率确定。

当规划城镇供水量、排水量统计分析资料缺乏时，城镇分类污水排放系数可根据城镇居住、公共设施和分类工业用地的布局，按表4-5的规定确定。

6）在城镇总体规划阶段城镇不同性质用地污水量估算方法

城镇居住用地和公共设施用地污水量可按相应的用水量乘以城镇综合生活污水排放系数。城镇工业用地工业废水量可按相应用水量乘以工业废水排放系数。

当城镇污水由市政污水系统或独立污水系统分别排放时，其污水系统的污水量分别按其污水系统服务面积内的不同性质用地的用水量乘以相应的分类污水排放系数后相加确定。

城镇分类污水排放系数　　表4-5

城镇污水分类	污水排放系数
城镇污水	0.70～0.85
城镇综合生活污水	0.80～0.90
城镇工业废水	0.60～0.80

注：工业废水排放系数不含石油和天然气开采业、煤炭和洗选业、其他矿采矿业及电力热力生产及供应业废水排放系数，其数据应按厂、矿区的气候、水文地质条件和废水利用、排放方式确定。

工矿企业或大型公共设施因其水质、水量特殊或其他原因不便利用市政污水系统时，可建独立污水系统，污水经处理达标后排入受纳水体。污水系统计算污水量包括城镇综合生活污水量和生产污水量（工业废水量减去排入雨水系统或直接排入水体的生产废水量）。

在地下水位较高地区，计算污水量时宜适当考虑地下水渗入量。

因当地土质、管道及其接口材料和施工质量等因素，一般均存在地下水渗入现象。但具体在不同情况下渗入量的确定国内尚无成熟资料，国外个别国家也只有经验数据。日本采用每人每日最大污水量10%～20%。据专业杂志介绍，上海浦东城镇化地区地下水渗入量采用1000m^3/（km^2·d），具体规划时按计算污水量的10%考虑。因此，建议各规划城镇应根据当地的水文地质情况，结合管道和接口采用的材料以及施工质量按当地经验确定。

7）城镇污水量总变化系数的确定原则

城镇综合生活污水量总变化系数，应按《室外排水设计规范》GB 50014—2006确定。为使用方便摘录见表4-6。

生活污水量总变化系数　　表4-6

污水平均流量（L/s）	5	15	40	70	100	200	500	≥1000
总变化系数	2.3	2.0	1.8	1.7	1.6	1.5	1.4	1.3

城镇工业废水量总变化系数：由于工业企业的工业废水量及总变化系数随各行业类型、采用的原料、生产工艺特点和管理水平等有很大的差异，我国一直没有统一规定。最

新大专院校教材《排水工程》在论述工业废水量计算中提出一些数据供参考：工业废水量日变化系数为1.0，时变化系数分六个行业提出不同值：

冶金工业：1.0～1.1　纺织工业：1.5～2.0　制革工业：1.5～2.0

化学工业：1.3～1.5　食品工业：1.5～2.0　造纸工业：1.3～1.8

工业废水排放量取决于工业企业重复利用的程度。随着环境保护要求的提高和人们对节水的重视，据国内外有关资料显示，工业企业对工业废水的重复利用率有达到90%以上的可能，工业废水有向零排放发展的趋势。因此，城镇污水成分将有以综合生活污水为主的可能。

（2）城镇雨水量

城镇雨水量计算要与城镇防洪、排涝系统规划相协调。城镇防洪、排涝系统是防止雨水径流危害城镇安全的主要工程设施，也是城镇废水排放的受纳水体。城镇防洪工程是解决外来雨洪（河洪和山洪）对城镇的威胁；城镇排涝工程是解决城镇范围内雨水过多或超标准暴雨以及外来径流注入，城镇雨水工程无法解决而建造的规模较大的排水工程，一般属于农田排水或防洪工程范围。如果城镇防洪、排涝系统不完善，只靠城镇排水工程解决不了城镇遭受雨洪威胁的问题。因此应相互协调，按各自功能充分发挥其作用。

城镇雨水量估算中，城镇暴雨强度公式宜采用规划城镇近期编制的公式，当规划城镇无上述资料时，可参照地理环境及气候相似的邻近城镇暴雨强度公式。城镇综合径流系数可按表4-7确定。

综合径流系数　　**表4-7**

区域情况	综合径流系数（Ψ）	
	雨水排放系统	防涝系统
城镇建筑密集区	0.60～0.70	0.80～1.00
城镇建筑较密集区	0.45～0.60	0.60～0.80
城镇建筑稀疏区	0.20～0.45	0.40～0.60

注：资料来自《城市排水工程规划规范》GB 50318—2017。

在城镇雨水量估算中宜采用城镇综合径流系数。全国不少城镇在进行雨水径流量计算中采用本城镇不同情况下的径流系数，但在城镇总体规划阶段的排水工程规划中宜采用城镇综合径流系数，即按规划建筑密度将城镇用地分为城镇中心区、一般规划区和不同绿地等，按不同的区域，分别确定不同的径流系数。在选定城镇雨水量估算综合径流系数时，应考虑城镇的发展，以城镇规划期末的建筑密度为准，并考虑到其他少量污水量的进入，取值不可偏小。

城镇雨水规划重现期，应根据城镇性质、重要性以及汇水地区类型（广场、干道、居住区）、地形特点和气候条件等因素确定。在同一排水系统中可采用同一重现期或不同重现期。重要干道、重要地区或短期积水能引起严重后果的地区，重现期宜采用3～5年，其他地区重现期宜采用1～3年。特别重要地区和次要地区或排水条件好的地区规划重现期可酌情增减。如北京天安门广场的雨水管道，是按10年重现期设计的，在一些次要地区或排水条件好的地区重现期可适当降低。当生产废水排入雨水系统时，应将其水量计入雨水量中。

(3) 城镇合流水量

城镇截流式合流管道的总流量在溢流井上游和下游是不同的。第一个溢流井上游管渠的设计流量为平均日生活污水设计流量、最大生产班内的平均日工业废水量与雨水设计流量三者之和；溢流井下游管渠的设计流量为下游排水面积上的雨水设计流量、生活污水平均流量、工业废水最大班平均流量和上游管渠截污量之和。

3. 确定排水体制与排水系统布局

(1) 排水体制

城镇排水体制分为分流制与合流制两种基本类型。在城镇排水工程规划中，可根据规划城镇的实际情况选择排水体制。分流制排水系统是指当生活污水、工业废水和雨水、融雪水及其他废水用两个或两个以上的排水管渠来收集和输送时，称为分流制排水系统。其中收集和输送生活污水和工业废水（或生产污水）的系统称为污水排水系统；收集和输送雨水、融雪水、生产废水和其他废水的称雨水排水系统；只排除工业废水的称工业废水排水系统。

城镇排水体制应根据城镇总体规划、环境保护要求，当地自然条件（地理位置、地形及气候）和废水受纳体条件，结合城镇污水的水质、水量及城镇原有排水设施情况，经综合分析比较确定。排水体制在城镇的不同发展阶段和经济条件下，同一城镇的不同地区，可采用不同的排水体制。经济条件好的城镇，可采用分流制，经济条件差而自身条件好的可采用部分分流制、部分合流制，待有条件时再建完全分流制。

分流制排水体制适用于新建城镇、扩建新区、新开发区或旧城改造地区的排水系统。在有条件的城镇可布设截流初期雨水的分流制排水系统，以适应城镇发展的更高要求。合流制排水体制应适用于条件特殊的城镇，且应采用截流式合流制。在旧城改造中宜将原合流制直泄式排水系统改造成截流式合流制。采用合流制排水系统在基建投资、维护管理等方面可显示出其优越性，但其最大的缺点是增大了污水处理厂规模和污水处理的难度。因此，只有在具备了以下条件的地区和城镇方可采用合流制排水系统：雨水稀少的地区；排水区域内有一处或多处水量充沛的水体，环境容量大，一定量的混合污水溢入水体后，对水体污染危害程度在允许范围内；街道狭窄且两侧建设比较完善，地下管线多；施工复杂，没有条件修建分流制排水系统。在经济发达地区的城镇，水体环境要求很高，雨、污水均需处理。

在旧城改造中，宜将原合流制排水系统改造为分流制。但是，由于将原直泄式合流制改为分流制，并非容易，改建投资大，影响面广，往往短期内很难实现。而将原合流制排水系统保留，沿河修建截流干管和溢流井，将污水和部分雨水送往污水处理厂，经处理达标后排入受纳水体。这样改造，其投资小，而且较容易实现。

(2) 排水分区与系统布局

1) 城镇排水系统应分区布局。根据城镇总体规划用地布局，结合城镇废水受纳体位置将城镇用地分为若干个分区（包括独立排水系统）进行排水系统布局，根据分区规模和废水受纳体分布，一个分区可以是一个排水系统，也可以是几个排水系统。

2) 城镇污水系统布局的原则和依据以及污水处理厂规划布局要求。污水流域划分和系统布局都必须按地形变化趋势进行；地形变化是确定污水汇集、输送、排放的条件。小范围地形变化是划分流域的依据，大的地形变化趋势是确定污水系统的条件。城镇污水处理厂是分散布置还是集中布置，或者采用区域污水系统，应根据城镇地形和排水分区分布，结合污水污泥处理后的出路和污水受纳体的环境容量，通过技术经济比较确定。一般大中城镇，用地布局分散，地形变化较大，宜分散布置；小城镇布局集中，地形起伏不大，宜采用集中布置；沿一条河流布局的带状城镇沿岸有多个组团（或小城镇），污水量都不大，宜集中在下游建一座污水处理厂，这从经济、管理和环境保护等方面都是可取的。

3）城镇雨水系统布局原则和依据以及雨水调节池在雨水系统中的使用要求。雨水系统应根据城镇规划布局、地形，结合竖向规划和城镇废水受纳体位置，按照就近分散、自流排放的原则进行流域划分和系统布局。应充分利用城镇中的洼地、池塘和湖泊调节雨水径流，必要时可建人工调节池。城镇排水自流排放困难地区的雨水，可采用雨水泵站或与城镇排涝系统相结合的方式排放。城镇雨水应充分利用排水分区内的地形，就近排入湖泊、排洪沟渠、水体或湿地和坑、塘、淀洼等受纳体。在城镇雨水系统中设雨水调节池，不仅可以缩小下游管渠断面，减小泵站规模，节约投资，还有利于改善城镇环境。

4）截流式合流制排水系统应综合雨、污水系统布局的要求进行流域划分和系统布局，并应重视截流干管（渠）和溢流井位置的合理布局。截流干管和溢流井位置布局的合理与否，关系到经济、实用和效果，应结合管渠系统布置和环境要求综合比较确定。

4. 原则确定处理后污水与污泥的出路和处理程度

(1) 处理后污水的出路

城镇污水是一种资源，对水资源不足的城镇宜合理利用，经处理后符合标准的污水可作为工业用水、生活杂用水及河湖环境景观用水和农业灌溉用水等。但在制定污水利用规划方案时，应对技术可靠性、经济合理性和环境影响等情况进行全面论证和评价，做到稳妥可靠，不留后患，不得盲目行事。

未被利用的污水应经处理达标后排入城镇废水受纳体，受纳体包括水体和土地。受纳水体是指天然江、河、湖、海和人工水库、运河等地面水体。污水受纳水体应符合经批准的水域功能类别的环境保护要求，现有水体或采取引水增容后水体应具有足够的环境容量；雨水受纳水体应有足够的排泄能力或容量。现有受纳水体的环境容量不能满足时，可采取一定的工程措施如引水增容等，以达到应有的环境容量。受纳土地是指荒地、废地、劣质地、湿地以及坑、塘、淀洼等。受纳土地应具有足够的容量，应全面论证，不可盲目决定；同时不应污染环境、影响城镇发展及农业生产。污水达标排入受纳水体的标准为水体环境容量或《污水综合排放标准》GB 8978—1996，排入受纳土地的标准应满足城镇环境保护要求。

城镇废水受纳体选择的原则。城镇废水受纳体宜在城镇规划区范围内或跨区选择，应根据城镇性质、规模和城镇的地理位置、当地的自然条件，结合城镇的具体情况，经综合分析比较确定。能在城镇规划区范围内解决的就不要跨区解决；跨区选定城镇废水受纳体要与当地有关部门协商解决。城镇废水受纳体的最后选定应充分考虑两种方案的有利条件和不利因素，经综合分析比较确定，受纳水体应能够满足污水排放的需求，尽量不要使用受纳土地，如受纳土地需要部分污水，在不影响环境要求和城镇发展的前提下，也可解决部分污水的出路。达标排放的污水在城镇环境允许的条件下也可排入平常水量不足的季节性河流，作为景观水体。

(2) 污泥处置

城镇污水处理厂污泥必须进行处置，应综合利用、化害为利或采取其他措施减少对城镇环境的污染。达到《农用污泥中污染物控制标准》GB 4284—1984 要求的城镇污水处理厂污泥，可用作农业肥料，但不宜用于蔬菜地和当年放牧的草地。城镇污水处理厂污泥用作农业肥料的条件和注意事项详见《农用污泥中污染物控制标准》GB 4284—1984。符合《生活垃圾卫生填埋处理技术规范》GB 50869—2013 规定的城镇污水处理厂污泥可与城镇生活垃圾合并处置，也可另设填埋场单独处置，应经综合评价后确定。城镇污水处理厂污泥用于填充洼地、焚烧或其他处置方法，均应符合相应的有关规定，不得污染环境。

(3) 污水处理程度

城镇污水处理程度应根据进厂污水的水质、水量和处理后污水的出路分别确定。城镇综合生活污水与工业废水排入城镇污水系统的水质均应符合《污水排入城镇下水道水质标准》GB/T 31962—2015 的要求。污水利用应按用户用水的水质标准确定处理程度。污水排入水体应视受纳水体水域使用功能的环境保护要求，结合受纳水体的环境容量，按污染物总量控制与浓度控制相结合的原则确定处理程度。受纳水体的环境容量因水体类型、水量大小和水力条件的不同各异。受纳水体的环境容量是一种自然资源，当环境容量大于污水排放污染物的要求时，应充分发挥这一自然资源的作用，以节省环保资金；当环境容量小于污水排放污染物的要求时，根据实际情况，采取相应的措施，包括削荷减污、加大处理力度以及用工程措施增大水体环境容量，使污水排放与受纳水体环境容量相平衡。城镇污水处理厂的污水处理程度，应根据规划城镇的具体情况，经技术经济比较确定。

5. 排水枢纽工程的位置、规模和用地的安排

城镇污水工程规模和污水处理厂规模根据平均日污水量确定，城镇雨水工程规模根据城镇雨水汇水面积和暴雨强度确定。城镇排水枢纽工程主要包括排水管渠、排水泵站和污水处理厂。

(1) 排水管渠

排水管渠应以重力流为主，宜顺坡敷设，不设或少设排水泵站。当排水管遇有翻越高地、穿越河流、软土地基、长距离输送污水等情况，无法采用重力流或重力流不经济时，可采用压力流。

排水干管应布置在排水区域内地势较低或便于雨、污水汇集的地带。排水管宜沿规划城镇道路敷设，并与道路中心线平行。污水管道通常布置在污水量大或地下管线较少一侧的人行道、绿化带或慢车道下，尽量避开快车道。根据《城市工程管线综合规划规范》GB 50289—2016 中的规定，当规划道路红线宽度 $B \geqslant 50$m 时，可考虑在道路两侧各设一条雨、污水管线，便于污水收集，减少管道穿越道路的次数，有利于管道维护。排水管道在城镇道路下的埋设位置应符合《城市工程管线综合规划规范》GB 50289—2016 的规定。排水管道穿越河流、铁路、高速公路、地下建（构）筑物或其他障碍时，线路走向、位置的选择既要经济合理，又要便于今后管理维修。

截流式合流制的截流干管宜沿受纳水体岸边布置。沿水体岸边敷设，既可缩短排水管

渠的长度，使溢流雨水很快排入水体，同时又便于出水口的管理。为了减少污染，保护环境，溢流井的设置尽可能位于受纳水体的下游，截流倍数以采用1～5倍为宜，环境容量小的水体（水库或湖泊）其截流倍数可选大值；环境容量大的水体（海域或大江、大河）可选较小的值。具体布置应视管渠系统布局和环境要求，经综合比较确定。

城镇排水管渠断面尺寸应根据规划期排水规划的最大秒流量，并考虑城镇远景发展的需要确定，既要满足排泄规划期排水规模的需要，又要考虑城镇发展排水量的增加，以提高管渠的使用年限，尽量减少改造的次数。据有关资料介绍，近30年来我国许多城镇的排水管道都出现超负荷运行现象，所以在估算城镇排水量时除注意采用符合规划期实际情况的污水排放系数和雨水径流系数外，还应给城镇发展及其他水量排入留有余地，将最大充满度适当减小。

（2）排水泵站

当排水系统中需设置排水泵站时，排水泵站建设用地按建设规模、泵站性质确定，其用地指标宜按表4-8和表4-9规定。

雨污水泵站综合指标规定的用地指标，分列于表4-8和表4-9中，供规划时选择使用。雨、污水合流泵站用地可参考雨水泵站指标。在使用中应结合规划城镇的具体情况，按照排水泵站选址的水文地质条件和可想到的内部配套建（构）筑物布置的情况及平面形状、结构形式等合理选用用地指标。

雨水泵站规划用地指标 **表4-8**

建设规模	雨水流量（L/s）			
用地指标	20000以上	10000～20000	5000～10000	1000～5000
[m^2/（L/s）]	0.28～0.35	0.35～0.42	0.42～0.56	0.56～0.77

注：1. 资料来自《城市排水工程规划规范》GB 50318—2017。
2. 有调蓄功能的泵站，用地宜适当扩大。

污水泵站规划用地指标 **表4-9**

建设规模（m^3/d）	大于20	10～20	1～10
用地指标（m^2）	3500～7500	2500～3500	800～2500

注：1. 资料来自《城市排水工程规划规范》GB 50318—2017。
2. 用地指标是指生产必需的土地面积，不包括有污水调蓄池及特殊用地要求的面积。
3. 本指标未包括站区周围防护绿地。

（3）城镇污水处理厂

城镇污水处理厂位置的选择宜符合下列要求：

1）在城镇水系的下游并应符合供水水源防护要求；

2）在城镇夏季最小频率风向的上风侧；

3）与城镇规划居住、公共设施保持一定的卫生防护距离；

4）靠近污水、污泥的排放和利用地段；

5）应有方便的交通、运输和水电条件。

污水处理厂位置应根据城镇污水处理厂的规划布局，结合上述要求，按城镇的实际情况综合选择确定。这五项要求，不一定都能满足，所以在厂址选择中要抓住主要矛盾。当风向要求与河流下游条件有矛盾时，应先满足河流下游条件，再采取加强厂区卫生管理和适当加大卫生防护距离等措施来解决因风向造成污染的问题。

城镇污水处理厂与规划居住、公共设施建筑之间的卫生防护距离影响因素很多，除与污水处理厂在河流上、下游和城镇夏季主导风向有关外，还与污水处理采用的工艺、厂址是规划新址还是在建成区插建以及污染程度都有关系，关系复杂，很难量化，需视具体情况而定。

城镇污水处理厂规划用地指标宜根据规划期建设规模和处理级别按照表 4-10 的规定确定。

城镇污水处理厂规划用地指标 **表 4-10**

建设规模（万 m^3/d）	规划用地指标 [m^2/（$m^3 \cdot d^{-1}$）]	
	二级处理	深度处理
＞50	0.30～0.65	0.10～0.20
20～50	0.65～0.80	0.16～0.30
10～20	0.80～1.00	0.25～0.30
5～10	1.00～1.20	0.30～0.50
1～5	1.20～1.50	0.50～0.65

注：1. 资料来自《城市排水工程规划规范》GB 50318—2017。
2. 表中规划用地面积为污水处理厂围墙内所有处理设施、附属设施、绿化、道路及配套设施的用地面积。
3. 污水深度处理设施的占地面积是在二级污水处理厂规划用地面积基础上新增的面积指标。
4. 表中规划用地面积不含卫生防护距离面积。

本用地指标不包括进厂污水浓度较高及深度处理的用地，需要时可视情况增加。

污水处理厂周围应设置一定宽度的防护距离，以减少对周围环境的不利影响。污水处理厂在城镇中既是污染物处理的设施，同时在生产过程中也会产生一定的污染，除厂区在平面布置时应考虑生产区与生活服务区分别集中布置、采用以绿化等措施隔离开来、保证管理人员有良好的工作环境，还应在厂区外围设置一定宽度的防护距离。见城镇污水处理厂卫生防护距离表 4-11。

城镇污水处理厂卫生防护距离 **表 4-11**

污水处理厂规模（万 m^3/d）	小于 5	5～10	大于 10
卫生防护距离（m）	150	200	300

注：1. 资料来自《城市排水工程规划规范》GB 50318—2017。
2. 卫生防护距离为污水处理厂厂界至防护区外缘的最小距离。

4.4 城镇给水排水规划与城镇规划的关系

4.4.1 城镇规划是水工程规划的依据和基础

1. 规划目标

城镇规划的目标是要保证城镇土地合理利用和开发经营活动协调进行，实现城镇经济和社会的协调发展，以建设具有中国特色的社会主义现代化城镇。城镇的建设和发展是一项庞大的系统工程，而城镇规划则是驾驭整个城镇建设和发展的基本依据和基本手段。要使城镇得以合理发展，首先必须通过科学地预测和规划，明确城镇的发展方向和发展格局，在规划的引导和控制下，逐步实现发展目标。

城镇给水排水工程规划要贯彻执行《城乡规划法》《水法》《环境保护法》《水污染防治法》等一系列法律法规。

2. 规划时限

城镇总体规划的给水排水工程规划时限是和总体规划一致的，一般为 20 年，但都需要对城镇远景发展进程及方向作出轮廓性的规划安排。作为城镇基础设施重要组成部分的给水排水工程关系着城镇的可持续发展，城镇的文明、安全和居民的生活质量，是创造良好投资环境的基石。因此，城镇给水排水工程规划应有长期的时效以符合城镇发展的要求。

近期规划是城镇总体规划一个组成部分，期限一般为五年。城镇给水排水工程规划重视近期建设规划，且要适应城镇远景发展的需要。近期建设规划往往是马上要实施的。因此，近期建设规划应受到足够的重视，且应具有可行性和可操作性。由于给水排水工程是一个系统工程，为此要处理好城镇给水工程规划和近期建设规划的关系及二者的衔接，否则将会影响给水排水工程系统技术上的优化决策，并会造成城镇给水工程不断建设，重复建设的被动局面。

3. 规划人口与范围

人口规模是编制城镇各项工程建设计划不可缺少的依据。随着我国经济和社会的稳步发展，会有越来越多的人口转向第二、第三产业，转向城镇，也就是说在我国的工业化、现代化过程中，城镇人口数量将不断增大，相应的城镇用水量和排水量就会增加，给排水设施的标准就会提高。在新的历史条件下，根据“严格控制大城镇规模，合理发展中等城镇和小城镇”的方针，拟订符合我国国情、符合各省、自治区、直辖市实际的城镇人口规模，是正确引导、合理控制各项城镇基础设施和公共设施的规模与标准，避免重复建设、盲目发展的重要手段。

城镇规划法约束的地域范围是城镇规划区。为了满足城镇建设和长远发展的需要，保障城镇规划的实施，要对城镇市区、近郊区以及外围地区规划确定的机场、水源、重要的交通设施、基础设施、风景旅游设施等用地进行统一的规划控制，特别是要对城乡接合部的土地利用和各项建设进行严格的规划管理。规划区内农村居民点、乡镇企业的建设也要纳入城镇统一的规划，服从统一的规划管理，才能避免各自为政，互相矛盾。城镇规划区还是城镇规划、建设、管理与有关部门职能分工的基本依据。

城镇给水排水规划法规适用于城镇总体规划的给水排水工程规划。城镇规划分为总体规划、详细规划两阶段，大中城镇在总体规划基础上还要编制分区规划。现行的各类给水排水规范其适用对象大都为具体工程设计，内容虽然详尽，但缺少宏观决策、总体布局以及超前性等方面的内容。城镇给水排水规划法规为总体规划（含分区规划）的城镇给排水工程规划服务，编制城镇给排水工程详细规划时，可依照城镇给排水规划法规和其他给水排水设计规范。由于城镇和建制镇同属于城镇的范畴，所以建制镇总体规划中的给水排水工程规划也可按城镇给水排水规划法规执行。

4.4.2 给水排水规划与相关专业规划的关系

1. 给水规划与排水规划之间的关系

城镇给水工程规划与城镇排水工程规划之间联系紧密，因此二者之间的协调极为重要。协调的内容包括城镇用水量和城镇排水量、水源地和城镇排水受纳体、水厂和污水处理厂厂址、给水管道和排水管道的管位等方面。例如城镇污水量的估算是通过城镇用水量乘以一定的系数得来的；水源地和排水受纳体的位置要保持一定的距离，并建立卫生防护带等，这些都需要在规划阶段协调好。

2. 给水排水规划与环境保护规划的关系

城镇排水工程规划受纳水体、出水口应与城镇环境保护规划水体的水域功能分区及环境保护要求相协调。排水工程规划要与城镇环境保护规划目标协调。

3. 给水排水规划与道路规划的关系

城镇给水排水工程规划的管线多沿城镇道路敷设，与城镇规划道路的布局和宽度相协调，并与道路中心线平行。给水工程中输水管道所占投资比重较大，沿现有或规划道路铺设可以减少投资，也便于用户接管和维修管理，但宜避开城镇交通主干道，以免维修时影响交通。

污水管道通常布置在污水量大或地下管线较少一侧的人行道、绿化带或慢车道下，尽量避开快车道。根据《城市工程管线综合规划规范》GB 50289 中的规定，当规划道路红线宽度 $B \geqslant 50$m 时，可考虑在道路两侧各设一条雨、污水管线，便于污水收集，减少管道穿越道路的次数，有利于管道维护。排水管道在城镇道路下的埋设位置应符合《城市工程管线综合规划规范》GB 50289 的规定，排水管道穿越道路时，线路走向、位置的选择既要经济合理，又要便于今后管理维修。

4. 给水排水工程规划与水系及航道规划的关系

城镇给水工程规划的水源地要能保证水质、水量，对于以河流为水源的，特别是一些无调节设施而直接从河流中取水的工程，河流的最大、最小流量及最高、最低水位直接关系到水工建筑物的取水口设置高程及引水量的大小。另外，选择水源地时，应注意河流的综合利用，如航运、灌溉、排灌等，同时，还应了解水源地上游附近近期内拟建的各种水工构筑物（水坝、丁坝及码头等）、整治河道的规划以及对取水构筑物可能对河流和航道产生的影响。这就要求给水工程规划与水系、航道规划相协调。城镇排水工程规划的受纳水体与城镇水系规划相关，需要与规划水系的功能和防洪的设计水位相协调。

城镇给水排水工程规划除应与以上几项专业规划协调一致外，与其他各项专业规划也应协调好。

当排放水体水质不能达到相应要求时，即构成环境违法。例如，某公司将厂区内生产废水直接排入某河，违反了《水污染防治法》。

案例1：违法在防洪堤内开发住宅阻碍长江行洪

从1996年开始，某住宅群在长江汉阳江滩上逐步兴建起来。“把长江送给你”的宣传口号广为流传，“我家就在岸上住”成了许多市民羡慕的居家环境。距长江大桥约200m的某住宅楼，这一经有关部门立项、审批的住宅开发项目，却违反了国家有关防洪法规，它严重阻碍长江行洪。2013年12月，国家防汛抗旱总指挥部发出通知，要求坚决拆除此项违法建筑。总面积7万 m^2 的某住宅楼在2014年1月25日被爆破防洪清障。

案例2：占用消防通道居民搭建3000m^2违章建筑被强拆

中国消防在线2016年7月7日报道：某社区的24户居民因占用消防通道，进行违法建设，违法建筑被强制性拆除。在多次与进行违法搭建的居民沟通无果的情况下，区规划、市政、街道办事处、消防等部门联合执行，对该社区24户居民的3000m^2违法建筑进行了强制性拆除。

占用、堵塞、封闭消防通道均属于违法行为。根据《中华人民共和国消防法》六十条之规定，对单位占用消防通道处5000元以上5万元以下的罚款，对个人占用消防通道处500元以下的罚款和警告处罚。

【思考题】

1. 城镇、城镇建成区、城镇规划区的定义是什么？城镇规划的时限如何确定？
2. 城镇规划的原则、依据和内容是什么？
3. 城镇给水工程规划的原则和内容是什么？
4. 城镇排水工程规划的原则和内容是什么？
5. 如何选择水源？如何确定城镇给水工程规划的用水量？
6. 给水系统如何布局？
7. 如何预测城镇污水量？如何估算城镇雨水量？
8. 城镇排水规划的排水体制应如何确定？
9. 城镇污水处理厂污泥如何处置？
10. 城镇污水处理厂厂址选择和用地规模有何要求？
11. 城镇规划与城镇给水排水工程规划有何关系？

第 5 章　水工程勘察设计法规

5.1　建设工程及基本建设程序

建设工程，是指土木工程、建筑工程、线路管道和设备安装工程及装修工程。

按照我国目前的基本建设程序，一般的大、中型建设项目从决策到工程验收交付使用，共分四个阶段，如图 5-1 所示。

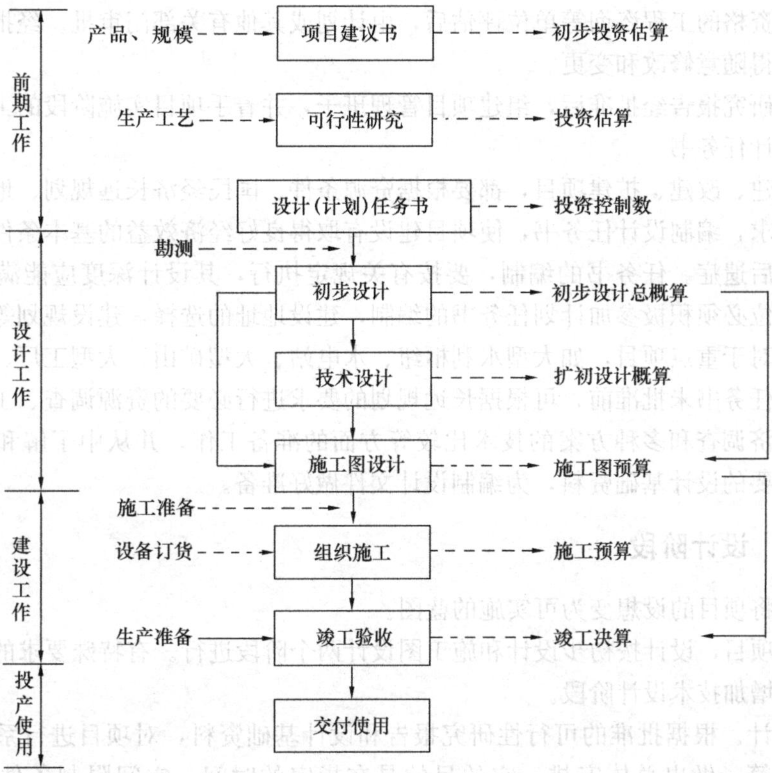

图 5-1　基本建设程序示意图

5.1.1　工程项目立项阶段

该阶段形成工程项目的设想。主要工作内容为：编制项目建议书、项目可行性研究报告和设计任务书。

（1）项目建议书

项目建议书是建设某一项目的建议性文件，是对拟建项目的轮廓设想。项目建议书的主要作用是为推荐拟建项目提出说明，论述建设它的必要性，以便供有关的部门选择并确定是否有必要进行可行性研究工作。项目建议书经批准后，方可进行可行性研究。但项目建议书不是项目最终决策文件。为了进一步做好项目前期工作，目前在项目建议书之前增加了项目策划或探讨工作，以便在确认初步可行时再按隶属关系编制项目建议书。

（2）可行性研究

可行性研究是在项目建议书批准后开展的一项重要的决策准备工作。可行性研究是对拟建项目的技术和经济的可行性进行分析和论证，为项目投资决策提供依据。

承担可行性研究的单位应当是经过资质审定的规划、设计、咨询和监理单位。它们对拟建项目进行经济、技术方面的分析论证和多方案的比较，提出科学、客观的评价意见，确认可行后，编写可行性研究报告。

可行性研究报告是确定建设项目，如设计文件的基本依据。可行性研究报告要选择最优化建设方案进行编制。批准的可行性报告是项目最终的决策文件和设计依据。可行性研究报告经有资格的工程咨询等单位评估后，由计划或其他有关部门审批。经批准的可行性研究报告不得随意修改和变更。

可行性研究报告经批准后，组建项目管理班子，并着手项目实施阶段的工作。

（3）设计任务书

所有新建、改建、扩建项目，都要根据资源条件、国民经济长远规划、地区布局、城镇规划的要求，编制设计任务书，使项目建设有取得良好经济效益的基本条件，避免建成后带来不良后遗症。任务书的编制，要按有关规定执行，其设计深度应能满足甲方的要求。设计单位必须积极参加计划任务书的编制，建设地址的选择，建设规划等方面的设计前期工作。对于重点项目，如大型水利枢纽、水电站、大型矿山、大型工厂、超高层建筑等，在设计任务书未批准前，可根据长远规划的要求进行必要的资源调查、工程地质、水文勘察、经济调查和多种方案的技术比较等方面的准备工作，并从中了解和掌握有关情况，收集必要的设计基础资料，为编制设计文件做好准备。

5.1.2　设计阶段

该阶段将项目的设想变为可实施的蓝图。

对一般项目，设计按初步设计和施工图设计两个阶段进行。有特殊要求的项目可在初步设计之后增加技术设计阶段。

初步设计。根据批准的可行性研究报告和设计基础资料，对项目进行系统研究、概略计算和估算，做出总体安排。它的目的是在指定的时间、空间限制条件下，在投资控制额度内和质量要求下，做出技术上可行、经济上合理的设计和规定，并编制项目总概算。

施工图设计。在初步设计的基础上进行施工图设计，使工程设计达到施工安装的要求并编制施工图预算。

5.1.3　施工阶段

该阶段将项目的蓝图实现为固定资产。工作程序可分为申请批准工程项目建设（列入基建年度计划）、建设准备、组织施工及工程验收四个步骤。

（1）列入基建年度计划

前述各阶段工作完成后，就要申请列入国家年度固定资产投资计划。要在国家确定的固定资产投资规模指标内来安排。

(2) 建设准备

项目施工前必须做好建设准备工作。其中包括征地、拆迁、平整场地、通水、通电、通路以及组织设备、材料订货，组织施工招标，选择施工单位，报批开工报告等工作。

施工前各项施工准备由施工单位根据施工项目管理的要求做好。属于业主方的施工准备，如提供合格的施工现场、设备和材料等也应根据施工要求做好。

(3) 组织施工

按设计进行施工及安装，建成工程实体。

与此同时，业主在监理单位协助下做好项目建成动用的一系列准备工作。例如，人员培训、组织准备、技术准备、物资准备等。

(4) 工程验收阶段

该阶段是检验工程的质量和功能是否满足预定的目标和要求。工作内容包括竣工的检验和试验。通过竣工验收，全面检验设计和工程质量；写出全面的竣工报告，分析概预算执行情况，考核投资效果各项指标。工程验收合格后交付使用。

5.2 水工程勘察法规

根据《建设工程勘察设计管理条例》的规定，对工程勘察设计管理主要涉及资质资格管理、勘察设计市场管理、勘察设计质量管理等方面的内容。对于资质资格管理将在第6章中专门论述，勘察设计合同管理在第3章中也有较为详细的阐述。下面主要介绍勘察设计质量管理方面的法规内容。

勘察设计文件的质量是影响建筑工程质量的关键因素。为了保证勘察设计文件的质量，勘察设计单位必须按其资格等级承担相应的勘察设计任务，不得擅自超越资格等级业务范围承接任务，并应建立健全质量保证体系，加强勘察过程的质量控制，健全设计文件的审核会签制度，严格按照国家现行的有关规定、技术标准和合同进行勘察设计，其勘察文件要反映工程地质、地形地貌、水文地质状况，评价应准确，数据要可靠。

5.2.1 工程勘察的依据和程序

工程勘察是工程建设的主导环节，在建设项目确定前，为项目科学决策提供依据；在项目确定后，为工程设计提供依据。

根据《建设工程勘察设计管理条例》的规定，工程勘察设计的依据应是已经批准了的项目建议书、项目可行性研究报告、设计任务书；国民经济规划、城镇规划、区域规划、流域规划、专业规划和项目规划等；国家现行的法规、规范；工程建设强制性标准；国家规定的建设工程勘察、设计深度要求。

工程勘察设计一般按照工程测量→总图布置→工程水文地质初勘→（初步设计）→工程水文地质详勘→（施工图设计）的顺序进行。

5.2.2 工程勘察的内容和管理

由于建设项目的性质、规模、复杂程度以及建设地点的不同，设计所需的技术条件千差万别，设计前所需做的勘察项目也就各不相同。大量的调查、观测、勘察、钻探、环境研究、模型试验和科学研究工作，归纳起来，工程勘察内容有下列八大类别：

（1）自然条件观测

主要是气候、气象条件的观测；陆上和海洋的水文观测（及与水文有关的观测）；特殊地区，如沙漠和冰川的观测等项目。建设地点，如有相应的测站并已有相当的累积资料，则可直接收集采用；如无测站或资料不足或从未观测过，则要建站观测。

（2）资源探测

这是一项涉及范围非常广的调查、观测、勘察和钻探任务。资源探测一般由国家机构进行，业主只进行一些必要的补充。

（3）地震安全性评价

大型工程和地震地质复杂地区，为了准确处理抗震设防，确保工程的抗震安全，一般都要在国家地震区划的基础上作建设地点的抗震安全性评价，习惯称地震地质勘察。

（4）环境评价的环境基底观测

往往和陆上环境调查和海洋水文观测等同时进行，以减少观测费用。但不少项目需要单独进行观测，特别是在做环境影响评价时必须有项目建设地点处的空气、水、噪声等方面的监测资料。

（5）岩土工程勘察

亦称为工程地质勘察，常同时作工程水文地质勘察和不作地震安全性评价时中、小型工程的地质勘测。按工程性质不同，它有建（构）筑物岩土工程勘察、公路工程地质勘察、铁路工程地质勘察、海滨工程地质勘察和核电站工程地质勘察、水利工程地质勘察等。

岩土工程勘察是为查明建设地区的工程地质条件，提出建设场地稳定性和地基承载能力的正确评价而进行的工作，主要有：工程地质测绘、勘探（钻探、触探等）、测试（载荷试验、剪力试验等）、长期观测（地下水动态观测、建筑物沉降观测、滑坡位移观测等）及勘察资料整理（内业）。其勘察阶段应与设计阶段相适应，一般分为厂址勘察、初步勘察和详细勘察。对工程地质条件复杂或者具有特殊施工要求的大型建设工程，还应进行施工勘察。

（6）工程水文地质勘察

水文地质勘察是查明建设地区地下水的类型、成分、分布、埋藏量，确定富水地段，评价地下水资源及其开采条件的工作。其目的是解决地下水对工程造成的危害，为合理开发利用地下水资源，解决项目生产和生活用水，得出供水设计和施工的水文地质资料。一般需进行的水文地质勘察工作有：水文地质测绘、地球物理勘探、钻探、抽水试验、地下水动态观测、水文地质参数计算、地下水资源评价和地下水资源保护区的确定等。

水文地质勘察工作应满足各设计阶段的要求。选址阶段要初步评价厂区附近的水文地质条件，提出能否满足建厂所需水源的资料；初步勘察阶段要在几个富水地段查明水文地质条件，初步评价水资源丰富程度，论证开采条件，进行水源地方案比较；详细勘察阶段，要在拟建水源地，详细查明水文地质条件，进一步评价水资源，提出合理的开采方案。

（7）工程测量

工程测量成果和图件是工程规划、总图布置、线路设计以及施工的基础资料。工程测量工作必须与设计工作密切配合以满足各设计阶段的要求，并兼顾施工的一般需要，尽量做到一图多用。在工程测量工作开始前，应取得当地的高程控制及三角网点资料，便于使工程测量成果与地方的测量成果联系起来。工程测量主要有：平面控制测量、高程控制测量、1：500～1：1500 比例尺地形测量、线路测量、建筑方格网测量、变形观测、绘图等。

（8）模型试验和科研项目

许多大中型项目和特殊项目，其建设条件需由模型试验和科学研究方能解决。即光靠以上各项的观测、勘察仍不足以揭示复杂的建设条件，而是将这些实测的自然界的资料作为模型的边界条件，由模型试验和科学研究，研究客观规律，来指导设计、生产。比如水利枢纽设计前要做泥沙模型试验，港口设计前要做港池和航道的淤积研究等等。并不是每项工程都要做模型试验和科学研究，但有些工程，不做试验和研究，就无法开展设计工作。

5.2.3 勘察成果审查

业主对勘察任务的实际操作，分情况不同进行。如地震安全性和环境观测两项评价，已由可行性研究阶段完成；勘察任务，包括地形测量、自然条件观测、岩土工程勘察和水文地质勘察，一般由一个综合勘察单位一次性完成；科研和试验任务，因为工程复杂、技术因素悬殊、专业分工不同，一般由几个科研单位和院校分别进行研究，得出成果。

对于勘察报告，一般不作审查。而对特殊重要的工程、地质特别复杂的工程和大型海洋港湾工程的测量和地质勘察，必要时业主可组织专家进行评审。评审专家由主管部门和设计单位协商提出。

对于科研、试验研究报告，一般要作评审。科研、试验研究的大部分工作是在可行性研究阶段完成的，它们作为可行性研究报告的附件，随可行性研究报告一起评审。在设计阶段所做的科研，只是对可行性研究阶段所得的科研成果的补充和提供设计所需的具体参数。

5.3 水工程设计法规

5.3.1 设计阶段划分

为了有秩序、有步骤地开展设计工作，一般建设项目按两个阶段进行设计，即初步设计和施工图设计。

对于技术上复杂而又缺乏设计经验的项目，经主管部门指定，可增加技术设计阶段。为解决总体开发方案和建设项目的总体部署等重大问题，可进行总体规划设计或总体设计。

5.3.2　初步设计的质量管理

（1）委托初步设计的必备条件

1）项目可行性研究报告经过审查，业主已获得可行性研究报告批准文件。

2）已办理征地手续，并已取得规划局和国土局提供的建设用地规划许可证和建设用地红线图。

3）业主已取得规划局提供的规划设计条件通知书。

（2）完成初步设计的必备条件

在初步设计过程中，业主要办理各种外部协作条件的取证工作和完成科研、勘察任务，并转交设计单位，作为设计依据（工程设计和编制概算）。

（3）初步设计的内容

初步设计的内容一般应包括以下方面的文字说明和图纸：

1）设计依据、设计指导思想、设计原则；

2）建设规模、分期建设、建设地点、占地面积、征地数量、总平面布置和内外交通、外部协作条件；

3）工艺流程、主要设备选型及配置、总图运输；

4）主要建筑物、构筑物、公用辅助设施；

5）主要材料用量；

6）综合利用和"三废"治理，抗震和人防措施；

7）生产组织和劳动定员；

8）各项技术经济指标、建设工期和进度安排、总概算等；

9）附件、附表、附图，包括设计依据的文件批文，各项协议批文，主要设备、材料明细表、主要构建筑物设计图纸等。

（4）初步设计的深度

1）多方案比较。在充分细致论证设计项目的效益、社会效益、环境效益的基础上，择优推荐设计方案。

2）建设项目的单项工程要齐全，主要工程量误差应在允许范围以内。

3）主要设备和材料明细表，要符合订货要求，可作为订货依据。

4）总概算不应超过可行性研究估算投资总额。

5）满足施工图设计的准备工作的要求。

6）满足土地征用、投资包干、招标承包、施工准备、开展施工组织设计，以及生产准备等项工作的要求。

经批准的可行性研究报告中所确定的主要设计原则和方案，如建设地点、规模、产品方案、生产方法、工艺流程、主要设备、主要建筑标准等，在初步设计中不应有较大变动。若有重大变动或概算突破估算投资较大时，则要申明原因，报请原审批主管部门批准。

（5）初步设计的审批

大中型项目，按照项目的隶属关系，由国务院各主管部门或省、自治区、直辖市审批。

各部直属建设项目，由国务院各主管部门审批。批准文件抄送有关省（自治区、直辖市）有关部门。

小型项目按隶属关系，由主管部门或地方政府授权的单位进行审批。

5.3.3 技术设计的质量管理

技术设计的内容，有关部门可根据工程的特点和需要，自行制定。

其深度应能满足确定设计方案中重大技术问题和有关试验、设备制造等方面的要求。

5.3.4 施工图设计的质量管理

(1) 施工图设计的条件

1）上级文件，包括业主已取得经上级或主管部门对初步设计的审核批准书、规划局核发的施工图设计条件通知书等。

2）初步设计审查时提出的重大问题和初步设计的遗留问题，诸如补充勘探、勘察、试验、模型等已经解决；施工图阶段勘察及地形测绘图已经完成。

3）外部协作条件，水、电、交通运输、征地、安置的各种协议已经签订或基本落实。

4）主要设备订货基本落实，设备总装图、基础图资料已收集齐全，可满足施工图设计的要求。

(2) 施工图的内容

施工图的内容主要包括工程安装、施工所需的全部图纸，重要施工、安装部位和生产环节的施工操作说明，施工图设计说明，预算书和设备、材料明细表。

在施工总图（平、剖面图）上应有设备、房屋或构筑物、结构，管线各部分的布置，以及它们的相互配合、标高、外形尺寸、坐标；设备和标准件清单；预制的建筑构配件明细表等。在施工详图上应设计非标准详图，设备安装及工艺详图，设计建（构）筑物及一切配件和构件尺寸，连接、结构断面图，材料明细表及编制预算。图纸要按有关专业配套出齐，如主体工艺、建筑、结构、暖、风、电、通信、运输、自动化、设备、机械制造、水工、土建等专业。

(3) 施工图设计的深度

施工图设计应满足下列要求：

1）设备材料的安排。

2）非标准设备和结构件的加工制作。

3）编制施工图预算，并作为预算包干、工程结算的依据。

4）施工组织设计的编制，应满足设备安装和土建施工的需要。

(4) 施工图设计的审查

施工图是对设备、设施、建构筑物、管线等工程对象物的尺寸、布置、选材、构造、相互关系、施工及安装质量要求的详细图纸和说明，是指导施工的直接依据，从而也是设计阶段质量控制的一个重点。审查重点是使用功能是否满足质量目标和水平。

1）总体审核

首先要审核施工图纸的完整性和完备性，及各级的签字盖章。其次审核工程施工设计总布置图和总目录。总平面布置和总目录的审核重点是：工艺和总图布置的合理性，项目是否齐全，有没有子项目的缺漏，总图在平面和空间的布置上是否交叉和相互矛盾；有没有管线打架、工艺与各专业相碰的情况，工艺流程及相互间距是否满足规范、规程、标准等的要求。

2）总说明审查

工程设计总说明和分项工程设计总说明的审核重点是：所采用的设计依据、参数、标准是否满足质量要求，各项工程做法是否合理，选用设备、仪器、材料等是否先进、合理，工程措施是否合适，所提技术标准是否满足工程需要。

3）图纸审查

图纸审查的重点是：施工图是否符合现行规范、规程、标准、规定的要求；图纸是否符合现场和施工的实际条件；深度是否达到施工和安装的要求；是否达到工程质量的标准；对选型、选材、造型、尺寸、关系、节点等图纸自身的质量要求的审查。

4）其他审查

这部分的审查重点是：审核是否满足勘察、观测、试验等提供的建设条件；外部水、电、气及收集疏运条件是否满足；是否满足和当地各级地方政府签订的建设协议书，如征地、水电能源、通信导航等；是否满足环境保护措施和“三废”排放标准；是否满足施工和安全、卫生、劳动保护的要求。

5）施工预算和总投资预算审查

审查预算编制是否符合预算编制要求。工程量计算是否正确，定额标准是否合理，各项收费是否符合规定，汇率计算、银行贷款利息、通货膨胀等各项因素是否齐全，总预算是否在总概算控制范围之内。

（5）施工图设计交底和图纸会审

设计交底和图纸会审的目的是：进一步提高质量，使施工单位熟悉图纸、了解工程特点和设计意图及关键部位的质量要求，发现图纸错误进行改正。

具体程序是：业主组织施工单位和设计单位进行图纸会审，先由设计单位向施工单位进行技术交底，即由设计单位介绍工程概况、特点、设计意图、施工要求、技术措施等有关注意事项；然后由施工单位提出图纸中存在的问题和需要解决的技术难题。通过三方协商，拟订解决方案，写出会议纪要。

图纸会审的主要内容如下：

1）设计资格审查和图纸是否经设计单位签署，图纸与说明是否齐全，有无续图供应。

2）地质与外部资料是否齐全，抗震、防火、防灾、安全、卫生、环保是否满足要求。

3）总平面和施工图是否一致；设计图之间、专业之间、图面之间有无矛盾；标志有没有遗漏；总图布置中工艺管线、电气线路、设备位置、运输道路等与构筑物之间有无矛盾，布局是否合理。

4）地基处理是否合理；施工与安装有没有不能实现或难于实现的技术问题；或易于导致质量问题、安全及费用增加等方面的问题；材料来源是否有保证、能否代换。

5）标准图册、通用图集、详图做法是否齐全，非通用设计图纸是否齐全。

（6）施工图的审批

除上级机关或主管部门指定之外，一般不再单独组织对施工图的审批。设计单位对施工图负全责。

业主将需要审批的施工图直接上报要求审批的主管部门。但是，业主必须持施工图资料到规划局，办理领取《项目规划建设许可证》。

5.3.5 设计质量和责任

设计要采用先进的生产工艺和技术装备，逐步提高设计的技术水平，做到消耗指标低，劳动定员少，劳动生产率高，成本低，占地少。

初步设计要对重大问题进行方案比选，要作技术经济分析，论证设计的合理性和先进性，技术经济指标中要包括运行成本、工程效益和投资回收年限等。

设计中采用的基础资料要齐全、可靠，设计要符合设计标准、规范的有关规定，计算要准确，文字说明要清楚，图纸要清晰、准确，避免"错、漏、碰、缺"。

设计单位对设计质量要全面负责。要加强对设计工作的领导；对重大设计方案，要认真组织研究讨论；要建立健全各级岗位责任制和审查制度，对设计文件、图纸必须逐级审核，分别签字或盖章。初步设计文件，由院（所）长、总工程师签字，并加盖院（所）公章。

一个建设项目由几个单位共同设计时，主管部门要指定一个设计单位为主体设计单位。主体设计单位是建设项目的设计总负责单位，对建设项目设计的合理性和整体性负责。其他设计单位的主要职责是：按统一要求完成分担的设计任务，并对设计质量负责，向主体设计单位及时提供有关情况和资料。主动与主体设计单位搞好协作配合工作。

5.4 注册公用设备工程师（给水排水）专业考试相关专业法规

5.4.1 室外给水工程设计规范

对原国家标准《室外给水设计规范》GBJ 13—86 进行了 1997 年、2006 年二次修订后，最新的《室外给水设计规范》GB 50013—2006，经有关部门会审，自 2006 年 6 月 1 日起施行。在 2011 年和 2014 年又进行了部分修订工作，最新版为《室外给水设计规范》GB 50013—2006（2014 年版）。

1. 总则

(1) 规范宗旨：为指导我国给水事业的建设，使给水工程设计符合国家的方针政策，有利于提高人民健康水平和社会主义建设。

(2) 适用范围：适用于新建、扩建或改建的城镇、工业企业及居住区的永久性室外给水工程设计。

(3) 设计年限：给水工程的设计应在服从城镇总体规划的前提下，近远期结合，以近期为主。近期设计年限宜采用 5～10 年，远期规划年限宜采用 10～20 年。

(4) 给水工程系统选择：给水工程系统一般有全市生活和工业的合并统一供水系统，根据各地区或各集中用户区对不同水质或水压要求的分质或分压供水系统等多种类型。设计中应从全局出发根据当地规划和实际情况统筹考虑，经技术经济比较后选择最合理的供水系统方案。

(5) 工业企业应采用复用、循环系统，提高水的重复利用率。

(6) 给水工程应提高供水水质、提高供水安全可靠性、降低能耗、降低漏耗、降低药耗，应在不断总结生产实践经验和科学试验的基础上，积极采用行之有效的新技术、新工艺、新材料和新设备。

给水工程设备机械化和自动化程度，应从提高供水水质和供水可靠性、降低能耗，提高科学管理水平，改善劳动条件和增加经济效益出发，根据需要和可能及设备供应情况，妥善确定。

2. 用水量、水质和水压

(1) 设计用水量应包括：①综合生活用水（居民生活用水和公建用水）；②工业企业生产用水和工作人员生活用水；③消防用水；④浇洒道路和绿地用水；⑤未预见用水量及管网漏损水量。

(2) 设计居民生活用水量和综合生活用水量可以根据城镇规划人口和居民生活用水定额及综合生活用水定额确定。居民生活用水定额及综合生活用水定额应根据当地国民经济和社会发展规划、城镇总体规划和水资源充沛程度，在现有用水定额基础上，结合给水专业规划和给水工程发展的条件综合分析确定。

(3) 变化系数的选取：城镇供水中，时变化系数、日变化系数应根据城镇性质、城镇规模、国民经济与社会发展和城镇供水系统并结合现状供水曲线和日用水变化分析确定；在缺乏实际用水资料情况下，最高日城镇综合用水的时变化系数宜采用1.2～1.6，日变化系数宜采用1.1～1.5。特大和大城镇宜取下限，中小城镇宜取上限，个别小城镇可适当加大。

(4) 供水水质：生活饮用水的水质，必须符合现行的《生活饮用水卫生标准》GB 5749—2006的要求。供水水压：条文中管网上的最小服务水头系指配水管网上用户接管处为满足用水要求所应维持的最小水头。对于居住区来说，通常以建筑物层数确定，即一层为10m，二层为12m，二层以上每增高一层增加4m。管网计算一般根据当地规定的标准层数所需的水头作为服务水头。在管网计算时，不宜将单独的或少量的高层建筑物所需的水压作为设计依据，否则将导致投资和运行费用的较大浪费。

(5) 工业企业用水：工业企业生产用水量、水质和水压，应根据生产工艺要求确定。详见“建筑给水排水设计规范”部分。

(6) 消防用水量、水压及延续时间：详见“消防设计法规”部分。

(7) 浇洒道路和绿地用水量，应根据路面、绿化、气候和土壤等条件确定。浇洒道路用水可按浇洒面积以2.0～3.0L/m²·d计算；浇洒绿地用水可按浇洒面积以1.0～3.0L/m²·d计算。

(8) 城镇配水管网的漏损水量宜按综合生活用水、工业企业用水、浇洒道路和绿地用水水量之和的10%～12%计算，当单位管长供水量小或供水压力高时可适当增加；未预见水量应根据水量预测时难以预见因素的程度确定，宜采用综合生活用水、工业企业用水、浇洒道路和绿地用水及管网漏损水量之和的8%～12%。

3. 水源

(1) 水源选择

在水源选择前应先进行水资源勘察。多年来，由于在确定水源前，没有对水资源的可靠性进行详细勘察和综合评价，以致造成工程失误的事例时有发生。有的工程采用兴建水库作为水源，而在设计前没有对水库汇水面积进行详细勘察，造成水库蓄水量不足。不少地区在没有对地下水资源进行勘察的情况下，盲目兴建地下水取水构筑物，以致因过量开采而造成地面沉降，或取水量不足。为此，在水源选择前，必须进行水资源的勘察。

水源的选择应通过技术经济比较后综合考虑确定，并应符合下列要求：①水量充沛可靠；②原水水质符合要求；③符合卫生要求的地下水，宜优先作为生活饮用水的水源；④与农业、水利综合利用；⑤取水、输水、净化设施安全经济和维护方便；⑥施工条件好。

用地表水作为城镇供水水源时，其设计枯水流量的保证率，应根据城镇规模和工业大用户的重要性选定，一般可采用90%～97%。

用地表水作为工业企业供水水源时，其设计枯水流量的保证率，应按各有关部门的规定执行。

(2) 取水构筑物

取水构筑物按照取水水源的不同可以分为地下水取水构筑物和地表水取水构筑物。

对于地下水取水构筑物，其位置选择应根据水文地质条件选择，宜位于：①水质良好，不易受污染的富水地段；②靠近主要用水地区；③施工、运行和维护方便。地下水取水构筑物的设计应有防止地面污水和非取水层水渗入的措施，过滤器有良好的进水条件，结构坚固，抗腐蚀，不易堵塞，大口井、渗渠和泉室应有通气措施，有测量水位的装置。

对于地表水取水构筑物，其位置选择应满足：①水质较好；②靠近主流，有足够的水深，有稳定的河床及岸边，有良好的工程地质条件；③尽可能不受泥沙、漂浮物、冰凌、冰絮、支流和咸潮等影响；④不妨碍航运和排洪，并符合河道、湖泊、水库整治规划的要求；⑤靠近主要用水地区；⑥供生活饮用水的地表水取水构筑物的位置，应位于城镇和工业企业上游的清洁河段。取水构筑物的形式，应根据取水量和水质要求，结合河床地形及地质、河床冲淤、水深及水位变幅、泥沙及漂浮物、冰情和航运等因素以及施工条件，在保证安全可靠的前提下，通过技术经济比较确定。江河取水构筑物的防洪标准不应低于城镇防洪标准，其设计洪水重现期不得低于100年。水库取水构筑物的防洪标准应与水库大坝等主要建筑物的防洪标准相同，并应采用设计和校核两级标准。设计枯水位的保证率，应根据水源情况和供水重要性选定，一般可采用90%～99%。

对于取水构筑物详细的规定，可以参考《室外给水设计规范》GB 50013—2006。

案例1：某给水工程取水泵房地坪标高设计案例分析

某取水工程取水口附近有50年河流水位测量资料，其中测得的最高水位为26.8m。经分析推算得到不同频率的最高水位见表5-1，河浪高1.5m，如在河流的堤坝外修建岸边式取水泵房，泵房进口处的地坪设计标高是多少？

不同频率的最高水位 **表5-1**

频率（%）	设计最高水位（m）	频率（%）	设计最高水位（m）
0.1	28.1	3.0	26.1
1.0	27.5	5.0	24.9
2.0	26.8		

答案：29.5m。

分析：

根据《室外给水设计规范》GB 50013—2006（2016年版）第5.3.6条规定“江河取水构筑物的防洪标准不应低于城镇防洪标准，其设计洪水重现期不得低于100年”；第5.3.9条规定“当泵房在江河边时，岸边式取水泵房进口地坪的设计标高为设计最高水位加浪高再加0.5m”。本题应选取频率为1.0%时的设计最高水位，则泵房进口处的地坪设计标高应为：

$$27.5+1.5+0.5=29.5m$$

4. 泵房

（1）水泵选择：选择工作水泵的型号及台数时，应根据逐时、逐日和逐季水量变化情况，水压要求，水质情况，调节水池大小，机组的效率和功率因素等条件，综合考虑确定。当供水量变化大时，应考虑水泵大小搭配，但型号不宜过多，电机的电压宜一致。水泵的选择应符合节能要求。当供水水量和水压变化较大时，宜选用叶片角度可调节的水泵、机组调速或更换叶轮等措施。泵房一般宜设1～2台备用水泵，备用水泵型号宜与工作水泵中的大泵一致。要求起动快的大型水泵，宜采用自灌充水。非自灌充水水泵的引水时间，不宜超过5分钟。

（2）供水电源：不得间断供水的泵房，应设两个外部独立电源；如不可能时，应设备用动力设备，其能力应能满足发生事故时的用水要求。

（3）吸水管和出水管流速应控制在一定的范围内，不宜过高，也不宜过低。

（4）非自灌充水水泵宜分别设置吸水管，设有三台或三台以上的自灌充水水泵，如采用合并吸水管，其数目不得少于两条。

（5）泵房内需设起重设备。

（6）水泵机组的布置应满足一定的间距要求，便于检修和操作。

（7）泵房设计应根据具体情况采用相应的采暖、通风控制。泵房的噪声控制措施应符合现行的《声环境质量标准》GB 3096—2008、《工业企业噪声控制设计规范》GB/T 50087—2013的规定。

（8）要采取消除水锤的措施。

5. 输配水工程

（1）输水管渠线路的选择，应根据下列要求确定：①尽量缩短线路长度；②减少拆迁，少占农田；③管渠的施工、运行和维护方便。

（2）设计流量：①输水管渠的设计流量，应按最高日平均时供水量加自用水量确定。当长距离输水时，输水管渠的设计流量应计入管渠漏失水量。②向管网输水的管道设计流量，当管网内有调节构筑物时，应按最高日最高时用水条件下，由水厂所负担供应的水量确定。当无调节构筑物时，应按最高日最高时供水量确定。

（3）输水安全性要求：输水干管一般不宜少于两条，当有安全贮水池或其他安全供水措施时，也可修建一条输水干管。输水干管和连通管管径及连通管根数，应按输水干管任何一段发生故障时仍能通过事故用水量计算确定，城镇的事故水量为设计水量的70%，工业企业的事故水量按有关工艺要求确定。当负有消防给水任务时，还应包括消防水量。

如果用明渠输送原水时，应有可靠的保护水质和防止水量流失的措施。

(4) 配水管网：城镇配水管网宜设计成环状。工业企业配水管网的形状，应根据厂区总图布置和供水安全要求等因素确定。

(5) 城镇生活饮用水的管网，严禁与非生活饮用水的管网连接；严禁与各单位自备的生活饮用水供水系统直接连接。

(6) 配水管网应按最高日最高时用水量及设计水压进行计算，并分别按发生消防时、最大转输时、最不利管段发生故障时3种情况进行较核。

(7) 城镇给水管道的布置应满足与建筑物、铁路和其他管道的最小净距要求。

6. 水厂总体设计

(1) 水厂厂址的选择：应通过技术经济比较确定，同时满足：①给水系统布局合理；②不受洪水威胁；③有较好的废水排除条件；④有良好的工程地质条件；⑤有良好的卫生环境，并便于设立防护地带；⑥少拆迁，不占或少占良田；⑦施工、运行和维护方便。

(2) 水厂生产构筑物的布置：①高程布置应充分利用原有地形坡度；②构筑物间距宜紧凑，但应满足各构筑物和管线的施工要求；③生产构筑物间连接管道的布置，应水流顺直和避免迂回。④附属生产建筑物（机修间、电修间、仓库等）应结合生产要求布置；⑤生产管理建筑物和生活设施宜集中布置，力求位置和朝向合理，并与生产构筑物分开布置。供暖地区锅炉房应布置在水厂最小频率风向的上风向。

(3) 水厂应考虑绿化，新建水厂绿化占地面积不宜少于水厂总面积的20%。清水池池顶宜铺设草皮。

(4) 水厂内应设置通向各构筑物和附属建筑物的道路。一般可按下列要求设计：①主要车行道的宽度，单车道为3.5m，双车道为6m，支道和车间引道不小于3m，并应有回车道。人行道路的宽度为1.5～2.0m。大型水厂一般可设双车道，中、小型水厂一般可设单车道。②车行道转弯半径不宜小于6m。

(5) 水厂的防洪标准不应低于城镇防洪标准，并应留有适当的安全裕度。

7. 水处理工程

(1) 水处理工艺流程的选择及主要构筑物的组成，应根据原水水质、设计生产能力、处理后水质要求，参照相似条件下水厂的运行经验，结合当地条件，通过技术经济比较综合研究确定。

(2) 水处理构筑物的生产能力，应按最高日供水量加自用水量确定，必要时还应包括消防补充水量。城镇水厂和工业企业自备水厂的自用水量应根据原水水质和所采用的处理方法以及构筑物类型等因素通过计算确定。城镇水厂的自用水率一般可采用供水量的5%～10%。

(3) 水处理构筑物的设计，应按原水水质最不利情况（如沙峰等）时，所需最大供水量进行校核。

(4) 设计城镇水厂和工业企业自备水厂时，应考虑任一构筑物或设备进行检修、清洗或停止工作时仍能满足供水要求。

(5) 净水构筑物应根据具体情况设置排泥管、排空管、溢流管和压力冲洗设备等。

(6) 城镇水厂和工业企业自备水厂的废水和泥渣，应根据具体条件做出妥善处理。滤池反冲洗水的回收应通过技术经济比较确定，在贫水地区应优先考虑回收。

(7) 当原水含沙量高时，宜采取预沉措施。预沉措施的选择应根据原水含沙量及其组成、沙峰持续时间、排泥要求、处理水量和水质要求等因素，结合并参考相似条件下的运行经验确定，一般可采用沉沙、自然沉淀或凝聚沉淀等。

(8) 凝聚剂和助凝剂的投配：①用于生活饮用水处理的凝聚剂或助凝剂产品必须符合卫生要求，不得使处理后的水质对人体健康产生有害的影响；用于工业企业生产用水的处理药剂，不得含有对生产有害的成分。②凝聚剂和助凝剂品种的选择及其用量，应根据相似条件下的水厂运行经验或原水凝聚沉淀试验资料，结合当地药剂供应情况，通过技术经济比较确定。

(9) 混凝、沉淀和澄清：①选择沉淀池或澄清池类型时，应根据原水水质、设计生产能力、处理后水质要求，并考虑原水水温变化、制水均匀程度以及是否连续运转等因素，结合当地条件通过技术经济比较确定。②沉淀池和澄清池的个数或能够单独排空的分格数不宜少于两个。

(10) 过滤：①供生活饮用水的过滤池出水水质，经消毒后，应符合现行的《生活饮用水卫生标准》的要求。供生产用水的过滤池出水水质，应符合生产工艺要求。②滤池形式的选择，应根据设计生产能力、进水水质和工艺流程的高程布置等因素，结合当地条件，通过技术经济比较确定。③滤料应具有足够的机械强度和抗蚀性能，并不得含有有害成分，一般可采用石英砂、无烟煤和重质矿石等。④快滤池、无阀滤池和压力滤池的个数及单个滤池面积，应根据生产规模和运行维护等条件通过技术经济比较确定，但个数不得少于两个。⑤滤池按正常情况下的滤速设计，并以检修情况下的强制滤速校核。

(11) 地下水除铁和除锰：①地下水除铁宜采用接触氧化法。工艺流程为：原水曝气—接触氧化过滤。②地下水同时含有铁、锰时，其工艺流程应根据下列条件确定：a. 当原水含铁量低于6.0mg/L、含锰量低于1.5mg/L时，可采用原水曝气—单级过滤除铁除锰。b. 当原水含铁量或含锰量超过上述数值时，应通过试验确定。必要时可采用原水曝气—一次过滤除铁—二次过滤除锰。c. 当除铁受硅酸盐影响时，应通过试验确定。必要时可采用原水曝气—一次过滤除铁（接触氧化）—曝气—二次过滤除锰。

(12) 消毒：①生活饮用水必须消毒，一般可采用加氯（液氯、漂白粉或漂粉精）法。②选择加氯点时，应根据原水水质、工艺流程和净化要求，可单独在滤后加氯，或同时在滤前和滤后加氯。③氯的设计用量，应根据相似条件下的运行经验，按最大用量确定。④当采用氯胺消毒时，氯和氨的投加比例应通过试验确定，一般可采用重量比为3∶1～6∶1。⑤水和氯应充分混合。其接触时间不应小于30min，氯胺消毒的接触时间不应小于2h。⑥加氯间及氯库内宜设置测定空气中氯气浓度的仪表和报警措施。必要时可设氯气吸收设备。⑦加氯（氨）间及其仓库应有每小时换气8～12次的通风设备。加漂白粉间及其仓库可采用自然通风。

5.4.2 室外排水工程设计规范

最新的《室外排水设计规范》GB 50014—2006（2016年版）为2016年修订版，经修改的原条文同时废止。

1. 总则

(1) 规范宗旨：为使我国的排水工程设计，符合国家的方针、政策、法令，推进海绵城镇建设，达到防止水污染，改善和保护环境，提高人民健康水平的要求。

（2）适用范围：适用于新建、扩建和改建的城镇、工业企业及居住区的永久性的室外排水工程设计。

（3）排水体制选择：应根据城镇和工业企业规划、当地降雨情况和排放标准、原有排水设施、污水处理和利用情况、地形和水体等条件，综合考虑确定。同一城镇的不同地区可采用不同的排水制度。新建地区的排水系统宜采用分流制。现有合流制排水系统，应按城镇排水规划的要求，实施雨污分流改造。暂时不具备雨污分流条件的地区，应采取截流、调蓄和处理相结合的措施，提高截流倍数，加强降雨初期的污染防治。

（4）排水系统设计应综合考虑下列因素：①与邻近区域内的污水与污泥处理和处置协调。②综合利用或合理处理污水和污泥。③与邻近区域及区域内给水系统、洪水和雨水的排除系统协调。④接纳工业废水并进行集中处理和处置的可能性。⑤适当改造原有排水工程设施，充分发挥其工程效能。

（5）工业废水接入城镇排水系统的水质，不应影响城镇排水管渠和污水处理厂等的正常运行；不应对养护管理人员造成危害；不应影响处理后出水的再生利用和安全排放，不应影响污泥的处理和处置。

（6）排水工程设备的机械化和自动化程度，应根据管理的需要，设备器材的质量和供应情况，结合当地具体条件通过全面的技术经济比较确定。对操作繁重、影响安全、危害健康的主要工艺，应首先采用机械化和自动化设备。

2. 排水量

（1）生活污水和工业废水量：①居民生活污水定额和综合生活污水定额应根据当地采用的用水定额，结合建筑内部给水排水设施水平和排水系统普及程度等因素确定。可按当地用水定额的80%～90%采用。②综合生活污水量总变化系数可根据当地实际综合生活污水量变化资料确定。无测定资料时，可按表4-6的规定取值。新建分流制排水系统的地区，宜提高综合生活污水量总变化系数；既有地区可结合城区和排水系统改建工程，提高综合生活污水量总变化系数。③工业企业内生活污水量、淋浴污水量的确定，应符合现行国家标准《建筑给水排水设计规范》GB 50015—2003的有关规定。④工业企业的工业废水量及其总变化系数应根据工艺特点确定，并与国家现行的工业用水量有关规定协调。⑤在地下水位较高的地区，宜适当考虑地下水渗入量。

（2）雨水量。

1）雨水设计量按设计暴雨强度、径流系数、汇水面积的乘积计算。当汇水面积超过$2km^2$时，宜考虑降雨在时空分布的不均匀性和管网汇流过程，采用数学模型法计算雨水设计流量。

$$Q_S = q \times \Psi \times F$$

2）当地区整体改建时，对于相同的设计重现期，改建后的径流量不得超过原有径流量。设计暴雨强度，应按下式计算：

$$q = \frac{167A_1(1 + C\lg P)}{(t + b)^n}$$

式中 q——设计暴雨强度[L/(s·hm^2)]；

t——降雨历时（min）；

P——设计重现期（年）；

A_1，C，b，n——参数，根据统计方法进行计算确定。

3）设计暴雨强度：应按地区经验公式计算，具有20年以上自动雨量记录的地区，排水系统设计暴雨强度公式应采用年最大值法。

4）雨水管渠设计重现期，应根据汇水地区性质、城镇类型、地形特点和气候特征等因素，经技术经济比较后按规范规定取值。

5）雨水管渠的降雨历时，应按下式计算：

$$t = t_1 + t_2$$

式中 t——降雨历时（min）；

t_1——地面集水时间（min），应根据汇水距离、地形坡度和地面种类计算确定，一般采用5～15min；

t_2——管渠内雨水流行时间（min）。

6）应采取雨水渗透、调蓄等措施，从源头降低雨水径流产生量，延缓出流时间。

7）当雨水径流量增大，排水管渠的输送能力不能满足要求时，可设雨水调蓄池。

3. 排水管渠及其附属构筑物

（1）排水管渠系统应根据城镇规划和建设情况统一布置，分期建设。排水管渠应按远期规划的最高日最高时设计流量设计，按现状水量复核，并考虑城镇远景发展的需要。

（2）管渠平面位置和高程，应根据地形、道路建筑情况、土质、地下水位以及原有的和规划的地下设施、施工条件等因素综合考虑确定。

（3）管渠及其附属构筑物、管道接口和基础的材料，应根据排水水质、水温、冰冻情况、断面尺寸、管内外所受压力、土质、地下水位、地下水侵蚀性和施工条件等因素进行选择，并应尽量就地取材。特别的，输送腐蚀性污水的管渠必须采用耐腐蚀材料，其接口及附属构筑物必须采用相应的防腐蚀措施。

（4）厂区内的生产污水，应根据其不同的回收、利用和处理方法设置专用的污水管道。经常受有害物质污染的场地的雨水，应经预处理后接入相应的污水管道。

（5）雨水管道、合流管道的设计，应尽量考虑自流排出。计算水体水位时，应同时考虑现有的和规划的水库等水利设施引起的水位变化情况。当受水体水位顶托时，应根据地区重要性和积水所造成的后果，设置潮门、闸门或泵站等设施。

（6）污水管渠系统上应设置事故排出口。

4. 排水泵站

（1）排水泵站宜按远期规模设计，水泵机组可按近期水量配置。

（2）排水泵站宜设计为单独的建筑物。并实施必要的对周围环境的保护措施，防止废气污染。

（3）受洪水淹没地区的泵站，其入口处设计地面标高应比设计洪水位高出0.5m以上，当不能满足上述要求时，可在入口处设置闸槽等临时防洪措施。

（4）排水泵站供电宜按二级负荷设计，特别重要地区的泵站，应按一级负荷设计。当不能满足上述要求时，应设备用的动力设施。

（5）自然通风条件差的地下式水泵间应设机械送排风综合系统。在经常有人管理的泵房内，应设有通风、通信设施的隔声值班室。对远离居民点的泵站，应根据需要适当设置工作人员的生活设施。

(6) 雨污分流不彻底、短时间难以改建的地区，雨水泵站可设置混接污水截流设施，并应采取措施排入污水处理系统。

5. 污水处理厂厂址选择和总体布置

(1) 污水处理厂厂址的选择，应符合城镇总体规划和排水工程总体规划的要求，并应根据下列因素综合确定：①在城镇水体的下游；②在城镇夏季最小频率风向的上风侧；③有良好的工程地质条件；④少拆迁，少占农田，有一定的卫生防护距离；⑤有扩建的可能；⑥便于污水、污泥的排放和利用；⑦厂区地形不受水淹，有良好的排水条件；⑧有方便的交通、运输和水电条件。

(2) 污水处理厂的厂区面积应按远期规模确定，并作出分期建设的安排。

(3) 污水处理厂的总体布置应根据厂内各建筑物和构筑物的功能和流程要求，结合厂址地形、气象和地质条件等因素，经过技术经济比较确定，并应便于施工、维护和管理。

(4) 生产管理建筑物和生活设施宜集中布置，其位置和朝向应力求合理，并应与处理构筑物保持一定距离。

(5) 污水和污泥的处理构筑物宜根据情况尽可能分别集中布置。处理构筑物的间距应紧凑、合理，并应满足各构筑物的施工、设备安装和埋设各种管道以及养护维修管理的要求。

(6) 污水处理厂的工艺流程、竖向设计宜充分利用原有地形，符合排水通畅、降低能耗、平衡土方的要求。

(7) 污水处理厂的绿化面积不宜小于全厂总面积的30%。

(8) 污水处理厂应设置通向各构筑物和附属建筑物的必要通道。通道的设计应符合下列要求：①主要车行道的宽度，单车道为3.5m，双车道为6～7m，并应有回车道；②车行道的转弯半径不宜小于6m；③人行道的宽度为1.5～2m；④通向高架构筑物的扶梯倾角不宜大于45°；⑤天桥宽度不宜小于1m。

(9) 污水处理厂供电宜按二级负荷设计，重要的污水处理厂宜按一级负荷设计。当不能满足上述要求时，应设置备用动力设施。

(10) 污水处理厂应根据处理工艺的要求，设污水、污泥和气体的计量装置，并可设置必要的仪表和控制装置。

(11) 厂区消防的设计和消化池、贮气罐、消化气压缩机房、消化气发电机房、消化气燃烧装置、消化气管道、污泥干化装置、污泥焚烧装置及其他危险品仓库等的位置和设计，应符合国家现行有关防火规范的要求。

6. 污水处理构筑物

(1) 城镇污水排入水体时，其处理程度及方法应按现行的国家和地方的有关规定，以及水体的稀释和自净能力、上下游水体利用情况、污水的水质和水量、污水利用的季节性影响等条件，经技术经济比较确定。

(2) 在水质和（或）水量变化大的污水处理厂中，可设置调节水质和（或）水量的设施。

(3) 污水处理构筑物的设计流量，应按分期建设的情况分别计算。当污水为自流进入时，按每期的最大日最大时设计流量计算，当污水为提升进入时，应按每期工作水泵的最大组合流量计算。

（4）合流制的处理构筑物的设计一般可按下列要求采用：①格栅、沉砂池，按合流设计流量计算；②初次沉淀池，一般按旱流污水设计，按合流设计流量校核，校核的沉淀时间不宜小于30min；③第二级处理系统：一般按旱流污水量计算，必要时可考虑一定的合流水量；④污泥浓缩池、湿污泥池和消化池的容积，以及污泥干化场的面积，一般可按旱流情况加大10%～20%计算；⑤管渠应按相应最大日最大时设计流量计算。

（5）各处理构筑物的个（格）数不应少于2个（格），并宜按并联系列设计。

（6）城镇污水处理厂应根据排放水体情况和水质要求考虑设置消毒设施。

7. 污泥处理构筑物

（1）城镇污水污泥的处理流程应根据污泥的最终处置方法选定。首先应考虑用作农田肥料。

（2）城镇污水污泥用作农肥时其处理流程宜采用初沉污泥与浓缩的剩余活性污泥合并消化，然后脱水，也可不经脱水，采用压力管道直接将湿污泥输送出去。污泥脱水宜采用机械脱水，有条件时，也可采用污泥干化场或湿污泥池。

（3）农用污泥的有害物质含量应符合现行的《农用污泥中污染物控制标准》的规定，并经过无害化处理。

（4）污泥处理构筑物个数不宜少于2个，按同时工作设计，污泥脱水机械可考虑一台备用。

（5）污泥处理过程中产生的污泥水应送入污水处理构筑物处理。

5.4.3 建筑给水排水设计规范

本规范系根据建设部建标〔1998〕94号文《关于印发“一九九八年工程建设国家标准制订、修订计划（第一批）”的通知》，由上海市建设和管理委员会主管，上海现代建筑设计（集团）有限公司主编，中国建筑设计研究院、广东省建筑设计研究院参编，对原国家标准《建筑给水排水设计规范》GBJ 15—88进行全面修订。该规范在修订过程中总结了近年来建筑给水排水工程的设计经验，对重大问题开展专题研讨，提出了征求意见稿，在广泛征求全国有关设计、科研、大专院校的专家、学者和设计人员意见的基础上，经编制组认真研究分析编制而成。于2003年4月15日由建设部发布，自2003年9月1日起实施。编号为国家标准 GB 50015—2003。现行标准《建筑给水排水设计规范》GB 50015—2003（2009年版）局部修订条文，自2010年4月1日起实施。

1. 总则

（1）规范宗旨：为保证建筑给水排水设计质量，使设计符合安全、卫生、适用、经济等基本要求。

（2）适用范围：本规范适用于居住小区、公共建筑区、民用建筑给水排水设计，亦适用于工业建筑生活给水排水和厂房屋面雨水排水设计。

（3）建筑给水排水设计，在满足使用要求的同时还应为施工安装、操作管理、维修检测以及安全保护等提供便利条件。

2. 给水

（1）用水量及水压

1）居住小区给水设计用水量应包括：①居民生活用水量；②公共建筑用水量；③绿化用水量；④水景、娱乐设施用水量；⑤道路、广场用水量；⑥公用设施用水量；⑦未预见用水量及管网漏失水量；⑧消防用水量。其中，消防用水量仅用于校核管网计算，不计入正常用水量。

2）居住小区的居民生活用水量，应按小区人口和住宅最高日生活用水定额经计算确定。

3）居住小区绿化浇洒用水定额可按浇洒面积 1.0～3.0L/(m²·d) 计算。干旱地区可酌情增加；公用游泳池、水上游乐池和水景用水量按所需补充水量确定。

4）居住小区道路、广场的浇洒用水定额可按浇洒面积 2.0～3.0L/(m²·d) 计算。

5）居住小区消防用水量和水压及火灾延续时间，应按现行国家标准《建筑设计防火规范》GB 50016—2014。

6）居住小区管网漏失水量和未预见水量之和可按最高日用水量的 10%～15%计。

7）居住小区内的公用设施用水量，应由该设施的管理部门提供用水量，当无重大公用设施时，不另计用水量。

8）集体宿舍、旅馆等公共建筑的生活用水量按国家规定的用水定额（经多年的实测数据统计得出）、小时变化系数和用水单位数得出。

9）工业企业建筑用水量，管理人员的生活用水定额一般宜取 25～35L/(人·班)；用水时间为 8h，小时变化系数为 2.5～3.0。工业企业建筑淋浴用水定额，应根据《建筑给水排水设计规范》GB 50015—2003 中的车间的卫生特征分级确定，一般可采用 40～60L/(人·次)，延续供水时间为 1h。

10）汽车冲洗用水量，应根据车辆用途、道路路面等级和沾污程度，以及采用的冲洗方式，确定汽车冲洗用水定额和汽车单位数。

(2) 水质和防水质污染

为了保证人民群众的饮水安全，保证饮用水水质，防止水质污染，规范制定了一系列强制性条文，需在设计时遵守。

1）生活给水系统的水质，应符合现行的国家标准《生活饮用水卫生标准》的要求。

2）当采用中水为生活杂用水时，生活杂用水系统的水质，应符合现行国家标准《城市污水再生利用　城市杂用水水质》GB/T 18920—2002 的要求。

3）城镇给水管道严禁与自备水源的供水管道直接连接。中水、回用雨水等非生活饮用水管道严禁与生活饮用水连接。

4）生活饮用水管道的配水件出水口的设置，应保证不得因管道产生虹吸、背压、回流而使生活饮用水受污染。从给水管道上直接接出可能导致污染的用水管道时，应在这些用水管道上设置倒流防止器或其他有效的防止倒流污染的装置。

5）严禁生活饮用水管道与大便器（槽）直接连接。

6）生活饮用水管道应避开毒物污染区，当条件限制不能避开时，应采取防护措施。

7）生活饮用水池（箱）应与其他用水的水池（箱）分开设置。

8）埋地式生活饮用水贮水池周围 10m 以内，不得有化粪池、污水处理构筑物、渗水井、垃圾堆放点等污染源；周围 2m 以内不得有污水管和污染物，当达不到此要求时，应采取防污染的措施。

9）建筑物内的生活饮用水水池（箱）体，应采用独立结构形式，不得利用建筑物的本体结构作为水池（箱）的壁板、底板及顶盖。

10）生活饮用水水池（箱）与其他用水水池（箱）并列设置时，应有各自独立的分隔墙，不得共用一分隔墙，隔墙与隔坡之间应有排水措施。

11）在非饮用水管上接出水嘴或取水短管时，应采取防止误饮误用的措施。

12）卫生器具和用水设备、构筑物等的生活饮用水管配水件出水口应符合下列规定：①出水口不得被任何液体或杂质所淹没；②出水口高出承接用水容器溢流边缘的最小空气间隙，不得小于出水口直径的2.5倍。

从生活饮用水管网向消防、中水和雨水回用等其他用水的贮水池（箱）补水时，其进水管口最低点高出溢流边缘的空气间隙不应小于150mm。

13）从给水饮用水管道上直接供下列用水管道时，应在这些用水管道的下列部位设置倒流防止器：①从城镇给水管网的不同管段接出两路及两路以上的引入管，且与城镇给水管形成环状管网的小区或建筑物，在其引入管上；②从城镇生活给水管网直接抽水的水泵的吸水管上；③利用城镇给水管网水压且小区引入管无倒流防止设施时，向商用的锅炉、热水机组、水加热器、气压水罐等有压容器或密闭容器注水的进水管上；

14）从小区或建筑物内生活饮用水管道系统上接至下列用水管道或设备时应设置倒流防止器：①单独接出消防用水管道时，在消防用水管道的起端；②从生活饮用水贮水池抽水的消防水泵出水管上。

15）生活饮用水管道系统上接至下列含有对健康有危害物质等有害有毒场所或设备时，应设置倒流防止设备：①贮存池（罐）、装置、设备的连接管上；②化工剂罐区、化工车间、实验楼（医药、病理、生化）等除按上一条设置外，还应在其引入管上设置空气间隙。

16）从小区或建筑物内生活饮用水管道上直接接出下列用水管道时，应在这些用水管道上设置真空破坏器：①当游泳池、水上游乐池、按摩池、水景池、循环冷却水集水池等的充水或补水管道出口与溢流水位之间的空气间隙小于出口管径2.5倍时，在其充（补）水管上；②不含有化学药剂的绿地等喷灌系统，当喷头为地下式或自动升降式时，在其管道起端；③消防（软管）卷盘；④出口接软管的冲洗水嘴与给水管道连接处。

（3）系统选择

1）居住小区的室外给水系统，其水量应满足居住小区内全部用水的要求，应尽量利用城镇市政给水管网的水压直接供水，其水压应满足最不利配水点的水压要求。当市政给水管网的水压、水量不足时，应设置贮水调节和加压装置。

2）卫生器具给水配件承受的最大工作压力不得大于0.6MPa。

3）高层建筑生活给水系统应竖向分区，竖向分区应符合下列要求：①各分区最低卫生器具配水点处的静水压不宜大于0.45MPa；②静水压大于0.35MPa的入户管（或配水横管），宜设减压或调压设施；③各分区最不利配水点的水压，应满足用水水压要求；④居住建筑入户管给水压力不应大于0.35MPa。

4）建筑高度不超过100m的建筑的生活给水系统，宜采用垂直分区并联供水或分区减压的供水方式。建筑高度超过100m的建筑，宜采用垂直串联供水方式。

（4）管材、附件和水表

1）管材：①给水系统采用的管材和管件，应符合国家现行有关产品标准的要求。管材和管件的工作压力不得大于产品标准公称压力或标称的允许工作压力。② 小区室外埋地给水管道采用的管材，应具有耐腐蚀和能承受相应地面荷载的能力。管内壁的防腐材料，应符合现行国家有关卫生标准的要求。③室内的给水管道，应选用耐腐蚀和安装连接方便可靠的管材，但高层建筑给水立管不宜采用塑料管。

2）附件：

① 阀门的材质，应耐腐蚀和耐压。② 应设置阀门的位置：a. 居住小区给水管道从市政给水管道的引入管段上；b. 居住小区室外环状管网的节点处，应按分隔要求设置，环状管段过长时，宜设置分段阀门；c. 从居住小区给水干管上接出的支管起端或接户管起端；d. 入户管、水表前和各分支立管；e. 室内给水管道向住户、公用卫生间等接出的配水管起端，配水支管上配水点在3个及3个以上时应设置；f. 水池、水箱、加压泵房、加热器、减压阀、管道倒流防止器等处应按安装要求配置。③ 阀门的选型：a. 需调节流量、水压时，宜采用调节阀、截止阀；b. 要求水流阻力小的部位（如水泵吸水管上），宜采用闸板阀、球阀、半球阀；c. 安装空间小的场所，宜采用蝶阀、球阀；d. 水流需双向流动的管段，不得使用截止阀，口径较大的水泵，出水管上宜采用多功能阀。④ 止回阀：在直接从城镇给水管网接入小区或建筑物的引入管，密闭的水加热器或用水设备的进水管上，水泵出水管上，进出水管合用一条管道的水箱、水塔、高地水池的出水管段上等处需设置止回阀。⑤ 减压阀：给水管网的压力高于配水点允许的最高使用压力时，应设置减压阀，减压阀的配置应符合下列要求：a. 比例式减压阀的减压比不宜大于3∶1；当采用减压比大于3∶1时，应避开气蚀区，可调式减压阀的阀前与阀后的最大压差不应大于0.4MPa，要求环境安静的场所不应大于0.3MPa，当最大压差超过规定值时，宜串联设置；b. 阀后配水件处的最大压力应按减压阀失效情况下进行校核，其压力不应大于配水件的产品标准规定的水压试验压力。⑥ 泄压阀：当给水管网存在短时超压工况，且短时超压会引起使用不安全时，应设置泄压阀。泄压阀前应设置阀门；泄压阀的泄水口应连接管道，泄水口可排入非生活用水水池，或直接排放时，可排入集水井或排水沟。⑦排气装置：a. 间歇性使用的给水管网，其管网末端和最高点应设置自动排气阀；b. 给水管网有明显起伏积聚空气的管段，宜在该段的峰点设自动排气阀或手动阀门排气；c. 气压给水装置，当采用自动补气式气压水罐时，其配水管网的最高点应设自动排气阀。

3）水表：①建筑物的引入管，住宅的入户管及公用建筑物内需计量水量的水管上均应设置水表。②住宅的分户水表宜相对集中读数，且宜设置于户外；对设在户内的水表，宜采用远传水表或IC卡水表等智能化水表。③水表应装设在观察方便、不冻结、不被任何液体及杂质所淹没和不易受损坏的地方。④给水加压系统，应根据水泵扬程、管道走向、环境噪声要求等因素，设置水锤消除装置。

（5）管道布置和敷设

1）室外给水管道敷设：①居住小区的室外给水管网，宜布置成环状网，或与市政给水管连接成环状网。环状给水管网与市政给水管的连接管不宜少于两条。当其中一条发生故障时，其余的连接管应能通过不小于70%的流量。②居住小区的室外给水管道，应沿区内道路平行于建筑物敷设，宜敷设在人行道、慢车道或草地下；管道外壁距建筑物外墙的净距不宜小于1m，且不得影响建筑物的基础。③室外给水管道与其他地下管线及乔木之间应满足最小净距的要求。④室外给水管道的覆土深度，应根据土坡冰冻深度、车辆荷载、管道材质及管道交叉等因素确定。管顶最小覆土深度不得小于土壤冰冻线以下0.15m，行车道下的管线覆土深度不宜小于0.7m。⑤室外给水管道上的阀门，宜设置阀门井或阀门套筒。⑥敷设在室外综合管廊（沟）内的给水管道，宜在热水、热力管道下方，冷冻管和排水管的上方。给水管道与各种管道之间的净距，应满足安装操作的需要，且不宜小于0.3m。

2）室内给水管道敷设：①室内冷、热水管上下平行敷设时，冷水管应在热水管下方；垂直平行敷设时，冷水管应在热水管右侧。②生活给水管道不宜与输送易燃、可燃或有害的液体或气体的管道同管廊（沟）敷设。③室内生活给水管道宜布置成枝状管网，单向供水。④室内给水管道不应穿越变配电房、电梯机房、通信机房、大中型计算机房、计算机网络中心、音像库房等遇水会损坏设备和引发事故的房间，并应避免在生产设备上方通过。⑤室内给水管道不得布置在遇水会引起燃烧、爆炸的原料、产品和设备的上面。⑥埋地敷设的给水管道应避免布置在可能受重物压坏处。管道不得穿越生产设备基础，在特殊情况下必须穿越时，应采取有效的保护措施。⑦给水管道不得敷设在烟道、风道、电梯井内、排水沟内。给水管道不宜穿越橱窗、壁柜。给水管道不得穿过大便槽和小便槽，且立管离大、小便槽端部不得小于0.5m。⑧给水管道不宜穿越伸缩缝、沉降缝、变形缝。如必须穿越时，应设置补偿管道伸缩和剪切变形的装置。⑨塑料给水管道在室内宜暗设。明设时立管应布置在不易受撞击处，如不能避免时，应有保护措施。塑料给水管道不得布置在灶台上边缘；明设的塑料给水立管距灶台边缘不得小于0.4m，距燃气热水器边缘不宜小于0.2m。不到此要求时，应有保护措施。塑料给水管道不得与水加热器或热水炉直接连接，应有不小于0.4m的金属管段过渡。⑩给水管道暗设时，不得直接敷设在建筑物结构层内；干管和立管应敷设在吊顶、管井、管窿内，直管宜敷设在楼（地）面的找平层内或沿墙敷设在管槽内；敷设在找平层或管槽内的给水管管材宜采用塑料、金属与塑料复合管材或耐腐蚀的金属管材；敷设在找平层或管槽内的管材，如采用卡套式或卡环式接口连接的管材，宜采用分水器向各卫生器具配水，中途不得有连接配件，两端接口应明露。地面宜有管道位置的临时标识。

（6）设计流量

1）居住小区的室外给水管道的设计流量：①当居住小区的规模在3000人及以下，且室外给水管网为枝状管网时，其住宅及小区内配套的文体、餐饮娱乐、商铺及市场等设施的生活用水设计流量应按设计秒流量计算节点流量和管段流量。②当居住小区的规模在3000人以上，室外给水管网为环状管网，其设计流量按最大小时平均秒流量计算。③小区内配套的文教、医疗保健、社区管理等设施，以及绿化和景观用水、道路及广场洒水、公共设施用水等，均以平均用水小时平均秒流量计算节点流量。

2）居住小区的室外生活、消防合用给水管道，不论小区规模及管网形状，均应以最大小时平均秒流量计算节点流量。

当建筑设有水箱（池）时，应以建筑引入管设计流量作为室外计算给水管段节点流量，再叠加区内一次火灾的最大消防流量（有消防贮水和专用消防管道供水的部分应扣除），并应对管道进行水力计算校核，管道末梢的室外消火栓从地面算起的水压，不得低于0.1MPa。设有室外消火栓的室外给水管道，管径不得小于100mm。

案例分析：

某医院建筑排水案例分析

某医院住院部公共盥洗室内设有伸顶通气的铸铁排水立管，其上连接污水盆 2 个，洗手盆 8 个，则该立管的最大设计秒流量 q 和最小管径 DN 是多少？

答案：q=0.96L/s，DN 为 75mm。

分析：

根据《建筑给水排水设计规范》GB 50015—2003（2009 版）第 4.4.5 条规定，最大设计秒流量按下式计算：（取 $\alpha=2.5$，若此时满足，则 $\alpha=2.0$ 时也满足）

$$q_g = 0.12\times\alpha\times\sqrt{N_p}+q_{max} = 0.12\times2.5\times\sqrt{2\times1\div0.3\times8}+0.33 = 0.96\text{L/s}$$

查该规范表 4.4.5 可知，取 DN50 即可满足，但结合最小管径的规定，取 DN75 作为最终结果。

（7）水塔、水箱、贮水池

1）水塔：居住小区采用水塔作为生活用水的调节构筑物时，应符合：①水塔的有效容积应经计算确定；②有冻结危险的水塔应有保温防冻措施。

2）贮水池：①居住小区加压泵站的贮水池，应符合：a. 居住小区加压泵站的贮水池有效容积，其生活用水调节量应按流入量和供出量的变化曲线经计算确定，资料不足时可按小区最高日生活用水量的 15%～20%确定；b. 贮水池宜分成容积基本相等的两格。②建筑物内的生活用水低位贮水池（箱）应符合：a. 贮水池（箱）的有效容积应按进水量与用水量变化曲线经计算确定，当资料不足时，宜按最高日用水量的 20%～25%确定；b. 池（箱）外壁与建筑本体结构墙面或其他池壁之间的净距，应满足施工或装配的需要，无管道的侧面，净距不宜小于 0.7m；安装有管道的侧面，净距不宜小于 1.0m，且管道外壁与建筑本体墙面之间的通道宽度不宜小于 0.6m；设有人孔的池顶，顶板面与上面建筑本体板底的净空不应小于 0.8m。

（8）游泳池和水上游乐池

1）世界级比赛用游泳池的池水水质卫生标准，除应满足我国现行标准《游泳池水质标准》CJ/T 244—2016 的要求外，还应符合国际游泳联合会（FINA）关于游泳池池水水质卫生标准的规定。

2）游泳池和水上游乐池的初次充水和使用过程中的补充水水质，应符合现行的国家标准《生活饮用水卫生标准》GB 5749—2006 的要求。

3）游泳池和水上游乐池的淋浴等生活用水水质，应符合现行的国家标准《生活饮用水卫生标准》GB 5749—2006 的要求。

4）游泳池和水上游乐池水应循环使用。水上游乐池循环水系统应根据水质、水温、水压和使用功能等因素，设计成一个或若干个独立的循环系统。循环水应经过滤、加药和消毒等净化处理，必要时还应进行加热。循环水的预净化应在循环水泵的吸水管上装设毛发聚集器。水上游乐池滑道润滑水系统的循环水泵，必须设置备用泵。循环水过滤宜采用压力过滤器。

5）游泳池和水上游乐池的池水必须进行消毒杀菌处理。使用瓶装氯气消毒时，氯气必须采用负压自动投加方式，严禁将氯直接注入游泳池水中的投加方式。加氯间应设置防毒、防火和防爆装置。并应符合国家现行有关标准的规定。

6）游泳池和水上游乐池水加热所需热量应经计算确定，加热方式宜采用间接式。

7）游泳池和水上游乐池的初次充水时间，应根据使用性质、城镇给水条件等确定，游泳池不宜超过48h，水上游乐池不宜超过72h。

8）进入公共游泳池和水上游乐池的通道，应设置浸脚消毒池。

9）比赛用跳水池必须设置水面制波和喷水装置。

10）家庭游泳池等小型游泳池当采用生活饮用水直接补（充）水时，补充水管应采取有效的防止回流污染的措施。

11）游泳池和水上游乐池的进水口、池底回水口和泄水口的格栅孔隙的大小，应防止卡入游泳者手指、脚趾。泄水口的数量应满足不会产生负压造成对人体的伤害，入集水井或排水沟。

3. 排水

（1）系统选择

1）新建居住小区应采用生活排水与雨水分流制排水系统。

2）建筑物内下列情况下宜采用生活污水与生活废水分流的排水系统：①建筑物使用性质对卫生标准要求较高时；②生活污水量较大，且环卫部门要求生活污水需经化粪池处理后才能排入城镇市政排水管道时；③生活废水需回收利用时。

3）下列建筑排水应单独排水至水处理或回收构筑物：①职工食堂、营业餐厅的厨房含有大量油脂的洗涤废水；②机械自动洗车台冲洗水；③含有大量致病菌、放射性元素超过排放标准的医院污水；④水温超过40℃的锅炉、水加热器等加热设备排水；⑤用作回用水源的生活排水；⑥实验室有害有毒废水。

4）建筑物雨水管道应单独设置，雨水回收利用可按现行国家标准《建筑与小区雨水控制及利用技术规范》GB 50400—2016执行。

（2）管道布置和敷设

1）布置原则：居住小区排水管的布置应根据小区规划、地形标高、排水流向，按管线短、埋深小、尽可能自流排出的原则确定。当排水管道不能以重力自流排入市政排水管道时，应设置排水泵房。

2）居住小区排水管道最小覆土深度应根据道路的行车等级、管材受压强度、地基承载力等因素经计算确定，应符合下列要求：①小区干道和小区组团道路下的管道，覆土深度不宜小于0.7m。②生活污水接户管道埋设深度不得高于土壤冰冻线以上0.15m，且覆土深度不宜小于0.3m。

3）建筑物内排水管道布置应符合下列要求：①自卫生器具至排出管的距离应最短，管道转弯应最少；②排水立管宜靠近排水量最大的排水点；③架空管道不得敷设在对生产工艺或卫生有特殊要求的生产厂房内，以及食品和贵重商品仓库、通风小室、电气机房和电梯机房内；④排水管道不得穿过沉降缝、伸缩缝、变形缝、烟道和风道，否则应采取相应技术措施，排水埋地管道，不得布置在可能受重物压坏处或穿越生产设备基础，排水管道不得穿越住宅客厅、餐厅、卧室，并不宜靠近与卧室相邻的内墙；⑤排水管道不宜穿越橱窗、壁柜；⑥塑料排水立管应避免布置在易受机械撞击处，如不能避免时，应采取保护措施；⑦塑料排水管应避免布置在热源附近，如不能避免，并导致管道表面受热温度大于

60℃时，应采取隔热措施，塑料排水立管与家用灶具边净距不得小于0.4m；⑧排水管道外表面如可能结露，应根据建筑物性质和使用要求，采取防结露措施；⑨排水管道不得穿越生活饮用水池部位的上方；⑩室内排水管道不得布置在遇水会引起燃烧、爆炸的原料、产品和设备的上面；⑪排水横管不得布置在食堂、饮食业厨房的主食操作烹调备餐的上方，当受条件限制不能避免时，应采取防护措施；⑫室内排水沟与室外排水管道连接处，应设水封装置。

4）下列构筑物和设备的排水管不得与污废水管道系统直接连接，应采取间接排水的方式：①生活饮用水贮水箱（池）的泄水管和溢流管；②开水器、热水器排水；③医疗灭菌消毒设备的排水；④蒸发式冷却器、空调设备冷凝水的排水；⑤贮存食品或饮料的冷藏库房的地面排水和冷风机溶霜水盘的排水。

5）室内排水沟和室外排水管道连接处，应设水封装置。

（3）管材、附件和检查井

1）排水管材：①小区室外排水管道应优先采用埋地排水塑料管；②建筑内部排水管道应采用建筑排水塑料管及管件或柔性接口机制排水铸铁管及相应管件；③当排水温度大于40℃时，应采用金属排水管或耐热塑料排水管；④压力排水管道可采用耐压塑料管、金属管或钢塑复合管。

2）检查井：①在生活排水管道转弯，连接支管，管径、坡度改变处应设检查井；②室外生活排水管道管径小于等于160mm时，检查井间距不宜大于30m，管径大于等于200mm时，检查井间距不宜大于40m；③生活排水管道不宜在建筑物内设检查井，当必须设置时，应采取密闭措施；④检查井的内径应根据所连接的管道管径、数量和埋设深度确定。井深小于或等于1.0m时，井内径可小于0.7m；井深大于1.0m时，其内径不宜小于0.7m。

3）在生活排水管道上，应按下列规定设置检查口和清扫口：①铸铁排水立管上检查口之间的距离不宜大于10m；塑料排水立管宜每6层设置一个检查口。但在建筑物最底层和设有卫生器具的二层以上建筑物的最高层，应设置检查口；当立管水平拐弯或有乙字管时，在该层立管拐弯处和乙字管的上部应设检查口。②在连接2个及2个以上的大便器或3个及3个以上卫生器具的铸铁排水横管上，宜设置清扫口。在连接4个及4个以上的大便器的塑料排水横管上宜设置清扫口。③在水流偏转角大于45°的排水横管上，应设检查口或清扫口。

4）厕所、盥洗室等需经常从地面排水的房间，应设置地漏。地漏应设置在易溅水的器具附近地面的最低处。带水封的地漏水封深度不得小于50mm。严禁采用钟罩（扣碗）式地漏。

（4）通气管

1）生活排水管道的立管顶端，应设置伸顶通气管。

2）专用通气管：①生活排水立管所承担的卫生器具排水设计流量，当超过所设伸顶通气管的排水立管最大排水能力时，应设专用通气立管。②建筑标准要求较高的多层住宅和公共建筑，10层及10层以上高层建筑的生活污水立管宜设置专用通气立管。

3）环形通气管：①连接4个及4个以上卫生器具且横支管的长度大于12m的排水横支管；②连接6个及6个以上大便器的污水横支管；③设有器具通气管。

4）对卫生、安静要求较高的建筑物内，生活排水管道宜设置器具通气管。

5）建筑物内各层的排水管道上设有环形通气管时，应设置连接各层环形通气管的主通气立管或副通气立管。

6）伸顶通气管不允许或不可能单独伸出屋面时，可设置汇合通气管。

（5）小型生活污水处理

1）职工食堂和营业餐厅的含油污水，应经除油装置后方许排入污水管道。

2）化粪池的设置：①化粪池距离地下水取水构筑物不得小于30m。②化粪池宜设置在接户管的下游端，便于机动车清掏的位置。③化粪池池外壁距建筑物外墙不宜小于5m，并不得影响建筑物基础。

3）医院污水必须进行消毒处理。处理后的水质，按排放条件应符合现行的国家标准《医疗机构水污染物排放标准》GB 18466—2016。

5.4.4 建筑设计防火规范

包括《建筑设计防火规范》GB 50016—2014、《自动喷水灭火系统设计规范》GB 50084—2017等。现行的《建筑设计防火规范》GB 50016—2014自2015年5月1日起实施，原《建筑设计防火规范》GB 50016—2006和《高层民用建筑设计防火规范》GB 50045—1995同时废止。新版《建筑设计防火规范》合并了原《建筑设计防火规范》和《高层民用建筑设计防火规范》，并增加了灭火救援设施章节，将消防设施的设置和原有木结构民用建筑独立成章，取消消防给水系统和防排烟系统设计两章并由《消防给水及消火栓系统技术规范》GB 50974—2014、《自动喷水灭火系统设计规范》GB 50084—2017等专用标准规定。

1. 一般规定

（1）规范宗旨：为了保卫社会主义建设和公民生命财产的安全，在城镇规划和建筑设计中贯彻“预防为主，防消结合”的方针，采取防火措施，防止和减少火灾危害。

（2）适用范围：该规范适用于下列新建、扩建和改建的建筑：

1）厂房；

2）仓库；

3）民用建筑；

4）甲、乙、丙类液体储罐（区）；

5）可燃、助燃气体储罐（区）；

6）可燃材料堆场；

7）城镇交通隧道。

该规范不适用于炸药厂（库）、花炮厂（库）的建筑防火设计。人民防空工程、石油和天然气工程、石油化工工程和火力发电厂与变电站等的建筑防火设计，当有专门的国家标准时，宜从其规定。

（3）在进行城镇、居住区、企事业单位规划和建筑设计时，必须同时设计消防给水系统。消防用水可由给水管网、天然水源或消防水池供给。利用天然水源时，应确保枯水期最低水位时消防用水的可靠性，且应设置可靠的取水设施。

1）城镇应沿可通行消防车的通道设置市政消火栓系统；民用建筑、厂房、仓库、储罐（区）和堆场周围应设置室外消火栓系统；用于消防救援和消防车停靠的屋面上，应设置室外消火栓系统（注：耐火等级不低于二级，且体积不超过3000m³的戊类厂房或居住区人数不超过500人，且建筑物不超过二层的居住小区，可不设消防给水）。

2）自动喷水灭火系统、水喷雾灭火系统、泡沫灭火系统和固定消防炮灭火系统等系统以及下列建筑的室内消火栓给水系统应设置消防水泵接合器：①超过5层的公共建筑；②超过4层的厂房或仓库；③其他高层建筑；④超过2层，或建筑面积大于10000m^2的地下建筑（地下室）。

3）消防水泵房的设置符合下列规定：①单独建造的消防水泵房，其耐火等级不应低于二级；②附设在建筑内的消防水泵房不应设置在地下三层及以下或室内地面与室外出入口地坪高差大于10m的地下楼层；③疏散门应直通室外或安全出口。

4）设置火灾自动报警系统和需要联动控制的消防设备的建筑群。

5）消防水泵房和消防控制室应采取防水淹的技术措施。

（4）消防给水宜与生产、生活给水管道系统合并，如合并不经济或技术上不可能，可采用独立的消防给水管道系统。高层工业建筑室内消防给水，宜采用独立的消防给水管道。

（5）室外消防给水可采用高压或临时高压给水系统或低压给水系统，如采用高压或临时高压给水系统，管道的压力应保证用水总量达到最大且水枪在任何建筑物的最高处时，水枪的充实水柱仍不小于10m；如采用低压给水系统，管道的压力应保证灭火时最不利点消火栓的水压不小于10m水柱（从地面算起）。

注：①在计算水压时，应采用喷嘴口径19mm的水枪和直径65mm、长度120m的有衬里消防水带的参数，每支水枪的计算流量不应小于5L/s；②高层厂房（仓库）的高压或临时高压给水系统的压力应满足室内最不利点消防设备水压的要求；③消火栓给水管道的设计流速不宜大于2.5m/s。

（6）室内消防给水应采用高压或临时高压给水系统。当室内消防用水量达到最大时，其水压应满足室内最不利点灭火设施的要求。

（7）甲、乙、丙类液体的地上、半地下储罐或储罐组，应设置非燃烧材料的防火堤，其含油污水排水管在出防火堤处应设水封设施，雨水排水管应设置阀门等封闭装置。

2. 室外消防用水量

（1）城镇、居住区、工厂和民用建筑的室外消防用水量，应按同一时间内的火灾次数和一次灭火用水量确定。

（2）火灾延续时间：民用建筑、丁戊类、厂房和仓库的火灾延续时间应按2h计算；甲、乙、丙类厂房、仓库、液化石油气储罐（总容积≤220m^3，单罐容积≤50m^3）煤、焦炭露天堆场的火灾延续时间应按3h计算；其他可燃材料露天、半露天堆场应按6h计算；甲、乙、丙类液体储罐，液化石油气储罐的火灾延续时间应按4h计算；自动喷水灭火延续时间按现行有关国家标准确定。

（3）消防用水与生产、生活用水合并的给水系统，当生产、生活用水达到最大小时用水量时（淋浴用水量可按15％计算，浇洒及洗刷用水量可不计算在内），仍应保证消防用水量（包括室内消防用水量）。

3. 室外消防给水管道、室外消火栓和消防水池

（1）室外消防给水管道的布置：

1）室外消防给水管网应布置成环状，但在建设初期或室外消防用水量不超过15L/s时，可布置成枝状；

2）环状管网的输水干管及向环状管网输水的输水管均不应少于2条，当其中一条发生故障时，其余的干管应仍能通过消防用水总量；

3）环状管道应用阀门分成若干独立段，每段内消火栓的数量不宜超过5个；

4）室外消防给水管道的最小直径不应小于100mm。

（2）室外消火栓的布置：

1）室外消火栓应沿道路设置，道路宽度超过60m时，宜在道路两边设置消火栓，并宜靠近十字路口；

2）甲、乙、丙类液化储罐区和液化石油气罐罐区的消火栓，应设在防火堤外，但距罐壁15m范围内的消火栓，不应计算在该罐可使用的数量内，消火栓距路边不应超过2m，距房屋外墙不宜小于5m，并不宜大于40m；

3）室外消火栓的间距不应超过120m；

4）室外消火栓的保护半径不应超过150m，在市政消火栓保护半径150m以内，如消防用水量不超过15L/s时，可不设室外消火栓；

5）室外消火栓的数量应按室外消防用水量计算决定，每个室外消火栓的用水量应按10～15L/s计算；

6）室外地上式消火栓应有一个直径为150mm或100mm和两个直径为65mm的栓口；

7）室外地下式消火栓应有直径为100mm和65mm的栓口各一个，并有明显的标志。

（3）消防水池：

1）消防水池设置条件：①当生产、生活用水量达到最大时，市政给水管网或入户引入管不能满足室内、室外消防给水设计流量。②当采用一路消防供水或只有一条入户引入管，且室外消火栓设计流量大于20L/s或建筑高度大于50m。③市政消防给水设计流量小于建筑室内外消防给水设计流量。

2）消防水池应符合下列要求：①消防水池有效容积：当市政给水管网能保证室外消防给水设计流量时，消防水池的有效容积应满足在火灾延续时间内室内消防用水量的要求；当市政给水管网不能保证室外消防给水设计流量时，消防水池的有效容积应满足火灾延续时间内室内消防用水量和室外消防用水量不足部分之和的要求。②消防水池的总蓄水有效容积大于500m³时，宜设两个能独立使用的消防水池；当大于1000m³时，应设置能独立使用的两座消防水池。③消防水池的补水时间不宜超过48h，当消防水池有效总容积大于2000m³时，不应大于96h。消防水池进水管管径应经计算确定，且不应小于*DN*100。当消防水池采用两路消防供水且在火灾情况下连续补水能满足消防要求时，消防水池的有效容积应根据计算确定，但不应小于100m³。当仅设有消火栓系统时不应小于50m³。④供消防车取水的消防水池，保护半径不应大于150m。⑤供消防车取水的消防水池应设取水口，其取水口与建筑物（水泵房除外）的距离不宜小于15m；与甲、乙、丙类液体储罐的距离不宜小于40m；与液化石油气储罐的距离不宜小于60m，若有防止辐射热的保护设施时，可减为40m；供消防车取水的消防水池应保证消防车的吸水高度不超过6m。⑥消防用水与其他用水的水池，应有确保消防用水量不作他用的技术设施。⑦寒冷地区的消防水池应有防冻设施。⑧消防水池的出水、排水和水位应符合：消防水池的出水管应保证消防水池的有效容积能被全部利用；消防水池应设置就地水位显示装置，并应在消防控制中心或值班室等地点设置显示消防水池水位的装置，同时应有最高和最低报警水位；消防水池应设置溢流水管和排水设施，并应采用间接排水。

3）高层民用建筑的高位消防水池：①当高层民用建筑采用高位消防水池供水的高压消防给水系统时，高位消防水池储存室内消防用水量确有困难，但火灾时补水可靠，其总有效容积不应小于室内消防用水量的50%。

②高层民用建筑高压消防给水系统的高位消防水池总有效容积大于200m^3时，宜设置蓄水有效容积相等且可独立使用的两个；当建筑高度大于100m时应设置独立的两座。每个或座应有一条独立的出水管向消防给水系统供水。

4. 室内消防给水

（1）应设室内消防给水的建筑物：①厂房、库房、高度不超过24m的科研楼（除与水接触能引起燃烧爆炸的物品除外）；②超过800个座位的剧院、电影院、俱乐部和超过1200个座位的礼堂、体育馆；③体积超过5000mm^3的车站、码头、机场建筑物以及展览馆、商店、病房楼、门诊楼、图书馆、书库等；④超过7层的单元式住宅，超过6层的塔式住宅、通廊式住宅、底层设有商业网点的单元式住宅；⑤超过5层或体积超过10000m^3的教学楼等其他民用建筑；⑥国家级文物保护单位的重点砖木或木结构的古建筑。

（2）可不设室内消防给水的建筑物：①耐火等级为一、二级且可燃物较少的丁、戊类厂房和库房（商层工业建筑除外）；耐火等级为三、四级且建筑体积不超过3000m^3的丁类厂房和建筑体积不超过5000m^3的戊类厂房；②室内没有生产、生活给水管道，室外消防用水取自储水池且建筑体积不超过5000m^3的建筑物。

5. 室内消防用水量

（1）建筑物内设有消火栓、自动喷水、水幕、泡沫等灭火系统时，其室内消防用水量应按需要同时开启的上述设备用水量之和计算。

（2）室内消火栓用水量应根据同时使用水枪数量和充实水柱长度，由计算确定。

（3）自动喷水灭火设备的水量应按现行的《自动喷水灭火系统设计规范》GB 50084—2017确定。

（4）高级旅馆、重要的办公楼、一类建筑的商业楼、展览楼、综合楼等和建筑高度超过100m的其他高层建筑，应设消防卷盘，其用水量可不计入室内消防用水总量。

6. 室内消防给水管道、室内消火栓和室内消防水箱

（1）室内消防给水管道：

1）室内消防给水管网。①室内消火栓超过10个且室内消防用水量大于15L/s时，室内消防给水管道至少应有两条进水管与室外环状管网连接，并应将室内管道连成环状或将进水管与室外管道连成环状。当环状管网的一条进水管发生事故时，其余的进水管应仍能供应全部用水量。②当由室外生产生活消防合用系统直接供水时，合用系统除应满足室外消防给水设计流量以及生产和生活最大小时设计流量的要求外，还应满足室内消防给水系统的设计流量和压力要求。③室内消防管道管径应根据系统设计流量、流速和压力要求经计算确定；室内消火栓竖管管径应根据竖管最低流量经计算确定，但不应小于*DN*100。

2）室内消火栓给水管网宜与自动喷水等其他水灭火系统的管网分开设置；当合用消防泵时，供水管路沿水流方向应在报警阀前分开设置。

3）消防给水管道的设计流速不宜大于2.5m/s，自动水灭火系统管道设计流速，应符合现行国家标准《自动喷水灭火系统设计规范》GB 50084—2017、《泡沫灭火系统设计规

范》GB 50151—2010、《水喷雾灭火系统技术规范》GB 50219—2014 和《固定消防炮灭火系统设计规范》GB 50338—2003 的有关规定，但任何消防管道的给水流速不应大于7m/s。

4）消防给水系统管道的最高点处宜设置自动排气阀。室内消防给水系统由生活、生产给水系统管网直接供水时，应在引入管处设置倒流防止器。当消防给水系统采用有空气隔断的倒流防止器时，该倒流防止器应设置在清洁卫生的场所，其排水口应采取防止被水淹没的技术措施。

（2）室内消火栓：

1）设有消防给水的建筑物，其各层（包括设备层）均应设置消火栓。

2）室内消火栓的布置，应保证有2支水枪的充实水柱同时到达室内任何部位。建筑高度不大于24m，且体积不大于5000m^{3}的多仓库房、建筑高度不大于54m且每单元设置一部疏散楼梯的住宅，可采用1支水枪充实水柱到达室内任何部位。

3）室内消火栓栓口压力和消防水枪的充实水柱：①消火栓栓口动压力不应大于0.50MPa；当大于0.70MPa时必须设置减压装置；②高层建筑、厂房、库房和室内净空高度超过8m的民用建筑等场所，消火栓栓口动压不应小于0.35MPa，且消防水枪充实水柱应按13m计算；③其他场所，消火栓栓口动压不应小于0.25MPa，且消防水枪充实水柱应按10m计算。

4）消防电梯前室应设室内消火栓，并应计入消火栓使用数量。

5）室内消火栓应设在明显易于取用地点。栓口离地面高度为1.1m，其出水方向应便于消防水带的敷设，宜向下或与设置消火栓的墙面成90°角。

6）建筑室内消火栓的设置位置应满足火灾扑救要求，并应符合下列规定：①室内消火栓应设置在楼梯间及其休息平台和前室、走道等明显易于取用，以及便于火灾扑救的位置；②住宅的室内消火栓宜设置在楼梯间及其休息平台；③汽车库内消火栓的设置不应影响汽车的通行和车位的设置，并应确保消火栓的开启；④同一楼梯间及其附近不同层设置的消火栓，其平面位置宜相同；⑤冷库的室内消火栓应设置在常温穿堂或楼梯间内。

7）室内消火栓的配置：①应采用*DN*65室内消火栓，并可与消防软管卷盘或轻便水龙设置在同一箱体内。②应配置公称直径65mm有内衬里的消防水带，长度不宜超过25.0m；消防软管卷盘应配置内径不小于ϕ19的消防软管，其长度宜为30.0m；轻便水龙应配置公称直径25mm有内衬里的消防水带，长度宜为30.0m。③宜配置当量喷嘴直径16mm或19mm的消防水枪，但当消火栓设计流量为2.5L/s时宜配置当量喷嘴直径11mm或13mm的消防水枪；消防软管卷盘和轻便水龙应配置当量喷嘴直径6mm的消防水枪。

8）设有室内消火栓的建筑，如为平屋顶时，宜在平屋顶上设置试验和检查用的消火栓。

（3）消防水箱：

1）高层建筑和水箱不能满足最不利点消火栓水压要求的其他建筑，应在每个室内消火栓处设置直接启动消防水泵的按钮，并应有保护设施。

2）设置常高压给水系统的建筑物，如能保证最不利点消火栓和自动喷水灭火设备等的水量和水压时，可不设消防水箱。高层民用建筑、总建筑面积大于10000m^{2}且层数超过2层的公共建筑和其他重要建筑，必须设置高位消防水箱。

3）设置临时高压给水系统的建筑物，应设消防水箱或气压水罐、水塔，并应符合：①应在建筑物的最高部位设置重力自流的消防水箱。②室内消防水箱（包括气压水罐、水塔、分区给水系统的分区水箱），应储存10min的消防用水量。当室内消防用水量不超过25L/s，经计算水箱消防储水量超过12m³时，仍可采用12m³；当室内消防用水量超过25L/s，经计算水箱消防储水量超过18m³，仍采用18m³。③消防用水与其他用水合并的水箱，应有消防用水不作他用辅助技术设施。④发生火灾后由消防水泵供给的消防用水，不应进入消防水箱。⑤高位消防水箱的设置高度应保证最不利点消火栓静水压力，当建筑高度不超过100m时，高层建筑最不利点消火栓静水压力不应低于0.07MPa；当建筑高度超过100m时，高层建筑最不利点消火栓静水压力不应低于0.15MPa；当高位消防水箱不能满足上述静压要求时，应设增压设施。

4）水泵接合器：高层民用建筑，室内消火栓给水系统和自动喷水灭火系统应设水泵接合器，并且水泵接合器的数量应根据室内消防用水量计算确定。每个水泵接合器的流量应按10～15L/s计算。当消防给水为竖向分区供水时，在消防车供水压力范围内的分区，应分别设置水泵接合器。水泵接合器应设在室外便于消防车使用的地点，距室外消火栓或消防水池的距离宜为15～40m。水泵接合器宜采用地上式，当采用地下式水泵接合器时，应有明显标志。

5）增压水泵的出水量，对消火栓给水系统不应大于5L/s；对自动喷水灭火系统不应大于1L/s。气压水罐的调节水容量宜为450L。

7. 灭火设备

（1）下列部位应设置自动喷水灭火设备：

1）厂房或生产部位：①等于或大于50000纱锭的棉纺厂的开包、清花车间；②等于或大于5000锭的麻纺厂的分级、梳麻车间；③服装、针织高层厂房；④面积超过1500m²的木器厂房；⑤火柴厂的烤梗、筛选部位；⑥占地面积大于1500m²或总建筑面积大于3000m²的单、多层制鞋、制衣、玩具及电子等类似生产的厂房；⑦占地面积大于1500m²的木器厂房；⑧泡沫塑料厂的预发、成型、切片、压花部位；⑨高层乙、丙类厂房；⑩建筑面积大于500m²的地下或半地下丙类厂房。

2）仓库：①每座占地面积超过1000m²的棉、毛、丝、麻、化纤、毛皮及其制品库房；②每座占地面积超过600m²的火柴库房；③邮政建筑内建筑面积大于500m²的空邮袋库；④建筑面积超过500m²的可燃物品的地下库房；⑤可燃、难燃物品的高架库房和高层库房（冷库、高层卷烟成品库房除外）；⑥每座占地面积大于1500m²或总建筑面积大于3000m²的其他单层或多层丙类物品仓库。

3）高层民用建筑或场所：①一类高层公共建筑（除游泳池、溜冰场外）及其地下、半地下室；②二类高层公共建筑及其地下、半地下室的公共活动用房、走道、办公室和旅馆的客房、可燃物品库房、自动扶梯底部；③高层民用建筑内的歌舞娱乐放映游艺场所；④建筑高度大于100m的住宅建筑。

4）单、多层民用建筑或场所：①特等、甲等剧场，超过1500个座位的其他等级的剧场，超过2000个座位的会堂或礼堂，超过3000个座位的体育馆，超过5000人的体育场的室内人员休息室与器材间等；②任一层建筑面积大于1500m²或总建筑面积大于3000m²的展览、商店、餐饮和旅馆建筑以及医院中同样建筑规模的病房楼、门诊楼和手术部；③设置送回风道（管）的集中空气调节系统且总建筑面积大于 3000m² 的办公建筑等；④藏书量超过 50 万册的图书馆；⑤大、中型幼儿园，总建筑面积大于 500m² 的老年人建筑；⑥总建筑面积大于 500m² 的地下或半地下商店；⑦设置在地下或半地下或地上四层及以上楼层的歌舞娱乐放映游艺场所（除游泳场所外），设置在首层、二层和三层且任一层建筑面积大于 300m² 的地上歌舞娱乐放映游艺场所（除游泳场所外）。

（2）下列部位应设水幕设备：①特等、甲等剧场，超过 1500 个座位的剧院和超过 2000 个座位的会堂、礼堂的舞台口，以及与舞台相连的侧台、后台的门窗洞口；②应设防火墙等防火分隔物而无法设置的开口部位；③防火卷帘或防火幕的上部。

（3）下列部分应设雨淋喷水灭火设备：①火柴厂的氯酸钾压碾厂房，建筑面积超过 100m² 生产、使用硝化棉、喷漆棉、火胶棉、赛璐路胶片、硝化纤维的厂房；②建筑面积超过 60m² 或储存量超过 2t 的硝化棉、喷漆棉、火胶棉、赛璐路胶片、硝化纤维库房；③日装瓶数量超过 3000 瓶的液化石油气储配站的灌瓶间、实瓶库；④特等、甲等剧场，超过 1500 个座位的剧院和超过 2000 个座位的会堂舞台的葡萄架下部；⑤建筑面积超过 400m² 的演播室，建筑面积超过 500m² 的电影摄影棚；⑥乒乓球厂的轧坯、切片、磨球、分球检验部位。

（4）下列部位应设置水喷雾灭火系统：①单台容量在 40MW 及以上的厂矿企业可燃油油浸电力变压器、单台容量在 90MW 及以上可燃油油浸电厂电力变压器或单台容量在 125MW 及以上的独立变电所可燃油油浸电力变压器；②飞机发动机试车台的试车部位；③充可燃油并设置在高层民用建筑内的高压电容器和多油开关室。

（5）下列部位应设置气体灭火系统：①省级或超过 100 万人口城镇广播电视发射塔楼内的微波机房、分米波机房、米波机房、变配电室和不间断电源（UPS）室；②国际电信局、大区中心、省中心和一万路以上的地区中心的长途程控交换机房、控制室和信令转接点室；③二万线以上的市话汇接局和六万门以上的市话端局程控交换机房、控制室和信令转接点室；④中央及省级治安、防灾和网局级及以上的电力等调度指挥中心的通信机房和控制室；⑤A、B 级电子信息系统机房内的主机房和基本工作间的已记录磁（纸）介质库；⑥其他特殊重要设备室；⑦中央和省级广播电视中心内建筑面积不小于 120m² 的音像制品库房；⑧国家、省级或藏书量超过 100 万册的图书馆内的特藏库；⑨中央和省级档案馆内的珍藏库和非纸质档案库；⑩大、中型博物馆内的珍品库房；⑪一级纸绢质文物的陈列室。

（6）根据本规范要求难以设置自动喷水灭火系统的展览厅、观众厅等人员密集的场所和丙类生产车间、库房等高大空间场所，应设置其他自动灭火系统，并宜采用固定消防炮等灭火系统。

（7）甲、乙、丙类液体储罐的灭火系统：①单罐容量大于 1000m³ 的固定顶罐应设置固定式泡沫灭火系统；②罐壁高度小于 7m 或容量不大于 200m³ 的储罐可采用移动式泡沫灭火系统；③其他储罐宜采用半固定式泡沫灭火系统；④石油库、石油化工、石油天然气工程中甲、乙、丙类液体储罐的灭火系统设置，应符合现行国家标准《石油库设计规范》GB 50074—2014 等标准的规定。

（8）自动灭火装置：①餐厅建筑面积大于 1000m² 的餐馆或食堂，其烹饪操作间的排油烟罩及烹饪部位应设置自动灭火装置，并应在燃气或燃油管道上设置与自动灭火装置联动的自动切断装置；②食品工业加工场所内有明火作业或高温食用油的食品加工部位宜设置自动灭火装置。

(9) 建筑灭火器配置应按现行国家标准《建筑灭火器配置设计规范》GB 50140—2005 的有关规定执行。

8. 消防水泵房

(1) 独立建造的消防水泵房耐火等级不应低于二级；附设在建筑物内的消防水泵房，不应设置在地下三层及以下，或室内地面与室外出入口地坪高差大于 10m 的地下楼层；附设在建筑物内的消防水泵房，应采用耐火极限不低于 2.0h 的隔墙和 1.50h 的楼板与其他部位隔开，其疏散门应直通安全出口，且开向疏散走道的门应采用甲级防火门。

(2) 一组消防水泵的吸水管不应少于两条。当其中一条损坏时，其余的吸水管应仍能通过全部用水量。高压和临时高压消防给水系统，其每台工作消防水泵应有独立的吸水管。消防水泵宜采用自灌式引水。

(3) 消防水泵房应有不少于两条的出水管直接与环状管网连接。当其中一条出水管检修时，其余的出水管应仍能供应全部用水量。

(4) 固定消防水泵应设有备用泵，其工作能力不应小于一台主要泵。

(5) 消防水泵应保证在火警后 30s 内开始工作，并在火场断电时仍能正常运转。消防水泵与动力机械应直接连接。设有备用泵的消防泵站或泵房，应设备用动力，若采用双电源或双回路供电有困难时，可采用内燃机作动力。

(6) 消防水泵房宜设有与本单位消防队直接联络的通信设备。

5.4.5 自动喷水灭火系统设计规范

现行的国家标准《自动喷水灭火系统设计规范》GB 50084—2017 自 2018 年 1 月日起实施。原规范同时废止。

1. 总则

(1) 规范宗旨：为了正确、合理地设计自动喷水灭火系统，保护人身和财产安全。

(2) 适用范围：该规范适用于新建、扩建、改建的民用与工业建筑中自动喷水灭火系统的设计。不适用于火药、炸药、弹药、火工品工厂、核电站及飞机库等特殊功能建筑中自动喷水灭火系统的设计。

(3) 自动喷水灭火系统的设计，应密切结合保护对象的功能和火灾特点，积极采用新技术、新设备、新材料，做到安全可靠、技术先进、经济合理。

2. 一般规定

(1) 自动喷水灭火系统不适用于存在较多下列物品的场所：①遇水发生爆炸或加速燃烧的物品；②遇水发生剧烈化学反应或产生有毒有害物质的物品；③洒水将导致喷溅或沸溢的液体。

(2) 自动喷水灭火系统的设计原则应符合下列规定：①闭式喷头或启动系统的火灾探测器，应能有效探测初期火灾；②湿式系统、干式系统应在开放一只喷头后自动启动，预作用系统、雨淋系统和水幕系统应根据其类型由火灾探测器、闭式喷水喷头作为探测元件，报警后自动启动；③作用面积内开放的喷头，应在规定时间内按设计选定的强度持续喷水；④喷头洒水时，应均匀分布，且不应受阻挡。

3. 系统选型

（1）环境温度不低于 4℃，且不高于 70℃的场所应采用湿式系统。

（2）环境温度低于 4℃或高于 70℃的场所应采用干式系统。

（3）预作用系统：①系统处于准工作状态时，严禁管道充水的场所、严禁系统误喷的场所、用于替代干式系统等场所应采用预作用系统。②灭火后必须及时停止喷水的场所，应采用重复起闭预作用系统。

（4）雨淋系统：①火灾的水平蔓延速度快、闭式喷头的开放不能及时使喷水有效覆盖着火区城；②室内净空高度超过闭式场所最大净空高度，且必须迅速扑救初期火灾；③严重危险级Ⅱ级。

（5）早期抑制快速响应喷头的自动喷水灭火系统应采用湿式系统：①最大净空高度不超过 13.5m 且最大储物高度不超过 12m，储物类别为仓库危险级Ⅰ、Ⅱ级或沥青制品、箱装不发泡塑料的仓库及类似场所；②最大净空高度不超过 12m 且最大储物高度不超过 10.5m，储物类别为袋装不发泡塑料、箱装发泡塑料和袋装发泡塑料的仓库及类似场所。

（6）仓库型特殊应用喷头的自动喷水灭火系统：①最大净空高度不超过 12m 且最大出高度不超过 10.5m，储物类别为仓库危险级Ⅰ、Ⅱ级或箱装不发泡塑料的仓库及类似场所；②最大净空高度不超过 7.5m 且最大储物高度不超过 6m，储物类别为袋装不发泡塑料和箱装发泡塑料的仓库及类似场所。

4. 设计参数

（1）新规范对自动喷水灭火系统的设计基本参数进行了调整，主要增加了高度选项，调整了喷水强度和作用面积：①增加了净空高度不超过 18m 的民用建筑高大净空场所设计参数；②增加了自动喷水防护冷却系统设计参数及要求；③调整仓库采用自动喷水灭火系统设计参数及要求；④调整民用建筑高大空间场所的设计基本参数。

（2）货架仓库的最大净空高度和最大储物高度超过规范要求时，应设货架内置洒水喷头，其上方的层间隔板应为实层板：①仓库危险级Ⅰ级Ⅱ级场所应在自地面起每 3m 设置 1 层货架内置洒水喷头，仓库危险级Ⅲ级场所应在自地面起每 1.5～3m 设置 1 层货架内置洒水喷头，且最高层货架内置洒水喷头与储物顶部的距离不应超过 3m。②当采用流量系数等于 80 的标准覆盖面积洒水喷头时，工作压力不应小于 0.20MPa；当采用流量系数等于 115 的标准覆盖面积洒水喷头时，工作压力不应小于 0.10MPa。③洒水喷头间距不应大于 3m，且不应小于 2m。货架内开放洒水喷头的数量见表 5-2 所列。④设置 2 层及以上货架内置洒水喷头时，洒水喷头应交错布置。

货架内开放洒水喷头数量 **表 5-2**

<table>
<tr><th rowspan="2">仓库危险级</th><th colspan="3">货架内置洒水喷头的层数</th></tr>
<tr><th>1</th><th>2</th><th>>2</th></tr>
<tr><td>Ⅰ级</td><td>6</td><td>12</td><td>14</td></tr>
<tr><td>Ⅱ级</td><td>8</td><td colspan="2" rowspan="2">14</td></tr>
<tr><td>Ⅲ级</td><td>10</td></tr>
</table>

注：货架内置洒水喷头超过 2 层时，计算流量，应按最顶层 2 层，且每层开放洒水喷头数按本表规定值的 1/2 确定。

（3）防护冷却系统：①喷头设置高度不应超过 8m；当设置高度为 4～8m 时，应采用快速响应洒水喷头。②喷头设置高度不超过 4m 时，喷水枪都不应小于 0.5L/(s·m)。③当超过 4m 时，每增加 1m，洒水喷头强度应增加 0.1L/(s·m)。④持续喷水时间不应小于系统设置部位的耐火极限要求。

5. 系统组件

（1）自动喷水灭火系统应有下列组件、配件和设施：①应设有洒水喷头、水流指示器、报警阀组、压力开关等组件和末端试水装置，以及管道、供水设施；②控制管道静压的区段宜分区供水或设减压阀，控制管道动压的区段宜设减压孔板或截流管；③应设有泄水阀（或泄水口）、排气阀（或排气口）和排污口；④干式系统和预作用系统的配水管道应设快速排气阀，有压充气管道的快速排气阀入口前应设电动阀。

（2）喷头

1）闭式系统的喷头，其公称动作温度宜高于环境温度 30℃。设置闭式系统的场所，洒水喷头类型和场所的最大净空高度根据新规范有所调整。

2）湿式系统的喷头选型：①不做吊顶的场所，当配水支管布置在梁下时，应采用直立型喷头；②吊顶下布置的喷头，应采用下垂型喷头或吊顶型喷头；③顶板为水平面的轻危险级、中危险级Ⅰ级居室和办公室可采用边墙型喷头；④当采用快速响应洒水喷头时，系统应为湿式系统；⑤易受碰撞的部位，应采用带保护罩的喷头或吊顶型喷头。

3）干式系统、预作用系统应采用直立型喷头或干式下垂型喷头。

4）水幕系统的喷头选型：①防火分隔水幕应采用开式洒水喷头或水幕喷头；②防护冷却水幕应采用水幕喷头。

（3）报警阀组

1）自动喷水灭火系统应设报警阀组。保护室内钢屋架等建筑构件的闭式系统，应设独立的报警阀组。水幕系统应设独立的报警阀组或感温雨淋阀。

2）串联接入湿式系统配水干管的其他自动喷水系统，应分别设置独立的报警阀组，其控制的喷头数计入湿式阀组控制的喷头总数。

3）湿式系统、预作用系统中，一个报警阀组控制的喷头数不宜超过 800 只，在干式系统中，一个报警阀组控制的喷头数不宜超过 500 只。当配水系统同时安装保护吊顶下方和上方空间的喷头时，应只将数量较多一侧的喷头记入报警阀组控制的喷头总数。

4）报警阀组供水的最高与最低位置喷头，其高程差不宜大于 50m。

5）雨淋报警阀组的电磁阀，其入口应设过滤器。并联设置雨林阀组的雨淋系统，其雨淋阀控制的入口应设止回阀。

6）报警阀进出口的控制阀，应采用信号阀。当不采用信号阀时，控制阀应设锁定阀位的锁具。

7）水力警铃的工作压力不应小于 0.05MPa，并应设在有人值班的地点附近，与报警阀连接的管道，其管径应为 20mm，总长不宜大于 20m。

（4）水流指示器

1）除报警阀组控制的喷头只保护不超过防火分区面积的同层场所外，每个防火分区、每个楼层均应设水流指示器。

2）仓库内顶板下喷头与货架内应分别设置水流指示器。

3）当水流指示器入口前设置控制阀时，应采用信号阀。

（5）压力开关

1）雨淋系统和防火分隔水幕，其水流报警装置采用压力开关。

2）应采用压力开关控制稳压泵，并应能调节启停压力。

（6）末端试水装置

1）每个报警阀组控制的最不利点喷头处，应设末端试水装置，其他防火分区、楼层的最不利点喷头处，均应设直径为 25mm 的试水阀。

2）末端试水装置应由试水阀、压力表以及试水接头组成。试水接头出水口的流量系数，应等同于同楼层或防火分区内的最小流量系数喷头。末端试水装置的出水，应采取空口出流的方式排入排水管。

6. 管道

（1）配水管道的工作压力不应大于 1.20MPa，并不应设置其他用水设施。

（2）配水管道应采取内外壁热镀锌钢管、涂覆钢管、铜管、不锈钢管和氯化聚氯乙烯（PVC-C）管。当报警阀入口前管道采用内壁不防腐的钢管时，应在该管道的末端设过滤器。

（3）洒水喷头预配水管道采用消防洒水软管连接时，应符合：①消防洒水软管仅适用于轻危险级或中危险级Ⅰ级场所，且系统为湿式系统；②应设置在吊顶内；③长度不应超过 1.8m。

（4）配水管道连接方式：①镀锌钢管、涂覆钢管可采用沟槽式连接件（卡箍）、螺纹或法兰连接，报警阀前采用内壁不防腐钢管时，可焊接连接；②铜管、不锈钢管可采用钎焊、沟槽式连接件（卡箍）、法兰和卡压等连接方式，不锈钢管不宜采用焊接；③氯化聚氯乙烯管材、管件可采用粘结连接，与其他材质管材、管件之间可采用螺纹、法兰或沟槽式连接件（卡箍）连接；④铜管、不锈钢管、氯化聚氯乙烯（PVC-C）管应采用配套的支架、吊架。

（5）配水管两侧每根配水支管控制的标准喷头数，轻危险级、中危险级场所不应超过 8 只，同时在吊顶上下安装喷头的配水支管，上下侧均不应超过 8 只。严重危险级及仓库危险级场所均不应超过 6 只。

（6）干式系统、由火灾自动报警系统和充气管道上设置的压力开关开启预作用装置的预作用系统的配水管道充水时间，不宜大于 1min；雨淋系统和仅由火灾自动报警系统联动开启预作用装置的预作用系统的配水管道充水时间，不宜大于 2min。

（7）水平安装的管道宜有坡度，并应坡向泄水阀。充水管道的坡度不宜小于 2‰，准工作状态不充水管道的坡度不宜小于 4‰。

（8）系统用水应无污染、无腐蚀、无悬浮物。可由市政或企业的生产、消防给水管道供给，也可由消防水池或天然水源供给，并应确保持续喷水时间内的用水量。

（9）当自动喷水灭火系统中设有 2 个及以上报警阀组时，报警阀组前应设环状供水系统。

7. 水泵

（1）系统应设独立的供水泵，并应按一运一备或二运一备比例设置备用泵。

（2）按二级负荷供电的建筑，宜采用柴油机泵作备用泵。

(3) 系统的供水泵、稳压泵，应采用自灌式吸水方式。采用天然水源时，水泵的吸水应采取防止杂物堵塞的措施。

(4) 每组供水泵的吸水管不应少于 2 根。报警阀入口前设置环状管道的系统，每组供水泵的出水管不应少于 2 根。供水泵的吸水管应设控制阀和压力表；出水管应设控制阀、止回阀和压力表。出水管上还应设置流量和压力检测装置或预留可供连接流量和压力检测装置的接口。必要时，应采取控制供水泵出口压力的措施。

8. 消防水箱

(1) 采用临时高压给水系统的自动喷水灭火系统，应设高位消防水箱，其储水量应符合现行有关国家标准的规定。消防水箱的供水，应满足系统最不利点喷头的最低工作压力和喷水强度。

(2) 建筑高度不超过 24m、并按轻危险级或中危险级场所设置湿式系统、干式系统或预作用系统时，应同时满足配水管道的充水要求。不设高位消防水箱的建筑，系统应设气压供水设备。气压供水设备的有效水容积，应按系统最不利处 4 只喷头在最低工作压力下的 10min 用水量确定。干式系统、预作用系统设置的气压供水设备，应同时满足配水管道的充水要求。

(3) 消防水箱的出水管，应设止回阀，并应与报警阀入口前管道连接；轻危险级、中危险级场所的系统，管径不应小于 80mm，严重危险级和仓库危险级不应小于 100mm。

9. 水泵接合器

(1) 系统应设水泵接合器，其数量应按系统的设计流量确定，每个水泵接合器的流量宜按 10～15L/s 计算。

(2) 当水泵接合器的供水能力不能满足最不利点处作用面积的流量和压力要求时，应采取增压措施。

10. 操作与控制

(1) 湿式系统、干式系统应由消防水泵出水干管上设置的压力开关、高位消防水箱出水管上的流量开关和报警阀组压力开关直接连锁自动启动供水泵。

(2) 预作用系统应由火灾自动报警系统、消防水泵出水干管上设置的压力开关、高位消防水箱出水管上的流量开关和报警阀组压力开关直接连锁自动启动供水泵。雨淋系统及自动控制系统的水幕系统，应在火灾报警系统报警后，立即自动向配水管道供水。以上三种系统应同时具备下列三种启动供水泵和开启雨淋阀的控制方式：①自动控制；②消防控制室（盘）手动远控；③水泵房现场应急操作。

(3) 雨淋阀的自动控制方式，可采用电动、液（水）动或气动。当雨淋阀采用充液（水）传动管自动控制时，闭式喷头与雨淋阀之间的高程差，应根据雨淋阀的性能确定。快速排气阀入口前的电动阀，应在启动供水泵的同时开启。

(4) 消防控制室（盘）应能显示水流指示器、压力开关、信号阀、水泵、消防水池及水箱水位、有压气体管道气压，以及电源和备用动力等是否处于正常状态的反馈信号，并应能控制水泵、电磁阀、电动阀等的操作。

11. 布局应用系统

(1) 布局应用系统应用于室内最大净空高度不超过 8m 的民用建筑中，为局部设置且保护区域总建筑面积不超过 1000m² 的湿式系统。设置局部应用系统的场所应为轻危险级或中危险级Ⅰ级场所。

（2）局部应用系统应采用快速响应，洒水喷头喷水强度应符合本规范规定，持续喷水时间不应低于0.5h。

（3）局部应用系统保护区内的房间和走道均应布置喷头。喷头的选型、布置和按开放喷头数确定的作用面积应符合以下规定：

1）采用标准覆盖面积洒水喷头的系统。喷头布置应符合轻危险级和中危险级Ⅰ级场所的有关规定，作用面积内开放的喷头数量应符合表5-3规定。

采用标准覆盖面积洒水喷头时，作用面积内开放喷头数量 表5-3

保护区域总建筑面积和最大厅室建筑面积	开放喷头数量
保护区域总建筑面积超过300m² 或 最大厅室建筑面积超过200m²	10
保护区域总建筑面积不超过300m²	最大厅室喷头数+2 当少于5只时，取5只；当多于8只时，取8只

2）采用扩大覆盖面积洒水喷头的系统，喷头布置应符合本规范规定。作用面积内开放喷头数量应按照不少于6只确定。

案例2：某购物中心建筑消防案例分析

某购物中心地下2层、地上4层。建筑高度24m，耐火等级二级，地下二层室内地面与室外出入口地坪高差为11.5m。

地下每层建筑面积15200m²。地下二层设置汽车库和变配电房、消防水泵房等设备以及建筑面积5820m²的建材商场（经营五金、瓷砖、桶装油漆、香蕉水等），地下一层为家具、灯饰商场，设有多部自动扶梯与建材商场连通。自动扶梯上下层相连通的开口部位设置防火卷帘。

地下商场部分的每个防火分区面积不大于2000m²，采用耐火极限为1.5h的不燃性楼板和防火墙及符合规定的防火卷帘进行分隔，在相邻防火分区的防火墙上均设有向疏散方向开启的甲级防火门。地上一层至三层为商场，每层建筑面积12000m²，主要经营服装、鞋类、箱包和电器等商品。四层建筑面积5600m²，主要功能为餐厅、游艺厅、儿童游乐厅和电影院。电影院有8个观众厅，每个观众厅建筑面积在180～380m²之间；游艺厅有2个厅室，建筑面积分别为206m²、152m²。游艺厅和电影院候场区均采用不到顶的玻璃隔断、玻璃门与其他部位分隔，安全出口符合规范规定。

购物中心外墙外保温系统的保温材料采用模塑聚苯板，保温材料与基层墙体、装饰层之间有0.17～0.6m的空腔，在楼板处每隔一层用防火封堵材料对空腔进行防火封堵。

购物中心按规范配置了室内外消火栓系统、自动喷水灭火系统和火灾自动报警系统等消防措施。商店营业厅人员密度及疏散楼梯、疏散出口和疏散走廊的每百人净宽度，见表5-4、表5-5。

商店营业厅人员密度（人/m²） 表5-4

楼层位置	地下第二层	地下第一层	地上第一层、第二层	地上第三层	地上第四层及以上各层
人员密度	0.50	0.60	0.43～0.60	0.39～0.54	0.30～0.42

疏散楼梯、疏散出口和疏散走廊的每百人净宽度（m）　　表 5-5

建筑层数		耐火等级		
		一、二级	三级	四级
地上层数	1～2层	0.65	0.75	1.00
	3层	0.75	1.00	—
	≥4层	1.00	1.25	—
地下层数	与地面出入口地面的高差≤10m	0.75	—	—
	与地面出入口地面的高差>10m	1.00	—	—

请指出地下商场防火分区方面存在的问题，并提出消防规范规定的整改措施。

答案：该地下商场防火分区存在以下问题：

（1）地下商场防火分区的防火分隔不符合法律规定。

（2）建筑防火措施不到位。

地下商场防火分区整改措施如下：

经计算，地下商场总建筑面积为 15200＋5820＝21020m²。根据《建筑设计防火规范》GB 50016—2014 第 5.3.5 条规定，当地下商场总建筑面积大于 20000m² 时，应采用不开设门窗洞口的防火墙、耐火极限不低于 2h 的楼板分隔。相邻区域确需局部连通时，应选择采取下列措施进行防火分隔：

（1）下沉式广场等室外开敞空间。该室外开敞空间的设置应能防止相邻区域的火灾蔓延和便于安全疏散。

（2）防火隔间。该防火隔间的墙应为不低于 3h 防火隔墙，在隔间的相邻区域分别设置火灾时能自行关闭的常开式甲级防火门。

（3）避难走道。该避难走道两侧的墙应为不低于 3h 防火隔墙，且在局部连通处的墙上应分别设置火灾时能自行关闭的常开式甲级防火门。

（4）防烟楼梯间。该防烟楼梯间及前室的门应为火灾时能自行关闭的常开式甲级防火门。

【思考题】

1. 建设工程的定义是什么？基本建设程序包含哪些内容？
2. 试说明水工程建设法规的法律性质。
3. 工程勘察设计工作的一般程序是什么？
4. 工程勘察的主要内容有哪些？
5. 工程建设标准的定义是什么？工程建设强制标准的定义是什么？它包含哪些内容？
6. 为什么要实施工程建设强制标准？
7. 工程建设强制标准制度适用范围有哪些？
8. 强制性标准监督检查的内容有哪些？强制标准制度外的特定情形有哪些？
9. 水工程强制标准主要包括哪些内容？
10. 水工程设计深度的要求是什么？

第6章 水工程施工与监理法规

6.1 水工程施工法规

6.1.1 概述

水工程施工法规是指调整水工程施工活动中发生的各种社会关系的法律规范的总称。广义的水工程施工法规不仅包括国家制定颁布的所有有关水工程施工方面的法律规范，还应包括其他法规中涉及水工程施工的规定。

1. 水工程施工法规的调整对象

水工程施工法规的调整对象是水工程施工活动中发生的各种社会关系，具体来讲，包括以下内容：

(1) 水工程施工经济管理关系

水工程施工经济管理关系包括宏观水工程施工经济管理和微观水工程施工经济管理。即国家对水工程施工的计划、组织、调控、监督的关系和水工程施工组织内部的管理关系。

(2) 水工程施工经济协作关系

水工程施工经济协作关系包括建设单位、勘察设计单位、建筑安装（施工）单位、监理单位、材料供应单位等之间相互协作关系和水工程施工单位内部各生产组织间的协作关系。

2. 我国现有的建筑施工管理法规

目前，我国尚无一部完备的水工程施工法，涉及水工程施工管理的法律、规范主要有：《中华人民共和国建筑法》(1997年11月1日。2011年4月22日全国人大修正)；《城市供水条例》(1994年7月19日，国务院)；《建设工程质量管理条例》(2000年1月30日，国务院)；《建设工程项目管理试行办法》(2004年11月16日，建设部)；《建筑工程施工许可管理办法》(2014年10月25日，住房城乡建设部)。

主要的施工管理制度有：

(1) 施工许可管理（开工报告、施工许可证制度）

建设工程施工许可制度是指由国家授权的有关建设行政主管部门，在建设工程施工开始以前，对该项工程是否符合法定的开工条件进行审查，对符合条件者发给施工许可证，允许其开工建设的制度。建设单位必须在建设工程立项批准后，工程发包前，向建设行政主管部门或其授权的部门办理工程报建登记手续，未办理报建登记手续的工程，不得发包，不得签订工程合同。新建、扩建、改建的建设工程，建设单位必须在开工前向建设行政主管部门或其授权的部门申请领取建设工程施工许可证，未领取施工许可证的，不得开工。

《中华人民共和国建筑法》(2011) 第七条规定:“建筑工程开工前,建设单位应当按国家有关规定向工程所在地县级以上人民政府建设行政主管部门申请领取施工许可证。但是,国务院建设行政主管部门确定的限额以下的小型工程除外。按照国务院规定的权限和程序批准开工报告的建筑工程,不再领取施工许可证。”

(2) 申领施工许可证应具备的条件

根据《中华人民共和国建筑法》第八条的规定,申请施工许可证须具备以下 8 个条件:

1) 已经办理该建筑工程用地批准手续。关于办理建筑工程用地的批准手续,《中华人民共和国土地管理法》作出了具体规定,建设单位依法以出让或划拨方式取得土地使用权,应当向县级以上地方人民政府土地管理部门申请登记,经县级以上地方人民政府土地管理部门核实,由同级人民政府颁发土地使用权证书。

2) 在城镇规划区的建筑工程,已经取得规划许可证。规划许可证是城镇规划部门依据《城乡规划法》颁发的,包括建设用地规划许可证、建筑工程规划许可证。

3) 需要拆迁的,其拆迁进度符合施工要求。

4) 已经确定建筑施工企业。即已经按照国家有关规定同建筑施工企业签订了工程施工合同,明确在工程中的分包施工企业。按照规定应该招标的工程没有招标,应该公开招标的工程没有公开招标,或者肢解发包工程,以及将工程发包给不具备相应资质条件的,所确定的施工企业无效。

5) 有满足施工需要的施工图纸及技术资料。施工图设计文件已经按照规定通过了审查。施工设计图纸一般包括施工总平面图、施工平面图和剖面图、安装施工详图、各种专门工程的施工图和各类材料明细表等;技术资料包括地形、地质、水文、气象等自然条件资料,主要原材料、燃料来源、水电供应和运输条件等技术经济条件资料。

6) 有保证工程质量和安全的具体措施。质量与安全是建筑工程的核心问题,施工必须保证质量和安全是《建筑法》的一项基本原则。施工企业编制的施工组织设计中有根据建筑工程特点制定的相应质量、安全技术措施,专业性较强的工程项目编制的专项质量、安全施工组织设计,并按照规定办理了工程质量、安全监督手续。按照规定应该委托监理的工程已委托监理,建设工程应当通过消防设计审核。

7) 建设资金已经落实。建设资金是否落实关系到工程的进度和工程能否顺利完成;同时建设资金的落实也可有效防止建筑市场买空卖空的现象。建设工期不足 1 年的,到位资金原则上不得少于工程合同价的 50%;建设工期超过 1 年的,到位资金原则上不得少于工程合同价的 30%;建设单位应当提供银行出具的到位资金证明,有条件的可以实行银行付款保函或者其他第三方担保。

8) 法律、行政法规规定的其他条件。

(3) 其他有关规定

1) 建设行政主管部门应当自收到申请之日起 15 日内,对符合条件的申请颁发施工许可证。

2) 建设单位应当自领取施工许可证之日起 3 个月内开工。因故不能开工的,应当向发证机关申请延期,延期以两次为限,每次不超过 3 个月。既不开工又不申请延期或者超过延期时限的,施工许可证自行废止。

3）在建的建筑工程因故中止施工的，建设单位应当自中止施工之日起1个月内，向发证机关报告，并按照规定做好建筑工程的维护管理工作。建筑工程恢复施工前应当向发证机关报告；中止施工满1年的工程恢复施工前，建设单位应当报发证机关校验施工许可证。

4）按照国务院有关规定批准开工报告的建筑工程，因故不能按期开工或者中止施工的，应当及时向批准机关报告情况。因故不能按期开工超过6个月的，应当重新办理开工报告的批准手续。

6.1.2 施工建设管理

1. 项目经理负责制度

建设工程开工前，由建设单位或者发包单位指定现场总代表人，施工单位指定项目经理，双方分别将总代表人和项目经理的姓名及授权事项书面通知对方（可以直接写在施工承包合同中），同时报建设管理部门备案。

（1）施工企业项目经理

施工企业项目经理（简称项目经理）是指受企业法人代表委托，对工程项目施工过程全面负责的项目管理者，是施工企业法定代表人在工程项目上的代表人。为适应市场经济的需要，我国已正式实行项目经理责任制，即项目经理在工程项目施工中处于中心地位，对工程项目施工负有全面管理的责任。

（2）项目经理的职责和权力

1）职责。施工项目经理是施工企业法人代表在工程项目上的代理人，是施工企业目标和建设单位目标的实现者。其职责可概括为：组建项目经理部并配备人员，制定各种实施项目的管理制度并确立施工项目内部有关人员的责权；研究制定施工项目的总目标和阶段目标，进行目标分解；制定施工组织设计和总体进度计划并组织实施；及时作出施工项目的各项管理决策，包括人、财、物的供应与配置等，协调施工项目与建设单位、施工企业内部其他部门、设计单位等方面的关系；进行施工项目的工期、成本、质量、安全等各方面的控制；建立和完善施工项目的信息管理系统，负责施工项目合同变更、索赔、结算等工作；承担施工项目的成本责任并负责兑现各种利益。

2）权力。为确保施工项目经理有效地完成其职责，企业经理必须授予其相应的权力。其中主要包括：用人决策权（含施工项目内部人员的选择、聘任、考核、监督、奖惩、辞退等），财务决策权（含资金供应、资金使用、资金分配办法等），材料设备采购使用决策权（含采购方案、库存策略和使用安排等），施工项目规划、进度计划决策权（含施工方案、目标、计划、资源供应与配置方式等），技术质量控制权（包括技术方案、技术指标、质量要求等）。施工项目经理在工作中，必须遵守国家的有关法律和规定、施工企业规章条例以及企业与建设单位所签合同的规定。

（3）执业资格制度

执业资格制度是指具有一定专业学历和资历并从事特定专业技术活动的专业技术人员，通过考试和注册确定执业的技术资格，获得相应文件签字权的一种制度。《建筑法》第14条规定：“从事建筑活动的专业技术人员，应取得相应的执业资格证书，并在执业资格证书许可的范围内从事建筑活动。”2002年12月5日，人事部、建设部联合印发了

《建造师执业资格制度暂行规定》（人发［2002］111号），规定必须取得建造师资格并经注册，方能担任建设工程项目总承包及施工管理的项目施工负责人，这标志着中国建造师执业资格制度的正式建立。2003年2月27日《国务院关于取消第二批行政审批项目和改变一批行政审批项目管理方式的决定》（国发〔2003〕5号）规定："取消建筑施工企业项目经理资质核准，由注册建造师代替，并设立过渡期。"

（4）注册建造师

注册建造师是指依法取得注册建造师执业资格和注册证书，从事建设工程项目总承包和施工管理关键岗位的专业技术人员。注册建造师分为一级注册建造师和二级注册建造师，英文分别译为 Constructor 和 Associate Constructor。一级、二级建造师报考人员要符合有关文件规定的相应条件。注册建造师执业资格考试合格人员，分别获得《中华人民共和国一级建造师执业资格证书》《中华人民共和国二级建造师执业资格证书》。经注册后，方有资格以建造师名义担任建设工程项目施工的项目经理及从事其他施工活动的管理。

根据《建造师执业资格制度暂行规定》，一级建造师的执业技术能力：

1）具有一定的工程技术、工程管理理论和相关经济理论水平，并具有丰富的施工管理专业知识。

2）能够熟练掌握和运用与施工管理业务相关的法律、法规、工程建设强制性标准和行业管理的各项规定。

3）具有丰富的施工管理实践经验和资历，有较强的施工组织能力，能保证工程质量和安全生产。

4）有一定的外语水平。

二级建造师的执业技术能力：

1）了解工程建设的法律、法规、工程建设强制性标准及有关行业管理的规定。

2）具有一定的施工管理专业知识。

3）具有一定的施工管理实践经验和资历，有一定的施工组织能力，能保证工程质量和安全生产。

同时，《建造师执业资格制度暂行规定》还规定了建造师的执业范围包括：

1）担任建设工程项目施工的项目经理。"大、中型工程施工项目负责人必须由本专业注册建造师担任。一级注册建造师可担任大、中、小型工程施工项目负责人，二级注册建造师可以承担中、小型工程施工项目负责人。"

2）从事其他施工活动的管理工作。施工活动中形成的有关施工管理文件，应当由注册建造师签字并加盖执业印章。施工单位签署质量合格的文件上，必须有注册建造师的签字盖章。

3）法律、行政法规或国务院建设行政主管部门规定的其他业务。注册建造师以建设工程项目施工的项目经理为主要岗位。同时鼓励和提倡注册建造师"一师多岗"，从事国家规定的其他业务。

（5）注册建造师与项目经理关系

1）注册建造师资格是担任大中型工程项目的项目经理之必要条件。全面实施建造师执业资格制度，仍需坚持落实"项目经理岗位责任制度"。建造师需按人发［2002］111

号文件的规定，经统一考试和注册后才能从事担任项目经理等相关活动，是国家的强制性要求，而项目经理的聘任则是企业行为。

2）建造师与项目经理定位不同，但所从事的都是建设工程的管理。建造师是一种专业人士的名称，而项目经理是一个工作岗位的名称。建造师选择工作的权力相对自主，可在社会市场上有序流动，有较大的活动空间；项目经理岗位则是企业设定的，项目经理是企业法人代表授权或聘用的、一次性的工程项目施工管理者。

3）建造师与项目经理的工作范围不同，建造师执业的覆盖面较大，可涉及工程建设项目管理的许多方面，担任项目经理只是建造师执业中的一项；项目经理则限于企业内某一特定工程的项目管理。

2. 施工组织设计管理

施工组织设计是指导施工准备和组织施工的全面性技术、经济文件，是指导现场施工的法规性文件。

1992年建设部在23号令中明确规定，在工程建设施工投标时，投标单位应按招标文件的要求，认真编制投标书。投标书应包括下列内容：①综合说明；②按照工程量清单计算的标价及三材用量，投标单位可依据统一的工程量计算规则自主报价；③施工方案和选用的主要施工机械；④保证工程质量、进度、施工安全的主要技术组织措施；⑤计划开工、竣工日期、工程总进度；⑥对合同主要条件的确认。1994年建设部又颁发了《工程建设报建管理办法》，要求把所有的工程都纳入报建管理，以上两项行业法规要求施工企业在承包工程时，都应编制施工组织设计。《建设工程施工现场管理规定》对施工组织设计作了规定。

（1）施工组织设计的种类

根据设计阶段、编制的广度和深度、具体作用，可将施工组织设计分为以下四种：

1）施工组织总设计。是以群体工程为对象（如一个工厂、建筑群、生产系统等）而编制的设计。它是群体工程施工的全局性指导性文件，是施工企业编制年度计划的依据。要求简明扼要、重点突出，安排好主体工程、辅助工程和公用工程的相互衔接、配套。

2）单位工程施工组织设计。是以单位工程（如一幢工业厂房、构筑物、民用建筑）为施工组织对象而编制的设计。它是单位施工的指导性文件，是施工企业编制季、月度计划设计的依据。要求其具体明确，要解决好各工序、各工种间衔接、配合，提高施工效率。

3）分部（分项）工程设计。是对施工难度大或技术复杂的大型工业厂房或公共建筑物，在编制单位工程施工组织设计后，还需编制某些主要分部（分项）工程作业设计，用来具体指导各分部（分项）工程施工。它是直接指导现场施工编制月、旬作业计划的依据。

4）冬、雨期施工组织设计。是针对在冬期、雨期这样特殊季节施工而编制的设计。注意衔接好春、秋季的施工，顺利完成全年施工计划。

（2）施工组织设计的编制

施工单位必须编制建设工程施工组织设计。建设工程实行总包分包的，由总包单位负责编制施工组织设计或分阶段施工组织设计，分包单位在总包单位的总体部署下，负责编制分包工程的施工组织设计。施工组织设计按施工单位隶属关系及工程的性质、规模、技术繁简程度实行分级审批。

(3) 施工组织设计的基本内容

施工组织设计由于编制的目的、工程规模大小、结构、技术复杂程度和施工条件的不同，其内容有繁有简，但无论哪种施工组织设计都应当包括下列主要内容：工程任务情况，施工总方案，主要施工方法，工程施工进度计划，主要单位工程综合进度计划和施工力量、机具及部署，施工组织技术措施，施工总平面布置图，总包、分包的分工范围及交叉施工布置等。建筑工程施工必须按照批准的施工组织设计进行。在施工过程中确需对施工组织设计进行重大修改的，必须报经原批准部门同意。

3. 施工现场管理

(1) 施工准备工作意义及其任务

施工准备是基建程序中连接设计与建设实施的桥梁，也是从构思到形成工程实体的过渡阶段。其基本任务是掌握建设工程的特点、进度，摸清施工客观条件，合理部署使用施工力量，从技术、物资、人力和组织等方面为工程正式开工打下良好基础。只有做好施工准备，才能降低施工风险，取得好的建设效果。反之，则会造成延误工期、工程质量下降、原材料浪费等严重的后果。

(2) 施工准备工作内容

每项工程施工准备工作内容应视工程条件的不同而不同，如单项工程与群体工程、小型项目与大中型项目、新建与扩建项目等，都因工程特殊需要和条件而对施工准备内容提出不同要求。其主要内容有：

1) 调查有关工程特征、要求的资料、施工现场、附近区域的自然条件、技术经济条件、社会生活条件等；

2) 进行建设区域工程测量、放线定位，设置永久性的经纬坐标及水平基桩；

3) 清除现场施工障碍、平整场地；

4) 兴建各项临时工程和辅助企业及生活福利设施，接通水、电、排水渠道，平整交通道路；

5) 建立项目管理班子，调集施工力量，组织原材料、半成品，组织施工机具进场、安装、检验、试运转；

6) 组织预制构件、设备安装零配件及非标准设备等加工和新产品试制鉴定；

7) 会审、学习施工图纸，编制施工组织设计、施工图预算；

8) 研究工程分包，选择分包单位，签订分包协议；

9) 对职工进行计划、技术、安全交底，对特殊、缺门工种进行培训；

10) 生产班组做好作业条件的施工准备。

施工准备工作实行"统一领导，分工负责"。编制施工准备工作计划，建立施工准备工作制、施工准备检查制，检查计划执行情况。排除各种障碍，协调施工准备工作进度，调整施工准备工作计划。

6.1.3 建设工程安全生产管理制度

建设工程安全生产管理制度的最终目的是为了保障人民群众的生命和财产安全。近些年来，由于建设工程生产行业发展较快，建设工程安全生产问题在当前成为突出问题。这些问题主要表现为施工中损坏各种地下管线造成的停电、跑水、通信中断。临街、道路、商厦等公共场所施工中导致的公共安全问题，基础工程倒塌造成的公共安全问题和人身安全问题等。这些问题时有发生的根本在于安全生产责任不明确，政府的监督管理体制也没有理顺，安全事故发生之后的救援措施和调查处理缺乏明确的法律依据。制定本条例的最终目的就在于通过加强建设工程安全生产的工作，提高建设工程安全生产技术水平和管理水平，及时展开事故发生之后的救援工作，从而有力和有效地保护人民群众的生命和财产安全。

为此，国务院于2003年11月24日颁布了《建设工程安全生产管理条例》，对我国境内从事建设工程的活动在安全管理方面进行了较为全面的法律规定。

1. 建设单位的安全责任

（1）建设单位向施工单位提供真实、准确、完整资料的责任。

（2）建设单位不得提出违反法律、法规和强制性标准规定的要求以及不得压缩合同约定的工期的责任。

（3）建设单位编制工程概算时应确定建设工程作业环境及安全施工措施所需费用的责任。

（4）建设单位不得要求购买、租赁、使用不符合安全施工要求的设备、设施等责任。

（5）建设单位申请施工许可证时应当提交建设工程有关安全施工措施的资料。

（6）建设单位应当将拆除工程发包给具有相应资质等级的施工单位的责任。

2. 勘察、设计、工程监理的安全责任

（1）勘察单位应当按照法律、法规和工程建设强制性标准进行勘察，提供的勘察文件应当真实、准确，满足建设工程安全生产的需要。勘察单位在勘察作业时，应当严格执行操作规程，采取措施保证各类管线、设施和周边建筑物、构筑物的安全。

（2）设计单位应当按照法律、法规和工程建设强制性标准进行设计，防止因设计不合理导致生产安全事故的发生。

设计单位应当考虑施工安全操作和防护的需要，对涉及施工安全的重点部位和环节在设计文件中注明，并对防范生产安全事故提出指导意见。

采用新结构、新材料、新工艺的建设工程和特殊结构的建设工程，设计单位应当在设计中提出保障施工作业人员安全和预防生产安全事故的措施建议。

设计单位和注册设计师等注册执业人员应当对其设计负责。

（3）工程监理单位应当审查施工组织设计中的安全技术措施或者专项施工方案是否符合工程建设强制性标准。

工程监理单位在实施监理过程中，发现存在安全事故隐患的，应当要求施工单位整改；情况严重的，应当要求施工单位暂时停止施工，并及时报告建设单位。施工单位拒不整改或者不停止施工的，工程监理单位应当及时向有关主管部门报告。

工程监理单位和监理工程师应当按照法律、法规和工程建设强制性标准实施监理，并对建设工程安全生产承担监理责任。

3. 施工单位的安全责任

（1）施工单位需在其资质等级许可范围内承揽工程。

(2) 施工单位主要负责人依法对本单位的安全生产工作全面负责。施工单位应当建立健全安全生产责任制度和安全生产教育培训制度，制定安全生产规章制度和操作规程，保证本单位安全生产条件所需资金的投入，对所承担的建设工程进行定期和专项安全检查，并做好安全检查记录。

(3) 不得挪用列入建设工程概算的安全作业环境及安全施工措施所需费用。

(4) 施工单位应当设立安全生产管理机构，配备专职安全生产管理人员。

(5) 建设工程实行施工总承包的，由总承包单位对施工现场的安全生产负总责。

(6) 总承包单位应当自行完成建设工程主体结构的施工。总承包单位依法将建设工程分包给其他单位的，分包合同中应当明确各自的安全生产方面的权利、义务。总承包单位和分包单位对分包工程的安全生产承担连带责任。

(7) 特种作业人员必须按照国家有关规定经过专门的安全作业培训，并取得特种作业操作资格证书后，方可上岗作业。

(8) 对一定规模的危险性较大的分部分项工程编制专项施工方案，并附具安全验算结果，经施工单位技术负责人、总监理工程师签字后实施，由专职安全生产管理人员进行现场监督。

(9) 对工程中涉及深基坑、地下暗挖工程、高大模板工程的专项施工方案，施工单位还应当组织专家进行论证、审查。

(10) 施工单位应当在施工现场入口处、施工起重机械、临时用电设施、脚手架、出入通道口、楼梯口、电梯井口、孔洞口、桥梁口、隧道口、基坑边沿、爆破物及有害危险气体和液体存放处等危险部位，设置明显的安全警示标志。安全警示标志必须符合国家标准。

(11) 施工单位应当将施工现场的办公、生活区与作业区分开设置，并保持安全距离；办公、生活区的选址应当符合安全性要求。职工的膳食、饮水、休息场所等应当符合卫生标准。

(12) 施工单位对因建设工程施工可能造成损害的毗邻建筑物、构筑物和地下管线等，应当采取专项防护措施。应当采用施工现场的环境保护措施。

(13) 施工单位应当在施工现场建立消防安全责任制度。

(14) 施工作业人员有安全保障权力。

(15) 施工单位应当为施工现场从事危险作业的人员办理意外伤害保险。

4. 安全生产监督管理

(1) 国务院负责安全生产监督管理的部门依照《中华人民共和国安全生产法》的规定，对全国建设工程安全生产工作实施综合监督管理。

县级以上地方人民政府负责安全生产监督管理的部门依照《中华人民共和国安全生产法》的规定，对本行政区域内建设工程安全生产工作实施综合监督管理。

(2) 国务院建设行政主管部门对全国的建设工程安全生产实施监督管理。国务院铁路、交通、水利等有关部门按照国务院规定职责分工，负责有关专业建设工程安全生产的监督管理。

(3) 建设行政主管部门在审核发放施工许可证时，应当对建设工程是否有安全施工措施进行审查，对没有安全施工措施的，不得颁发施工许可证。

（4）县级以上人民政府负有建设工程安全生产监督管理职责的部门在各自的职责范围内履行安全监督检查职责时，有权采取下列措施：① 要求被检查单位提供有关建设工程安全生产的文件和资料；② 进入被检查单位施工现场进行检查；③ 纠正施工中违反安全生产要求的行为；④ 对检查中发现的安全事故隐患，责令立即排除；重大安全事故隐患排除前或者排除过程中无法保证安全的，责令从危险区域内撤出作业人员或者暂时停止施工。

（5）国家对严重危及施工安全的工艺、设备、材料实行淘汰制度。

（6）县级以上人民政府建设行政主管部门和其他有关部门应当及时受理对建设工程生产安全事故及安全事故隐患的检举、控告和投诉。

6.2　水工程建设质量管理法规

6.2.1　工程建设质量管理的基本制度

为了加强对工程建设质量的管理，保证工程建设质量，保护人民生命和财产安全，2000 年 1 月 30 日发布施行《建设工程质量管理条例》，确立了我国工程建设质量管理的基本制度。

（1）工程质量监督管理制度

国家实行建设工程质量监督管理制度，对在中华人民共和国境内从事建设工程的新建、扩建、改建等有关活动实行建设工程质量监督管理。国务院建设行政主管部门对全国的建设工程质量实施统一监督管理，县级以上地方人民政府建设行政主管部门对本行政区域内的建设工程质量实施监督管理。

（2）工程竣工验收备案制度

根据《建设工程质量管理条例》的有关规定，建设单位应当在工程竣工验收合格后的 15 天内，将建设工程竣工验收报告和规划、公安消防、环保等部门出具的认可文件或者准许使用文件报建设行政主管部门或者其他有关部门备案。

（3）工程质量事故报告制度

工程建设发生质量事故后，有关单位应当在 24 小时内向当地建设行政主管部门和其他有关部门报告。对重大质量事故，事故发生地的建设行政主管部门和其他有关部门应当按照事故类别和等级向当地人民政府和上级建设行政主管部门和其他有关部门报告。

（4）工程质量检举、控告、投诉制度

《建筑法》与《建设工程质量管理条例》均明确规定，任何单位和个人对建设工程的质量事故、质量缺陷都有权检举、控告、投诉。工程质量检举、控告、投诉制度是为了更好地发挥群众监督和社会舆论监督的作用，是保证建设工程质量的一项有效措施。

从事建设工程活动，必须严格执行基本建设程序，坚持先勘察、后设计、再施工的原则。建设单位、勘察单位、设计单位、施工单位、工程监理单位依法对建设工程质量负责，承担相应的质量管理责任。

6.2.2 建设单位的质量管理

建设单位应将工程发包给具有相应资质等级的单位，不得将建设工程肢解发包，并依法对工程建设项目的勘察、设计、施工、监理以及与工程建设有关的重要设备、材料等的采购进行招标，同时必须向有关的勘察、设计、施工、工程监理等单位提供与建设工程有关的原始资料，保证原始资料的真实、准确、齐全。建设单位应将施工图设计文件报县级以上人民政府建设行政主管部门或者其他有关部门审查。施工图设计文件未经审查批准的不得使用。

实行监理的建设工程，建设单位应委托具有相应资质等级的工程监理单位进行监理，也可以委托具有工程监理相应资质等级的设计单位进行监理。建设单位在领取施工许可证或者开工报告前，应当按照国家有关规定办理工程质量监督手续。按照合同约定，由建设单位采购建筑材料、建筑构配件和设备的，建设单位应保证建筑材料、建筑构配件和设备符合设计文件和合同要求。涉及建筑主体和承重结构变动的装修工程，建设单位应在施工前委托原设计单位或者具有相应资质等级的设计单位提出设计方案；没有设计方案的不得施工。

建设单位收到建设工程竣工报告后，应组织设计、施工、工程监理等有关单位进行竣工验收，经验收合格的，方可交付使用。工程竣工验收应当具备下列条件：

（1）完成建设工程设计和合同约定的各项内容；

（2）有完整的技术档案和施工管理资料；

（3）有工程使用的主要建筑材料、建筑构配件和设备的进场试验报告；

（4）有勘察、设计、施工、工程监理等单位分别签署的质量合格文件；

（5）有施工单位签署的工程保修书。

建设单位应严格按照国家有关档案管理的规定，及时收集、整理建设项目各环节的文件资料，建立、健全建设项目档案，并在建设工程竣工验收后，及时向建设行政主管部门或者其他有关部门移交建设项目档案。

6.2.3 勘察、设计单位的质量管理

从事建设工程勘察、设计的单位应依法取得相应等级的资质证书，并在其资质等级许可的范围内承揽工程。勘察、设计单位必须按照工程建设强制性标准进行勘察、设计，并对其勘察、设计的质量负责。注册建筑师、注册结构工程师等注册执业人员应在设计文件上签字，对设计文件负责。勘察单位提供的地质、测量、水文等勘察成果必须真实、准确，并根据勘察成果文件进行建设工程设计。设计文件应符合国家规定的设计深度要求，注明工程合理使用年限。设计单位在设计文件中选用的建筑材料、建筑构配件和设备，应注明规格、型号、性能等技术指标，其质量要求必须符合国家规定的标准。除有特殊要求的建筑材料、专用设备、工艺生产线等外，设计单位不得指定生产厂、供应商。设计单位应就审查合格的施工图设计文件向施工单位作出详细说明，并应参与建设工程质量事故分析，并对因设计造成的质量事故，提出相应的技术处理方案。

6.2.4 施工单位的质量管理

施工单位应依法取得相应等级的资质证书，并在其资质等级许可的范围内承揽工程，对建设工程的施工质量负责。施工单位应建立质量责任制，确定工程项目的项目经理、技术负责人和施工管理负责人。实行总承包的应对全部建设工程质量负责；建设工程勘察、设计、施工、设备采购的一项或者多项实行总承包的，总承包单位应对其承包的建设工程或者采购的设备质量负责。总承包单位依法将建设工程分包给其他单位的，分包单位应按照分包合同的约定对其分包工程的质量向总承包单位负责，总承包单位与分包单位对分包工程的质量承担连带责任。

施工单位必须按照工程设计图纸和施工技术标准施工，不得擅自修改工程设计，不得偷工减料，必须按照工程设计要求、施工技术标准和合同约定，对建筑材料、建筑构配件、设备和商品混凝土进行检验，检验应当有书面记录和专人签字；未经检验或者检验不合格的，不得使用。施工单位必须建立、健全施工质量的检验制度，严格工序管理，做好隐蔽工程的质量检查和记录。隐蔽工程在隐蔽前，施工单位应通知建设单位和建设工程质量监督机构。施工人员对涉及结构安全的试块、试件以及有关材料，应在建设单位或者工程监理单位监督下现场取样，并送具有相应资质等级的质量检测单位进行检测。施工单位对施工中出现质量问题的建设工程或者竣工验收不合格的建设工程应负责返修。施工单位应建立、健全教育培训制度，加强对职工的教育培训；未经教育培训或者考核不合格的人员不得上岗作业。

6.2.5 工程监理单位的质量管理

工程监理单位应依法取得相应等级的资质证书，并在其资质等级许可的范围内承担工程监理业务。工程监理单位与被监理工程的施工承包单位以及建筑材料、建筑构配件和设备供应单位有隶属关系或者其他利害关系的，不得承担该项建设工程的监理业务。工程监理单位应当依照法律、法规以及有关技术标准、设计文件和建设工程承包合同，代表建设单位对施工质量实施监理，并对施工质量承担监理责任。应选派具备相应资格的总监理工程师和监理工程师进驻施工现场。未经监理工程师签字，建筑材料、建筑构配件和设备不得在工程上使用或者安装，施工单位不得进行下一道工序的施工。未经总监理工程师签字，建设单位不拨付工程款，不进行竣工验收。监理工程师应按照工程监理规范的要求，采取旁站、巡视和平行检验等形式，对建设工程实施监理。

6.2.6 建设工程的质量保修制度

1. 质量保修制度的规定

建设工程质量保修制度是国家所制定的重要法律制度。健全建设工程质量保修制度，对于促进承包方加强质量管理，保护用户及消费者的合法权益可起到重要的保障作用。

建设工程承包单位在向建设单位提交工程竣工验收报告时，应向建设单位出具质量保修书。质量保修书中应当明确建设工程的保修范围、保修期限和保修责任等。建设工程保修制度是指建设工程在办理交工验收手续后，在规定的保修期内，因勘察设计、施工、材料等原因造成的质量缺陷，应由责任单位维修。质量缺陷是指工程不符合国家或行业现行的有关技术标准、设计文件以及合同中对质量的要求。

对于建筑工程的质量保修，《中华人民共和国建筑法》第六十二条、第七十五条、第八十条均有明确的规定。国务院发布的《建设工程质量管理条例》中，专设建设工程质量保修一章，在其中的第四十条、第四十一条、第四十二条对最低保修期限、赔偿责任等作出了具体的规定。

2. 保修范围及保修期

根据前述法律、法规，在正常使用条件下，建设工程的保修范围和最低保修期限为：

（1）基础设施工程、房屋建筑的地基基础工程和主体结构工程，为设计文件规定的该工程的合理使用年限；

（2）屋面防水工程，有防水要求的卫生间、房间和外墙面的防渗漏，为5年；

（3）供热与供冷系统，为2个供暖期、供冷期；

（4）电气管线、给水排水管道、设备安装和装修工程，为2年。

其他项目的保修期限由发包方与承包方约定。建设工程的保修期，自竣工验收合格之日起计算，建设工程在保修范围和保修期限内发生质量问题的，施工单位应履行保修义务，并对造成的损失承担赔偿责任。

建设工程在超过合理使用年限后需要继续使用的，产权所有人应当委托具有相应资质等级的勘察、设计单位鉴定，并根据鉴定结果采取加固、维修等措施，重新界定使用期。

6.2.7 建设工程质量的监督管理

国家对建设工程项目实行质量监督管理制度。政府对工程项目的质量控制，主要侧重于宏观的社会效益，贯穿于建设的全过程，其作用是强制性的，其目的是保证工程项目的建设符合社会公共利益，保证国家的有关法规、标准及规范的执行。建设工程质量监督管理由建设行政主管部门或者其他有关部门委托的建设工程质量监督机构具体实施。

从事市政基础设施工程质量监督的机构，必须按照国家有关规定经国务院建设行政主管部门或者省、自治区、直辖市人民政府建设行政主管部门考核；从事专业建设工程质量监督的机构，必须按照国家有关规定经国务院有关部门或者省、自治区、直辖市人民政府有关部门考核。经考核合格后，方可实施质量监督。建设工程质量监督机构的主要任务是：

（1）根据政府主管部门的委托，受理建设工程项目的质量监督。

（2）制定质量监督方案。确定负责该项工程的质量监督工程师和助理质量监督工程师。根据有关法律、法规和工程建设强制性标准，针对工程特点，明确监督的具体内容、监督方式。在方案中对地基基础、主体结构和其他涉及结构安全的重要部位和关键工序，做出实施监督的详细计划安排。建设工程质量监督机构应将质量监督工作方案通知建设、勘察、设计、施工、监理单位。

（3）检查施工现场工程建设各方主体的质量行为。核查施工现场工程建设各方主体及有关人员的资质和资格；检查勘察、设计、施工、监理单位的质量管理体系和质量责任制落实情况；检查有关质量文件、技术资料是否齐全并符合规定。

（4）检查建设工程的实体质量。按照质量监督工作方案，对建设工程地基基础、主体结构和其他涉及结构安全的关键部位进行现场实地抽查；对用于工程的主要建筑材料、构配件的质量进行抽查；对地基基础分部、主体结构分部工程和其他涉及结构安全的分部工程的质量验收进行监督。

(5) 监督工程竣工验收。监督建设单位组织的工程竣工验收的组织形式、验收程序以及在验收过程中提供的有关资料和形成的质量评定文件是否符合有关规定，实体质量是否存在严重缺陷，工程质量的检验评定是否符合国家验收标准。

(6) 报送工程质量监督报告。工程竣工验收后5日内，应向委托部门报送建设工程质量监督报告，内容包括对地基基础、主体结构质量检查的结论，工程竣工验收的程序、内容和质量检验评定是否符合有关规定，以及历次抽查该工程发现的质量问题及处理情况等。

(7) 对预制的建筑构件和商品混凝土质量进行监督。

(8) 政府主管部门委托的工程质量监督管理的其他工作。

6.3 建设工程监理制度

6.3.1 概述

建设工程监理是指监理单位受项目法人的委托，依据国家批准的工程项目建设文件、有关工程建设的法律、法规和工程建设监理合同及其他工程建设合同，对工程建设实施的监督管理。

建设工程监理，是20世纪80年代中后期随着我国建设管理体制的改革，参照国际惯例，在我国建设领域推行的一项科学的管理制度。从1988年建设部发出《关于开展建设监理工程的通知》正式在我国提出试行建设监理制度，30多年来我国建筑监理工作的实践充分证明，在我国实行建筑工程监理制是完全必要的，也是可行的。加速这项改革的全面实施，对提高工程建设水平、提高投资效益，对促进我国社会主义市场经济体制的建立，促进国民经济的发展都具有十分重要的意义。我国推行建设工程监理制度的工作已经走过了试点阶段、稳步发展阶段。2014年3月1日起，我国颁布实施国家标准《建设工程监理规范》GB/T 50319—2013，标志着建设监理在制度化、规范化和科学化方面迈上新台阶，并向国际监理水准迈进。

6.3.2 监理规划

工程建设监理规划是监理单位在工程建设监理合同签订后制定的指导监理组织全面开展工作的纲领性文件，项目总监理工程师主持、依据监理合同，在监理大纲的基础上，结合工程具体情况所制定的整个项目开展监理工作的技术性文件。监理规划包括工程概况，监理工作的范围、内容、目标，监理工作依据，监理组织形式、人员配备及进退场计划、监理人员岗位职责，监理工作制度，工程质量控制，工程造价控制，工程进度控制，安全生产管理的监理工作，合作与信息管理，组织协调，监理工作设施等12项内容。

它具有以下重要作用：①指导监理单位的项目监理组织全面开展监理工作；②监理规划是工程建设监理主管机构对监理单位实施监督管理的重要依据；③监理规划是业主确认

监理单位是否全面、认真履行工程建设监理合同的依据；④监理规划是监理单位重要的存档资料。

监理规划编写的有关要求：

1. 监理规划的基本内容构成应当力求统一

监理规划作为指导项目监理组织全面开展监理工作的指导性文件，在总体内容组成上应力求做到统一。这是监理规范、统一的要求，监理制度化的要求，是监理科学性的要求。

监理规划的基本构成内容的确定，首先应考虑整个建设监理制度对工程建设监理的内容要求。《建设工程监理规范》明确指出，工程监理单位受建设单位委托，根据法律法规、工程建设标准、勘察设计文件及合同，在施工阶段对建设工程质量、进度、造价进行控制，对合同、信息进行管理，对工程建设相关方的关系进行协调，并履行建设工程安全生产管理法定职责的服务活动。规范的上述要求，无疑将成为项目监理规划的基本内容，同时应当考虑监理规划的基本作用。监理规划的基本作用是指导项目监理组织全面开展监理工作。所以，对整个监理工作的计划、组织、控制将成为监理规划必不可少的内容。根据工程建设监理的指导思想，目标控制将成为规划的中心内容。这样，监理规划构成的基本内容就可以在上面的原则下统一起来。至于一个具体工程项目的监理规划，则要根据监理单位与项目业主签订的监理合同所确定的监理实际范围和深度来加以取舍。

监理规划统一的内容要求应当在建设监理法规文件或工程建设监理合同中明确下来。例如，美国工程监理合同标准文本中就有专门的关于监理规划的条款，并且为了"监理规划编写和使用的统一和方便，对监理规划的内容组成结构特作如下考虑……"。其中，明确规定监理规划的内容由九部分组成，即工程项目说明、工程项目目标、三方义务说明、项目结构分解、组织结构、监理人员工作义务、职责关系、进度计划、协调工作程序。

2. 监理规划的内容的针对性

监理规划基本构成内容应当统一，但各项内容要有针对性。因为监理规划是指导一个特定工程项目监理工作的技术组织文件，它的具体内容要适应于这个工程项目。而所有工程项目都具有单件性和一次性特点，也就是说每个项目都不相同。而且，每一个监理单位和每一位项目总监理工程师对一个具体项目在监理思想、方法和手段上都有独到之处。因此在编写监理规划具体内容时必然是"百花齐放"。只要能够对本项目有效地实施监理，圆满地完成所承揽的监理业务就是一个合格的监理规划。

针对一个具体工程项目的监理规划，应有它自己的投资、进度、质量目标；项目组织形式；监理组织机构；信息管理制度；合同管理措施；目标控制措施、方法和手段。只有具有针对性的监理规划，才能真正起到指导监理工作的作用。

3. 监理规划的表达应当格式化、标准化

选择最有效方式和方法表示出监理规划的各项内容。比较而言，图、表和简单的文字说明应当是采用的基本方法。我国的建设监理制度应当走规范化、标准化的道路。这是科学管理与粗放型管理在具体工作上的明显区别。规范化、标准化是科学管理的重要标志之一。

所以，编写监理规划各项内容时应当采用什么表格、图示以及哪些内容需要采用简单的文字说明应当作出统一规定。

4. 监理规划编写的主持人

监理规划应当在项目总监理工程师主持下编写制定，这是工程建设监理实行项目总监理工程师负责制的要求。同时，要广泛征求各专业和各子项目监理工程师的意见并吸收他们中的一部分共同参与编写。编写之前要搜集有关工程项目的状况资料和环境资料作为规划的依据。

监理规划在编写过程中应当听取项目业主的意见，最大限度地满足他们的合理要求。监理规划编写过程中还要听取被监理方的意见。这不仅仅包括承建本工程项目的单位，还应当向富有经验的承包商广泛地征求意见。

此外，作为监理单位的业务工作，在编写监理规划时还应当按照本单位的要求进行编写。

5. 把握监理规划运行的核心

监理规划是针对一个具体工程项目来编写的，而工程的动态性很强。项目的动态性决定了监理规划具有可变性。所以，必须把握工程项目运行的核心，只有这样才能实施对这项工程有效的监理。

监理规划要把握工程项目运行的核心是指它要随着工程项目展开进行不断的补充、修改和完善。同时，监理规划随着工程的进行必然要调整，促使监理规划在内容上相应地调整，以使工程项目能够在规划的有效控制之下。

此外，由于监理规划所需要的编写信息是逐步提供的，随着设计的深入及工程招标方案的出台和实施，工程信息量越来越多，因此规划也就越加趋于完整。

6. 监理规划的分阶段编写

监理规划的内容与工程进展密切相关，没有规划信息也就没有规划内容。因此，监理规划的编写需要有一个过程。可以将编写的整个过程划分为若干个阶段，每个编写阶段都可与工程实施各阶段相对应。这样，项目实施各阶段所输出的工程信息成为相应的规划信息，从而使监理规划编写能够遵循管理规律，使其针对性更强。

监理规划编写阶段可按项目实施的各阶段来划分。可划分为设计阶段、施工招标阶段和施工阶段。设计的前期阶段，即设计准备阶段应完成规划的总框架并将设计阶段的监理工作规划内容与已经把握住的工程信息紧密结合，既能有效地指导下阶段的监理工作，又为未来的工程实施进行筹划；设计阶段结束，大量的工程信息能够提供出来，所以施工招标阶段监理规划的大部分内容都落实；随着施工招标的进展，各承包单位进度确定下来，工程承包合同逐步签订，施工阶段监理规划所需工程信息基本齐备，足以编写出完整的施工阶段监理规划。在施工阶段，有关监理规划工作主要是根据工程进展情况进行调整、修改，使它能动态地控制整个工程项目的正常进行。

无论监理规划的编写如何进行阶段划分，但它必须起到指导监理工作的作用，同时还要留出审查、修改的时间。因此，监理规划编写需要事先规定时间。

7. 监理规划的审核

项目监理规划在编写完成后需要进行审核、批准。监理单位的技术主管部门是内部审核单位，其负责人应当签认。同时，还应当提交给业主，由业主确认，并监督实施。

从以上监理规划编写情况看，它的编写既需要有主要负责者（项目总监理工程师），又需要形成编写班子。同时，项目监理组织的各部门负责人也有相关的任务和责任。监理规划涉及监理工作的各方面，所以，凡是有关的部门和人员都应当关注它，使监理规划编制得科学、完备，真正发挥全面指导监理工作的作用。

工程建设监理是一项系统工程。监理规划就是进行此项工程的“初步设计”。各专业监理的实施细则则是此项工程的“施工图设计”。

6.3.3 施工监理内容

监理实施细则（又称监理细则）是根据监理规划，由专业监理工程师编制并经总监理工程师批准，针对工程项目中某一专业或某一方面监理工作的操作性文件，对监理工作“做什么”、“如何做”的更详细的具体化和补充。它起着具体指导监理实务作业的作用，由专业监理工程师负责编写。在建筑工程施工阶段，监理实施细则主要内容包括施工质量、建设工期和建设资金使用等方面。

1. 施工质量监理

施工阶段的质量控制是把施工现场的质量状况和质量目标进行比较，并对比较结果进行分析，指示施工单位排除和预防产生差异的原因。另外，工程施工又是一种物质生产活动，质量在实现的过程中受到多因素的干扰，影响工程质量的因素主要包括五个方面，即人、材料、机械、方法和环境。所以施工阶段的质量控制也包括对这五个质量因素的全面控制。

根据工程质量形成阶段的时间，施工阶段的质量控制可以分为事前控制、事中控制、事后控制。

（1）事前质量控制

事前质量控制即在施工前进行质量控制，其具体内容有：

1）审查各承包单位的技术资质。

2）对工程所需材料、构件、配件的质量进行检查和控制。

3）对永久性生产设备和装置，按审批同意的设计图纸组织采购或订货。

4）施工方案和施工组织设计，保证工程质量具有可靠的措施。

5）对工程中采用的新材料、新工艺、新结构、新技术，应审核其技术鉴定书。

6）检查施工现场的测量标桩、建筑物的定位放线和高程水准点。

7）完善质量保证体系。

8）完善现场质量管理制度。

9）组织设计交底和图纸会审。

（2）事中质量控制

事中质量控制即在施工过程中进行质量控制。其具体内容有：

1）完善的工序控制。

2）严格工序之间的交接检查工作。

3）重点检查重要部位和专业工程。

4）对完成的分部、分项工程按照相应的质量评定标准和办法进行检查、验收。

5）审查设计图纸变更和图纸修改。

6）组织现场质量会议，及时分析通报质量情况。

（3）质量的事后控制

1）单位、单项工程的验收。凡单位、单项工程完工后，施工单位检验合格再提出验收申请报表。

2）项目竣工验收。

3）审核竣工图及其他技术文件资料。

4）整理工程技术文件资料并编目存档。

2. 建设工期（施工进度）监理

工程项目施工阶段进度控制应从随时掌握工程进展情况着手，将工程的实际进度与计划进度进行比较，以便及时采取措施，保证预期目标的实现。其控制方法有：监督，即深入现场了解工程进度中各分部（或分项）工程的实际进度情况，收集有关数据；比较，即对收集的数据进行整理和统计，将计划进度与实际进度进行对比评价；调整，即根据评估结果，提出可行的变更措施，决定对工程目标、工程计划，或工程实施活动进行调整。

（1）进度的事前控制

1）编制项目实施总进度计划。

2）审核施工单位提交的施工组织设计。

3）制定由业主供应材料、设备的采、供计划。

4）其他应完成的工作。

（2）进度的事中控制

进度的事中控制一方面是进行进度检查，动态控制和调整；另一方面，及时进行工程计量，为向施工单位支付进度款提供进度方面的依据。其工作内容有：

1）建立反映工程进度状况的监理日志。

2）工程进度的检查、动态管理。

3）按合同要求，及时进行工程计量验收（需和质监验收协调进行）。

4）做好进度、计量方面的签证。

5）进度的协调。

（3）进度的事后控制

要及时组织验收工作，当实际进度与计划进度发生差异时，在分析原因的基础上可采取以下措施：

1）制定保证总工期不突破的对策措施：技术措施、组织措施、经济措施和其他配套措施。

2）制定总工期突破后的补救措施。

3）调整相应计划。要在新的条件下组织新的协调和平衡，为此，应调整相应的施工计划、材料设备、资金供应计划等。

4）整理工程进度资料，工程进度资料的分类、编目和建档。

3. 建设资金使用监理

监理单位审核施工单位编制的工程项目各阶段及各年、季、月度资金使用计划，并控制其执行：熟悉设计图纸、招标文件、标底（合同造价），分析合同价构成因素，找出工程费用最易突破的部分，从而明确投资控制的重点；预测工程风险及可能发生索赔的原因，制定防范性对策；严格执行付款审核签认制度，及时进行工程投资实际值与计划值的比较、分析；严格履行计量与支付程序，及时对质量合格工程进行计量，及时审核签发付款证书等。

工程施工未经监理工程师签认不得施工。设计单位的设计变更通知，应通知监理单位，监理工程师应核定费用及工期的增减，列入工程结算。

严格审核施工单位提交的工程结算书，公正地处理施工单位提出的索赔。

根据施工合同拟订的工程价款结算方式，由施工单位按已完工程进度填写工程价款有关账单报送监理单位。由总监理工程师对已完工程的数量、质量核实签认后，经建设单位同意，送开户银行作为支付价款的依据。

4. 施工合同监理

建设工程施工合同简称施工合同，是经济合同之一，是由建设单位与承包或承建单位之间根据国家批准的建设项目或单项工程，按照建设程序的规定而签订的具有法律效力的经济合同。该合同由建设单位与承包单位依据经济合同法及招标与投标的条件签订。在承包合同中，要明确规定工程范围、工程量、开竣工日期、质量标准、材料供应办法、工程造价、承包方式、付款方式和奖罚规定等内容。施工合同经当事人双方签署后，即告成立并立即发生法律效力。

监理单位在工程建设监理过程中的施工合同监理主要是根据监理合同的要求对工程施工合同的签订、履行、变更和解除进行监督、检查，对合同双方争议进行调解和处理，以保证合同的依法制定和全面履行。在工程实施过程中经常发生的有关设备、材料、开工、停工、延误、变更、风险、索赔、支付、争议、违约等问题，以及财务管理、工程进度管理、工程质量管理诸方面工作，这个合同条件都涉及了。

监理工程师在合同监理中应当着重于以下几个方面的工作：

(1) 合同分析。它是对合同各类条款进行分门别类的认真研究和解释，并找出合同的缺陷和弱点，以发现和提出需要解决的问题。同时，更为重要的是，对引起合同变化的事件进行分析研究，以便采取相应措施。合同分析对于促进合同各方履行义务和正确行使合同赋予的权力，对于监督工程的实施，对于解决合同争议，对于预防索赔和处理索赔等项工作都是必要的。

(2) 建立合同目录、编码和档案。合同目录和编码是采用图表方式进行合同管理的很好工具，它为合同管理自动化提供了方便条件，使计算机辅助合同管理成为可能。合同档案的建立可以把合同条款分门别类地加以存放，便于查询、检索合同条款，也为分解和综合合同条款提供了方便。合同资料的管理应当起到为合同管理提供规范性服务的作用，它不仅要起到存放和查找的简单作用，还应当进行高层次的服务。例如，采用科学的方式将有关的合同程序和数据指示出来。

(3) 合同履行的监督、检查。通过检查发现合同执行中存在的问题，并根据法律、法规和合同的规定加以解决，以提高合同的履约率，使工程项目能够顺利地建成。合同监督还包括经常性地对合同条款进行解释，常念“合同经”，以促使承包方能严格地按照合同要求实现工程进度、工程质量和费用要求，按合同的有关条款做出工作流程图、质量检查表和协调关系表等，可以有效地进行合同监督。合同监理需要经常检查合同双方往来的文件、信函、记录、业主指示等，以确认它们是否符合合同的要求和对合同的影响，以便采取相应对策。根据合同监督、检查所获得的信息进行统计分析，以发现费用金额、履约率、违约原因、纠纷数量、变更情况等问题，向有关监理部门提供情况，为目标控制和信息管理服务。

（4）索赔。索赔是合同管理中的重要工作，又是关系合同双方切身利益的问题。同时牵扯监理单位的目标控制工作，是参与项目建设的各方都关注的事情。监理单位应当首先协助业主制定并采取防止索赔的措施，以便最大限度地减少无理索赔的数量和索赔影响量。其次，要处理好索赔事件。对于索赔，监理工程师应当以公正的态度对待，同时按照事先规定的索赔程序做好处理索赔的工作。

施工合同管理直接关系着投资、进度、质量控制，是工程建设监理方法系统中不可分割的组成部分。

6.4 工程建设强制标准制度

6.4.1 概述

工程建设标准是指对工程建设中各类工程的勘察、规划、设计、施工、安装、验收等需要协调统一的事项所制定的标准。工程建设标准化是在长期的工程实践中制定、修订、发布和实施的各项工程建设标准。它使工程建设各系统中的各种标准形成相互联系、相辅相成、共同作用的有机整体，是建立良好的建设秩序和创造明显的社会经济效益的重要基础性工作。工程建设标准化有利于促进技术进步，改进产品质量，统一建设工程设计的技术要求、安全要求和施工方法；有利于保障建设工程生产的安全和质量，维护国家和人民的利益。

工程建设标准包括标准、规范、规程。规范、规程是标准的形式之一，如《室外给水设计规范》。工程建设标准按照标准属性划分可分为以下两种：①强制性标准。它是发布后必须执行的标准。②推荐性标准。它是发布后自愿执行的标准。强制性标准以外的标准均属于推荐性标准。强制性标准具有法律属性，属于技术法规的范畴，在规定的使用范围内必须贯彻执行；推荐性标准不具有法律属性，属于技术标准的范畴，任何单位均有权决定是否采用。但推荐性标准具有技术权威性，经合同或行政性文件确认采用后，在确认的范围内也具有法律属性。

根据《工程建设国家标准管理办法》第3条的规定，下列工程建设标准属于强制性国家标准：①工程建设勘察、规划、设计、施工（包括安装）及验收等通用的综合标准和重要的通用质量标准；②工程建设通用的有关安全、卫生和环境保护标准；③工程建设重要的通用技术语言、符号、代号、量与单位、建筑模数和制图方法的标准；④工程建设重要的通用的试验、检验和评定方法等标准；⑤工程建设重要的通用信息技术标准；⑥国家需要控制的其他工程建设通用标准。

根据《工程建设行业标准管理办法》第3条的规定，下列工程建设标准属于强制性行业标准：①工程建设勘察、规划、设计、施工（包括安装）及验收等行业专用的综合性标准和重要的行业专用的质量标准；②工程建设行业专用的有关安全、卫生和环境保护的标准；③工程建设重要的行业专用的术语、符号、代号、量与单位和制图方法标准；④工程建设重要的行业专用的试验、检验和评定方法等标准；⑤工程建设重要的行业专用的信息技术标准；⑥行业需要控制的其他工程建设标准。

6.4.2 实施强制标准的意义

1. 建设工程管理制度创新的需要

《建设工程质量管理条例》第四十四条规定，国务院建设行政主管部门和国务院铁路、交通、水利等有关部门应当加强对有关建设工程质量的法律、法规和强制性标准执行情况的监督检查。同时，该条例对违反强制性标准的建设活动各方责任主体给予较为严厉的处罚。规定具有下列几层含义：

(1)《建设工程质量管理条例》将强制性标准与法律、法规并列起来，使得强制性标准在实效上与法律、法规等同，从而确定了强制性标准具有法规文件的属性，也就是说强制性标准本身虽然不是法规，但《建设工程质量管理条例》中给予明确了法规的性质。

(2) 明确了各级建设行政主管部门实施强制性标准监督检查的职责，同时也明确国务院铁路、交通、水利等有关部门对实施工程建设强制性标准监督检查的职责。根据《中华人民共和国标准化法》规定的标准化工作三大任务即制定标准、实施标准、对标准实施的监督，但长期以来对标准实施监督这项工作一直是薄弱环节，《建设工程质量管理条例》明确了政府各个部门的职责。

(3) 对从事建设活动各方应当严格执行强制性标准，将执行标准作为保证工程质量的重要措施。只有对执行强制性标准采取事前和事后监督控制并举的机制，才能起到保证工程质量核心的作用，这种机制就是《建设工程质量管理条例》重大突破。

2. 加入世界贸易组织技术制度的需要

我国加入世界贸易组织，对我们的各项制度和要求提出了新的要求。根据我国加入世界贸易组织的协定，我国制定的强制性标准与技术贸易壁垒协定所规定的技术法规是等同的。技术法规是指政府颁布的强制性文件，是一个国家的主权体现，必须执行。也就是说加入世界贸易组织后在中国境内从事工程建设活动的各个企业和个人必须严格执行中国的强制性标准。

把先进的生产力技术反映到标准规范中来，使中国特色的标准规范能应对加入世界贸易组织的挑战，维护广大群众的根本利益。这是政府管理标准规范、制定技术法规的根本指导思想。

3. 工程建设标准化体制改革的需要

根据《中华人民共和国标准化法》的规定，标准共分四类，即国家标准，行业标准，地方标准和企业标准。然而由于历史原因和长期受计划经济体制的影响，工程建设标准在编制原则、指导思想及编制方法上，都沿用着原有模式，初步形成的工程建设强制性标准与推荐性标准的体系，结构上并不十分合理，技术内容上也欠严谨。现行的3600余项工程建设标准中有2700余项属强制性标准，其条款近15万条。而在这诸多条款中不符合《标准化法》中规定的强制执行的技术内容占80%以上。如此众多的强制性标准，特别是强制性标准文本中如此大量的非强制性技术要求，使《中华人民共和国标准化法实施条例》《建设工程质量管理条例》中有关执行强制性标准规定难以落实。

6.4.3 工程建设强制标准制度适用范围

从事工程建设活动的部门、单位和个人，必须执行强制性标准。对于不符合强制性标准的工程勘察成果报告和规划、设计文件，不得批准和使用；不按标准施工，质量达不到合格标准的工程，不得验收。各级行政主管部门制定有关工程建设的规定时，不得擅自更改强制性国家标准和强制性行业标准。新的强制性标准实施后，工程建设行政主管部门应对工程建设标准设计进行相应的修改，并规定新、旧标准设计交替的使用期限。

必须严格执行工程建设的强制性标准，这是工程建设的特点决定的，一项工程建设的好坏，不仅关系建设工程的经济效益、社会效益和环境效益，而且直接关系到建设者、所有者和使用者的人身安全以及国家、集体、公民的财产安全。工程建设标准中凡与人体健康、人身财产安全有关的标准和重要的基础标准即为强制性标准，因此根据国家《标准化法》的要求，必须严格执行。

国家鼓励自愿使用工程建设推荐性标准。采用的推荐性标准在工程合同中予以确认。

勘察、规划、设计和施工单位必须加强工程建设标准化管理，并对工程建设标准的实施进行经常性的检查。

6.4.4 工程建设强制标准制度监督

1. 强制性标准的监督管理

国务院建设行政主管部门负责全国实施工程建设强制性标准的监督管理工作。国务院有关行政主管部门按照国务院的职能分工负责实施工程建设强制性标准的监督管理工作。县级以上地方人民政府建设行政主管部门负责本行政区域内实施工程建设强制性标准的监督管理工作。

建设项目规划审查机构应当对工程建设规划阶段执行强制性标准的情况实施监督。施工图设计文件审查单位应当对工程建设勘察、设计阶段执行强制性标准的情况实施监督。工程建设安全监督管理机构应当对工程建设施工阶段执行施工安全强制性标准的情况实施监督。工程质量监督机构应当对工程建设施工、监理、验收等阶段执行强制性标准的情况实施监督。

工程建设标准批准部门应当定期对建设项目规划审查机关、施工图设计文件审查单位、工程建设安全监督管理机构、工程质量监督机构实施强制性标准的监督进行检查，对监督不力的单位和个人，给予通报批评，建议有关部门处理。

工程建设标准批准部门应当对工程项目执行强制性标准情况进行监督检查。监督检查可以采取重点检查、抽查和专项检查的方式。

2. 强制性标准监督检查内容

强制性标准监督检查的内容包括：①有关工程技术人员是否熟悉、掌握强制性标准；②工程项目的规划、勘察、设计、施工、验收等是否符合强制性标准的规定；③工程项目采用的材料、设备是否符合强制性标准的规定；④工程项目的安全、质量是否符合强制性标准的规定；⑤工程中采用的导则、指南、手册、计算机软件的内容是否符合强制性标准的规定。

工程建设标准批准部门应当将强制性标准监督检查结果在一定范围内公告。

3. 强制标准制度外的特定情形

工程建设中拟采用的新技术、新工艺、新材料，不符合现行强制性标准规定的，应由拟采用单位提请建设单位组织专题技术论证，报批准标准的建设行政主管部门或国务院有关主管部门审定。

工程建设中采用国际标准或者国外标准，现行强制性标准未作规定的，建设单位应当向国务院建设行政主管部门或者国务院有关行政主管部门备案。

6.4.5 水工程强制标准

1. 水工程强制标准的概况

水工程强制标准主要包括三方面的内容：水工程设计、水工程施工与验收以及运行维护安全。

(1) 水工程设计

关于水工程设计的强制标准主要包含于以下规范：

1)《室外给水设计规范》GB 50013—2006，该规范对输配水管网的水量和水压，生活饮用水和生产用水的水质、水源、输配水管道、给水泵站、给水厂的设计作了严格规定。

2)《含藻水给水处理设计规范》CJJ 32—2011，该规范规定：当需要向含藻原水中投加液氯时，必须控制出厂水及管网水的氯仿和四氯化碳浓度。

3)《高浊度水给水处理设计规范》CJJ 40—2011，该规范对设置取水与水工构筑物、处理构筑物的泥渣处理作了严格的规定。

4)《室外排水设计规范》GB 50014—2006（2016 版），该规范对工艺废水水质、雨污水管渠、污水泵站、污水处理厂的设计作了严格的规定。

5)《泵站设计规范》GB 50265—2010，该规范对大、中型泵站，统一为供、排水两类，对泵站等级、主要设计参数、站址选择、泵站布置、泵房及其附属建筑物、设备等的设计作了严格规定。

6)《给水排水工程结构设计规范》GB 50069—2002，该规范对管道和构筑物（包括贮水和水处理构筑物）的结构设计作了严格的规定。

7)《建筑中水设计规范》GB 50336—2002，该规范对中水设施的要求、可选择的原水种类、中水的系统设计、水量收集、计算、计量、监测管理等内容作出了设计要求。

8)《城镇污水再生利用工程设计规范》GB 50335—2016，该规范对方案设计要求、再生水水源、回用分类和水质控制指标、回用系统、再生处理工艺与构筑物设计等作出了设计要求。

9)《给水排水工程管道结构设计规范》GB 50332—2002，该规范主要是针对给水排水工程各类管道结构设计中的一些共性要求作出了规定，包括适用范围、主要符号、材料性能要求、各种作用的标准值、作用的分项系数和组合系数、承载能力和正常使用极限状态，以及构造要求等。

10)《工业循环冷却水处理设计规范》GB 50050—2007，该规范主要对以地表水、地下水和再生水作为补充水的新建、扩建和改建工程的循环冷却水处理设计作出了设计要求。

11）《室外给水排水和燃气热力工程抗震设计规范》GB 50032—2003，该规范对室外给水排水工程的抗震设计作出了严格规定。

（2）水工程施工与验收

关于水工程施工与验收的强制标准主要包含于以下规范：

1）《给水排水构筑物工程施工及验收规范》GB 50141—2008，规范对土砂石及地基处理、开槽施工管道、不开槽施工管道、沿管和挤管施工、管道附属构筑物和管道功能性试验作了严格规定。

2）《给水排水管道工程施工及验收规范》GB 50268—2008，规范对基坑和围堰、取水构筑物、水池及其他构筑物（如水塔避雷针、钢筋混凝土圆筒和框架塔身、砖石砌体塔身）的施工及验收作了严格规定。

3）《城镇污水处理厂工程质量验收规范》GB 50334—2017，规范对新建、扩建、改建的城镇污水处理厂工程施工质量验收，对污水处理厂的设备与材料、施工质量检测、验收程序等作了严格规定。

（3）水工程的运行维护安全

关于水工程运行维护安全的强制标准主要包含于以下规范中：

1）《城镇排水管渠与泵站运行、维护及安全技术规程》CJJ 68—2016，规范对城镇排水管渠与泵站维护技术作了严格规定。

2）《城镇排水管道维护安全技术规程》CJJ 6—2009，规范对城镇排水管道维护安全技术作了严格规定。

3）《城镇供水厂运行、维护及安全技术规程》CJJ 58—2009，规范对水质监测、制水生产工艺、供水设施运行、供水设备运行、供水设施供水设备维护、自动化系统运行与维护作了严格规定。

4）《城镇供水管网运行、维护及安全技术规程》CJJ 207—2013，规程对城镇供水管道并网、运行调度、管网水质、管网维护、漏损控制、信息管理和管网安全等作了严格规定。

5）《城镇污水处理厂运行、维护及安全技术规程》CJJ 60—2011，规程对城镇污水处理厂运行、维护及其安全技术作了严格规定。

2. 水工程强制标准的部分条文解释

水工程强制标准列于水工程相关的规范之中，由于水工程强制条文较多，不能一一列举，以下仅从《室外给水设计规范》GB 50013—2006 和《室外排水设计规范》GB 50014—2006（2016年版）中选出部分条文作详细的解释。

（1）《室外给水设计规范》GB 50013—2006

1）第3.0.9条规定：当按直接供水的建筑层数确定给水管网水压时，其用户接管处的最小服务水头，一层为10m，二层为12m，二层以上每增加一层增加4m。

本条是关于配水管网最小服务水头的规定。给水管网的最小服务水头是指城镇配水管网与居住小区或用户接管点处为满足用水要求所应维持的最小水头。对于城镇给水系统，通常以需要满足的直接供水的建筑物层数来确定（不包括设置水箱、利用夜间进水、由水箱供水的层数）。单独的高层建筑或在高地上的个别建筑，可设局部加压装置来解决，不宜作为城镇给水系统的控制条件。

2）第 5.1.4 条规定：用地表水作为城镇供水水源时，其设计枯水流量的年保证率应根据城镇规模和工业大用户的重要性选定，宜用 90%～97%。（注：镇的设计枯水流量保证率，可根据具体情况适当降低。）

对以地表水作为城镇供水水源时，设计枯水量保证率目前有两种意见：

① 处于水资源较丰富地区的有关单位认为最枯流量保证率可采取 95%～97%，个别设计院建议不低于 97%，对于大、中城镇应取 99%。

② 处于干旱地带的华北、东北地区的有关单位认为，枯水流量保证率以定为 90%～97%较恰当。国内个别设计院建议为 90%～95%。

综合上述情况，一方面考虑目前人民生活水平的提高，城镇的迅速发展，旅游业的兴起，对城镇供水的安全可靠性要求有所提高，将枯水流量保证率确定为 97%是合适的；另一方面考虑到干旱地区及山区枯水季节径流量很小的具体情况，枯水流量保证率的下限仍保留为 90%，以便灵活采用。

目前，我国东部沿海经济发达地区的建制镇国民经济发展迅速，镇的建成区颇具规模，考虑到我国地域宽广，经济差异较大，对小城镇的枯水流量保证率仍不宜作硬性规定，故在“注”中仍然规定其保证率可适当降低，可根据城镇规模、供水的安全可靠性要求程度确定。

3）第 5.3.6 条规定：江河取水构筑物的防洪标准不应低于城镇防洪标准，其设计洪水重现期不得低于 100 年。水库取水构筑物的防洪标准应与水库大坝等主要建筑物的防洪标准相同，并应采用设计和校核两级标准。设计枯水位的保证率，应采用 90%～99%。

国家现行标准《城市防洪工程设计规范》GB/T 50805—2012 和《防洪标准》GB 50201—2014 都明确规定，堤防工程采用“设计标准”一个级别。但水库大坝和取水构筑物采用设计和校核两级标准。

对城镇堤防工程的设计洪水标准不得低于江河流域堤防的防洪标准，江河取水构筑物的防洪标准不应低于城镇的防洪标准的规定，旨在强调取水构筑物在确保城镇安全供水方面的重要性。设计枯水位是固定式取水构筑物的取水头部及泵组安装标高的决定因素。

据调查及有关规程、规范的规定，除个别城镇设计枯水位保证率为 100%外，其余均在 90%～99%范围内，与《城市防洪工程设计规范》规定的设计枯水位保证率是一致的。实践证明 90%～99%范围幅度较大的设计枯水位保证率，对各地水源、各种不同工程的建设是恰当的。至于设计枯水位保证率的上限 99%高于设计枯水流量保证率的上限 97%，主要考虑枯水量保证率仅影响取水水量的多少，而枯水位保证率则关系到水厂能否取到水，故其安全要求更高。

4）第 5.3.17 条规定：进水自流管或虹吸管的数量及其管径，应根据最低水位，通过水力计算确定。其数量不宜少于两条。当一条管道停止工作时，其余管道的通过流量应满足事故用水要求。

考虑到进水管部分位于水下，易受洪水冲刷及淤积，一旦发生事故，修复困难，时间也长。为确保供水安全，要求进水管设置不少于两条，当一条发生事故时，其余进水管仍能继续运行，并满足事故用水量要求。

5）第 6.2.2 条规定：非自灌充水水泵应分别设置吸水管。设有 3 台或 3 台以上的自灌充水水泵，如采用合并吸水管，其数量不宜少于两条，当一条吸水管发生事故时，其余吸水管仍能通过设计水量。

自灌充水水泵系指正水头吸水的水泵。非自灌充水水泵系指负水头吸水的水泵。非自灌充水水泵如采用合并吸水管，运行的安全性差，一旦漏气将影响与吸水管连接的各台水泵的正常运行。对于自灌充水水泵，如采用合并吸水管，吸水管根数不得少于两条，并应校核其中一条吸水管发生事故时，其余吸水管的输水能力。

6）第 7.1.3 条规定：输水干管不宜少于两条，当有安全贮水池或其他安全供水措施时，也可修建一条。输水干管和连通管的管径及连通管根数，应按输水干管任何一段发生故障时仍能通过事故用水量计算确定，城镇的事故水量为设计水量的 70%。

在输水工程中，安全供水非常重要，因此本条例制定了严格规定。本条文规定了"输水干管不宜少于两条，当有安全贮水池或其他安全措施时，也可修建一条"。采用一条输水干管的规定，适用于输水管道距离较长，建两条管道的投资较大，而且在供水区域输水干管断管维修期间，有满足事故水量的贮水池或者其他安全供水措施的情况。采用一条输水干管也仅是在安全贮水池前，在安全贮水池后，仍应敷设两条管道，互为备用。当有其他安全措施时也可修建一条输水干管，一般常用的为多水源，即可由其他水源在事故时补充。

输水干管断管的事故期间，允许降低供水量，按事故水量供水，事故水量是城镇供水系统设计水量的 70%。因此，无论输水干管采用一根或者两根，都应进行事故期供水量的核算，都应满足安全供水的要求。

日本水道协会 2004 年版《水道设施设计指针》中规定"当输水设施发生事故时，会导致大范围停水或输水量下降，要求输水设施在保证必要输水量的同时，其可靠性要强，输配水设施无论是否形成网络系统，都应设置两条以上输水管线"。

7）第 7.1.10 条规定：配水管网应按最高日最高时供水量及设计水压进行水力平差计算，并应分别按下列 3 种工况和要求进行校核：

① 发生消防时的流量和消防水压的要求；

② 最大转输时的流量和水压的要求；

③ 最不利管段发生故障时的事故用水量和设计水压要求。

为合理确定配水管网的管径、水泵扬程及高地水池的标高等，必须进行配水管网的水力平差计算。为确保管网在任何情况下均能满足居民的用水要求，配水管网除按最高日最高时的水量及控制点的设计水压进行计算外，还应按发生消防时的水量和水压要求、最大转输流量及干管事故水量三种情况进行校核，如校核结果不能满足要求，则需要调整某些管段的管径。

8）第 7.5.4 条规定：生活饮用水的清水池、调节水池、水塔，应有保证水的流动、避免死角、防止污染、便于清洗和通气等措施。生活饮用水的清水池和调节水池周围 10m 以内不得有化粪池、污水处理构筑物、渗水井、垃圾堆放场等污染源；周围 2m 以内不得有污水管道和污染物。当达不到上述要求时，应采取防止污染的措施。

这些规定主要目的是防止饮用水的二次污染。尤其是在管网中饮用水调节构筑物的选址时，应注意其周围可能存在的对饮用水水质的潜在污染。本条文规定了生活饮用水清水池和调节构筑物与污染源的最小距离。

9）第 9.3.1 条规定：用于生活饮用水处理的混凝剂或助凝剂产品必须符合卫生要求。

混凝剂和助凝剂是水处理工艺中添加的化学物质，其成分将直接影响生活饮用水水质。选用的产品必须符合卫生部 2001 年 9 月 1 日颁发的《生活饮用水化学处理剂卫生安全评价规范》的要求，从法律上保证了对人体无毒，对生产用水无害的要求。聚丙烯酰胺常被用作处理高浊度水的混凝剂或助凝剂。聚丙烯酰胺是由丙烯酰胺聚合而成，其中还剩有少量未聚合的丙烯酰胺的单体，这种单体是有毒的。饮用水处理用聚丙烯酰胺的单体，丙烯酰胺的含量应符合现行国家标准《水处理剂 阴离子和非离子型聚丙烯酰胺》GB 17514—2017 的规定在 0.05%以下。

(2)《室外排水设计规范》GB 50014—2006（2016 年版）

1）第 1.0.6 条规定：工业废水接入城镇排水系统的水质应按有关标准执行，不应影响城镇排水管渠和污水处理厂等的正常运行；不应对养护管理人员造成危害；不应影响处理后出水的再生利用和安全排放，不应影响污泥的处理和处置。

从全局着眼，工业企业有责任根据本企业废水水质进行预处理，使工业废水接入城镇排水系统后，对城镇排水管渠不阻塞，不损坏，不产生易燃、易爆和有毒有害气体，不传播致病菌和病原体，不危害操作养护人员，不妨碍污水的生物处理，不影响处理后出水的再生利用和安全排放，不影响污泥的处理和处置。排入城镇排水系统的污水水质，必须符合现行的《污水综合排放标准》GB 8978—1996、《污水排入城镇下水道水质标准》GB/T 31962—2015 等有关标准的规定。

2）第 3.2.4 条规定：雨水管渠设计重现期，应根据汇水地区性质、城镇类型、地形特点和气候特征等因素确定。经技术经济比较后按该规范表 3.2.4 的规定取值。人口密集、内涝易发且经济条件较好的城镇，宜采用规定的上限。新建地区、既有地区应结合地区改建、道路等更新排水系统，按该规定执行。同一排水系统可采用不同重现期。

3）第 3.3.3 条规定：截流倍数 n_0 应根据旱流污水的水质、水量、排放水体的环境容量、水文、气候、经济和排水区域大小等因素经计算确定，宜采用 2～5。同一排水系统中可采用不同截流倍数。

截流倍数小，会造成受纳水体污染；截流倍数大，虽水体污染程度较小，但管渠系统投资大，同时把大量雨水输送至污水处理厂，影响处理效果。据调查分析，当截流倍数增大时，其投资的增长倍数与环境效益的改善程度相比较，从经济效益上分析并不合理。当合流制排水系统具有排水能力较大的合流管渠，可采用较小的截流倍数，或设置一定容量的雨水调蓄设施。国外有资料报道，采用雨水调蓄设施时，在环境效益相同时，经济效益较好。英国截流倍数为 5，德国为 4，美国为 1.5～5 甚至到 30，日本为最大时污水量的 3 倍以上。

4）第 4.1.4 条规定：输送腐蚀性污水的管渠必须采用耐腐蚀材料，其接口及附属构筑物必须采取相应的防腐蚀措施。

输送腐蚀性污水的管渠、检查井和接口必须采取相应的防腐蚀措施，以保证管渠系统的使用寿命。

5）第 4.3.3 条规定：管道基础应根据管道材质、接口形式和地质条件确定，对地基松软或不均匀沉降地段，管道基础应采取加固措施。

为了防止污水外泄污染环境，防止地下水入渗，以及保证污水管道使用年限，管道基础的处理非常重要，对排水管道的基础处理应严格执行国家相关标准。对于各种化学制品管材，也应严格按照相关施工规范处理好管道基础。

6）第4.6.1条规定：当工业废水能产生引起爆炸或火灾的气体时，其管道系统中必须设置水封井。水封井位置应设在产生上述废水的排出口处及其干管上每隔适当距离处。

水封井是一旦废水中产生的气体发生爆炸或火灾时，防止通过管道蔓延的重要安全装置。国内石油化工厂、油品库和油品转运站等含有易燃易爆的工业废水管渠系统中均设置水封井。当其他管道必须与输送易燃易爆废水的管道连接时，其连接处也应设置水封井。

7）第6.1.8条规定：厂区消防的设计和消化池、贮气罐、污泥气压缩机房、污泥气发电机房、污泥气燃烧装置、污泥气管道、污泥干化装置、污泥焚烧装置及其他危险品仓库等的位置和设计，应符合国家现行有关防火规范的要求。

8）第6.1.19条规定：污水处理厂的供电系统，应按二级负荷设计，重要的污水处理厂宜按一级负荷设计。当不能满足上述要求时，应设置备用动力设施。

考虑到污水处理厂中断供电可能对该地区的政治、经济、生活和周围环境等造成不良影响，污水处理厂的供电应按二级负荷设计。本条文增加重要的污水处理厂宜按一级负荷设计的内容。重要的污水处理厂是指中断供电对该地区的政治、经济、生活和周围环境等造成重大影响者。

9）第7.1.3条规定：污泥作肥料时，其有害物质含量应符合国家现行标准的规定。

城镇污水污泥中含有重金属、致病菌和寄生虫卵等有害物质，为保证污泥用作农田肥料的质量，应按照国家现行标准严格限制工业企业排入城镇下水道的重金属等有害物质含量，同时还应按照国家现行标准加强对污泥中有害物质的检测。

6.5 工程竣工验收制度

6.5.1 概述

工程项目按照批准的设计图纸和文件的内容全部建成，达到使用条件或住人的标准，叫做工程竣工。工程竣工验收指建设工程项目竣工后开发建设单位会同设计、施工、设备供应单位及工程质量监督部门，对该项目是否符合规划设计要求以及建筑施工和设备安装质量进行全面检验，取得竣工合格资料、数据和凭证。应该指出的是，竣工验收是建立在分阶段验收的基础之上，前面已经完成验收的工程项目一般在竣工验收时就不再重新验收。

工程项目竣工验收就是由建设单位、施工单位和项目验收委员会，以项目批准的设计任务书和设计文件，以及国家（或部门）颁发的施工验收规范和质量检验标准为依据，按照一定的程序和手续，在项目建成并试生产合格后，对工程项目的总体进行检验和认证（综合评价，鉴定）的活动。

2013年12月2日，住房城乡建设部发布《房屋建筑工程和市政基础设施工程竣工验收规定》，明确了中华人民共和国境内新建、扩建、改建的各类房屋和市政基础设施工程的竣工验收（以下简称工程竣工验收）的条件、程序及工程竣工验收报告的内容。①2000年1月30日，国务院颁布的《建设工程质量管理条例》对我国工程竣工验收制度作了根本性的修改，将工程竣工验收由验收制改为备案制，建设行政主管部门不再核发竣工验收证明，而是采用了验收备案的办法，改变了房屋建筑工程竣工验收制度。②2009年10月19日，住房城乡建设部颁布了《房屋建筑和市政基础设施工程竣工验收备案管理办法》。③2001年12月27日，环境保护部发布《建设项目竣工环境保护验收管理办法》(2010年部分修订)，规定了建设项目竣工环境保护验收范围、条件、程序等。

通过竣工验收可以全面考察工程项目设计和施工的质量，以便及时发现和解决存在的问题，以保证项目按设计要求的各项技术经济指标正常使用。通过竣工验收办理固定资产交付使用手续，总结建设经验，提高建设项目的经济效益和管理水平。

工程项目竣工验收是建设程序的最后一个阶段。工程项目经过竣工验收，由承包单位交付建设单位使用，并办理各项工程移交手续，标志着这个工程项目的结束，也就是建设资金转化为使用价值。

1. 工程项目竣工验收依据

工程项目竣工验收依据，除了必须符合国家规定的竣工标准（或地方政府主管机关的具体标准）之外，在进行工程竣工验收和办理工程移交手续时，应该以下列文件作为依据：

(1) 上级主管部门对该项目批准的各种文件。

(2) 可行性研究报告、初步设计文件及批复文件。

(3) 施工图设计文件及设计变更洽商记录。

(4) 国家颁布的各种标准和现行的施工质量验收规范。

(5) 工程承包合同文件。

(6) 技术设备说明书。

(7) 关于工程竣工验收的其他规定。

(8) 从国外引进的新技术和成套设备的项目，以及中外合资建设项目，要按照签订的合同和进口国提供的设计文件等进行验收。

(9) 利用世界银行等国际金融机构贷款的建设项目，应按世界银行规定，按时编制《项目完成报告》。

2. 工程项目竣工验收条件

建设单位在收到施工单位提交的工程竣工报告，并具备以下条件后，方可组织勘察、设计、施工、监理等单位有关人员进行竣工验收：

(1) 完成了工程设计和合同约定的各项内容。

(2) 施工单位对竣工工程质量进行了检查，确认工程质量符合有关法律、法规和工程建设强制性标准，符合设计文件及合同要求，并提出工程竣工报告。该报告应经总监理工程师（针对委托监理的项目）、项目经理和施工单位有关负责人审核签字。

(3) 有完整的技术档案和施工管理资料。

(4) 建设行政主管部门及委托的工程质量监督机构等有关部门责令整改的问题全部整改完毕。

(5) 对于委托监理的工程项目，具有完整的监理资料，监理单位提出工程质量评估报告，该报告应经总监理工程师和监理单位有关负责人审核签字。未委托监理的工程项目，工程质量评估报告由建设单位完成。

（6）勘察、设计单位对勘察、设计文件及施工过程中由设计单位签署的设计变更通知书进行检查，并提出质量检查报告。该报告应经该项目勘察、设计负责人和各自单位有关负责人审核签字。

（7）有规划、消防、环保等部门出具的验收认可文件。

（8）有建设单位与施工单位签署的工程质量保修书。

3. 竣工验收的内容

竣工验收内容主要包括：项目计划任务完成情况，项目规划设计与预算执行情况，工程建设质量、资金使用与管理情况，档案资料管理情况，工程管护措施以及合同履约及执行国家法律、法规和工程建设强制性标准情况等。

竣工验收的内容随工程项目的不同而异，一般包括下列内容：

（1）工程技术资料验收内容

包括工程地质、水文、气象、地形、地貌、建筑物、构筑物及重要设备、安装位置、勘察报告、记录；初步设计、技术设计、关键的技术试验、总设计；土质试验报告、基础处理；建筑工程施工记录、单位工程质量检查记录、管线强度、密封性试验报告、设备及管线安装施工记录及质量检查、仪表安装施工记录；设备试车、验收运转、维护记录；产品的技术参数、性能、图纸、工艺说明、工艺规程、技术总结、产品检验、包装、工艺图；设备的图纸、说明书；涉外合同、谈判协议、意向书；各单项工程及全部管网竣工图等的资料。

（2）工程综合资料验收内容

项目建议书及批件、可行性研究报告及批件、项目评估报告、环境影响评估报告书、设计任务书。土地征用申报及批准的文件、承包合同、招标投标文件、施工执照、项目竣工验收报告、验收鉴定书。

（3）工程财务资料验收内容

历年建设资金供应（拨、贷）情况和应用情况；历年批准的年度财务决算；历年年度投资计划、财务收支计划；建设成本资料；支付使用的财务资料；设计概算、预算资料；施工决算资料。

（4）建筑工程验收内容：

在全部工程验收时，建筑工程早已建成了，有的已进行了“交工验收”，这时，是运用资料进行审查验收，其主要内容有：

1）建筑物的位置、标高、轴线是否符合设计要求。

2）对沉井制作、沉井下沉、内部结构、满水试验等审查验收。

3）对结构工程中的砖木结构、砖混结构、内浇外砌结构、钢筋混凝土结构的审查验收。

4）对管座基础、回填土、闭水试验等的审查验收。

（5）水工程验收内容

竣工验收时，应核实竣工验收资料，并进行必要的复验和外观检查。

1）对于给水排水管道，下列项目应作出鉴定，并填写竣工验收鉴定书。

① 管道的位置及高程；

② 管道及附属构筑物的断面尺寸；

③ 给水管道配件安装的位置和数量；

④ 给水管道的冲洗及消毒；

⑤ 外观。

2）对于给水排水构筑物，下列项目应作出鉴定，并填写竣工验收鉴定书。

① 构筑物的位置、高程、坡度、平面尺寸，管道及其附件等安装的位置和数量；

② 结构强度，抗渗、抗冻的等级；

③ 水池及水柜等的水密性，消化池的气密性；

④ 外观；

⑤ 其他。

6.5.2 验收标准分类

1. 工程项目竣工验收依据

工程建设项目一般是指具有项目建议书和总体设计、经济上实行独立核算、管理上具有独立组织形式的工程项目。在给水排水工程建设中通常是指城镇和工业区的给水工程建设项目或排水工程建设项目。一个工程建设项目中，可以有几个单项工程。

(1) 工业建设项目竣工验收标准

主要生产性工程和辅助公用设施，均按项目设计规定建成，并能够满足项目生产要求。

主要工艺设备和动力设备，均已安装配套，经无负荷联动试车和有负荷联动试车合格，并已形成生产能力，可以生产出项目设计文件规定的产品。

职工宿舍、食堂、更衣室和浴室，以及其他生活福利设施，均能够适应项目投产初期需要。

项目生产准备工作，已能够适应投产初期需要。

(2) 民用建设项目竣工验收标准

项目各单位工程和单项工程，均已符合项目竣工验收标准。

项目配套工程和附属工程，均已施工完毕，已达到设计规定的相应质量要求，并具备正常使用条件。

项目施工完毕后，必须及时进行项目竣工验收。国家规定“对已具备竣工验收条件的项目，三个月内不办理验收投产和移交固定资产手续者，将取消业主和主管部门的基建试车收入分成，并由银行监督全部上交国家财政；如在三个月内办理竣工验收确有困难，经验收主管部门批准，可以适当延长验收期限”。

2. 单项工程竣工验收标准

单项工程是指具有独立的设计文件，建成后能够独立发挥生产能力或工程效益的工程项目。给水工程中的单项工程或称枢纽工程有取水工程、输水管渠、净水厂、配水管网工程等；排水工程中的单项工程有雨水管网、污水管网、截留干管、污水处理厂、污水排放工程等。

(1) 工业单项工程竣工验收标准

项目设计规定的工程，如建筑工程、设备安装工程、配套工程和附属工程，均已全部施工完毕，经过检验达到项目设计、施工和验收规范，以及设备技术说明书要求，并已形成项目设计规定的生产能力。

经过单体试车、无负荷联动试车和有负荷联动试车合格。

项目生产准备已基本完成。

（2）民用单项工程竣工验收标准

全部单位工程均已施工完毕，达到项目竣工验收标准，并能够交付使用。

与项目配套的室外管线工程，已全部施工完毕，并达到竣工质量验收标准。

3. 单位工程竣工验收标准

单位工程是指具有独立的设计文件，可以独立组织施工的工程。一个单位工程，按照其构成，可以分为土建工程、设备及其安装工程、配管工程等部分。

在给水单项工程项目中，单位工程可划分为取水工程中的管井、取水口、取水泵房等；净水厂工程中的混合絮凝池、沉淀池、澄清池、滤池、清水池、投药间、送水泵房、变配电间等。其中每个单位工程又可分为土建、配管、设备及安装工程部分。

在排水单项工程项目中，单位工程可划分为雨污水管网工程中的排水管道、排水泵房；污水处理工程中的污水泵房、沉砂池、初沉池、曝气池、投药间、消化池与控制室、污泥干化机房等。

（1）房屋建筑工程竣工验收标准

交付竣工验收的工程，均应按施工图设计规定全部施工完毕，经过承建单位预验和监理工程师初验，并已达到项目设计、施工和验收规范要求。

建筑设备经过试验，并且均已达到项目设计和使用要求。

建筑物室内外清洁，室外2m以内的现场已清理完毕，施工渣土已全部运出现场。

项目全部竣工图纸和其他竣工技术资料均已齐备。

（2）设备安装工程竣工验收标准

属于建筑工程的设备基础、机座、支架、工作台和梯子等已全部施工完毕，并经检验达到项目设计和设备安装要求。

必须安装的工艺设备、动力设备和仪表，已按项目设计和技术说明书要求安装完毕；经检验其质量符合施工及验收规范要求，并经试压、检测、单体或联动试车，全部符合质量要求，具备形成项目设计规定的生产能力。

设备出厂合格证、技术性能和操作说明书，以及试车记录和其他竣工技术资料，均已齐全。

（3）室外管线工程竣工验收标准

室外管道安装和电气线路敷设工程，全部按项目设计要求，已施工完毕，并经检验达到项目设计、施工和验收规范要求。

室外管道安装工程，已通过闭水试验、试压和检测，并且质量全部合格。

室外电气线路敷设工程，已通过绝缘耐压材料检验，并且全部质量合格。

6.5.3　竣工验收程序

工程项目按照批准的设计图纸和文件的内容全部建成，达到使用条件或住人的标准，叫做工程竣工。工程项目竣工验收就是由建设单位、施工单位和项目验收委员会，以项目批准的设计任务书和设计文件，以及国家（或部门）颁发的施工验收规范和质量检验标准为依据，按照一定的程序和手续，在项目建成并试生产合格后，对工程项目的总体进行检验和认证（综合评价、鉴定）的活动。工程项目竣工验收是建设程序的最后一个阶段。工程项目经过竣工验收，由承包单位交付建设单位使用，并办理各项工程移交手续，标志着这个工程项目的结束，也就是建设资金转化为使用价值。

竣工验收应根据项目规模的大小组成验收委员会或验收小组来进行。对于国家批准建设的大中型工程项目，由国家或国家委托有关部门来组织验收，各省、市、自治区住建委参与验收；对于地方兴建的大中型工程项目，由各省、市、自治区主管部门组织验收；对于小型工程项目，由地、市级主管部门或建设单位组织验收。

工程项目的竣工验收工作，通常分为三个阶段，即准备阶段、初步验收（预验收）和正式验收；对于小型工程也可分为两个阶段，即准备阶段和正式验收。竣工验收的程序如图 6-1 所示。

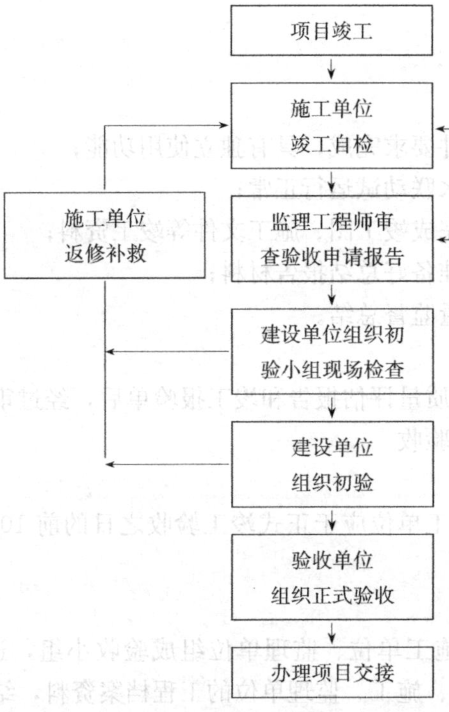

图 6-1　竣工验收的程序

1. 竣工验收的准备工作

在竣工验收准备阶段，监理单位应做好以下工作：

督促施工单位组织人力绘制竣工图纸，整编竣工资料，主要包括地基基础、主体结构、装修和水、暖、电、卫生、设备安装等施工各阶段的质量检验资料，如分项、分部、单位工程的质量检验评定资料，隐蔽工程验收记录，生产工艺设备调试和运行记录，吊装和试压记录，以及工程质量事故调查处理报告、工程竣工报告、工程保修证书等。

协同设计单位提供有关的设计技术资料，如项目的可行性研究报告，项目的立项批准书，土地、规划批准文件，设计任务书，初步设计（或扩大初步设计）、技术设计，工程概预算等。

组织人员编制竣工决算，起草竣工验收报告等各种文件和表格。

2. 预验收（竣工初验）

当工程项目达到竣工验收条件后，施工承包单位在自检（自审、自查、自评）合格的基础上，填写工程竣工报验单，并将全部竣工资料报送监理单位，申请竣工验收。

监理单位在接到施工承包单位报送的工程竣工报验单后，应由总监理工程师组织专业监理工程师依据有关法律、法规、工程建设强制性标准、设计文件及施工合同，对竣工资料进行审查，并对工程质量进行全面检查，对检查出的问题督促施工承包单位及时整改。对需要进行功能试验的工程项目，监理工程师应督促施工承包单位及时进行试验（单机试运行和无负荷试运行），并对试验情况进行现场监督、检查，认真审查试验报告。在监理单位预验收合格后，由总监理工程师签署工程竣工报验单，并向建设单位提出质量评估报告。工程质量评估报告应由总监理工程师和监理单位技术负责人审核签字。

3. 正式验收

（1）正式竣工验收条件

竣工验收必须具备以下条件：

1）工程已按施工合同和设计文件要求完成，具有独立使用功能；

2）供水厂或污水处理厂完工通水联动试运行正常；

3）施工单位按有关规定已编制完成竣工图、施工文件等竣工资料；

4）设计、施工、监理等单位已准备好总结报告材料；

5）质量监督部门已完成工程质量监督总结。

（2）竣工验收的程序

建设单位在接到项目监理单位的质量评估报告和竣工报验单后，经过审查，确认符合竣工验收条件和标准，即可组织正式验收。

正式竣工验收的程序一般是：

1）发出《竣工验收通知书》。施工单位应于正式竣工验收之日的前10天，向建设单位发送《竣工验收通知书》。

2）组织验收工作。

① 由建设单位组织设计单位、施工单位、监理单位组成验收小组，进行竣工验收。竣工验收小组查阅建设、勘察、设计、施工、监理单位的工程档案资料，结合施工单位和监理单位的情况汇报，以及现场检查情况，对工程项目进行全面鉴定和评价，并形成工程竣工验收意见。对必须进行整改的质量问题，施工单位进行整改完成后，监理单位应进行复验。对某些剩余工程和缺陷工程，在不影响交付使用的前提下，由四方协商规定施工单位在竣工验收后限定的时间内完成。

② 列为国家重点工程的大型建设项目，由国家有关部委、邀请有关方面参加，组成工程验收委员会，进行验收。

3）签发《竣工验收证明书》。经过竣工验收小组检查鉴定，确认工程项目质量符合竣工验收条件和标准的规定，以及承包合同的要求后，即可签发《工程竣工验收证明书》。

4）办理工程档案资料移交。

5）办理工程移交手续。在对工程检查验收完毕后，施工单位要向建设单位逐项办理工程移交和其他固定资产移交手续，并应签认交接验收证书，办理工程结算手续。工程结算由施工单位提出，送建设单位审查无误以后，由双方共同办理结算签认手续。工程结算手续一旦办理完毕，除施工单位承担保修工作（一般保修期为1年）以外，甲、乙双方的经济关系和法律责任，即予解除。

6）办理工程决算。整个工程项目完工验收后，并办理了工程结算手续，要由建设单位编制工程决算，上报有关部门。至此，项目的全部建设过程即告终结。

4. 竣工验收资料

（1）竣工验收资料的内容

竣工验收资料是指随工程竣工交付时建筑单位应提交的工程档案资料。竣工验收资料应包括能证明有关建筑物工程质量或可靠程度及其设备管理、使用、维护、改建、扩建所必需的技术文件材料。工程档案是建设项目的永久性技术文件，是建设单位使用或生产、改造、维修、扩建的重要依据，也是对建设项目进行复查的依据。工程档案资料的主要内容如下：

1）开工执照。

2）竣工工程一览表。包括各个单项工程的名称、面积、层数、结构以及主要工艺设备和装置的目录等。

3）地质勘察资料。

4）工程竣工图，施工图会审记录，关于施工变更的洽谈记录（如果建设工程项目为保密工程，工程竣工后还需将全部图纸和资料交付建设单位，施工单位不得复制图纸）。

5）永久性水准点和坐标位置，建筑物、构筑物基础深度的测量记录。

6）上级主管部门对该工程有关的技术规定文件。

7）工程所使用的各种重要原材料、成品、半成品、预制加工构件以及各种设备或装置的检验记录或出厂证明文件。

8）灰土、砂浆、混凝土等的试验记录。

9）新工艺、新材料、新技术、新设备的试验、验收和鉴定记录或证明文件。

10）一些特殊的施工项目的试验或检查记录文件。

11）各种管道工程、钢筋、金属件等埋设和打桩、吊装、试压等隐蔽工程的检查和验收记录。

12）电气工程线路系统的全负荷试验记录。

13）生产工艺设备的单体试车、无负荷联动试车、有负荷联动试车记录。

14）地基和基础工程检查记录。

15）防水工程（主要包括地下室、厕所、浴室、厨房、外墙防水体系、阳台、雨罩、屋面等）的检查记录。

16）结构工程的检查记录和中间历次检查记录。

17）工程施工过程中发生的质量事故记录，包括发生事故的部位、程度、原因分析以及处理结果等有关文件。

18）工程质量评定记录。

19）建筑物、构筑物的沉降、变形的观测记录。

20）设计单位（或会同施工单位）提出的对建筑物、构筑物、生产工艺设备等使用中应注意事项的文件。

21）工程竣工验收报告、工程竣工验收证明文件。

22）其他需要向建设单位移交的有关文件和实物照片。

凡是移交的工程档案和技术资料，必须做到真实、完整、有代表性，能如实地反映工程和施工中的情况。这些档案资料不得擅自修改，更不得伪造。同时，凡移交的档案资料，必须按照技术管理权限，经过技术负责人审查签认。对曾存在的问题，评语要确切，经过认真地复查，并做出处理结论。工程档案移交时，要编制《工程档案资料移交清单》，双方按清单查阅清楚。移交后，双方在移交清单上签字盖章。移交清单一式两份，双方各保存一份，以备查对。

（2）给水排水管道及构筑物竣工验收资料

1）给水排水管道竣工验收资料

验收下列隐蔽工程时，应填写中间验收记录表：

① 管道及附属构筑物的地基和基础；

② 管道的位置及高程；

③ 管道的结构和断面尺寸；

④ 管道的接口、变形缝及防腐层；

⑤ 管道及附属构筑物防水层；

⑥ 地下管道交叉的处理。

竣工验收应提供下列资料：

① 竣工图及设计变更文件；

② 主要材料和制品的合格证或试验记录；

③ 管道的位置及高程的测量记录；

④ 混凝土、砂浆、防腐、防水及焊接检验记录；

⑤ 管道的水压试验及闭水试验记录；

⑥ 中间验收记录及有关资料；

⑦ 回填土压实度的检验记录；

⑧ 工程质量检验评定记录；

⑨ 工程质量事故处理记录；

⑩ 给水管道的冲洗及消毒记录。

2）给水排水构筑物竣工验收资料

竣工验收应提供下列资料：

① 竣工图及设计变更文件；

② 主要材料和制品的合格证或试验记录；

③ 施工测量记录；

④ 混凝土、砂浆、焊接及水密性、气密性等试验、检验记录；

⑤ 施工记录；

⑥ 中间验收记录；

⑦ 工程质量检验评定记录；

⑧ 工程质量事故处理记录；

⑨ 其他。

给水排水管道及构筑物竣工验收后，建设单位应将有关设计、施工及验收的文件和技术资料立卷归档。

6.5.4 竣工试验

1. 管道水压试验

当管道工作压力不小于 0.1MPa 时，进行压力管道的强度及严密性试验。当管道工作压力小于 0.1MPa 时，除设计另有规定外，进行无压力管道严密性试验。

管道水压、闭水试验前，应做好水源引接及排水疏导路线的设计。

管道灌水应从下游缓慢灌入。灌入时，在试验管段的上游管顶及管段中的凸起点应设排气阀，将管道内的气体排出。

冬季进行管道水压及闭水试验时，应采取防冻措施。试验完毕后应及时放水。

(1) 放水法或注水法试验

放水法试验应按下列程序进行：

1) 将水压升至试验压力，关闭水泵进水阀门，记录降压 0.1MPa 所需的时间 T_1。打开水泵进水阀门，再将管道压力升至试验压力后，关闭水泵进水阀门；

2) 打开连通管道的放水阀门，记录降压 0.1MPa 的时间 T_2，并测量在 T_2 时间内，从管道放出的水量 W；

3) 实测渗水量应按式 (6-1) 计算：

$$q=\frac{W}{(T_1-T_2)L} \tag{6-1}$$

式中 q——实测渗水量 [L/(min·m)]；

T_1——从试验压力降压 0.1MPa 所经过的时间 (min)；

T_2——放水时，从试验压力降压 0.1MPa 所经过的时间 (min)；

W——T_2 时间内放出的水量 (L)；

L——试验管段的长度 (m)。

注水法试验应按下列程序进行：

1) 水压升至试验压力后开始记时。每当压力下降，应及时向管道内补水，但降压不得大于 0.03MPa，使管道试验压力始终保持恒定，延续时间不得小于 2h，并计量恒压时间内补入试验管段内的水量；

2) 实测渗水量应按式 (6-2) 计算：

$$q=\frac{W}{TL} \tag{6-2}$$

式中 q——实测渗水量 [L/(min·m)]；

W——恒压时间内补入管道的水量 (L)；

T——从开始计时至保持恒压结束的时间 (min)；

L——试验管段的长度 (m)。

(2) 压力管道的强度及严密性试验

压力管道全部回填土前应进行强度及严密性试验，管道强度及严密性试验应采用水压试验法试验。管道水压试验前，应编制试验设计，其内容应包括：

1）后背及堵板的设计；

2）进水管路、排气孔及排水孔的设计；

3）加压设备、压力计的选择及安装的设计；

4）排水疏导措施；

5）升压分段的划分及观测制度的规定；

6）试验管段的稳定措施；

7）安全措施。

管道水压试验的分段长度不宜大于 1.0km。试验管段的后背应符合下列规定：

1）后背应设在原状土或人工后背上，土质松软时，应采取加固措施；

2）后背墙面应平整，并应与管道轴线垂直。

管道水压试验时，当管径不小于 600mm 时，试验管段端部的第一个接口应采用柔性接口或采用特制的柔性接口堵板。

水压试验时，采用的设备、仪表规格及其安装应符合下列规定：

1）当采用弹簧压力计时精度不应低于 1.5 级，最大量程宜为试验压力的 1.3～1.5 倍，表壳的公称直径不应小于 150mm，使用前应校正；

2）水泵、压力计应安装在试验段下游的端部与管道轴线相垂直的支管上。

管道水压试验前应符合下列规定：

1）管道安装检查合格后，应按本规范规定回填土；

2）管件的支墩，锚固设施已达设计强度，未设支墩及锚固设施的管件，应采取加固措施；

3）管渠的混凝土强度，应达到设计规定；

4）试验管段所有敞口应堵严，不得有渗水现象；

5）试验管段不得采用闸阀做堵板，不得有消火栓、水锤消除器、安全阀等附件。

试验管段灌满水后，宜在不大于工作压力条件下充分浸泡后再进行试压，浸泡时间应符合下列规定：

1）铸铁管、球墨铸铁管、钢管：无水泥砂浆衬里，不少于 24h，有水泥砂浆衬里，不少于 48h；

2）预应力、自应力混凝土管及现浇钢筋混凝土管渠，管径不大于 1000mm，不少于 48h；管径大于 1000mm，不少于 72h。

管道水压试验时，应符合下列规定：

1）管道升压时，管道的气体应排除，升压过程中，当发现弹簧压力计表针摆动不稳，且升压较慢时，应重新排气后再升压；

2）应分级升压，每升一级应检查后背、支墩、管身及接口，当无异常现象时，再继续升压；

3）水压试验过程中，后背顶撑，管道两端严禁站人；

4）水压试验时，严禁对管身、接口进行敲打或修补缺陷，遇有缺陷时，应作出标记，卸压后修补。

管道水压试验的试验压力应符合表 6-1 的规定。

管道水压试验的试验压力（MPa）　　　　**表 6-1**

管材种类	工作压力 P	试验压力	管材种类	工作压力 P	试验压力
钢管	P	$P+0.5$ 且不应小于 0.9	预应力、自应力混凝土管	≤0.6	$1.5P$
铸铁及球墨铸铁管	≤0.5	$2P$		>0.6	$P+0.3$
	>0.5	$P+0.5$	现浇钢筋混凝土管渠	≥0.1	$1.5P$

水压升至试验压力后，保持恒压 10min，检查接口、管身无破损及漏水现象时，管道强度试验为合格。

管道严密性试验，应按 6.5.4 节中 1.（1）中放水法或注水法进行。

管道严密性试验时，不得有漏水现象，且符合下列规定时，严密性试验为合格。

1）实测渗水量不大于表 6-2 规定的允许渗水量；

2）当管道内径大于表 6-2 规定时，实测渗水量应不大于按式（6-3）计算的允许渗水量；

压力管道严密性试验允许渗水量　　　　**表 6-2**

管道内径（mm）	允许渗水量［L/（h·m）］		
	钢　管	铸铁管、球墨铸铁管	预（自）应力混凝土管
100	0.28	0.70	1.40
125	0.35	0.90	1.56
150	0.42	1.05	1.72
200	0.56	1.40	1.98
250	0.70	1.55	2.22
300	0.85	1.70	2.42
350	0.90	1.80	2.62
400	1.00	1.95	2.80
450	1.05	2.10	2.96
500	1.10	2.20	3.14
600	1.20	2.40	3.44
700	1.30	2.55	3.70
800	1.35	2.70	3.96
900	1.45	2.90	4.20
1000	1.50	3.00	4.42
1100	1.55	3.10	4.60
1200	1.65	3.30	4.70
1300	1.70	—	4.90
1400	1.75	—	5.00

3）现浇钢筋混凝土管渠实测渗水量应不大于按下式计算的允许渗水量；

$$Q = 0.014D \tag{6-3}$$

4）管道内径不大于 400mm，且长度不大于 1km 的管道，在试验压力下，10min 降压不大于0.05MPa时，可认为严密性试验合格；

5）非隐蔽性管道，在试验压力下，10min压力降不大于0.05MPa，且管道及附件无损坏，然后使试验压力降至工作压力，保持恒压2h，进行外观检查，无漏水现象认为严密性试验合格。

（3）无压力管道严密性试验

污水、雨污水合流及湿陷土、膨胀土地区的雨水管道，回填土前应采用闭水法进行严密性试验。

试验管段应按井距分隔，长度不宜大于1km，带井试验。管道闭水试验时，试验管段应符合下列规定：

1）管道及检查井外观质量已验收合格；

2）管道未回填土且沟槽内无积水；

3）全部预留孔应封堵，不得渗水；

4）管道两端堵板承载力经核算应大于水压力的合力；除预留进出水管外，应封堵坚固，不得渗水。

管道闭水试验应符合下列规定：

1）当试验段上游设计水头不超过管顶内壁时，试验水头应以试验段上游管顶内壁加2m计；

2）当试验段上游设计水头超过管顶内壁时，试验水头应以试验段上游设计水头加2m计；

3）当计算出的试验水头小于10m，但已超过上游检查井井口时，试验水头应以上游检查井井口高度为准；

4）管道闭水试验应按闭水法试验进行，管道严密性试验时，应进行外观检查，不得有漏水现象，且符合下列规定时，管道严密性试验为合格：

1）实测渗水量不大于表6-3规定的允许渗水量；

2）管道内径大于表6-3规定的管径时，实测渗水量应不大于按式（6-4）计算的允许渗水量；

$$Q = 1.25\sqrt{D} \tag{6-4}$$

式中　D——管道内径（mm）。

3）异形截面管道的允许渗水量可按周长折算为圆形管道计。

在水源缺乏的地区，当管道内径大于700mm时，可按井段数量抽验1/3。

无压力管道严密性试验允许渗水量　　**表6-3**

混凝土、钢筋混凝土管管径（mm）	允许渗水量［L/（h·m）］	混凝土、钢筋混凝土管管径（mm）	允许渗水量［L/（h·m）］
200	0.5	800	1.1
300	0.7	1000	1.3
400	0.8	1200	1.5
500	0.9	1400	1.7
600	1.0	1600	1.8

2. 水池的满水试验

（1）水池满水试验的前提条件

1）池体结构混凝土的抗压强度、抗渗等级或砖砌水池的砌体水泥砂浆强度达到设计要求；

2）现浇钢筋混凝土水池的防水层、水池外部防腐层施工以及池外回填土以前；

3）装配式预应力混凝土水池施加预应力以后，水泥砂浆保护层喷涂之前；

4）砖砌水池的内外防水水泥砂浆完成之后；

5）进水、出水、排空、溢流、连通管道的安装及其穿墙管口的填塞已经完成；

6）水池抗浮稳定性满足设计要求；

7）满足设计图纸中的其他特殊要求。

（2）水池满水试验前的准备工作

1）池体混凝土的缺陷修补。局部蜂窝、麻面、螺栓孔、预埋筋需在满水前作修补、剔除处理。

2）池体结构检查。有无开裂，变形缝嵌缝处理等应经过检查。如有开裂和不均匀沉降等情况发生，应经设计等有关部门鉴定后再作处理。

3）临时封堵管口。

4）检查底板，不得渗漏。

5）清扫池内杂物。

6）注入的水应采用清水，并做好注水和排空管路系统的准备工作。

7）清水池顶部的通气孔、人孔盖应装备完毕。必要的安全防护设施和照明等标志应配备齐全。

8）设置水位观测标尺，标定水池最高水位，安装水位测针。

9）准备现场测定蒸发量的设备。

10）对水池有观测沉降要求时，应率先布置观测点，并测量、记录水池各观测点的初始高程值。

（3）注水

向池内注水分 3 次进行，每次注入为设计水深的 1/3。注水水位上升速度不得超过 2m/24h，相邻两次充水的间隔时间不少于 24h。以便混凝土吸收水分后，有利于混凝土微裂缝的愈合。

每次注水后宜测读 24h 的水位下降值，同时应仔细检查池体外部结构混凝土和穿墙管道的填塞质量情况。如果池体外壁混凝土表面和管道填塞有渗漏的情况，同时水位降的测读渗水量较大时，应停止注水。待经过检查、分析、处理后，再继续注水。即使水位降（渗水量）符合标准要求，但池壁外表面出现渗漏的迹象，也被认为结构混凝土不符合规范要求。

（4）水池满水试验标准

施工完毕必须进行满水试验。在满水试验中应进行外观检查，不得有漏水现象。水池渗水量按池壁（不包括内隔墙）和池底的浸湿面积计算，钢筋混凝土水池不得超过 $2L/(m^2 \cdot d)$；砖石砌体水池不得超过 $3L/(m^2 \cdot d)$。

3. 消化池气密性试验

（1）测读气压

1）池内充气至试验压力并稳定后，测读池内气压值，即初读数，间隔24h，测读末读数。

2）在测读池内气压的同时，测读池内气温和大气压力，并将大气压力换算为与池内气压相同的单位。

（2）池内气压降可按式（6-5）计算：

$$D_P = P(P_{d1} + P_{a1}) - (P_{d2} + P_{a2})(273 + t_1)/(273 + t_2) \quad (6\text{-}5)$$

式中 D_P——池内气压降（d_aPa）；

P_{d1}——池内气压初读数（d_aPa）；

P_{d2}——池内气压末读数（d_aPa）；

P_{a1}——测量P_{d1}时的相应大气压力（d_aPa）；

P_{a2}——测量P_{d2}时的相应大气压力（d_aPa）；

t_1——测量P_{d1}时的相应池内气温（℃）；

t_2——测量P_{d2}时的相应池内气温（℃）。

4. 管道冲洗消毒

（1）给水管道水压试验后，竣工验收前应冲洗消毒。

（2）冲洗时应避开用水高峰，以流速不小于1.0m/s的冲洗水连续冲洗，直至出水口处浊度、色度与入水口处冲洗水浊度、色度相同为止。

（3）冲洗时应保证排水管路畅通安全。

（4）管道应采用含量不低于20mg/L氯离子浓度的清洁水浸泡24h，再次冲洗，直至水质管理部门取样化验合格为止。

【思考题】

1. 试说明水工程建设法规的法律性质。
2. 建设单位的安全责任。
3. 勘察、设计、工程监理的安全责任。
4. 施工单位的安全责任。
5. 安全生产监督管理制度。
6. 什么是施工许可制度，办理施工许可证需要具备什么条件？
7. 什么是项目经理，其主要职责和权力有哪些？
8. 简要阐述施工组织设计的分类和内容。
9. 工程项目竣工验收的依据、内容和程序。

【习　题】

1. 某污水处理厂决定对该厂办公楼进行拆除和重新装修，未办理施工备案手续的情况下，将办公楼的门窗及内外装饰物拆除工程发包给包工头张某施工。2006年4月2日，该厂与张某签订了拆除合同，约定合同总价100万元，当年4月2日开工至同年5月2日完工。4月10日下午5点左右，张某在现场指挥4名工人拆除4层户外铝合金玻璃窗扇时，玻璃窗扇不慎掉下，将一名正在进行地面清洁的工人砸成重伤。区建委接到事故报案后，立即组织对伤员进行医疗救治，同时展开事故调查。

问：(1) 本案中的张某是否存在违法施工行为？

(2) 该污水处理厂是否应当承担赔偿的民事法律责任？

(3) 该事故中如何划分责任？

2. 2009年8月，某市政公司按合同约定对某污水管线进行施工并对完工后的路面进行维修，路面经铲挖后形成凹凸和小沟，路边堆有砂石料，但在施工路面和路两头没有设置任何提示过往行人及车辆注意安全的警示标志。2009年8月16日，张某骑摩托车经过此路段时，因不明路况摩托车碰到路面上的施工材料而翻倒，造成10级伤残，张某受伤后多次要求该市政公司赔偿，但公司认为张某受伤与己方无关。张某将该公司起诉至人民法院。

问：(1) 本案中的市政公司是否存在违法施工行为？

(2) 该公司是否应当承担赔偿的民事法律责任？

3. A公司因兴建城镇供水泵站与B承包公司签订了工程总承包合同。之后，经A方同意，B分别与C设计院和D市政工程公司签订了工程勘察设计合同和工程施工合同。勘察设计合同约定由C对A的供水泵站提供设计服务，并按勘察设计合同的约定交付有关的设计文件和资料，施工合同约定由D根据C提供的设计图纸进行施工。工程竣工时根据国家有关验收规定及设计图纸进行质量验收。合同签订后，C按时交付了设计文件和有关资料，D根据设计图纸进行施工。工程竣工后，A仅会同有关质量监督部门对工程进行验收，发现工程存在严重质量问题，是由于设计不符合规范所致，原来C未对现场进行仔细勘察即自行进行设计，导致设计不合理，给A带来了重大损失，并以与A方没有合同关系为由拒绝承担责任，B又以自己不是设计人为由推卸责任，A遂以C为被告向法院起诉。

问：(1) A、B、C、D在承发包合同中各自身份是什么？

(2) B公司发包工程项目的做法是否符合法律规定？

(3) 这起质量事件应该由谁来承担责任，为什么？

(4) A在组织工程竣工验收时，仅会同质量监督部门进行验收是否符合安全规定？按照规定，还有哪些部门要参与竣工验收？

4. 甲监理公司是当地实力最大监理企业，建立了一定业务关系。某单位投资建设污水处理工程，但本市仅甲监理公司具备施工监理资质，业主便指定该监理公司实施监理工作。因监理公司已建立了一定的业务关系，业主便将工地常驻代表权力委托给了总监理工程师，全权处理现场一切事务，并负责工程建设所有外部关系的协调。在施工过程中，为更好地组织施工，监理员在征得业主同意后，告诉了承建单位有关设计方面申明的秘密。业主和承建单位在现场发生了争议，总监理工程师以业主代表的身份，与承建单位进行了协商。

问：指出材料中不妥之处，并说明理由。

5. 某市水务局需要建设一个雨水泵站，甲监理公司承担了项目实施阶段的监理任务。建设单位采用公开招标方式选定施工建设单位。监理公司在招标文件中，根据项目特点对投标人提出了不同的资格限定要求，并规定9月28日上午10点为投标截止时间。有多家公司参加投标，9月29日上午10点由该水务局主持举行了开标会。A公司于9月29日开标前提交了投标保证金，并顺利中标。

问：指出该工程招投标过程中不妥之处，并说明理由。

6. 在某供水管线施工过程中，监理工程师检查了承包商的管材并签证了合格可以使用。事后发现承包商在施工中使用的管材不是送检的管材，重新检验后不合格，马上向承包商下达停工令，随后下达了监理通知书，指令承包商返工，把不合格的管材立即撤出工地，按第一次检验样品进货，并报监理工程师重新检验合格后才可用于工程。承包商向监理工程师提出工期费用索赔报告。业主代表认为监理工程师对工程质量监理不力，提出要扣监理费。

问：你作为监理工程师应该如何处理双方诉求？

第7章 水工程管理法规

7.1 水工程资质管理法规

7.1.1 工程勘察设计单位的资质管理

为加强对建设工程勘察、设计活动的监督管理，保证建设工程勘察、设计质量，根据《中华人民共和国建筑法》《建设工程质量管理条例》和《建设工程勘察设计管理条例》等有关法规，建设部于2007年制定实施了《建设工程勘察设计资质管理规定》和《建设工程勘察设计资质管理规定实施意见》。凡从事建设工程勘察、工程设计活动的企业，必须取得资质证书后，方可在资质许可的范围内从事建设工程勘察、工程设计活动。

取得工程勘察、工程设计资质证书的企业，可以从事资质证书许可范围内相应的建设工程总承包业务，可以从事工程项目管理和相关的技术与管理服务。

1. 工程设计的资质分类及等级

工程设计资质分为工程设计综合资质、工程设计行业资质、工程设计专业资质和工程设计专项资质四类。

工程设计综合资质只设甲级；工程设计行业资质、工程设计专业资质、工程设计专项资质设甲级、乙级。根据工程性质和技术特点，建筑、市政公用、水利、电力（限送变电）、农林和公路行业可设立工程设计丙级资质，建筑工程设计专业资质设丁级。工程设计专项资质可根据行业需要设置等级。

各种资质类型的不同等级的具体条件，按照《工程设计资质标准》的要求执行。

分级标准的主要依据为：专业技术人员及执业注册人员的配备；勘察设计业绩；技术装备、勘察设计质量及管理水平；拥有资产情况。

工程设计专业资质各等级的一般条件如下：

（1）甲级：专业配备齐全、合理，技术力量强，完成过相应行业至少1项大型项目工程设计或2项中型项目工程设计，并已建成投产；主要技术负责人、主要专业技术人员数量和质量均达到资质标准的要求；有必要的技术装备及固定的工作场所，企业管理组织结构、标准体系、质量体系、档案管理体系健全，社会信誉良好；注册资本不少于300万元人民币。

（2）乙级：专业配备齐全、合理，技术力量较强，主要技术负责人、主要专业技术人员数量和质量均达到资质标准的要求；有必要的技术装备及固定的工作场所，有较完善的质量体系和技术、经营、人事、财务、档案等管理制度，社会信誉良好；注册资本不少于100万元人民币。

（3）丙级：专业配备齐全、合理，有一定技术力量，主要技术负责人、主要专业技术人员数量和质量均达到资质标准的要求；有必要的技术装备及固定的工作场所，有较完善的质量体系和技术、经营、人事、财务、档案等管理制度，社会信誉良好；注册资本不少于50万元人民币。

(4) 丁级：专业技术人员总数不少于5人。其中二级以上注册建筑师或注册结构工程师不少于1人；具有建筑工程类专业学历、2年以上设计经历的专业技术人员不少于2人；具有3年以上设计经历，参与过至少2项工程设计的专业技术人员不少于2人。有必要的技术装备及固定的工作场所，有较完善的技术、财务、档案等管理制度。社会信誉良好，注册资本不少于5万元人民币。

2. 各等级的业务范围

取得工程设计综合资质的企业，可以承接各行业、各等级的建设工程设计业务；取得工程设计行业资质的企业，可以承接相应行业相应等级的工程设计业务及本行业范围内同级别的相应专业、专项（设计施工一体化资质除外）工程设计业务；取得工程设计专业资质的企业，可以承接本专业相应等级的专业工程设计业务及同级别的相应专项工程设计业务（设计施工一体化资质除外）；取得工程设计专项资质的企业，可以承接本专项相应等级的专项工程设计业务。

(1) 甲级。可承担本行业或本专业建设工程项目主体工程及其配套工程的设计业务，其规模不受限制。甲级资质许可由国务院建设主管部门实施。

(2) 乙级。可承担本行业或本专业中、小型建设工程项目的主体工程及其配套工程的设计业务。乙级资质许可由省、自治区、直辖市人民政府建设主管部门实施。

(3) 丙级。可承担本行业或本专业小型建设项目的工程设计业务。丙级资质许可由省、自治区、直辖市人民政府建设主管部门实施。

(4) 丁级。丁级建筑工程设计单位可承担设计任务非常有限，包括：单体建筑面积$2000m^2$及以下、建筑高度12m及以下的一般公共建筑；单体建筑面积$2000m^2$及以下、建筑层数4层及以下的砖混结构的一般住宅；跨度不超过12m、单梁式吊车吨位不超过5t的单层厂房和仓库；跨度不超过7.5m，楼盖无动荷载的二层厂房和仓库；套用标准通用图高度不超过20m的烟囱、容量小于$50m^3$的水塔、容量小于$300m^3$的水池、直径小于6m的料仓。

7.1.2 建筑业企业的资质管理

为加强对建筑活动的监督管理，维护公共利益和规范建筑市场秩序，保证建设工程质量安全，促进建筑业的健康发展，根据《中华人民共和国建筑法》《建设工程质量管理条例》等法律法规，制定《建筑业企业资质管理规定》，并于2015年3月1日起正式施行。在中华人民共和国境内申请建筑业企业资质，实施对建筑业企业资质监督管理，适用本规定。建筑业企业是指从事土木工程、建筑工程、线路管道设备安装工程的新建、扩建、改建等施工活动的企业。

1. 资质序列、类别及等级

建筑业企业资质分为施工总承包资质、专业承包资质、施工劳务资质三个序列。施工总承包资质、专业承包资质按照工程性质和技术特点分别划分为若干资质类别，各资质类别按照规定的条件划分为若干资质等级。施工劳务资质不分类别与等级。各类别及等级资质的具体条件，按《建筑业企业资质标准》（建市［2014］159号）和《施工总承包企业特级资质标准》（建市［2007］72号）执行。

施工总承包资质设12个类别，包括建筑工程施工总承包、公路工程施工总承包、市政公用工程施工总承包、水利水电工程施工总承包等。市政公用工程施工总承包资质分为特级、一级、二级、三级，各等级的一般条件如下。

（1）特级资质的条件

1）企业注册资本金3亿元以上，企业净资产3.6亿元以上；企业近3年上缴建筑业营业税均在5000万元以上；企业银行授信额度近3年均在5亿元以上。

2）企业经理具有10年以上从事工程管理工作经历。技术负责人具有15年以上从事工程技术管理工作经历，且具有工程序列高级职称及一级注册建造师或注册工程师执业资格；主持完成过两项及以上施工总承包一级资质要求的代表工程的技术工作或甲级设计资质要求的代表工程或合同额2亿元以上的工程总承包项目。财务负责人具有高级会计师职称及注册会计师资格。企业具有注册一级建造师（一级项目经理）50人以上，具有本类别相关的行业工程设计甲级资质标准要求的专业技术人员。

3）企业具有省部级（或相当于省部级水平）及以上的企业技术中心，近3年科技活动经费支出平均达到营业额的0.5%以上。已建立内部局域网或管理信息平台，实现了内部办公、信息发布、数据交换的网络化；已建立并开通了企业外部网站；使用了综合项目管理信息系统和人事管理系统、工程设计相关软件，实现了档案管理和设计文档管理。

4）近10年承担过下列7项中的4项市政公用工程的施工总承包或主体工程承包，规模和数量达到相应资质标准要求，工程质量合格。

① 城镇道路（含城镇主干道、城镇快速路、城镇环路，不含城际间公路）。

② 排水管道工程；供水、中水管道工程；中、高压燃气管道工程；热力管道工程。

③ 地铁隧道工程，地下交通工程，地铁车站工程。

④ 城镇桥梁工程。

⑤ 污水处理厂、供水厂工程。

⑥ 城镇生活垃圾处理工程。

⑦ 市政综合工程项目总承包项目，国（境）外市政公用工程项目。

（2）一级资质的条件

1）企业净资产1亿元以上。

2）市政公用工程专业一级注册建造师不少于12人；技术负责人具有10年以上从事工程施工技术管理工作经历，且具有市政工程相关专业高级职称；市政工程相关专业中级以上职称人员不少于30人，且专业齐全。

持有岗位证书的施工现场管理人员不少于50人，施工员、质量员、安全员、机械员、造价员、劳务员等人员齐全；经考核或培训合格的中级工以上技术工人不少于150人。

3）近10年承担过下列7类中的4类工程的施工，其中至少有第1类所列工程，并且规模和数量达到相应资质标准要求，工程质量合格。

① 城镇主干道、次干道、城镇广场硬质铺装。

② 城镇桥梁。

③ 排水管道工程；供水、中水管道工程；中压燃气管道工程；热力管道工程。

④ 污水处理厂、供水厂工程，给水泵站、排水泵站。

⑤ 城镇生活垃圾处理工程。

⑥ 城镇隧道工程。

⑦ 市政综合工程项目。

4）具有与承包工程范围相适应的2项机械设备。

（3）二级资质的条件

1）企业净资产4000万元以上。

2）市政公用工程专业注册建造师不少于12人；技术负责人具有8年以上从事工程施工技术管理工作经历，且具有市政工程相关专业高级职称或市政公用工程一级注册建造师执业资格；市政工程相关专业中级以上职称人员不少于15人，且专业齐全。

持有岗位证书的施工现场管理人员不少于30人，且施工员、质量员、安全员、机械员、造价员、劳务员等人员齐全；经考核或培训合格的中级工以上技术工人不少于75人。

3）近10年承担过下列7类中的4类工程的施工，其中至少有第1类所列工程，并且规模和数量达到相应资质标准要求，工程质量合格。

① 城镇道路。

② 城镇桥梁。

③ 排水管道工程；供水、中水管道工程；燃气管道工程；热力管道工程。

④ 污水处理厂、供水厂工程、给水泵站、排水泵站。

⑤ 城镇生活垃圾处理工程。

⑥ 城镇隧道工程。

⑦ 市政综合工程项目。

（4）三级资质的条件

1）企业净资产1000万元以上。

2）市政公用工程专业注册建造师不少于5人；技术负责人具有5年以上从事工程施工技术管理工作经历，且具有市政工程相关专业中级以上职称或市政公用工程注册建造师执业资格；市政工程相关专业中级以上职称人员不少于8人。

持有岗位证书的施工现场管理人员不少于15人，且施工员、质量员、安全员、机械员、造价员、劳务员等人员齐全；经考核或培训合格的中级工以上技术工人不少于30人；技术负责人（或注册建造师）主持完成过本类别资质二级以上标准要求的工程业绩不少于2项。

2. 不同资质的承包工程范围

（1）一级资质：可承担各类市政公用工程的施工。

（2）二级资质可承担下列市政公用工程的施工：

1）各类城镇道路；单跨45m以下的城镇桥梁。

2）15万t/日以下供水工程；10万t/日以下污水处理工程；25万t/日以下给水泵站，15万t/日以下污水泵站、雨水泵站；各类给水排水及中水管道工程。

3）中压以下燃气管道、调压站；供热面积150万m^2以下热力工程和各类热力管道工程。

4）各类城镇生活垃圾处理工程。

5）断面 $25m^2$ 以下隧道工程和地下交通工程。

6）各类城镇广场、地面停车场硬质铺装。

7）单项合同额4000万元以下的市政综合工程。

（3）三级资质可承担下列市政公用工程的施工：

1）城镇道路工程（不含快速路）；单跨25m以下的城镇桥梁工程。

2）8万t/日以下给水厂；6万t/日以下污水处理工程；10万t/日以下给水泵站，10万t/日以下的污水泵站、雨水泵站，直径1m以下供水管道；直径1.5m以下污水及中水管道。

3）$2kg/cm^2$ 以下中压、低压燃气管道、调压站；供热面积50万 m^2 以下热力工程，直径0.2m以下热力管道。

4）单项合同额2500万元以下的城镇生活垃圾处理工程。

5）单项合同额2000万元以下地下交通工程（不包括轨道交通工程）。

6）$5000m^2$ 以下城镇广场、地面停车场硬质铺装。

7）单项合同额2500万元以下的市政综合工程。

7.1.3 工程监理企业资质

1. 工程监理企业资质管理的目的和适用范围

为了加强工程监理企业资质管理，规范建设工程监理活动，维护建筑市场秩序，根据《中华人民共和国建筑法》《中华人民共和国行政许可法》《建设工程质量管理条例》等法律、行政法规，于2007年制定施行了《工程监理企业资质管理规定》，2015年5月修正并施行。本规定适用于在中华人民共和国境内从事建设工程监理活动，申请工程监理企业资质，实施对工程监理企业资质监督管理。

2. 工程监理企业资质等级及业务范围

工程监理企业资质分为综合资质、专业资质和事务所资质三类。其中，专业资质按照工程性质和技术特点划分为若干工程类别。

综合资质、事务所资质不分级别。专业资质分为甲级、乙级；其中，房屋建筑、水利水电、公路和市政公用专业资质可设立丙级。

工程监理企业的专业资质等级主要标准如下：

（1）甲级

1）具有独立法人资格且具有符合国家有关规定的资产。

2）企业技术负责人应为注册监理工程师，并具有15年以上从事工程建设工作的经历或者具有工程类高级职称。

3）注册监理工程师、注册造价工程师、一级注册建造师、一级注册建筑师、一级注册结构工程师或者其他勘察设计注册工程师合计不少于25人次。其中，相应专业注册监理工程师不少于《专业资质注册监理工程师人数配备表》中要求配备的人数，注册造价工程师不少于2人。

4）企业近2年内独立监理过3个以上相应专业的二级工程项目。

5）申请工程监理资质之日前一年内没有因本企业监理责任造成重大质量事故，也没有三级以上重大安全事故或两起以上四级工程建设安全事故。

(2) 乙级

1) 具有独立法人资格且具有符合国家有关规定的资产。

2) 企业技术负责人应为注册监理工程师，并具有10年以上从事工程建设工作的经历。

3) 注册监理工程师等勘察设计注册工程师合计不少于15人次。其中，相应专业注册监理工程师不少于《专业资质注册监理工程师人数配备表》中要求配备的人数，注册造价工程师不少于1人。

4) 申请工程监理资质之日前一年内没有因本企业监理责任造成重大质量事故，也没有三级以上重大安全事故或两起以上四级工程建设安全事故。

(3) 丙级

1) 具有独立法人资格且具有符合国家有关规定的资产。

2) 企业技术负责人应为注册监理工程师，并具有8年以上从事工程建设工作的经历。

3) 相应专业的注册监理工程师不少于《专业资质注册监理工程师人数配备表》中要求配备的人数。

专业甲级资质可承担相应专业工程类别建设工程项目的工程监理业务；专业乙级资质可承担相应专业工程类别二级以下（含二级）建设工程项目的工程监理业务；专业丙级资质可承担相应专业工程类别三级建设工程项目的工程监理业务。综合资质可以承担所有专业工程类别建设工程项目的工程监理业务。事务所资质可承担三级建设工程项目的工程监理业务，但国家规定必须实行强制监理的工程除外。工程监理企业还可以开展相应类别建设工程的项目管理、技术咨询等业务。

7.1.4 注册师制度

1. 注册师制度建立的意义和必要性

随着我国改革开放的进一步深入，国民经济得到了持续发展，交通、能源等基础设施建设和公共福利事业呈现了前所未有的发展势态。为了科学、规范地建立市场管理体系，促进工程设计人员的业务素质和工程设计水平与质量的提高，更好地保障公民的生命和财产安全，维护社会公共利益，必须实行注册制度以强化工程师的法律责任。工程的设计与建造需要具有一定专业知识和技能并由国家认可其执业资格的人员来进行。

注册制度是深化设计管理体制改革的需要，当前我国工程设计资格管理实行的是单位资格，主要是依照具有某种等级技术职称的人员数量来判定，这种办法虽然从总体上管住了单位的资格，但对于单位内设计人员的设计能力与水平缺乏定量、有效的评定，加上单位内部技术责任制不够明确，对工程设计项目主持人或主要设计人的资格、水平并未能控制住。实行单位设计资格与个人注册资格的有机结合，便于对一个单位的资格作出更全面、准确的评定。由注册师负责本单位设计工作的关键岗位，将有利于提高建筑设计的质量与水平，同时，各级建筑设计行政主管部门，也将过去重点管理设计单位的做法逐步转向对注册师实行重点管理与监督的做法上来，并通过颁布注册法规，对注册师的权利、义务与责任作出明确的规定，使我国建筑设计管理工作逐步走上规范化、法制化的轨道。

同时注册制度是对外开放和适应国际设计市场变化的需要，随着改革开放的不断推进，我国和国外设计同行的业务往来与日俱增。但由于我国尚没有注册制度，我国建筑师、工程师在承揽国外建筑业务时首先遇到的就是注册资格的障碍；也由于同样的原因，国外在华投资的大部分建设项目被国外的注册师所承接，即使是国内具有高水平的设计人员，也只能从事配角工作，严重地挫伤了建筑设计人员的创作热情，同时也影响了我国建筑设计行业的发展与进步。另一方面，随着当前国际设计市场的开放，一些国家正在酝酿对注册法规进行修改。美国已与20多个国家进行了接触，研究建立国际工程师注册制度。欧洲共同体及西北欧18国也已成立了专门委员会，研究在实现“政治一体化”之后实行统一注册资格，互相开放建筑设计市场。日本的建筑市场也正逐渐向世界各国开放。为使我国设计行业尽快适应改革开放和国际设计市场的变化，必须在实行注册制度的各个环节上尽可能向国际惯用的体制靠拢，使我国能尽早跻身于各国相互承认注册资格的行列中，为我国工程设计走向世界创造必要的条件。与此同时，在对等条件下，将外国建筑技术人员和先进的建筑技术引入中国的建设市场，进一步扩大对外开放，推动我国工程设计水平的提高。

此外，注册制度是不断提高设计人员业务水平和队伍整体素质的一种激励机制。设计工作在经济与社会发展中的重要地位决定了这支队伍必须具备良好的人员素质，而从业前的专业技术教育，从业后的工程实践和继续教育是提高设计人员业务素质的主要途径。目前，我国设计队伍整体素质与社会的要求还不相适应，在设计人员培养和从业的全过程中，缺乏能动性的、自我激励的机制。确定专业人员技术职称采用的是以软标准评议为主的办法，难以避免论资排辈、职称与岗位脱节等弊病。特别是这种职称终生有效，与继续教育脱钩，所以起不到自我约束、自我激励的作用。实行注册制度的基础环节是对大学本科教育进行严格的评估，保证毕业生的培养质量。毕业生从事设计工作后，要接受设计全过程的实践训练，并通过注册考试方能取得注册资格，只有通过注册才能在设计工作中担任一定的职务，才能在设计岗位上享有相应的权力和注册工程师的待遇并承担一定的责任。这将激励工程技术人员从大学教育开始就不懈地努力，以尽快成为一名注册师作为自己奋斗进取的目标，从而有利于加速人才的培养。为取得注册资格而设立的考试除要求技术人员掌握本专业的知识、技能外，还要熟悉了解相关专业的基本理论和常识，熟悉工程建设有关的行政、技术法规与规范标准。同时，注册不是终身制，随着建筑科学和技术理论的发展，标准、规范和相关法规的不断更新与完善，设计人员在获得注册资格后，还要参加继续教育，接受定期复核。这就要求注册师不断更新知识，提高业务水平，使其技术水平和从业能力始终保持在一个较高层次上。这对提高设计人员业务水平和队伍整体素质无疑是一个有效的激励机制。

我国首先在建筑师，然后在结构工程师领域开始并逐步在工程设计其他16个专业领域内实施将教育评估、职业实践、资格考试、继续教育等标准结合起来的新的资格认定和注册管理的制度。获准注册的工程师才能负责设计工作的关键岗位，并承担相应的法律责任。这对于改变目前我国处理工程事故以及解决由工程设计引起的民事纠纷无法可依的状况、促进设计工作的法制化、科学化，从而确保设计质量，更好地保障人民生命和财产安全、保护公众社会利益都将起到重要的作用。

2. 注册工程师资格认定

依据政府有关法规规定，勘察设计注册工程师资格是工程设计人员进入勘察设计市场、独立执行勘察设计任务、签署设计文件的必备条件。注册工程师必须具备如下条件：

（1）正规的大学本科专业教育毕业（二级注册工程师为大学专科毕业）；

（2）通过注册工程师资格基础考试（二级注册工程师免此项考试）；

(3) 参加规定时限规定内容的职业实践锻炼；

(4) 通过注册工程师资格专业考试；

(5) 在注册管理机构申请注册。

3. 勘察设计注册工程师的级别设置及专业划分

(1) 勘察设计注册工程师的级别设置

我国勘察设计注册工程师制度的建立既借鉴了国际上一些发达国家通行的做法，又充分考虑了中国的国情。一般来说，注册工程师不分级别设置，但考虑到我国量大面广的中小型工程建设的需求和区县一级设计单位业务开展的需要，对结构、水利等专业可设一级注册工程师和二级注册工程师，二级注册工程师只能承担一定规模以下的工程设计。

(2) 勘察设计注册工程师的专业划分

我国勘察设计注册工程师原则上划分为16个专业，具体如下：

土木：岩土工程，水利工程，港口与航道工程，公路工程，铁路工程，民航工程；

结构：房屋结构工程，塔架工程，桥梁工程；

公用设备：暖通及空调工程，动力工程，给水排水工程；

电气：发电、传输工程，供配电工程；

机械：机械制造工程；

化工：化工工程；

电子工程：电子信息工程，广播电影电视工程；

航天航空：航天航空工程；

农业：农业工程；

冶金：冶金工程；矿业/矿物：矿业/矿物工程；

核工业：核工业工程；

石油/天然气：石油/天然气工程；

造船：造船工程；

军工：军工工程；

海洋：海洋工程；

环保：环保工程。

4. 注册制度立法工作

自国务院1995年9月颁布了《中华人民共和国注册建筑师条例》、1996年10月起施行了《中华人民共和国注册建筑师条例实施细则》以来，建设部、人事部相继颁布了《注册结构工程师执业及管理工作有关问题的暂时规定》《监理工程师资格考试和注册试行办法》《注册结构工程师执业资格制度暂行规定》《造价工程师执业资格制度暂行规定》《房地产估价师执业资格制度暂行规定》《注册城市规划师执业资格制度暂行规定》《房地产估价师注册管理办法》等从业资格的法规。2005年开始施行《勘察设计注册工程师管理规定》，2016年完成修改并正式施行。这些规章制度都为注册师制度的顺利进行提供了有力的法律保障。

5. 注册公用设备工程师执业资格

为加强对建设工程勘察、设计注册工程师的管理，维护公共利益和建筑市场秩序，提高建设工程勘察、设计质量与水平，依据《中华人民共和国建筑法》《建设工程勘察设计管理条例》等法律法规，于2005年制定《勘察设计注册工程师管理规定》，并于2016年9月完成修改并正式施行。该规定适用于我国境内建设工程勘察设计注册工程师的注册、执业、继续教育和监督管理，其中包括从事暖通空调、给水排水、动力等公用设备专业工程设计及相关业务活动的专业技术人员。

国家对从事公用设备专业工程设计活动的专业技术人员实行执业资格注册管理制度，纳入全国专业技术人员执业资格制度统一规划。注册公用设备工程师，是指取得《中华人民共和国注册公用设备工程师执业资格证书》和《中华人民共和国注册公用设备工程师执业资格注册证书》，从事公用设备专业工程设计及相关业务的专业技术人员。

(1) 注册公用设备工程师的注册

注册公用设备工程师执业考试合格者取得《中华人民共和国注册公用设备工程师执业资格证书》后，向聘用单位工商注册所在地的省、自治区、直辖市人民政府住房城乡建设主管部门提出注册申请，由该部门将全部申报材料报国务院住房城乡建设主管部门和部分专业涉及的相关部门审批。符合条件的，由审批部门核发由国务院住房城乡建设主管部门统一制作、国务院住房城乡建设主管部门或者国务院住房城乡建设主管部门与有关部门共同用印的注册证书和执业印章。申请人经注册后，方可在规定的业务范围内执业。

注册公用设备工程师执业资格有效期为3年，注册期满需继续执业的，应在注册期满前30日申请延续注册。

有下列情形之一的，不予注册：

1) 不具有完全民事行为能力的；

2) 因从事勘察设计或者相关业务受到刑事处罚，自刑事处罚执行完毕之日起至申请注册之日止不满2年的；

3) 法律、法规规定不予注册的其他情形。

注册工程师有下列情形之一的，其注册证书和执业印章失效：

1) 聘用单位破产的、聘用单位被吊销营业执照或相应资质证书被吊销的；

2) 已与聘用单位解除聘用劳动关系的；

3) 注册有效期满且未延续注册的；

4) 死亡或者丧失行为能力的；

5) 注册失效的其他情形。

注册工程师有下列情形之一的，负责审批的部门应当办理注销手续：

1) 不具有完全民事行为能力的；

2) 申请注销注册的；

3) 有注册证书和执业印章失效情形发生的；

4) 依法被撤销注册的或被吊销注册证书的；

5) 受到刑事处罚的；

6) 法律、法规规定应当注销注册的其他情形。

被注销注册者或者不予注册者，在重新具备初始注册条件，并符合本专业继续教育要求后，可按照规定的程序重新申请注册。

（2）注册公用设备工程师的执业

注册公用设备工程师的执业范围：

1）公用设备专业工程设计（含本专业环保工程）；

2）公用设备专业工程技术咨询（含本专业环保工程）；

3）公用设备专业工程设备招标、采购咨询；

4）公用设备工程的项目管理业务；

5）对本专业设计项目的施工进行指导和监督；

6）国务院有关部门规定的其他业务。

注册公用设备工程师只能受聘于一个具有工程设计资质的单位。注册公用设备工程师执业，由其所在单位接受委托并统一收费。

6. 注册公用设备工程师执业资格考试实施办法

凡中华人民共和国公民，遵守国家法律、法规，恪守职业道德，并具备相应专业教育和执业实践条件者，均可申请参加注册公用设备工程师执业资格考试。

注册公用设备工程师执业资格考试由基础考试和专业考试组成。参加基础考试合格并按规定完成执业实践年限者，方能报名参加专业考试。专业考试合格后，方可获得《中华人民共和国注册公用设备工程师执业资格证书》。

符合《注册公用设备工程师执业资格制度暂行规定》第十条的要求，并具备以下条件之一者，可申请参加基础考试：

（1）取得本专业（指公用设备专业工程中的暖通空调、动力、给水排水专业，详见表7-1）或相近专业（详见表7-1）大学本科及以上学历或学位。

注册公用设备工程师新旧专业对照表　　表 7-1

专业划分		新专业名称	旧专业名称
暖通空调	本专业	建筑环境与能源应用	供热通风与空调工程 供热空调与燃气工程 城镇燃气工程
	相近专业	国防工程内部环境与设备 飞行器环境与生命保障工程	飞行器环境控制与安全救生
		环境工程	环境工程
		安全工程	矿山通风与安全 安全工程
		食品科学与工程	冷冻冷藏工程（部分）
		热能与动力工程	制冷与低温技术
	其他工科专业	除本专业和相近专业外的工科专业	
动力	本专业	热能与动力工程	热力发动机 流体机械及流体工程 热能工程与动力机械（含锅炉、涡轮机、压缩机等） 热能工程 制冷与低温技术 能源工程 工程热物理 水利水电动力工程 冷冻冷藏工程（部分）

续表

	专业划分	新专业名称	旧专业名称
动力	本专业	建筑环境与能源应用	城镇燃气工程 供热空调与燃气工程 供热通风与空调工程
		化学工程与工艺	化学工程 化工工艺 化学工程与工艺 煤化工（或燃料化工）
		食品科学与工程	冷冻冷藏工程（部分）
	相近专业	飞行器设计与工程 飞行器动力工程 过程装备与控制工程 油气贮运工程	空气动力学与飞行力学 飞行器动力工程 化工设备与机械 石油天然气贮运工程
	其他工科专业	除本专业和相近专业外的工科专业	
给水排水	本专业	给排水科学与工程	给水排水工程
	相近专业	环境工程	环境工程
	其他工科专业	除本专业和相近专业外的工科专业	

注：表中“新专业名称”指中华人民共和国教育部高等教育司2012年颁布的《普通高等学校本科专业目录》中规定的专业名称；“旧专业名称”指1998年《普通高等学校本科专业目录》颁布前各院校所采用的专业名称。

（2）取得本专业或相近专业大学专科学历，累计从事公用设备专业工程设计工作满1年。

（3）取得其他工科专业大学本科及以上学历或学位，累计从事公用设备专业工程设计工作满1年。

基础考试合格，并具备以下条件之一者，可申请参加专业考试：

（1）取得本专业博士学位后，累计从事公用设备专业工程设计工作满2年；或取得相近专业博士学位后，累计从事公用设备专业工程设计工作满3年。

（2）取得本专业硕士学位后，累计从事公用设备专业工程设计工作满3年；或取得相近专业硕士学位后，累计从事公用设备专业工程设计工作满4年。

（3）取得含本专业在内的双学士学位或本专业研究生班毕业后，累计从事公用设备专业工程设计工作满4年；或取得相近专业双学士学位或研究生班毕业后，累计从事公用设备专业工程设计工作满5年。

（4）取得通过本专业教育评估的大学本科学历或学位后，累计从事公用设备专业工程设计工作满4年；或取得未通过本专业教育评估的大学本科学历或学位后，累计从事公用设备专业工程设计工作满5年；或取得相近专业大学本科学历或学位后，累计从事公用设备专业工程设计工作满6年。

（5）取得本专业大学专科学历后，累计从事公用设备专业工程设计工作满6年；或取得相近专业大学专科学历后，累计从事公用设备专业工程设计工作满7年。

（6）取得其他工科专业大学本科及以上学历或学位后，累计从事公用设备专业工程设计工作满 8 年。

截止到 2002 年 12 月 31 日前，符合下列条件之一者，可免基础考试，只需参加专业考试：

（1）取得本专业博士学位后，累计从事公用设备专业工程设计工作满 5 年；或取得相近专业博士学位后，累计从事公用设备专业工程设计工作满 6 年。

（2）取得本专业硕士学位后，累计从事公用设备专业工程设计工作满 6 年；或取得相近专业硕士学位后，累计从事公用设备专业工程设计工作满 7 年。

（3）取得含本专业在内的双学士学位或本专业研究生班毕业后，累计从事公用设备专业工程设计工作满 7 年；或取得相近专业双学士学位或研究生班毕业后，累计从事公用设备专业工程设计工作满 8 年。

（4）取得本专业大学本科学历或学位后，累计从事公用设备专业工程设计工作满 8 年；或取得相近专业大学本科学历或学位后，累计从事公用设备专业工程设计工作满 9 年。

（5）取得本专业大学专科学历后，累计从事公用设备专业工程设计工作满 9 年；或取得相近专业大学专科学历后，累计从事公用设备专业工程设计工作满 10 年。

（6）取得其他工科专业大学本科及以上学历或学位后，累计从事公用设备专业工程设计工作满 12 年。

（7）取得其他工科专业大学专科学历后，累计从事公用设备专业工程设计工作满 15 年。

（8）取得本专业中专学历后，累计从事公用设备专业工程设计工作满 25 年；或取得相近专业中专学历后，累计从事公用设备专业工程设计工作满 30 年。

参加考试由本人提出申请，所在单位审核同意，到当地考试管理机构报名。考试管理机构按规定程序和报名条件审核合格后，发放准考证。参加考试人员在准考证指定的时间、地点参加考试。

7.2 水质管理法规

7.2.1 地面水环境水质

1. 地面水水功能区划分

水是重要的自然资源和战略经济资源，随着社会经济和国民经济的迅速发展、人口的增长、人民生活水平的提高，对水的需求愈来愈多，水资源短缺和水污染日益严重，在一些地区已成为社会经济发展的制约因素。水功能区，是指为满足水资源合理开发和有效保护的需求，根据水资源的自然条件、功能要求、开发利用现状，按照流域综合规划、水资源保护规划和经济社会发展要求，在相应水域按其主导功能划定并执行相应质量标准的特定区域。水域功能区划分是指按各类水功能区的指标把某一水域划分为不同类型的水功能区单元的一项水资源开发利用与保护的基础性工作。

(1) 水功能区划分原则

1) 可持续发展原则

水功能区划应与区域水资源开发利用规划及社会经济发展规划相结合，并根据水资源的可再生能力和自然环境的可承受能力，科学合理开发利用水资源，并保留余地，保护当代和后代赖以生存的水环境，保障人体健康及生态环境的结构和功能，促进社会经济的生态的协调发展。

2) 统筹兼顾，突出重点的原则

在划定水功能区时，应将流域作为一个大系统充分考虑上下游、左右岸、近远期以及社会发展需求对水功能区划的要求，并与流域、区域水资源综合开发利用和国民经济发展规划相协调，统筹兼顾达到水资源的开发利用与保护并重。重点问题重点处理，在划定水功能区的范围和类型时，必须以城镇集中饮用水源地为优先保护对象。

3) 前瞻性原则

水功能区划要体现社会发展的超前意识，结合未来社会发展需求，引入本领域和相关领域研究的最新成果，要为将来引进高新技术和社会发展需求留有余地。

4) 便于管理，实用可行的原则

水功能的分区界限尽可能与行政区界一致，以便管理。区划是规划的基础，区划方案的确定既要反映实际需要，又要考虑技术经济发展，切实可行。

5) 水质水量并重的原则

在进行水功能区划时，既要考虑开发利用对水量的需求，又要考虑其对水质的要求。对水质水量要求不明确，或仅对水量有要求的，不予单独区划。

(2) 水功能区分级分类系统及指标

按《水功能区划分标准》GB/T 50594—2010水功能区应划分为两级。一级水功能区分四类，即保护区、保留区、开发利用区、缓冲区；开发利用区进一步划分为七类，即饮用水源区、工业用水区、农业用水区、渔业用水区、景观娱乐用水区、过渡区、排污控制区，此为二级水功能区。

(3) 水功能区分级分类系统及指标

1) 饮用水源区

指满足城镇生活用水需要的水域。其区划条件为：

① 现有城镇综合生活用水取水口分布较集中的水域，或在规划水平年内城镇发展需设置的综合生活用水供水水域。

② 每个用水户取水量不小于取水许可管理规定的取水定额。

功能区水质标准：应符合现行《地表水环境质量标准》GB 3838—2002中Ⅱ类或Ⅲ类水质标准。

2) 工业用水区

指满足工业用水需要的水域。其区划条件为：

① 现有的工业用水取水口分布较集中的水域，或在规划水平年内需设置的工业用水供水水域。

② 每个用水户取水量不小于取水许可管理规定的取水定额。

功能区水质标准：应符合现行《地表水环境质量标准》GB 3838—2002中Ⅳ类水质

标准。

3）农业用水区

指满足农业灌溉用水需要的水域。其区划条件为：

① 现有的农业灌溉用水取水口分布较集中的水域，或在规划水平年内需设置的农业灌溉用水供水水域。

② 每个用水户取水量不小于取水许可管理规定的取水定额。

功能区水质标准：应符合现行《农田灌溉水质标准》GB 5084—2005 的规定或《地表水环境质量标准》GB 3838—2002 中Ⅴ类水质标准。

4）渔业用水区

指具有鱼、虾、蟹、贝类产卵场、索饵场、越冬场及洄游通道功能的水域，养殖鱼、虾、蟹、贝、藻类等水生动植物的水域。其区划条件是：

① 天然的或天然水域中人工营造的鱼、虾、蟹等水生生物养殖水域。

② 天然的鱼、虾、蟹、贝等水生生物的重要产卵场、索饵场、越冬场及主要洄游通道所涉及的水域。

水质应符合现行《渔业水质标准》GB 11607—1989 的规定，也可以按现行《地表水环境质量标准》GB 3838—2002 中Ⅱ类或Ⅲ类标准确定。

5）景观娱乐用水区

指以满足景观、疗养、度假和娱乐需要为目的的江河湖库等水域。其区划条件是：

① 休闲、娱乐、度假所涉及的水域和水上运动场所需要的水域。

② 风景名胜区内所涉及的水域。

水质应符合现行《地表水环境质量标准》GB 3838—2002 中Ⅲ类或Ⅳ类标准。

6）过渡区是指为满足水质目标有较大差异的相邻水功能区间水质状况过渡衔接而划定的水域。

7）排污控制区是指生产、生活废污水排污口比较集中的水域，且所接纳的废污水对水环境不产生重大不利影响。

2. 地面水环境质量标准

《地面水环境质量标准》GB 3838—1983 于 1983 年首次发布，1988 年第一次修订，1999 年第二次修订。为贯彻《环境保护法》和《水污染防治法》，防治水污染，保护地表水水质，保障人民身体健康，维护良好的生态系统，国家环境保护总局于 2002 年 4 月 26 日批准《地表水环境质量标准》GB 3838—2002，同年 6 月 1 日起施行，《地面水环境质量标准》GB 3838—88 和《地表水环境质量标准》GHZB 1—1999 同时废止。该《标准》按照地表水环境功能分类和保护目标，规定了水环境质量应控制的项目及限值，以及水质评价、水质项目的分析方法和标准的实施和监督。

《地表水环境质量标准》GB 3838—2002 中依据地表水水域环境功能和保护目标，按功能高低依次划分为五类：

Ⅰ类　主要适用于源头水、国家自然保护区；

Ⅱ类　主要适用于集中式生活饮用水地表水源地一级保护区、珍稀水生生物栖息地、鱼虾类产卵场、仔稚幼鱼的索饵场等；

Ⅲ类　主要适用于集中式生活饮用水地表水源地二级保护区、鱼虾类越冬场、洄游通道、水产养殖区等渔业水域及游泳区；

Ⅳ类 主要适用于一般工业用水区及人体非直接接触的娱乐用水区；

Ⅴ类 主要适用于农业用水区及一般景观要求水域。

对应地表水上述五类水域功能，将地表水环境质量标准基本项目标准值分为五类，不同功能类别分别执行相应类别的标准值。水域功能类别高的标准值严于水域功能类别低的标准值。同一水域兼有多类使用功能的，执行最高功能类别对应的标准值。

该《标准》项目共计109项，其中地表水环境质量标准基本项目24项，集中式生活饮用水地表水源地补充项目5项，集中式生活饮用水地表水源地特定项目80项。其基本项目和补充项目的含义和意义及指标值详见表7-2。基本项目适用于全国江河、湖泊、运河、渠道、水库等具有使用功能的地表水水域；集中式生活饮用水地表水源地补充项目和特定项目适用于集中式生活饮用水地表水源地一级保护区和二级保护区。

7.2.2 供水水源水质

1. 供水水源水质标准

新建、改建、扩建集中式供水工程的水源选择，应根据城镇远期和近期规划，历年来的水质、水文、水文地质、环境影响评价资料、取水点及附近地区的卫生状况和地方病等因素，从卫生、环保、水资源、技术等多方面进行综合评价，并经当地卫生行政部门水源水质监测和卫生学评价合格后，方可作为供水水源。集中式供水单位应选择水质良好、水量充沛、便于防护的水源。取水点应设在城镇和工矿企业的上游。

供水水源水质不得低于地表水环境质量Ⅲ类标准并应符合有关国家生活饮用水水源水质的规定。当水质不符合国家生活饮用水水源水质规定时，不宜作为生活饮用水水源。若限于条件需加以利用时，应采用相应的净化工艺进行处理，处理后的水质应符合规定，并取得当地卫生行政部门的批准。

作为生活饮用水水源的水质，应符合下列要求：

(1) 若只经过加氯消毒即可供作生活饮用水的水源水，总大肠菌群平均每升不超过1000个，经过净化处理及加氯消毒后供作生活饮用的水源水，总大肠菌群平均每升不得超过10000个。

(2) 水源水的感官性状和一般化学指标经净化处理后，应符合生活饮用水卫生标准的规定。分散式给水水源的水质，应尽量符合生活饮用水水质标准的规定。

(3) 水源水的毒理学和放射性指标，必须符合生活饮用水卫生标准的规定。

(4) 在高氟区或地方性甲状腺肿地区，应分别选用含氟、含碘量适宜的水源水。否则应根据需要，采取预防措施。

(5) 水源水中如含有生活饮用水水质标准中未列入的有害物质时，按有关的要求执行。

若遇有不得不选用超过上述某项指标的水作为生活饮用水水源时，应取得省、市、自治区卫生厅（局）的同意，并应以不影响健康为原则，根据其超过程度，与有关部门共同研究，采用适当的处理方法，在限定的期间使处理后的水质符合本标准的要求。生活饮用水水源水质分为二级，其两级标准的限值见表7-3。

地表水环境质量标准指标的意义 表 7-2

序号	项目名称	含义	意义	标准项目限值					说明
				Ⅰ	Ⅱ	Ⅲ	Ⅳ	Ⅴ	
1	水温	指周平均最大温升，周平均最大温降	控制热污染源夏季排放，冬季停排引起的环境水温的突然变化，避免水生生物致死，减少摄食和生长	认为造成的温度变化：周平均最大温升≤1℃ 周平均最大温降≤2℃					
2	pH	水中氢离子活度［H^+］的负对数	控制水体的弱酸、弱碱的离解程度，减低氯化物、氨、硫化氢等的毒性，防止底泥重金属的释放	6～9					
3	溶解氧	指溶解在水中的分子态氧	水体感官指标及保护水生生物生存的基本要求	7.5	6	5	3	2	
4	高锰酸盐指数	以高锰酸盐为氧化剂所能氧化的物质	控制水体有机污染物，防止水体黑臭	2	4	6	10	15	
5	化学需氧量	指以重铬酸盐为氧化剂所能氧化的物质	控制水体有机污染物	15	15	20	30	40	
6	生化需氧量	指5d20℃水中有机物在微生物的氧化作用下所消耗的溶解氧的量（以质量浓度表示）	控制水体有机污染物，防止水体黑臭	3	3	4	5	10	
7	氨氮	指水中游离氨（NH_3）和铵盐（NH_4^+）（以N计）	控制水体含氮有机物污染	0.15	0.5	1.0	1.5	2.0	
8	总磷	指强氧化后转变成正磷酸盐的各种无机磷和有机磷（以磷计）	控制富营养化的主要指标	0.02 湖、库 0.01	0.1 湖、库 0.025	0.2 湖、库 0.05	0.3 湖、库 0.1	0.4 湖、库 0.2	
9	总氮	指水中能被过硫酸钾氧化的无机氮和有机氮化合物，包括可溶性及悬浮颗粒中的含氮量	控制富营养化的主要指标	0.2	0.5	1.0	1.5	2.0	
10	铜	水中铜的总量（指消解后测定的，不分价态，包括溶解态和部分悬浮态的总量）	人类饮用品味纯正，保护幼鱼不受毒害，依照感官要求和保护水生生物基准要求	0.01	1.0	1.0	1.0	1.0	铜是人体所需的微量元素

续表

序号	项目名称	含义	意义	标准项目限值					说明
				Ⅰ	Ⅱ	Ⅲ	Ⅳ	Ⅴ	
11	锌	水中锌的总量（指消解后测定的，不分价态，包括溶解态和部分悬浮态的总量）	人类饮用品味纯正，保护幼鱼不受毒害，依照感官要求和保护水生生物基准要求	0.05	1.0	1.0	2.0	2.0	锌是人体所需微量元素
12	氟化物	指水体中游离的F^-总量	保证人体健康及防止地方病的毒理学基准要求	1.0	1.0	1.0	1.5	1.5	氟是人体所需的微量元素
13	硒（四价）	指酸性介质中，与2，3-二氨基萘反应生成能破坏已烷萃取的绿生荧光物质的四价硒的总量	保证人体健康及防止地方病的毒理学基准要求	0.01	0.01	0.01	0.02	0.02	硒是人体所需的微量元素
14	砷	指水中砷的总量（指在单体形态中无机和有机化合物中砷的总量）	保证人体健康及保护水生生物的毒理学基准要求	0.05	0.05	0.05	0.1	0.1	砷是致癌物
15	汞	指水中汞的总量（指消解后测定的，不分价态，包括溶解态和部分悬浮态无机和有机的总量）	考虑生物富集和食物链的作用，保证安全食用水生生物	0.00005	0.00005	0.0001	0.001	0.001	汞对生物是一种无益元素
16	镉	指水中镉的总量（指消解后测定的，不分价态，包括溶解态和部分悬浮态无机和有机的总量）	保证人体健康及保护水生生物的毒理学基准要求	0.001	0.005	0.005	0.005	0.01	镉对生物是一种不必要的无益元素
17	铬（六价）	水中六价铬（指在酸性溶液中能与二苯碳酰二肼反应生成紫红色化合物，于波长540 nm处进行分光光度测定的六价铬）	保证人体健康及保护水生生物的毒理学基准要求	0.01	0.05	0.05	0.05	0.1	六价铬是致癌物
18	铅	指水中铅的总量（指经酸消解后测定的，不分价态，包括溶解态和部分悬浮态的总量）	保证人体健康及保护水生生物的毒理学基准要求	0.01	0.01	0.05	0.05	0.1	铅对人体是一种累积性毒物

续表

序号	项目名称	含义	意义	标准项目限值					说明
				Ⅰ	Ⅱ	Ⅲ	Ⅳ	Ⅴ	
19	总氰化物	指水中简单氰化物和绝大部分络合氰化物，不包括钴氰络合物	保证人体健康及保护水生生物的毒理学基准要求	0.005	0.05	0.2	0.2	0.2	
20	挥发酚	指随水蒸气蒸馏出来的，并和4-氨基氨替比林反应生成有色化合物的挥发性酚类化合物	人体感官要求（嗅、味），防止鱼肉沾污	0.002	0.002	0.005	0.01	0.1	
21	石油类	指能被四氯化碳萃取而不被硅酸镁吸附并在一定红外波长下有特征吸收的石油类的总量	防止水生生物致死，人体感官要求，防止鱼肉有油味	0.05	0.05	0.05	0.5	1.0	没有考虑石油中某些物质对人体的致癌影响
22	阴离子表面活性剂	指能与亚甲基兰反应的直链烷基苯磺酸盐（LAS）	防止水面产生泡沫	0.2	0.2	0.2	0.3	0.3	
23	硫化物	指水中溶解性无机硫化物和酸溶性金属硫化物，包括：S^{2-}、HS^-和未离解的H_2S，以S^{2-}计	控制水体污染，保护水生生物	0.05	0.1	0.2	0.5	1.0	
24	粪大肠菌群（个/L）	指一群需氧及兼性厌氧在44.5℃生长时能使乳糖发酵，在24小时内产酸、产气的革兰氏阴性无芽苞干菌	人体健康卫生要求	200	2000	10000	20000	40000	
1	硫酸盐	水中溶解的硫酸盐，以SO_4^{2-}计	人体卫生要求防止轻泻作用			250			
2	氯化物	水中溶解的氯化物，以Cl^-计	保证生活供水咸味适中和农灌用水不产生危害			250			
3	硝酸盐	水中硝酸盐（以N计）	保证人体健康及控制氮污染			10			
4	铁	水中的溶解态铁	防止饮用水味道不正，洗涤衣物被沾染，保证高压锅炉、纺织工业煮炼、漂白印染及某些造纸产品、化工产品、食品加工、皮革的精制的用水要求			0.3			铁是人体所需的微量元素
5	锰	水中锰的总量（指消解后测定的，不分价态，包括溶解态和部分悬浮态的总量）	味觉及保证生活使用指标			0.1			锰是人体所需的微量元素

生活饮用水水源水质标准 **表7-3**

项目		标准限值	
		一级	二级
色		色度不超过15度，并不得呈现其他异色	不应有明显的其他异色
浑浊度	(度)	≤3	
嗅和味		不得有异臭、异味	不应有明显的异臭、异味
pH		6.5～8.5	6.5～8.5
总硬度（以碳酸钙计）	(mg/L)	≤350	≤450
溶解铁	(mg/L)	≤0.3	≤0.5
锰	(mg/L)	≤0.1	≤0.1
铜	(mg/L)	≤1.0	≤1.0
锌	(mg/L)	≤1.0	≤1.0
挥发酚（以苯酚计）	(mg/L)	≤0.002	≤0.004
阴离子合成洗涤剂	(mg/L)	≤0.3	≤0.3
硫酸盐	(mg/L)	<250	<250
氯化物	(mg/L)	<250	<250
溶解性总固体	(mg/L)	<1000	<1000
氟化物	(mg/L)	≤1.0	≤1.0
氰化物	(mg/L)	≤0.05	≤0.05
砷	(mg/L)	≤0.05	≤0.05
硒	(mg/L)	≤0.01	≤0.01
汞	(mg/L)	≤0.001	≤0.001
镉	(mg/L)	≤0.01	≤0.01
铬（六价）	(mg/L)	≤0.05	≤0.05
铅	(mg/L)	≤0.05	≤0.07
银	(mg/L)	≤0.05	≤0.05
铍	(mg/L)	≤0.0002	≤0.0002
氨氮（以氮计）	(mg/L)	≤0.5	≤1.0
硝酸盐（以氮计）	(mg/L)	≤10	≤20
耗氧量（$KMnO_4$法）	(mg/L)	≤3	≤6
苯并（a）芘	(μg/L)	≤0.01	≤0.01
滴滴涕	(μg/L)	≤1	≤1

饮用水水源保护区应按1989年7月10日由国家环境保护局、卫生部、建设部、水利部、地矿部颁布的《饮用水水源保护区污染防治管理规定》的要求，由当地地方政府或同级水行政、国土资源、卫生、建设等部门共同划定，报省级人民政府或国务院批准。环境保护、水利、地质矿产、卫生、建设等部门应结合各自的职责，对饮用水水源保护区污染

防治实施监督管理。供水单位应在防护地带设置固定的告示牌，落实相应的水源保护工作。

2. 集中式给水水源卫生防护地带的规定

（1）地表水水源卫生防护管理规定

1）取水点周围半径100m的水域内，严禁捕捞、网箱养殖、停靠船只、游泳和从事其他可能污染水源的任何活动。

2）取水点上游1000m至下游100m的水域不得排入工业废水和生活污水；其沿岸防护范围内不得堆放废渣，不得设立有毒、有害化学物品仓库、堆栈，不得设立装卸垃圾、粪便和有毒有害化学物品的码头，不得使用工业废水或生活污水灌溉及施用难降解或剧毒的农药，不得排放有毒气体、放射性物质，不得从事放牧等有可能污染该段水域水质的活动。

3）以河流为给水水源的集中式供水，由供水单位及其主管部门会同卫生、环保、水利等部门，根据实际需要，可把取水点上游1000m以外的一定范围河段划为水源保护区，严格控制上游污染物排放量。

4）受潮汐影响的河流，其生活饮用范围由供水单位及其主管部门会同卫生、环保、水利等部门研究确定，取水点上下游及其沿岸的水源保护区范围应相应扩大。

5）作为生活饮用水水源的水库和湖泊，应根据不同情况，将取水点周围部分水域或整个水域及其沿岸划为水源保护区，并按第1）、2）项的规定执行。

对生活饮用水水源的输水明渠、暗渠，应重点保护，严防污染和水量流失。

（2）地下水水源卫生防护管理规定

1）生活饮用水地下水水源保护区、构筑物的防护范围及影响半径的范围，应根据生活饮用水水源地所处的地理位置、水文地质条件、供水的数量、开采方式和污染源的分布，由供水单位及其主管部门会同卫生、环保及规划设计、水文地质等部门研究确定。

2）在单井或井群的影响半径范围内，不得使用工业废水或生活污水灌溉和施用难降解或剧毒的农药，不得修建渗水厕所、渗水坑，不得堆放废渣或铺设污水渠道，并不得从事破坏深层土层的活动。

3）工业废水和生活污水严禁排入渗坑或渗井。人工回灌的水质应符合生活饮用水水质要求。

7.2.3 供水工程水质

城镇供水水质是指城镇公共供水、自建设施供水、二次供水和深度净化处理水的水质。

涉及饮用水卫生安全的产品：凡在饮用水生产和供水过程中与饮用水接触的连接止水材料、塑料及有机合成管材、管件、防护涂料、水处理剂、除垢剂、水质处理器及其他新材料和化学物质。

直接从事供、管水的人员：从事净水、取样、化验、二次供水卫生管理及水池、水箱清洗人员。

1. 生活饮用水水质

《生活饮用水卫生标准》GB 5749—2006 水质常规指标及限值见表7-4。

生活饮用水卫生标准　　表 7-4

项　　目		《生活饮用水卫生标准》GB 5749—2006
微生物指标	总大肠菌群（MPN/100mL 或 CFH/100mL）①	不得检出
	耐热大肠菌群（MPN/100mL 或 CFU/100mL）①	不得检出
	大肠埃希氏菌（MPN/100mL 或 CFH/100mL）①	不得检出
	菌落总数（CFU/mL）	100
毒理指标	砷（mg/L）	0.01
	镉（mg/L）	0.005
	铬（六价，mg/L）	0.05
	铅（mg/L）	0.01
	汞（mg/L）	0.001
	硒（mg/L）	0.01
	氰化物（mg/L）	0.05
	氟化物（mg/L）	1.0
	硝酸盐（以 N 计，mg/L）	10（地下水源限制时为 20）
	三氯甲烷（mg/L）	0.06
	四氯化碳（mg/L）	0.002
	溴酸盐（使用臭氧时，mg/L）	0.01
	甲醛（使用臭氧时，mg/L）	0.9
	亚氯酸盐（使用二氧化氯时，mg/L）	0.7
	氯酸盐（使用复合二氧化氯时，mg/L）	0.7
感官性状和一般化学指标	色度（铂钴色度单位）	15
	浑浊度（NTU-散射浊度单位）	1（水源与净水技术条件限制时为 3）
	臭和味	无异臭、异味
	肉眼可见物	无
	pH（pH 单位）	不小于 6.5 且不大于 8.5
	铝（mg/L）	0.2
	铁（mg/L）	0.3
	锰（mg/L）	0.1
	铜（mg/L）	1.0
	锌（mg/L）	1.0
	氯化物（mg/L）	250
	硫酸盐（mg/L）	250
	溶解性总固体（mg/L）	1000
	总硬度（以 $CaCO_3$ 计，mg/L）	450
	耗氧量（COD_{Mn}法，以 O_2 计，mg/L）	3 水源限制，原水耗氧量＞6mg/L 时为 5
	挥发酚类（以苯酚计，mg/L）	0.002
	阴离子合成洗涤剂（mg/L）	0.3

续表

项目		《生活饮用水卫生标准》GB 5749—2006
放射性指标②	总α放射性（Bq/L）	0.5
	总β放射性（Bq/L）	1

注：① MPN表示最可能数；CFU表示菌落形成单位。当水样检出总大肠菌群时，应进一步检验大肠埃希氏菌或耐热大肠菌群；水样未检出总大肠菌群，不必检验大肠埃希氏菌或耐热大肠菌群。

② 放射性指标超过指导值，应进行核素分析和评价，判定能否饮用。

2. 供水水质管理机构

国务院建设行政主管部门负责全国城镇供水水质管理工作。省、自治区人民政府建设行政主管部门负责本行政区域内的城镇供水水质管理工作。城镇人民政府城镇建设行政主管部门负责本行政区域内的城镇供水水质管理工作。

3. 供水水质的卫生管理

（1）供水单位供应的饮用水必须符合国家生活饮用水卫生标准。

（2）集中式供水单位取得工商行政管理部门颁发的营业执照后，还应当取得县级以上地方人民政府卫生计生主管部门颁发的卫生许可证，方可供水。

（3）供水单位新建、改建、扩建的饮用水供水工程项目，应当符合卫生要求，选址和设计审查、竣工验收必须有建设和卫生主管部门参加。

（4）供水单位应建立饮用卫生管理规章制度，配备专职或兼职人员，负责饮用水卫生管理工作。

（5）集中式供水单位必须有水质净化消毒设施及必要的水质检验仪器、设备和人员对水质进行日常性检验，并向当地人民政府卫生主管部门和建设行政主管部门报送检测资料。

城镇自来水供水企业和自建设施对外供水的企业，其生产管理制度的建立和执行、人员上岗的资格和水质日常检测工作由城镇建设主管部门负责管理。

（6）直接从事供、管水的人员必须取得体检合格证后方可上岗工作，并每年进行一次健康检查。

凡患有痢疾、伤寒、病毒性肝炎、活动性肺结核、化脓性或渗出性病及其他有碍饮用水卫生的疾病和病原携带者，不得从事供、管水工作。

直接从事供、管水的人员，未经卫生知识培训不得上岗工作。

（7）生产涉及饮用水卫生安全的产品的单位和个人必须按照规定向政府卫生行政部门申请办理产品卫生许可证批准文件，取得批准文件后，方可生产和销售。任何单位和个人不得生产、销售、使用无批准文件的产品。

（8）饮用水水源地必须设置水源保护区。保护区严禁修建任何可能危害水源水质卫生的设施及一切有碍水源水质卫生的行为。

（9）二次供水设施选址、设计、施工及所有材料，应保证不使饮用水水质受到污染，并有利于清洗和消毒。各类蓄水设施要加强卫生防护，定期清洗和消毒。具体管理办法由省、自治区、直辖市根据本地区情况另行规定。

（10）当饮用水被污染，可以危及人体健康时，有关单位或责任人应立即采取措施，消除污染，并向当地人民政府卫生主管部门和建设行政主管部门报告。

4. 供水水质管理制度

城镇供水水质管理实行企业自检、行业检测和行政监督相结合的制度。

(1) 企业自检

城镇供水企业应当建立健全水质检测机构和检测制度，按照国家规定的检测项目、检测频率和有关标准、方法定期检测水源水、出厂水、管网水的水质，做好各项检测分析资料、水质报表存档和上报工作。城镇供水企业的自检能力达不到国家规定且不能自检的项目，应当委托当地国家站或者地方站进行检测。同时，供水企业应按要求公布水质信息并接受公众的查询。

城镇供水企业上报的水质检测数据，必须是经技术监督部门认证的水质检测机构检测的数据。城镇供水企业的检测机构没有经过技术监督部门认证的，其上报的数据必须委托当地国家站或者地方站进行检测。

城镇供水单位从事生产和水质检测人员必须经专业培训合格，实行持证上岗制度。

城镇二次供水设施产权单位或者其委托的管理单位，应当建立水质管理制度，配备专(兼)职人员，加强水质管理，定期进行常规检测并对各类储水设施清洗消毒(每半年不得少于一次)。不能进行常规检测的，应当定期将水样送至当地国家站或者地方站检测。

以城镇自来水或者其他原水为水源，从事城镇供水深度净化处理的企业，其生产的深度净化处理水的水质，必须符合国家或者地方有关标准的规定，并应当定期对出厂水进行自检。没有自检手段或者检测手段不完善的，应当定期将出厂水水样送至当地国家站或者地方站进行检测。

(2) 行业检测

城镇供水水质管理行业检测体系由国家和地方两级城镇供水水质监测网络组成。

国家城镇供水水质监测网，由国家城镇供水水质监测管理中心(以下简称国家水质中心)和直辖市、省会城镇及计划单列市经过国家技术监督部门认证的城镇供水水质监测站(以下简称国家站)组成，业务上接受国务院建设行政主管部门指导。

地方城镇供水水质监测网(以下简称地方网)，由设在直辖市、省会城市、计划单列市的国家站和经过省级以上技术监督部门认证的城镇供水水质监测站(以下简称地方站)组成，业务上接受省、自治区、直辖市建设行政主管部门指导。

城镇供水主管部门应当对城镇供水单位定期报送的水质检测数据进行审核，并报送地方网中心站汇总。地方网中心站将汇总、分析后的报表和报告送省、自治区建设主管部门或者直辖市人民政府城镇供水主管部门审核后，报送住房城乡建设部城镇供水水质监测中心，由住房城乡建设部城镇供水水质监测中心汇总、分析后形成水质报告，报送国务院建设主管部门。

(3) 行政监督

国务院、省、自治区建设主管部门以及直辖市、市、县人民政府城镇供水主管部门[简称建设(城镇供水)主管部门]应当建立健全城镇供水水质检查和督察制度，通过采取下列措施实施监督管理：进入现场实施检查，抽样检测供水水质，查阅、复制相关报表、数据、原始记录等文件和资料，要求被检查单位就有关问题作出说明，纠正违反法律法规的行为。县级以上地方人民政府建设(城镇供水)主管部门应当将监督检查情况及有关问题的处理结果，报上一级建设(城镇供水)主管部门，并向社会公布城镇供水水质监督检查年度报告。

(4) 城镇供水水质突发事件的管理

建设（城镇供水）主管部门应当会同有关部门制定城镇供水水质突发事件应急预案，经同级人民政府批准后组织实施。城镇供水单位应当依据所在地城镇供水水质突发事件应急预案，制定相应的突发事件应急预案，报所在地政府城镇供水主管部门备案，并定期组织演练。

任何单位和个人发现城镇供水水质安全事故或者安全隐患后，应当立即向有关城镇供水单位、二次供水管理单位或者所在地政府城镇供水主管部门报告。上述部门接到报告后，应立即向同级人民政府报告。

发现城镇供水水质安全隐患或安全事故后，政府城镇供水主管部门应当会同有关部门立即启动应急预案，防止事故发生或扩大，并保障单位和个人的用水；有关城镇供水单位、二次供水管理单位应当立即组织人员查明情况，组织抢险抢修。城镇供水单位发现供水水质不能达到标准，确需停止供水的，应当报经所在地政府城镇供水主管部门批准，并提前 24 小时通知用水单位和个人；不能提前通知的，应当在采取应急措施的同时，通知用水单位和个人，并向所在地政府城镇供水主管部门报告。

发生城镇供水水质安全事故后，地方人民政府城镇供水主管部门应当会同有关部门立即派员前往现场，进行调查和取证。

7.2.4 排水工程水质

城镇排水是指对城镇的产业废水、生活污水（以下统称污水）和雨水的排放、接纳、输送、处理、利用。

城镇排水设施是指排水管网（含城镇排水的沟河、渠道）及其附属设施、泵站、城镇污水处理厂及相关设施；包括由排水管理部门管理的公共排水设施和产权单位自行投资建设和管理的自建排水设施。

城镇下水道是指城镇收集与输送污水及雨水的管道和沟渠。

排水户是指从事工业、建筑、医疗、餐饮等活动向城镇下水道排放污水的企事业单位、个体工商户。

1. 排入城镇下水道污水水质

根据《污水排入城镇下水道水质标准》GB/T 31962—2015，污水排入下水道有以下规定：

(1) 严禁向城镇下水道倾倒垃圾、粪便、积雪、工业废渣、餐厨废物、施工泥浆等造成下水道堵塞的物质。

(2) 严禁向城镇下水道排入易凝聚、沉积等导致下水道淤积的污水或物质。

(3) 严禁向城镇下水道排入具有腐蚀性的污水或物质。

(4) 严禁向城镇下水道排入有毒、有害、易燃、易爆、恶臭等可能危害城镇排水与污水处理设施安全和公共安全的物质。

(5) 病原体、放射性污染物等未列入的控制项目，根据污染物的行业来源，其限值应按国家现行有关专业标准执行。

(6) 水质不符合本标准规定的污水，应进行预处理。不得用稀释法降低浓度后排入城镇下水道。

根据城镇下水道末端污水处理厂的处理程度，将控制项目限值分为A、B、C三个等级，下水道末端污水处理厂采用再生处理时，排入城镇下水道的污水水质应符合A级规定；采用二级处理时，应符合B级规定；采用一级处理时，污水水质应符合C级规定；无城镇污水处理设施时，污水水质不得低于C级要求，并根据污水最终去向，执行国家和地方现行污水排放标准。见表7-5所列。

污水排入城镇下水道水质标准 **表7-5**

项目名称	单位	A级	B级	C级
水温	℃	40	40	40
色度	倍	64	64	64
易沉固体	mL/(L·15min)	10	10	10
悬浮物	mg/L	400	400	250
溶解性总固体	mg/L	1500	2000	2000
动植物油	mg/L	100	100	100
石油	mg/L	15	15	10
pH		6.5～9.5	6.5～9.5	6.5～9.5
生化需氧量（BOD_5）	mg/L	350	350	150
化学需氧量（COD）	mg/L	500	500	300
氨氮（以N计）	mg/L	45	45	25
总氮（以N计）	mg/L	70	70	45
总磷（以P计）	mg/L	8	8	5
阴离子表面活性剂（LAS）	mg/L	20	20	10
总氰化物	mg/L	0.5	0.5	0.5
总余氯（以Cl_2计）	mg/L	8	8	8
硫化物	mg/L	1	1	1
氟化物	mg/L	20	20	20
氯化物	mg/L	500	800	800
硫酸盐	mg/L	400	600	600
总汞	mg/L	0.005	0.005	0.005
总镉	mg/L	0.05	0.05	0.05
总铬	mg/L	1.5	1.5	1.5
六价铬	mg/L	0.5	0.5	0.5
总砷	mg/L	0.3	0.3	0.3
总铅	mg/L	0.5	0.5	0.5
总镍	mg/L	1	1	1

续表

项目名称	单位	A级	B级	C级
总铍	mg/L	0.005	0.005	0.005
总银	mg/L	0.5	0.5	0.5
总硒	mg/L	0.5	0.5	0.5
总铜	mg/L	2	2	2
总锌	mg/L	5	5	5
总锰	mg/L	2	5	5
总铁	mg/L	5	10	10
挥发酚	mg/L	1	1	0.5
苯系物	mg/L	2.5	2.5	1
苯胺类	mg/L	5	5	2
硝基苯类	mg/L	5	5	3
甲醛	mg/L	5	5	2
三氯甲烷	mg/L	1	1	0.6
四氯化碳	mg/L	0.5	0.5	0.06
三氯乙烯	mg/L	1	1	0.6
四氯乙烯	mg/L	0.5	0.5	0.2
可吸附有机卤化物（AOX，以Cl计）	mg/L	8	8	8
有机磷农药（以P计）	mg/L	0.5	0.5	0.5
五氯酚	mg/L	5	5	5

排水户向城镇排水设施排放污水的，应当向所在地城镇排水主管部门申请领取排水许可证。各类施工作业需要排水的，由建设单位申请领取排水许可证。禁止排水户无证排水。城镇居民排放生活污水不需要申请领取排水许可证。

排水许可证的有效期为5年。因施工作业需要向城镇排水设施排水的，排水许可证的有效期，由城镇排水主管部门根据排水状况确定，但不得超过施工期限。排水许可证有效期满需要继续排放污水的，排水户应当在有效期满30日前，向城镇排水主管部门提出延期申请。排水许可证有效期内，排水口数量和位置、排水量、污染物项目或者浓度等排水许可内容变更的，排水户应当按规定重新申请领取排水许可证；排水户名称、法定代表人等其他事项变更的，排水户应当在工商登记变更后30日内向城镇排水主管部门申请办理变更。排水户应当按照排水许可证确定的排水类别、总量、时限、排放口位置和数量、排放的污染物项目和浓度等要求排放污水。

2. 污水处理设施排放水质

城镇排水行政主管部门负责对城镇污水处理设施维护运营单位的污水处理工作进行监督、管理，建立和健全各项监督、管理制度。污水处理企业应当如实提供有关资料和数据。城镇污水处理企业应当按照国家有关技术规范，定期对污水处理设施进行维护，确保污水处理设施的正常运行。处理后的出水水质应当符合国家排放标准或行业排放标准。

(1)《污水综合排放标准》GB 8978—1996

本标准按照污水排放去向，分年限规定了69种水污染物最高允许排放浓度及部分行业最高允许排水量。工业废水的排放水质应符合《污水综合排放标准》的规定。

按照国家综合排放标准与国家行业排放标准不交叉执行的原则，造纸工业执行《制浆造纸工业水污染物排放标准》GB 3544—2008，船舶执行《船舶污染物排放标准》GB 3552—83［将修订为《船舶水污染物排放标准》（二次征求意见稿）］，船舶工业执行《船舶工业污染物排放标准》GB 4286—84，海洋石油开发工业执行《海洋石油勘探开发污染物排放浓度限值》GB 4914—2008，纺织染整工业执行《纺织染整工业水污染物排放标准》GB 4287—2012（2015），肉类加工工业执行《肉类加工工业水污染物排放标准》GB 13457—1992，合成氨工业执行《合成氨工业水污染物排放标准》GB 13458—2013，钢铁工业执行《钢铁工业水污染物排放标准》GB 13456—2012，航天推进剂使用执行《航天推进剂水污染物排放标准》GB 14374—1993，兵器工业执行《兵器工业水污染物排放标准》GB 14470.1—2002、GB 14470.2—2002、14470.3—2011，磷肥工业执行《磷肥工业水污染物排放标准》GB 15580—2011，烧碱、聚氯乙烯工业执行《烧碱、聚氯乙烯工业污染物排放标准》GB 15581—2016，其他水污染物排放均执行本标准。本标准颁布后，新增加国家行业水污染物排放标准的行业，按其适用范围执行相应的国家水污染物行业标准，不再执行本标准。

该标准适用于现有单位水污染物的排放管理，以及建设项目的环境影响评价、建设项目环境保护设施设计、竣工验收及其投产后的排放管理。

1）污水排入地面水域的要求

① 排入GB 3838Ⅲ类水域（饮用水集中取水水源保护区和游泳区除外）和排入GB 3097中二类海域的污水，执行一级标准。

② 排入GB 3838中Ⅳ、Ⅴ类水域和排入GB 3097中三类海域的污水，执行二级标准。

③ 排入设置二级污水处理厂的城镇排水系统的污水，执行三级标准。

④ 排入未设置二级污水处理厂的城镇排水系统的污水，必须根据排水系统出水受纳水域的功能要求，分别执行①和②的规定。

⑤ GB 3838中Ⅰ、Ⅱ类水域和Ⅲ类水域中划定的保护区，GB 3097中一类海域，禁止新建排污口，现有排污口应按水体功能要求，实行污染物总量控制，以保证受纳水体水质符合规定用途的水质标准。

2）污染物分类及排放标准

将排放的污染物按其性质及控制方式分为两类：第一类污染物，不分行业和污水排放方式，也不分受纳水体的功能类别，一律在车间或车间处理设施排放口采样，其最高允许排放浓度必须达到本标准要求（采矿行业的尾矿坝出水口不得视为车间排放口）；第二类污染物，在排污单位排放口采样，其最高允许排放浓度必须达到本标准要求。

第一类污染物和第二类污染物最高允许排放浓度及部分行业最高允许排水量见表7-6、表7-7。

第一类污染物及排放标准 **表 7-6**

序号	污染物	来源	危害	最高允许排放浓度 (mg/L)
1	总汞	氯碱、塑料、电池、电子仪表、农药、染料、化工、油漆、冶金及炸药等工业废水	汞及其化合物对温血动物的毒性很大。汞为积蓄性毒物（除慢性和急性中毒外，并有致癌和致突变作用。甲基汞易在脑中积累。日本水俣病即由于甲基汞在人畜脑中积累所致	0.05
2	烷基汞			不得检出
3	总镉	冶金、机器制造、纺织、化工、油漆、汽车制造、仪表制造、塑料、农药、磷肥、蓄电池、照相器材等工业废水	镉对人和温血动物的毒性很大。使染色体发生畸变，故有致畸作用和致癌作用。在人体内形成镉硫蛋白，并积蓄于肾肝脏中，导致肾功能不全，能使骨骼生长代谢受阻，导致骨骼疏松、萎缩、变形等。典型实例为日本的痛痛病（日本神通川一带由于食含镉废水灌溉的稻米或饮用镉污染的水，患痛痛病，导致数十人死亡）	0.1
4	总铬	机器制造、冶金、金属加工、电镀、汽车制造、机床制造、造船、航空、制革、纺织、颜料、化工、油漆、电镀、制革、玻璃陶瓷、橡胶制品、照相器材、化学制药等工业废水	铬化合物对人畜机体有全身制毒作用、刺激作用、累积作用、变态反应、致癌作用和致突变作用。对人体六价铬的毒性比三价铬大（100倍），对鱼类三价铬鼻中隔溃疡与穿孔、咽炎、支气管炎、黏膜损伤、皮炎、湿疹和皮的毒性比六价铬大。已证实六价铬能致人患肺癌、肤溃疡等疾病。消化道过量持续摄入六价铬会腐蚀内脏，影响胃和肠的功能，产生恶心、呕吐、腹疼等症状；也可引起肝肾病变导致死亡	1.5
5	六价铬			0.5
6	总砷（俗称砒霜）	冶金、化工、化学制药、油漆、电镀、制革、陶瓷、木材加工、玻璃、颜料等工业废水	砷对人体有致癌作用有争议。砷可通过呼吸道、消化道和皮肤接触而进入人体。砷能在肝、肾、肺、脾、子宫、胎盘、骨骼、肌肉乃至毛发、指甲中蓄积。砷的致毒作用主要是三价砷与细胞酶系统中的硫基结合，使细胞代谢失调，营养发生障碍，其中以对神经细胞的危害最大。慢性砷中毒症状有：食欲不振，胃痛、恶心、肝肿大等；神经系统——神经衰弱、多发性神经炎等，皮肤病变等	0.5
7	总铅	冶金、金属加工、机器制造、化学制药、化工、油漆颜料、石油加工、蓄电池、纺织等工业废水	铅主要损害骨髓造血系统和神经系统，对男性生殖腺也有一定的损害。其主要毒性效应表现在：贫血症、神经机能失调及肾损伤，对儿童造成大脑损害。磷酸铅有致癌作用	1.0

续表

序号	污染物	来　源	危　害	最高允许排放浓度(mg/L)
8	总　镍	采矿、冶金、陶瓷、玻璃、石油化工、电镀、纺织、印刷颜料、仪器仪表、机器制造、金属加工、墨水等工业废水	湿疹和皮炎，严重时引起全身中毒。镍有蓄积作用，能蓄积在肾、脾、肝中，使动物呕吐、呼吸困难、痉挛及虚脱等	1.0
9	苯并(a)芘	制气工业、煤化学工业、石油化工工业、石油冶炼等工业废水	致癌物	0.00003
10	总　铍			0.005
11	总　银			0.5
12	总α放射性			1Bq/L
13	总β放射性			10Bq/L

第二类污染物最高允许排放浓度（mg/L）　　表7-7

（1998年1月1日后建设的单位）

序号	污染物	适用范围	一级标准	二级标准	三级标准
1	pH	一切排污单位	6～9	6～9	6～9
2	色度（稀释倍数）	一切排污单位	50	80	—
		采矿、选矿、选煤工业	70	300	—
		脉金选矿	70	400	—
3	悬浮物（SS）	边远地区砂金选矿	70	800	—
		城镇二级污水处理厂	20	30	—
		其他排污单位	70	150	400
		甘蔗制糖、苎麻脱胶、湿法纤维板、染料、洗毛工业	20	60	600
4	五日生化需氧量（BOD_5）	甜菜制糖、酒精、味精、皮革、化纤浆粕工业	20	100	600
		城镇二级污水处理厂	20	30	—
		其他排污单位	20	30	300
5	化学需氧量（COD）	甜菜制糖、合成脂肪酸、湿法纤维板、染料、洗毛、有机磷农药工业	100	200	1000
		味精、酒精、医药原料药、生物制药、苎麻脱胶、皮革、化纤浆粕工业	100	300	1000
		石油化工工业（包括石油炼制）	60	120	—
		城镇二级污水处理厂	60	120	500
		其他排污单位	100	150	500

续表

序号	污染物	适用范围	一级标准	二级标准	三级标准
6	石油类	一切排污单位	5	10	20
7	动植物油	一切排污单位	10	15	100
8	挥发酚	一切排污单位	0.5	0.5	2.0
9	总氰化合物	一切排污单位	0.5	0.5	1.0
10	硫化物	一切排污单位	1.0	1.0	1.0
11	氨氮	医药原料药、染料、石油化工工业	15	50	—
		其他排污单位	15	25	—
		黄磷工业	10	15	20
12	氟化物	低氟地区（水体含氟量<0.5mg/L）			
		其他排污单位			
13	磷酸盐（以P计）	一切排污单位			
14	甲醛	一切排污单位			
15	苯胺类	一切排污单位	1.0	2.0	5.0
16	硝基苯类	一切排污单位	2.0	3.0	5.0
17	阴离子表面活性剂(LAS)	一切排污单位	5.0	10	20
18	总铜	一切排污单位	0.5	1.0	2.0
19	总锌	一切排污单位	2.0	5.0	5.0
20	总锰	合成脂肪酸工业	2.0	5.0	5.0
		其他排污单位	2.0	2.0	5.0
21	彩色显影剂	电影洗片	1.0	2.0	3.0
22	显影剂及氧化物总量	电影洗片	3.0	3.0	6.0
23	元素磷	一切排污单位	0.1	0.1	0.3
24	有机磷农药（以P计）	一切排污单位	不得检出	0.5	0.5
25	乐果	一切排污单位	不得检出	1.0	2.0
26	对硫磷	一切排污单位	不得检出	1.0	2.0
27	甲基对硫磷	一切排污单位	不得检出	1.0	2.0
28	马拉硫磷	一切排污单位	不得检出	5.0	10
29	五氯酚及五氯酚钠（以五氯酚计）	一切排污单位	5.0	8.0	10
30	可吸附有机卤化物（AOX，以Cl计）	一切排污单位	1.0	5.0	8.0
31	三氯甲烷	一切排污单位	0.3	0.6	1.0
32	四氯化碳	一切排污单位	0.03	0.06	0.5

续表

序号	污染物	适用范围	一级标准	二级标准	三级标准
33	三氯乙烯	一切排污单位	0.3	0.6	1.0
34	四氯乙烯	一切排污单位	0.1	0.2	0.5
35	苯	一切排污单位	0.1	0.2	0.5
36	甲苯	一切排污单位	0.1	0.2	0.5
37	乙苯	一切排污单位	0.4	0.6	1.0
38	邻-二甲苯	一切排污单位	0.4	0.6	1.0
39	对-二甲苯	一切排污单位	0.4	0.6	1.0
40	间-二甲苯	一切排污单位	0.4	0.6	1.0
41	氯苯	一切排污单位	0.2	0.4	1.0
42	邻-二氯苯	一切排污单位	0.4	0.6	1.0
43	对-二氯苯	一切排污单位	0.4	0.6	1.0
44	对-硝基氯苯	一切排污单位	0.5	1.0	5.0
45	2，4-二硝基氯苯	一切排污单位	0.5	1.0	5.0
46	苯酚	一切排污单位	0.3	0.4	1.0
47	间-甲酚	一切排污单位	0.1	0.2	0.5
48	2，4-二氯酚	一切排污单位	0.6	0.8	1.0
49	2，4，6-三氯酚	一切排污单位	0.6	0.8	1.0
50	邻苯二甲酸二丁脂	一切排污单位	0.2	0.4	2.0
51	邻苯二甲酸二辛脂	一切排污单位	0.3	0.6	2.0
52	丙烯腈	一切排污单位	2.0	5.0	5.0
53	总硒	一切排污单位	0.1	0.2	0.5
54	粪大肠菌群数	医院*、兽医院及医疗机构含病原体污水	500个/L	1000个/L	5000个/L
		传染病、结核病医院污水	100个/L	500个/L	1000个/L
		医院*、兽医院及医疗机构含病原体污水	<0.5**	>3（接触时间≥1h）	>2（接触时间≥1h）
55	总余氯（采用氯化消毒的医院污水）	传染病、结核病医院污水	<0.5**	>6.5(接触时间≥1.5h)	>5(接触时间≥1.5h)
		合成脂肪酸工业	20	40	—
56	总有机碳（TOC）	苎麻脱胶工业	20	60	—
		其他排污单位	20	30	—

注：其他排污单位：指除在该控制项目中所列行业以外的一切排污单位。

* 指50个床位以上的医院。

** 加氯消毒后须进行脱氯处理，达到本标准。

同一排放口排放两种或两种以上不同类别的污水，且每种污水的排放标准又不同时，其混合污水的排放标准按附录 A 计算。工业污水污染物的最高允许排放负荷量按附录 B 计算。污染物最高允许年排放总量按附录 C 计算。对于排放含有放射性物质的污水，除执行本标准外，还须符合《电离辐射防护与辐射源安全基本标准》GB 18871—2002。

(2)《城镇污水处理厂污染物排放标准》GB 18918—2002

该标准规定了城镇污水处理厂出水、废气排放和污泥处置（控制）的污染物限值。

该标准适用于城镇污水处理厂出水、废气排放和污泥处置（控制）的管理。

居民小区和工业企业内独立的生活污水处理设施污染物的排放管理，也按该标准执行。

1）控制项目及分类

① 根据污染物的来源及性质，将污染物控制项目分为基本控制项目和选择控制项目两类。基本控制项目主要包括影响水环境和城镇污水处理厂一般处理工艺可以去除的常规污染物，以及部分一类污染物，共 19 项。选择控制项目包括对环境有较长期影响或毒性较大的污染物，共计 43 项（表 7-8）。

② 基本控制项目必须执行。选择控制项目，由地方环境保护行政主管部门根据污水处理厂接纳的工业污染物的类别和水环境质量要求选择控制（表 7-9）。

2）标准分级

根据城镇污水处理厂排入地表水域环境功能和保护目标，以及污水处理厂的处理工艺，将基本控制项目的常规污染物标准值分为一级标准、二级标准、三级标准。一级标准分为 A 标准和 B 标准。一类重金属污染物和选择控制项目不分级。

① 一级标准的 A 标准是城镇污水处理厂出水作为回用水的基本要求。当污水处理厂出水引入稀释能力较小的河湖作为城镇景观用水和一般回用水等用途时，执行一级标准的 A 标准。

② 城镇污水处理厂出水排入 GB 3838 地表水Ⅲ类功能水域（划定的饮用水水源保护区和游泳区除外）、GB 3097 海水二类功能水域和湖、库等封闭或半封闭水域时，执行一级标准的 B 标准。

③ 城镇污水处理厂出水排入 GB 3838 地表水Ⅳ、Ⅴ类功能水域或 GB 3097 海水三、四类功能海域，执行二级标准。

④ 非重点控制流域和非水源保护区的建制镇的污水处理厂，根据当地经济条件和水污染控制要求，采用一级强化处理工艺时，执行三级标准。但必须预留二级处理设施的位置，分期达到二级标准。

3）排放标准

① 城镇污水处理厂水污染物排放基本控制项目，执行表 7-8 的规定。

② 选择控制项目按表 7-9 的规定执行。

基本控制项目最高允许排放浓度（日均值，mg/ L） **表 7-8**

序号	基本控制项目	一级标准		二级标准	三级标准
		A 标准	B 标准		
1	化学需氧量（COD）	50	60	100	120①

续表

序号	基本控制项目		一级标准		二级标准	三级标准
			A标准	B标准		
2	生化需氧量（BOD_5）		10	20	30	60①
3	悬浮物（SS）		10	20	30	50
4	动植物油		1	3	5	20
5	石油类		1	3	5	15
6	阴离子表面活性剂		0.5	1	2	5
7	总氮（以N计）		15	20	—	—
8	氨氮（以N计）②		5（8）	8（15）	25（30）	—
9	总磷（以P计）	2005年12月31日前建设的	1	1.5	3	5
		2006年1月1日起建设的	0.5	1	3	5
10	色度（稀释倍数）		30	30	40	50
11	pH		6～9			
12	粪大肠菌群数（个/L）		10^3	10^4	10^4	—

①下列情况下按去除率指标执行：当进水COD大于350mg/L时，去除率应大于60%；BOD大于160mg/L时，去除率应大于50%。

②括号外数值为水温>12℃时的控制指标，括号内数值为水温≤12℃时的控制指标。

选择控制项目最高允许排放浓度（日均值，mg/L） **表7-9**

序号	选择控制项目	标准值	序号	选择控制项目	标准值
1	总　镍	0.05	11	硫化物	1.0
2	总　铍	0.002	12	甲　醛	1.0
3	总　银	0.1	13	苯胺类	0.5
4	总　铜	0.5	14	总硝基化合物	2.0
5	总　锌	1.0	15	有机磷农药（以P计）	0.5
6	总　锰	2.0	16	马拉硫磷	1.0
7	总　硒	0.1	17	乐　果	0.5
8	苯并（a）芘	0.00003	18	对硫磷	0.05
9	挥发酚	0.5	19	甲基对硫磷	0.2
10	总氰化物	0.5	20	五氯酚	0.5

续表

序号	选择控制项目	标准值	序号	选择控制项目	标准值
21	三氯甲烷	0.3	33	1，2—二氯苯	1.0
22	四氯化碳	0.03	34	对硝基氯苯	0.5
23	三氯乙烯	0.3	35	2，4—二硝基氯苯	0.5
24	四氯乙烯	0.1	36	苯　酚	0.3
25	苯	0.1	37	间—甲酚	0.1
26	甲　苯	0.1	38	2，4—二氯酚	0.6
27	邻—二甲苯	0.4	39	2，4，6—三氯酚	0.6
28	对—二甲苯	0.4	40	邻苯二甲酸二丁酯	0.1
29	间—二甲苯	0.4	41	邻苯二甲酸二辛酯	0.1
30	乙　苯	0.4	42	丙烯腈	2.0
31	氯　苯	0.3	43	可吸附有机卤化物（AOX，以 Cl 计）	1.0
32	1，4—二氯苯	0.4			

(3)《城市污水再生利用　城市杂用水水质》GB/T 18920—2002

城市杂用水水质标准，见表 7-10。

城市杂用水水质标准　　表 7-10

序号	项目		冲厕	道路清扫、消防	城镇绿化	车辆冲洗	建筑施工
1	pH		6.0～9.0				
2	色/度	≤	30				
3	嗅		无不快感				
4	浊度、NTU	≤	5	10	10	5	20
5	溶解性总固体（mg/L）	≤	1500	1500	1000	1000	—
6	五日生化需氧量（BOD_t）（mg/L）	≤	10	15	20	10	15
7	氨氮（mg/L）	≤	10	10	20	10	20
8	阴离子表面活性剂（mg/L）		1.0	1.0	1.0	0.5	1.0
9	铁（mg/L）	≤	0.3	—	—	0.3	—
10	锰（mg/L）	≤	0.1	—	—	0.1	—
11	溶解氧（mg/L）	≥	1.0				
12	总余氯（mg/L）		接触 30min 后≥1.0，管网末端≥0.2				
13	总大肠菌群（个/L）	≤	3				

案例 1

案情回顾：2016 年宁波市执法人员对某工地进行检查时，发现该工地西北侧墙角的一个排水管网井盖被打开，有一根蓝色的水管正放置在井内，管内有水排出。经检查，该工地的泥浆固化处置单位为宁波某环保科技有限公司，因泥浆固化产生的废水在回用打桩过程中生产过剩，多余的废水无处排放，工人就擅自将废水直接排入排水管网内，其并未取得污水排入排水管网许可证。执法人员当场取证、要求当事人接受问询调查，同时督促工地业主单位加大对施工工地的监管力度。区环保部门同时对泥浆固化过程中产生的废水与排入排水管网的废水进行了取样，环保局提供的水样检测报告显示，所取水样 pH 为 12.4，属于强碱性，会对管网设施造成一定的损害。

处罚决定：当事人未取得污水排入排水管网许可证向城镇排水设施排放污水，其行为违反了《城镇排水与污水处理条例》第二十一条第一款“从事工业、建筑、餐饮、医疗等活动的企业事业单位、个体工商户（以下称排水户）向城镇排水设施排放污水的，应当向城镇排水主管部门申请领取污水排入排水管网许可证”的规定，根据《城镇排水与污水处理条例》第五十条第一款和《宁波市城镇管理相对集中自由裁量权实施办法》第十五条第（二）项的规定，当事人的行为性质属于损害设施，影响一般，以 10 万元为罚款基数。该行政处罚案件属于重大违法行为要给予较重行政处罚。但鉴于当事人有减轻违法行为危害后果的行为，拟告知当事人责令停止违法行为，补办排水许可证，并处罚款人民币 5 万元的行政处罚。

7.3　水工程经济管理法规

7.3.1　概述

建设项目总投资是指拟建项目从筹建到竣工验收以及试车投产的全部建设费用，应包括固定资产投资、建设期借款利息和铺底流动资金。固定资产投资由工程费用、工程建设其他费用及预备费用三部分组成。建设项目总投资的组成，见图 7-1。

- 建设项目总投资
  - 固定资产投资
    - 第一部分工程费用
      - 建筑工程费
      - 安装工程费
      - 设备购置费
    - 第二部分工程建设其他费用
    - 预备费用
      - 基本预备费
      - 涨价预备费
  - 建设期借款利息
  - 铺底流动资金

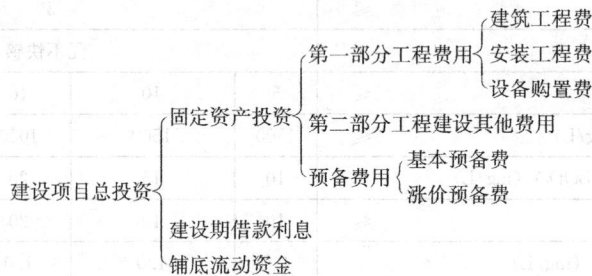

图 7-1　建设项目总投资的组成

第一部分工程费用，是指直接构成固定资产的工程项目，按各个枢纽工程（如给水工程按取水工程、浑水输水工程、净水工程、清水输水及配水工程）的单位进行编制。工程费用由建筑工程费、安装工程费、设备购置费三部分组成。建筑工程费包括：各种房屋和构筑物的建筑工程；各种室外管道铺设工程；总图竖向布置、大型土石方工程等。安装工程费包括：各种机电设备、专用设备、仪器仪表等设备的安装和配线；工艺、供热、供水排水等各种管道、配件和闸门以及供电外线安装工程。设备购置费包括：需安装和不需安装的全部设备购置费；工器具及生产家具购置费；备品备件购置费。

第二部分工程建设其他费用系指工程费用以外的建设项目必须支出的费用。其他费用计划的项目及内容，应结合工程项目的实际情况，予以确定，一般计列的项目有：土地使用费及迁移补偿费、建设单位管理费、工程建设监理费、研究试验费、生产准备费（包括生产职工培训及提前进厂费)、办公和生活家具购置费、勘测设计费、工程保险费、公用事业增容补贴费、竣工图编制费、联合试运转费、施工机构迁移费、引进技术和进口设备项目的其他费用等。

预备费包括基本预备费和涨价预备费两部分。基本预备费是指在可行性研究投资估算中难以预料的工程和费用，包括实行按施工图预算加系数包干的费用。涨价预备费是指项目建设期间由于价格可能发生上涨而预留的费用，以年度投资中第一部分费用为基础，按国家发改委发布的费率计算，同时需考虑外汇部分的限价因素。

总成本费用是建设项目投产运行后一年内的生产运营而花费的全部成本和费用，包括外购原材料费、燃料和动力费、工资和福利费、维修费、推销费、利息支出以及其他费用。

经营成本是项目总成本扣除固定资产折旧费、无形及递延推销费和利息支出以后的全部费用。

运行成本是指常年运行所花费用，按经营成本扣除大修理基金以后的费用。

生产成本按其与产量变化的关系分为可变成本与固定成本。在产品总成本费用中，有一部分费用随产量的增减而成比例地增减，称为可变成本，如原材料费用一般属于可变成本。另一部分费用与产量的多少无关，称为固定成本，如固定资产折旧费、管理费用。

单位处理水处理成本为总成本费用除以全年的处理水量，以元/m^3 表示。单位处理水经营成本为经营成本除以全年的处理水量，以元/m^3 表示。

售水价格是在单位制水成本的基础上增计销售税金及附加、利润等项费用，并考虑漏失水量和不收费水量的因素。

7.3.2 水工程投资管理

完成一项水工程项目，往往需耗资几百万、几十万元，大的水工程项目要耗资几亿、几十亿乃至更多。认真做好建设项目各阶段的工程费用计算，可以提高投资效益，防止在工程项目建设中概算超估算、预算超概算、决算超预算的所谓“三超”现象。算得准，控得住工程费用，是一个系统工程，它具有整体性、全过程、全方位和动态等性质特征。建设工程全过程的费用计算可包括：前期研究阶段，包括项目建议书（又称立项）估算、可行性研究的估算或概算；设计阶段，包括初步设计总概算、施工图预算；施工阶段，包括招标、投标预算、施工图及施工预算、工程竣工结算（决算）；生产（使用）阶段，包括产品成本预算、设备更新预算等。各个阶段的工作影响工程费用的程度是不同的，从决策到初步设计结束，影响工程费用的程度为 90％～75％；技术设计阶段为 75％～35％，施工图设计阶段为 35％～10％；施工实施阶段通过技术组织措施节约工程造价的可能性只有 5％～10％。因此，建设工程各个阶段的工程，前一阶段比后一阶段更重要，其节约工程费用的潜力也更大。

投资计算的方式很多，有的国家把各设计阶段的投资计算统称估算。在我国和许多国家，把项目建设的整个发展时期的投资计算分为：估算、概算、预算和决算四种，见表 7-11。

估算是指项目决策阶段的投资计算工作，按深度它分概略估算和详细估算。概略估算是根据实际经验、历史资料采用宏观的方法进行估算。这种方法虽然精确度不高，但在项目决策的初始阶段（比如项目建议书阶段）是十分必要的。详细估算（比如可行性研究阶段）是根据管道、厂、站工程综合指标或分项指标以及设计资料进行估算。

不同国家的投资估算 表 7-11

序号	估算种类、要求的精度及作用						估算所需时间（d）	估算所需的技术条件	相当于我国的设计阶段
	英国	允许误差	作用	美国	允许误差	作用			
1	数量级估算或称“拍脑袋”估算、“比例”估算、“球场”估算	<±30%	设想兴趣粗略筛选	毛估	20%～30%	判断是否进行下一段工作	7	产品大纲、工厂规模、工厂厂址和布置（包括车间组成）	投资设想阶段项目规划阶段
2	研究性估算、或称评价估算、初步估算	<±20%	判断下达设计任务书	研究性估算或称初估	15%～20%	设想列入投资计划	10	产品大纲、工厂规模、工厂厂址和布置（包括车间组成）设备表及设备价格	项目建议书阶段
3	预算性估算或称认可估算	<±10%～±15%	决心下达任务书批准资金	初步估算	10%～15%	据此列入投资计划	14	产品大纲、工厂规模、工厂厂址和布置（包括车间组成）设备表及设备价格、马达功率表、管线及仪表示意图、电器原理单线图	可行性研究阶段
4	控制估算、确切估算	<±10%	控制投资	确切估算	5%～10%	确定投资额	21	产品大纲、工厂规模、工厂厂址和布置（包括车间组成）设备表及设备价格、马达功率表、管线及仪表示意图、电器原理单线图	初步设计阶段
5	详细估算、投标估算、最终估算	<±10%	投标订合同拨款	详细估算	<5%	投标订合同拨款	61	同上，另外应有：详细的施工图和技术说明书	施工图设计阶段

概算是指项目初步设计或可行性研究阶段的投资计算工作，按概算范围分总概算、单项工程综合概算及单位工程概算。总概算是详细地确定一个建设项目（如工厂），从筹建到建成投入使用的全部建设费用的文件，它由工程费用（各单项工程的综合概算）、工程建设其他费用及预备费等组成。单项工程综合概算是确定某一个单项工程的工程费用文件，它是按某个完整的工程项目（如工厂的办公楼或生产车间等）来编制。单位工程概算是具体确定单项工程内各个专业（加工厂的办公楼中的建筑工程或安装工程等）设计的工程费用文件。概算是根据各类设计图纸和概算定额或预算定额编制。

预算是指项目施工图设计阶段或项目实施阶段的工程费用计算。一般按单位工程或单项工程编制。根据施工图设计图纸及预算定额编制。

综上所述，估算是由于条件限制（主要是设计图的深度不够），不能编制正式概算而对项目建设投资采取粗算的做法，这是估算与概算在计算方法上的区别。而设计概算是初步设计文件的一个重要组成部分，是工程费用拨款的依据，而估算只是项目筹建阶段上级审批项目建议书、可行性研究报告及项目设计任务书中对项目建设总投资的一个控制指标。概算与预算比较，预算比概算更细。原则上，工程预算应不大于工程概算，工程概算不大于估算。

竣工决算是全面反映一个建设项目或单项工程从筹建到竣工投产全过程中各项资金的实际使用情况和设计概（预）算执行的结果。如果说设计总概算是项目建设的计划投资，则竣工决算是施工企业及建设单位完成项目建设的实际投资，实际比计划超过了还是结余了，通过分析可以研究其产生的原因。工程结算是施工企业完成工程任务后，按照合同规定向建设单位进行办理工程价款的结算，根据建筑产品的特点，工程结算的方式可分为工程价款结算、年终结算和竣工结算。

7.3.3 水工程运营价格管理

1. 概述

城镇供水价格是指城镇供水企业通过一定的工程设施，将地表水、地下水进行必要的净化、消毒处理，使水质符合国家规定的标准后供给用户使用的商品水价格。污水处理费计入城镇供水价格，按城镇供水范围，根据用户使用量计量征收。

城镇供水成本是指供水生产过程中发生的原水费、电费、原材料费、资产折旧费、修理费、直接工资、水质检测和监测费以及其他应计入供水成本的直接费用。

费用是指组织和管理供水生产经营所发生的销售费用、管理费用和财务费用。

税金是指供水企业应交纳的税金。

2. 水价分类与构成

城镇供水实行分类水价。根据使用性质可分为居民生活用水、非居民生活用水（包括工业用水、行政事业用水、经营服务用水等）以及特种用水 3 类。各类水价之间的比价关系由所在城镇人民政府价格主管部门会同同级城镇供水行政主管部门结合本地实际情况确定。

城镇供水价格由供水成本、费用、税金和利润构成。成本和费用按国家财政主管部门颁发的《企业财务通则》和《企业会计准则》等有关规定核定。城镇供水价格中的利润，按净资产利润率核定。输水、配水等环节中的水损可合理计入成本。污水处理成本按管理体制单独核算。

3. 水价定价原则

制定城镇供水价格应遵循补偿成本、合理收益、节约用水、公平负担的原则。供水企业合理盈利的平均水平应当是净资产利润率8%～10%。具体的利润水平由所在城镇人民政府价格主管部门征求同级城镇供水行政主管部门意见后，根据其不同的资金来源确定。

（1）主要靠政府投资的，企业净资产利润率不得高于6%；

（2）主要靠企业投资的，包括利用贷款、引进外资、发行债券或股票等方式筹资建设供水设施的供水价格，还贷期间净资产利润率不得高于12%。

还贷期结束后，供水价格应按本条规定的平均净资产利润率核定。

4. 水价的管理制度

（1）水价申报与审批

符合以下条件的供水企业可以提出调价申请：

1）按国家法律、法规合法经营，价格不足以补偿简单再生产的。

2）政府给予补贴后仍有亏损的。

3）合理补偿扩大再生产投资的。

城镇供水企业需要调整供水价格时，应向所在城镇人民政府价格主管部门提出书面申请，调价申报文件应抄送同级城镇供水行政主管部门。城镇供水行政主管部门应及时将意见函告同级人民政府价格主管部门，以供同级价格主管部门统筹考虑。

城镇供水价格的调整，由供水企业所在的城镇人民政府价格主管部门审核，报所在城镇人民政府批准后执行，并报上一级人民政府价格和供水行政主管部门备案。必要时，上一级人民政府价格主管部门可对城镇供水价格实行监审。监审的具体办法由国务院价格主管部门规定。

城镇价格主管部门接到调整城镇供水价格的申报后，应召开听证会，邀请人大、政协和政府各有关部门及各界用户代表参加。听证会的具体办法由国务院价格主管部门另行下达。城镇供水价格调整方案实施前，由所在城镇人民政府向社会公告。

调整城镇供水价格应按以下原则审批：

1）有利于供水事业的发展，满足经济发展和人民生活需要。

2）有利于节约用水。

3）充分考虑社会承受能力。理顺城镇供水价格应分步实施。第一次制定两部制水价时，容量水价不得超过居民每月负担平均水价的三分之一。

4）有利于规范供水价格，健全供水企业成本约束机制。

对城镇供水中涉及用户特别是带有垄断性质的供水设施建设、维护、服务等主要项目（如用户管网配套、增容、维修、计量器具安装），劳务及重要原材料、设施等价格标准，应由所在城镇人民政府价格主管部门会同同级城镇供水行政主管部门核定。

（2）水价执行与监督

1）城镇中有水厂独立经营或管网独立经营的，允许不同供水企业执行不同上网水价，但对同类用户，必须执行同一价格。

2）城镇供水应实行装表到户、抄表到户、计量收费。

3）城镇供水行政主管部门应当对各类量水、测水设施实行统一管理，加强供水计量监测，完善供水计量监测设施。

4）混合用水应分表计量，未分表计量的从高适用水价。

5）用户应当按照规定的计量标准和水价标准按月交纳水费。没有正当理由或特殊原因连续两个月不交水费的，供水企业可按照《城市供水条例》规定暂停供水。

6）供水企业的供水水质、水压必须符合《生活饮用水卫生标准》和《城镇供水企业资质管理规定》的要求。因水质达不到饮用水标准，给用户造成不良影响和经济损失的，用户有权到政府价格主管部门、供水行政主管部门、消协或司法部门投诉，供水企业应当按照《城市供水条例》规定，承担相应的法律责任。

7）用户应根据所在城镇人民政府的规定，在交纳水费的同时，交纳污水处理费。

8）各级城镇供水行政主管部门要逐步建立、健全城镇供水水质监管体系，加强水质管理，保证安全可靠供水。

县级以上人民政府价格主管部门应当加强对本行政区域内城镇供水价格执行情况的监督检查，对违反价格法律、法规、规章及政策的单位和个人应依法查处。

案例 2

案情回顾：2016年在全省涉企业收费专项检查工作中，杭州市物价局对某水务有限公司执法检查，结果发现：根据《杭州市人民政府关于降成本减负担去产能全面推进实体经济健康发展的若干意见》，2016年2月26日至2017年12月31日期间，对列入市战略新兴产业培育的企业用水实行优惠，每立方米降低0.3元。截至9月30日，某水务有限公司对辖区内符合要求的142家企业未执行优惠的差别水价。据统计，2016年2月26日至2016年9月30日，该区域内的142家企业共计用水量2949874吨，某水务有限公司多收金额884962.2元。该行为被几家企业联合上报当地物价局。杭州市物价局督促该公司将优惠政策落实到位，责令其将多收款全额退还给企业，并将依法对该公司作出罚款处理。

案情分析：城镇供水价格的调整要有利于当地经济发展及人民的生活需要，充分考虑社会的承受能力。根据《城市供水条例》的规定，因水质达不到饮用水标准，对用户造成不良影响或经济损失的，用户有权到政府价格主管部门、供水行政主管部门、消协等部门投诉，供水企业应依法承担相应法律责任。

7.4 水工程运营管理法规

7.4.1 依据

我国大部分水工程沿用以政府投资为主的建设模式和政府补贴为主的运行政策。这种建设模式和运行政策容易形成投资来源单一化，经营垄断化，不少项目只讲投资不讲效益，只管建设不管效率，浪费严重。因此，在这种传统模式下，我国的水工程建设和运营遇到了资金不足和效率不高两个严重问题，这是我国水工程建设滞后的关键原因。要解决这两个问题，必须打破政府建设政府运营的传统模式，充分利用社会资本，建立多元投资主体模式，实行建设和运营的产业化和市场化。

企业国有资产委托运营，就是由政府或其国有资产管理部门通过订立委托运营合同，将企业国有资产委托给提供合法的财产抵押或担保的企业法人运营的一种资产管理方式。委托运营方式具有以下特点：对于政府来讲，无法通过此种方式收回投资，筹集建设资金，只能通过引入竞争机制有效降低运营成本。对企业而言，前期投入非常小，风险较小，收益较低。

环境保护设施运营，是指专门从事环境保护设施运营或污染治理业务的环保企业（服务方）接受排污单位（委托方）的委托，进行环保设施专业化运营或污染物的处理。环境保护设施运营实行社会化有偿服务，服务方自主经营，自负盈亏，承担委托责任，保证环境保护设施正常运行和污染物达标排放。

7.4.2　水工程运营形式

对于水工程的经营管理方式政府可以进行自由选择：一是由地方政府直接管理（由政府部门直接管理）的方式，二是交由私营企业进行管理（委托私营部门管理）的方式。

（1）地方政府部门直接管理的形式是指地方政府进行直接的全盘的管理，单方负担除去有可能享受到的补贴之外的投资数额，并且独自承受经营活动导致的财务赤字。这种管理方式并不排除私营企业的参与，但只涉及服务性企业或是有关工程企业。私营企业的参与不涉及经营管理，因而在严格的意义上讲，地方政府和它们还不能构成一种合作关系。

（2）所谓委托管理是通过竞争（现今采用一种法定的程序）选定一家私营企业对水工程进行管理。其经营管理过程受地方政府部门的监督。二者之间的关系是一种严格意义上的合作关系。

7.4.3　水工程的特许运营

1. 概述

特许经营是指特许经营权拥有者（特许者）以合同约定的形式，允许被特许经营者（被特许者）有偿使用其名称、标志、专有技术、产品及运作管理经验等，从事经营活动的组织经营模式。在特许经营的运营中（Franchising），至少涉及以下二者：特许经营权拥有者（Franchisor）和被特许经营者（Franchisee）。特许经营可归结为三种主要类型组合：

工程特许经营制。通过工程特许经营制，私人合作伙伴为一项新的工程投资并建设完成，而后从中受益；报酬来源于工程开发的成果。

服务特许经营制。通过服务特许经营制，私人合作者能够得到或失掉现有设施的使用权，可以为它们翻新和扩大投资，并完成这一服务工作，为提供一种服务而使用它们，并通过服务得到报酬。

租赁。租赁与服务特许经营制是相似的，但是在这里，投资和完成工程则是国家的责任和负担。

不管采取哪种形式，这些业务都是有限定的期限，一般都有相当长的期限。除了续期以外，私人合作者必须到期就将处于完好运行状态的设施交给公共合作者。因此，它就有维护和在必要时更新这些设施的义务，这些费用都是由它承担的。

在特许权经营中，政府是最重要的参与者和支持者。政府的作用是颁布特许权项目；与项目公司签订特许权协议；提供部分资金、信誉、履约方面的支持等。

2. 我国水工程特许经营

(1) 北京市城镇基础设施特许经营法规

2004年之前，我国尚无全国性的特许经营法规。2003年，北京在全国率先出台了《北京市城市基础设施特许经营办法》，并于2006年3月正式实施《北京市城市基础设施特许经营条例》。对城镇基础设施实行特许经营制度，既可充分吸收利用民间资本和外国资本，弥补政府财力的有限性，又有利于降低运营成本，并为社会提供优质的公共产品和服务。许多发达国家和发展中国家在特许经营方面已经积累了成功经验和成熟的做法。由于城镇基础设施投资具有周期长、回报率低的特点，要求有相对稳定的政策环境，因此关于特许经营的法规对建立规范的市场秩序、保障特许经营者的合法权益、规范政府行为十分重要。

(2) 国家市政公用事业特许经营法规

2004年2月，建设部颁布《市政公用事业特许经营管理办法》，并从2004年5月1日起施行。城镇供水、供气、供热、公共交通、污水处理、垃圾处理等行业实施特许经营适用该办法。这是我国最早的全国性特许经营法规。

从2004到2015年十多年里，我国的宏观经济环境和政策环境已经发生巨大变化，特许经营实践中出现的一些问题原来的法规已不能解决。为鼓励和引导社会资本参与基础设施和公用事业建设运营，提高公共服务质量和效率，保护特许经营者合法权益，保障社会公共利益和公共安全，促进经济社会持续健康发展，国家发展和改革委员会、财政部、住房城乡建设部、交通运输部、水利部、中国人民银行共同制定了《基础设施和公用事业特许经营管理办法》，新法于2015年6月1日起施行。我国境内的能源、交通运输、水利、环境保护、市政工程等基础设施和公用事业领域的特许经营活动，均适用本办法。

基础设施和公用事业特许经营，是指政府采用竞争方式依法授权境内外的法人或者其他组织，通过协议明确权利义务和风险分担，约定其在一定期限和范围内投资建设运营基础设施和公用事业并获得收益，提供公共产品或者公共服务。

1) 基础设施和公用事业特许经营的原则

① 应当坚持公开、公平、公正，保护各方信赖利益的原则。

② 应当发挥社会资本融资、专业、技术和管理优势，提高公共服务质量效率。

③ 实施基础设施和公用事业特许经营，应该转变政府职能，强化政府与社会资本协商合作。

④ 应当保护社会资本合法权益，保证特许经营持续性和稳定性，兼顾经营性和公益性平衡，维护公共利益。

2) 基础设施和公用事业特许经营的方式

①“建设-经营-移交”方式，即BOT方式（Build-Operate-Transfer）和ROT方式（Rebuild-Operate-Transfer）。在一定期限内，政府授予特许经营者投资新建或改扩建、运营基础设施和公用事业，期限届满移交政府。

②“建设-拥有-运营-移交”方式，即BOOT方式（Build-Own-Operate-Transfer）和ROOT方式（Rebuild-Own-Operate-Transfer）。在一定期限内，政府授予特许经营者投资新建或改扩建、拥有并运营基础设施和公用事业，期限届满移交政府。

③“建设-移交-运营”方式，即BTO方式（Build-Transfer-Operate）和RTO方式

(Rebuild-Transfer-Operate)。特许经营者投资新建或改扩建基础设施和公用事业并移交政府后，由政府授予其在一定期限内运营。

④ 根据实际需要，还可采用政府规定的其他形式。

3）基础设施和公用事业特许经营期限

特许经营期限应当根据行业特点、所提供公共产品或服务需求、项目生命周期、投资回收期等综合因素确定，最长不超过30年。对于投资规模大、回报周期长的可以由政府或者其授权部门与特许经营者根据项目实际情况，约定超过规定的特许经营期限。

4）基础设施和公用事业特许经营协议订立程序

① 县级以上人民政府有关行业主管部门或政府授权部门（简称项目提出部门）提出特许经营项目实施方案，并委托具有相应能力和经验的第三方机构，开展可行性评估，完善实施方案。

② 项目提出部门会同发展改革、财政、城乡规划、国土、环保、水利等有关部门对特许经营项目实施方案进行审查，审查意见报本级人民政府或其授权部门，由其审定实施方案。

③ 实施机构根据经审定的特许经营项目实施方案，应当通过招标、竞争性谈判等竞争方式选择特许经营者。

④ 特许经营者选择应当符合内外资准入等有关法律、行政法规规定。依法选定的特许经营者，应当向社会公示。

5）基础设施和公用事业特许经营协议

特许经营协议应当主要包括以下内容：

① 项目名称、内容；

② 特许经营方式、区域、范围和期限；

③ 项目公司的经营范围、注册资本、股东出资方式、出资比例、股权转让等；

④ 所提供产品或者服务的数量、质量和标准；

⑤ 设施权属，以及相应的维护和更新改造；

⑥ 监测评估；

⑦ 投融资期限和方式；

⑧ 收益取得方式，价格和收费标准的确定方法以及调整程序；

⑨ 履约担保；

⑩ 特许经营期内的风险分担；

⑪ 政府承诺和保障；

⑫ 应急预案和临时接管预案；

⑬ 特许经营期限届满后，项目及资产移交方式、程序和要求等；

⑭ 变更、提前终止及补偿；

⑮ 违约责任；

⑯ 争议解决方式；

⑰ 需要明确的其他事项。

6）基础设施和公用事业特许经营协议履行的规定

特许经营协议各方当事人应当遵循诚实信用原则，按照约定全面履行义务。

① 特许经营者应当根据特许经营协议，执行有关特许经营项目投融资安排，确保相应资金或资金来源落实。

② 特许经营者应当根据有关法律、行政法规、标准规范和特许经营协议，提供优质、持续、高效、安全的公共产品或者公共服务。

③ 特许经营者应当按照技术规范，定期对设施进行检修和保养，保证设施运转正常及经营期限届满后资产按规定进行移交。

④ 实施机构和特许经营者应当对特许经营项目建设、运营、维修、保养过程中有关资料，按照有关规定进行归档保存。

⑤ 特许经营者对涉及国家安全的事项负有保密义务，并应当建立和落实相应保密管理制度；实施机构、有关部门及其工作人员对知悉的特许经营者商业秘密负有保密义务。

⑥ 依法保护特许经营者合法权益。任何单位或个人不得违反法律法规规定，干涉特许经营者合法经营活动。实施机构应当按照特许经营协议严格履行有关义务，为特许经营者建设运营特许经营项目提供便利和支持，提高公共服务水平。

⑦ 因法律法规修改或政策调整损害特许经营者预期利益，或者根据公共利益需要，要求特许经营者提供协议约定以外的产品或服务的，应当给予特许经营者相应补偿。

7）基础设施和公用事业特许经营协议变更和终止

① 特许经营协议有效期内，协议内容确需变更的，协议当事人应当在协商一致的基础上签订补充协议。

② 特许经营期限内，因特许经营协议一方严重违约或不可抗力等原因，导致特许经营者无法继续履行协议约定义务，或者出现特许经营协议约定的提前终止协议情形的，在与债权人协商一致后，可提前终止协议。政府应当收回特许经营项目，并根据实际情况和协议约定给予原特许经营者相应补偿。

③ 特许经营期限届满终止或提前终止的，协议当事人应当办理有关设施、资料、档案等的性能测试、评估、移交、接管、验收等手续。

④ 因特许经营期限届满重新选择特许经营者的，同等条件下，原特许经营者优先获得特许经营。新特许经营者选定之前，实施机构和原特许经营者应当制定预案，保障公共产品或公共服务的持续稳定提供。

8）基础设施和公用事业特许经营的监督管理

① 县级以上人民政府有关部门应当根据各自职责，对特许经营者执行法律、行政法规、行业标准、产品或服务技术规范，以及其他有关监管要求进行监督管理，并依法加强成本监督审查。

② 实施机构应当定期对特许经营项目建设运营情况进行监测分析，会同有关部门进行绩效评价，并建立根据绩效评价结果、按照特许经营协议约定对价格或财政补贴进行调整的机制，保障所提供公共产品或公共服务的质量和效率。实施机构应当将社会公众意见作为监测分析和绩效评价的重要内容。

③ 县级以上人民政府应当将特许经营有关政策措施、部门协调机制组成以及职责等信息向社会公开。特许经营者应当公开有关会计数据、财务核算和其他有关财务指标，并依法接受年度财务审计。

④ 实施机构和特许经营者应当制定突发事件应急预案，按规定报有关部门。突发事

件发生后，及时启动应急预案，保障公共产品或公共服务的正常提供。

⑤ 特许经营者因不可抗力等原因确实无法继续履行特许经营协议的，实施机构应当采取措施，保证持续稳定提供公共产品或公共服务。

7.5　水工程安全管理规范

7.5.1　水工程安全管理的内容

为加强水工程设施的维护管理，统一技术要求，保证设施的安全运行，充分发挥设施的功能，我国制定了《城镇供水管网运行、维护及安全技术规程》CJJ 207—2013、《城镇排水管渠与泵站运行、维护及安全技术规程》CJJ 68—2016、《城镇排水管道维护安全技术规程》CJJ 6—2009、《城镇供水厂运行、维护及安全技术规程》CJJ 58—2009 和《城镇污水处理厂运行、维护及安全技术规程》CJJ 60—2011。这些规程对水工程的安全管理作了详细的规定。

1. 供水管网安全管理

（1）供水管网中使用的设备和材料，应符合现行国家标准《生活饮用水输配水设备及防护材料的安全性评价标准》GB/T 17219—1998 的有关规定。

（2）消火栓、进排气阀和阀门井等设备及设施应有防止水质二次污染的措施，在严寒地区还应采取防冻措施。架空管道应设置进排气阀、伸缩节和固定支架，应有抗强风和防止攀爬等安全措施，并应设置警示标志。

（3）自备水源的供水管网及非生活饮用水管网不得与城镇供水管网连接。与城镇供水管网连接的，存在倒流污染可能的用户管道，应设置符合国家现行有关标准要求的防止倒流污染装置。

（4）设置在市政综合管廊（沟）内的供水管道位置与其他管线的距离应满足最小维护检修要求，净距不应小于 0.5m 并应有监控、防火、排水、通风和照明等措施。供水管道宜与热力管道分舱设置。

（5）输配水干管并网过程中应加强泵站和阀门的操作管理，防止水锤的危害。

（6）输配水管道并网、维修时应按照现行标准的要求进行管道冲洗。

（7）供水单位应根据现行国家标准《生活饮用水卫生标准》GB 5749—2006 对供水水质和水质检验的规定，结合本地区情况建立管网水质管理制度，对管网水质进行监测和管理。

（8）阀门操作不应影响管网水质。应保证管网末梢水质达标，并应在管网末梢进行定期冲洗，排放存水。

（9）应建立管网水质监测采样点和在线监测点的定期巡视制度及水质检测仪器的维护保养制度。

（10）供水单位应对管网系统进行安全和风险评估，制定和完善相关安全与应急保障措施。应编制管网安全预警和突发事件应急预案，明确不同类别突发事件处置办法及处置流程和责任部门，并纳入供水单位的总体应急预案。

（11）对管网水质、水量和水压的动态变化应进行定期检查和实时掌握，对可能出现的供水管网安全运行隐患进行预警。应对重点地区管线的风险源进行调查和风险评估工作。

(12) 管网水质突发事件发生时，应迅速采取关阀分隔、查明原因、排除污染和冲洗消毒等措施；发生爆管、破损等突发事件时，应迅速关阀止水，组织应急抢修；对短时间不能恢复供水的，应启动临时供水方案。

(13) 当出现重大级别以上的管网安全突发事件时，应立即启动应急预案，并及时上报当地供水行政主管部门。还应评估发生原因和处置情况，并应提出评估和整改报告。

2. 管网与泵站安全管理

(1) 排水设施管理单位应按国家现行标准的要求，对排水户定期进行水质、水量的监测，并建立管理档案。

(2) 维护作业区域应采取设置安全警示标志等防护措施；夜间作业时，应在作业区域周边明显处设置警示灯；作业完毕，应及时清除障碍物。

(3) 路面作业时，维护作业人员应穿戴有反光标志的安全警示服并正确佩戴和使用劳动防护用品。

(4) 维护作业现场严禁吸烟，未经许可严禁动用明火。

(5) 必须同时符合下列各项要求，才允许维护作业人员进入：管径不得小于 0.8m，管内流速不得大于 0.5 m/s，水深不得大于 0.5m，充满度不得大于 50%。

(6) 开启压力井盖时，应采取相应的防爆措施。

(7) 井下作业时，应使用隔离式防毒面具，不应使用过滤式防毒面具和半隔离式防毒面具以及氧气呼吸设备；安全带应采用悬挂双背带式。潜水作业时应穿戴隔离式潜水防护服。防护设备必须按相关规定定期进行维护检查。严禁使用质量不合格的防毒和防护设备。

(8) 下井作业人员必须经过专业安全技术培训、考核，具备下井作业资格，并应掌握人工急救技能和防护用具、照明、通信设备的使用方法。作业单位应为下井作业人员建立个人培训档案。

(9) 井下作业必须履行审批手续，执行当地的下井许可制度。

(10) 井下作业前，维护作业单位必须监测管道内有害气体。井下有害气体浓度必须符合有关规定。

(11) 井下作业时，必须进行连续气体监测，且井上监护人员不得少于两人；进入管道内作业时，井室内应设置专人呼应和监护，监护人员严禁擅离职守。

(12) 维护作业单位必须制定中毒、窒息等事故应急救援预案，并应按相关规定定期进行演练。一旦发生中毒、窒息事故，监护人员应立即启动应急救援预案。

(13) 当需下井抢救时，抢救人员必须在做好个人安全防护并有专人监护下进行下井抢救，必须佩戴好便携式空气呼吸器、悬挂双背带式安全带，并系好安全绳，严禁盲目施救。

3. 供水厂的安全管理

(1) 城镇供水厂必须按照国家现行《生活饮用水卫生标准》GB 5749—2006 的规定并结合本地区原水水质特点，对进厂原水进行水质监测。当原水水质发生异常变化时，应根据需要增加监测项目和频次。

(2) 水质监测应符合表7-12的规定。

监测项目和频率　　表7-12

水样		检验项目	检验频率
水源水	地表水、地下水	浑浊度、色度、嗅和味、肉眼可见物、COD_{Mn}、氨氮、细菌总数、总大肠菌群、大肠埃希氏菌或耐热大肠菌群	每日不少于一次
	地表水	国标（GB 3838）中规定的水质检验基本项目，补充项目及特定项目	每月不少于一次
	地下水	国标（GB/T 14848）中规定的所有水质检验项目	每月不少于一次
沉淀、过滤等各净化工序		浑浊度及特定项目	每一至二小时一次
出厂水		浑浊度、余氯、pH	在线检测或每小时一至二次
		浑浊度、色度、嗅和味，肉眼可见物、余氯、细菌总数、总大肠菌群、大肠埃希氏菌或耐热大肠菌群①、COD_{Ma}	每日不少于一次
		国标（GB 5749）规定的表1、表2全部项目和表3中可能含有的有害物质	每月不少于一次
		国标（GB 5749）规定的全部项目	以地表水为水源：每半年检验一次 以地下水为水源：每年检验一次
管网水		色度、嗅和味、浑浊度、余氯、细菌总数、总大肠菌群、COD_{Mn}（管网末梢水）	每月不少于两次
管网末梢水		国标（GB 5749）规定的表1、表2全部项目和表3中可能含有的有害物质	每月不少于一次

(3) 城镇供水厂在选用各类涉水产品（净水原材料、输配水设备、防护材料、水处理材料）时，应选用具有生产许可证和卫生许可证企业的产品，并执行索证（生产许可证、卫生许可证、产品合格证及化验报告）及验收制度。

城镇供水厂采用的水化学处理剂、输配水设备及防护材料在首次使用前应进行卫生安全评价，评价合格方可投入使用。

(4) 制水生产工艺应保证供水水质符合现行国家标准《生活饮用水卫生标准》GB 5749—2006和企业自己制定的水质管理标准。制水生产工艺及其附属设施、设备应满足连续安全供水的要求，保证管网末梢压力不应低于0.14MPa。关键设备应有一定的备用量。设备易损件应有足够量的备品备件。

供水厂应根据各自水源流域内可能的污染源，制定相应水源污染时期水处理技术预案和生产指挥预案；应针对突发事件，如地震、台风等自然灾害，大面积传染病流行期可能给水厂生产带来的影响，制定安全生产预案。一般水厂均应具备临时投加粉末活性炭和各种药剂的应急设备与设施。

对于有害气体、压力容器、电气设备的安全使用应符合相关规范及各专业的安全要求。

（5）地表水取水口防护应符合下列规定：

1）在国家规定的防护地带内上游1000m至下游100m段（有潮汐的河道可适当扩大），定期进行巡视。

2）汛期应组织专业人员了解上游汛情，检查取水口构筑物的完好情况，防止洪水危害和污染。冬季结冰的取水口，应有防结冰措施及解冻时防冰凌冲撞措施。

3）取水口应设有格栅，并应设专人专职定时检查，有杂物时应及时进行清除处理。

4）上游至下游适当地段应装设明显的标志牌，在有船只来往的河道，还应在取水口上装设信号灯。

（6）压力式、自流式的输水管道，每次通水时均应先检查所有排气阀正常后方可投入运行。应设专人并佩戴证章定期进行全线巡视，严禁在管线上圈、压、埋、占；沿线不应有跑、冒、外溢现象。及时制止并上报危及城镇输水管道的行为。

（7）供水厂应按照所使用的气体（氯气、氨气、氧气及臭氧）类别建立相应的岗位责任制度、巡回检查制度、交接班制度和事故处理报告制度以及操作、检修的企业标准。同时还应制定气体投加车间的安全防护制度。

（8）氯气、二氧化氯、次氯酸钠等消毒剂的使用、贮存、运输以及泄漏与抢救，应符合国家现行标准的规定。

（9）必须使用专用高压气体钢瓶。钢瓶或气体蒸发器的使用管理，应符合《气瓶安全监察规定》要求。

（10）供水厂的气体投加生产人员应经过专门培训，持证上岗。同时应定期组织操作和抢修人员进行应急情况演练。

（11）高压设备全部或部分停电检修时，必须按要求在完成停电、验电、装设接地线、悬挂标示牌和装设遮拦等保证安全的技术措施后，方可进行工作。保证安全的技术措施，应符合现行国家标准《电力安全工作规程》第4节的有关规定。

（12）架空线路进行检修时，供水厂变电所、配电室中的操作，应符合现行国家标准《电力安全工作规程》GB 26860—2011第5节的有关规定；检修人员必须按《城镇供水厂运行、维护及技术规程》CJJ 58—2009第8.2.8和第8.2.9条的有关规定，在完成保证安全的组织措施和保证安全的技术措施后，方可进行工作；遇有五级以上大风以及大雨、雷电等情况，应停止作业。

（13）供水厂高压设备和架空线路不得带电作业。低压设备带电工作应符合有关标准的规定，并须经主管电气负责人批准，同时设专人监护。

（14）变电所、配电室安全用具必须配备齐全，并保证安全可靠地使用。

（15）水厂厂址的选择应符合城镇总体规划和相关专项规划并根据下列要求综合确定。

1）给水系统布局合理。

2）不受洪水威胁。

3）有较好的废水排除条件。

4）有良好的工程地质条件。

5）有便于远期发展控制用地的条件。

6）有良好的卫生环境，并便于设立防护地带。

7）少拆迁，不占或少占良田。

8）施工、运行和维护方便。

4. 污水处理厂安全管理

（1）城镇污水处理厂必须建立、健全污水处理设施运行与维护管理制度，各岗位运行操作和维护人员应经培训后持证上岗，并应定期考核。各岗位应有健全的技术操作规程、安全操作规程及岗位责任等制度。厂内供水、排水、供电、供热和燃气等设施的运行、维护及管理工作必须符合国家现行有关标准的规定。

（2）起重设备、锅炉、压力容器等特种设备的安装、使用、检修、检测及鉴定，必须符合国家现行有关标准的规定。对易燃易爆、有毒有害等气体检测仪应定期进行检查和校验，并应按国家有关规定进行强制检定。

（3）各种设备维修前必须断电，并应在开关处悬挂维修和禁止合闸的标识牌，经检查确认无安全隐患后方可操作。

（4）凡设有钢丝绳结构的装置，应按要求做好日常检查和定期维护保养；当出现绳端断丝、绳股断裂、扭结、压扁等情况时，必须更换。

（5）起重设备应设专人负责操作，吊物下方危险区域内严禁有人。

（6）构筑物、建筑物的护栏及扶梯应牢固可靠，设施护栏不得低于 1.2m，在构筑物上应悬挂警示牌，配备救生圈、安全绳等救生用品，并应定期检查和更换。

（7）污泥消化处理区域及除臭设施防护范围内，严禁明火作业。区域内工作人员应配备防静电工作服和工作鞋。

（8）对可能含有有毒有害气体或可燃性气体的深井、管道、构筑物等设施、设备进行维护、维修操作前，必须在现场对有毒有害气体进行检测，不得在超标的环境下操作，所有参与操作的人员应佩戴防护装置，直接操作者应在可靠的监护下进行操作，并应符合国家现行标准《城镇排水管道维护安全技术规程》CJJ 6—2009 的规定。

（9）新投入使用或长期停运后重新启用的设施、设备，必须对构筑物、管道闸阀、机械、电气、自控等系统进行全面检查，确认正常后方可投入使用。

（10）当泵房突然断电或设备发生重大事故时，在岗员工应立刻报警，并启动应急预案。

（11）对以沼气为动力的鼓风机，应严格按照开停机程序进行，每班加强巡查，并应检查气压、沼气管道和闸阀，发现漏气应及时处理。

（12）采用二氧化氯、次氯酸钠或液氯消毒时，其运输、存放、使用等环节均应严格遵守国家现行标准的规定。

（13）搬运和配制氯酸钠过程中，严禁用金属器件锤击或摔击，严禁明火；操作人员应戴防护手套和眼镜。

（14）应每周检查 1 次报警器及漏氯吸收装置与漏氯检测仪表的有效联动功能，并应每周启动 1 次手动装置，确保其处于正常状态；氯库应设置漏氯检测报警装置及防护用具。氯瓶的管理应符合现行国家标准《氯气安全规程》GB 11984—2008 的规定。

（15）消毒水渠无水或水量达不到设备运行水位时，严禁开启紫外线消毒设备。采用臭氧消毒时，应定期校准臭氧发生间内臭氧浓度探测报警装置；发生臭氧泄漏事故时，应立即打开门窗并启动排风扇。

(16) 当维修沼气柜时，必须采取安全措施并制定维修方案。

(17) 污泥浓缩、消化等污泥处理构筑物的运行管理应严格按国家现行标准《城镇污水处理厂运行、维护及安全技术规程》CJJ 60—2011 执行。

(18) 进入臭气收集系统的封闭环境内检修维护时，必须具备自然通风或强制通风条件，并必须佩戴防毒面具。

(19) 化验室必须建立危险化学品、剧毒物的申购、储存、领取、使用、销毁等管理制度。易燃易爆物、强酸强碱、剧毒物及贵重器具必须由专门部门负责保管，并应建立监督机制，领用时应有严格手续。

(20) 城镇污水处理厂应建立健全事故应急体系，并应制定相应的安全生产、职业卫生、环境保护、自然灾害等应急预案。各种应急预案应每年进行1次补充、修改和完善，并做好其档案的管理与评审工作。每年应至少进行1次应急预案的演练。

(21) 污水处理厂位置的选择，应符合城镇总体规划和排水工程专业规划的要求，并应根据下列因素综合确定：

1) 在城镇水体的下游。

2) 便于处理后出水回用和安全排放。

3) 便于污泥集中处理和处置。

4) 在城镇夏季主导风向的下风侧。

5) 有良好的工程地质条件。

6) 少拆迁，少占地，根据环境评价要求，有一定的卫生防护距离。

7) 有扩建的可能。

8) 厂区地形不应受洪涝灾害影响，防洪标准不应低于城镇防洪标准，有良好的排水条件。

9) 有方便的交通、运输和水电条件。

7.5.2 消防安全

(1) 当工业废水能产生引起爆炸或火灾的气体时，其管道系统中必须设置水封井，水封井位置应设在产生上述污水的排出口处及其干管上每隔适当距离处。水封深度不应小于0.25m，井上宜设通风设施，井底应设沉泥槽。水封井以及同一管道系统中的其他检查井，均不应设在车行道和行人众多的地段，并应适当远离产生明火的场地。

(2) 泵房内应设置消防设施，并应符合国家现行有关防火规范的要求。设计负有消防给水任务的泵站时，其耐火等级、电源以及水泵的启动、吸水管、与动力机械的连接和备用等，均应满足国家现行消防标准的要求。

(3) 给水厂、污水处理厂厂区的生产、附属生产及生活等建筑物的消防设计和消化池、贮气罐、消化气压缩机房、消化气发电机房、消化气燃烧装置、消化气管道、污泥干化装置、污泥焚烧装置及其他危险品仓库等的位置和设计，应符合国家现行有关防火规范的要求。厂内的管廊内应设通风、照明、广播、电话、火警及可燃气体报警系统等设施，并应符合国家现行有关防火规范要求。厂区内应设置一定数量的消火栓。消化气贮罐、消化气压缩机房、消化气阀门控制间、消化气管道层等可能泄漏消化气的场所，电机、仪表和照明等电气设备均应符合防爆要求，室内应设置通风设施和消化气泄漏报警装置。

案例3

案情回顾：在A市某市政工程管道安装公司承包的排水管道工程施工中，施工人员准备将一新建排水管道与已建成的管道井堵口打开连通。当1名作业人员下井作业时，管道内涌出大量硫化氢气体，致使其当场晕倒，地面的5名作业人员见状先后下井救人，也相继晕倒，待消防队员赶来时，已造成3人死亡，3人重伤。

案情分析：事故原因分析认为：施工队下井作业前没有按照规定先进行检测，了解井下有毒气体含量及氧气含量，防止发生中毒和窒息。打通旧有管道堵口没有安全防范措施，导致作业人员中毒。由于作业人员未经培训，不懂对井下中毒人员救助方法和注意事项盲目下井，作业现场又未准备救援器材，致使事故扩大。再者，排水管道施工属于专业工程，虽然该工程施工单位为某市政工程管道安装公司，属专业施工单位，且具备相应资质，但后经专家判定，该企业管理与施工水平及管理能力与其资质严重不符。从该事故发生过程看，该单位管理混乱，施工前不做方案，不懂相关技术规定，随意雇工不经培训就上岗作业，施工现场也无专人监管，整个管理完全处于失控状态，直到发生中毒事故后，也无人指导如何正确救助，终于导致多人伤亡。该施工单位的行为违反了《城镇排水管道维护安全技术规程》的相关规定，根据事故调查和责任认定，对有关责任方作出以下处理：项目经理等责任人分别受到撤职、吊销执业资格等行政处罚；施工单位对事故进行赔偿、处罚款并吊销其市政资质，暂扣其安全生产许可证等行政处罚。

7.5.3 防洪安全

（1）江河取水构筑物的防洪标准不应低于城镇防洪标准，其设计洪水重现期不得低于100年。水库取水构筑物的防洪标准应与水库大坝等主要建筑物的防洪标准相同，并应采用设计和校核两级标准。

（2）受洪水淹没地区的泵站，其入口处设计地面标高应比设计洪水位高出0.5m以上，当不能满足上述要求时，可在入口处设置闸槽等临时防洪措施。

（3）给水厂厂址选择应不受洪水威胁，有较好的废水排除条件。给水厂的防洪标准不应低于城镇防洪标准，并应留有适当的安全裕度。

（4）污水处理厂厂址的防洪和排水问题必须重视，一般不应在淹水区建污水处理厂。当必须在可能受洪水威胁的地区建厂时，应采取防洪措施。污水处理厂的出水管渠的高程，应保证出口在洪水位时仍能顺畅排出处理水，不受洪水威胁。

7.5.4 水土保持与地质安全

水土保持，是指对自然因素和人为活动造成水土流失所采取的预防和治理措施。

修建铁路、公路和水工程，应当尽量减少破坏植被；废弃的砂、石、土必须运至规定的专门存放地堆放，不得向江河、湖泊、水库和专门存放地以外的沟渠倾倒；在铁路、公路两侧地界以内的山坡地，必须修建护坡或者采取其他土地整治措施；工程竣工后，取土场、开挖面和废弃的砂、石、土存放地的裸露土地，必须植树种草，防止水土流失。

在山区、丘陵区、风沙区修建铁路、公路、水工程，开办矿山企业、电力企业和其他大中型工业企业，在建设项目环境影响报告书中，必须有水行政主管部门同意的水土保持方案。水土保持方案应当按照《水土保持法》第十八条的规定制定。

建设项目中的水土保持设施，必须与主体工程同时设计、同时施工、同时投产使用。建设工程竣工验收时，应当同时验收水土保持设施，并有水行政主管部门参加。

【思考题】

1. 工程勘察设计资质如何分级分类，分级的依据是什么，各等级需具备什么基本条件，各等级的业务范围有什么区别?

2. 建筑业企业资质的序列、类别和等级是如何划分的，市政公用工程施工总承包资质分为几级，各等级需具备什么条件?

3. 工程监理企业资质等级及业务范围是如何规定的?

4. 注册师制度建立的意义和必要性。

5. 水功能区是如何分级、分类的?

6. 对生活饮用水水源的水质有哪些要求?

7. 供水水质的卫生管理有什么要求，如何保证供水水质的安全?

8. 排入城镇下水道的污水水质有什么要求?

9. 城镇污水处理厂的排放水质有什么要求，工业废水的排放水质有什么要求?

10. 建设项目总投资由哪几部分组成，总成本费用、经营成本、运行成本之间是什么关系?

11. 什么是估算、概算、预算和决算，它们分别用于工程建设的哪个阶段?

12. 城镇水价分为哪几类，水价由哪几部分构成，定价原则是什么?

13. 什么是特许经营，我国的特许经营形式有哪些?

第8章 水工程相关法律法规

8.1 大气污染防治法

大气污染防治是对以空气为介质的污染防治，广义上也包括噪声污染、热污染、光污染等的防治。这类污染主要对人的健康造成危害，并影响人的生活质量，而且具有污染后果较隐蔽、危害后果较持久、忍受限度相对性、取证较困难等特点。

8.1.1 概述

大气是人类以至其他生物赖以生存和发展的基本环境要素。一切生命过程都离不开大气：大气具有热量调节功能，为一切生物提供适宜的温度；大气通过自身的运动完成生态平衡所必须的热量、动量和水、汽的交换以及水源分布的循环、调节过程；大气还阻挡和稀释、吸收有害的宇宙射线和紫外线，等等。

大气污染是指由于人们的生产活动和其他活动，向大气环境排入有毒、有害物质，使其物理、化学、生物或者放射性等特性改变，导致生活环境和生态环境质量下降，进而危害人体健康，生命安全和财产损害的现象。其特点是污染速度快，范围大，持续时间也较长，是人类社会常见的公害之一①。

大气污染物可分为一次污染物和二次污染物。由于人类活动直接产生的污染物，如工厂排除的烟尘、二氧化硫等，称一次污染物或原发污染物，由一次污染物造成的环境污染称为一次污染。二次污染物是由污染源排除的污染物，因受环境中的物理、化学或生物等因素的影响，或由于污染物之间的相互结合或相互作用而生成一种或多种新的污染物，也称次生污染物。光化学烟雾就属二次污染物。由二次污染物造成的大气污染称为二次污染。在大气层或其他环境中，一次污染较为常见，但二次污染物造成的污染危害往往比一次污染严重。

大气污染的类型按生产来源可分为：

（1）生活污染源；

（2）工业污染源

（3）交通污染源；

（4）沙尘污染源。

大气污染按其污染物的种类可分为五类：

（1）由燃煤所造成的煤烟型污染；

（2）生产、使用石油及其制品所造成的石油型污染；

① 举世闻名的世界十大公害事件中，有五件就属于大气污染。参见《历史上的公害事件》，载列《中国环境报》1997年1月23日，第一版。

(3) 工厂企业建筑施工的废气、粉尘所造成的混合型污染；

(4) 汽车发动机排放的氮氧化物所造成的氮氧型污染；

(5) 风沙污染源造成的沙尘型大气污染。

我国大气污染严重，其主要类型仍呈煤烟型污染特征，即以煤尘和酸雨（二氧化硫）污染危害最大。近年来，全国大气污染物排放总量仍不断增加，城镇大气环境中总悬浮颗粒物浓度普遍超标。颗粒物仍是我国城镇空气中的主要污染物。2016 年，328 个地区及以上城市 254 个城市环境空气质量超标占 75.1%、酸雨城市比例为 18.8%，酸雨频率平均为 12.7%，酸雨类型总体仍为硫酸型。只有 84 个城市环境空气质量达标，仅占 24.9%。

8.1.2 大气污染的危害

1. 对人体健康的危害

大气污染对人体健康的危害，主要是通过以下三种途径：通过器官、皮肤表面的直接接触；食入含大气污染物的水和食物；吸入被污染的空气。最后一条途径最为危险，因为每一天一个正常人要吸入约一万公升的空气，污染物可随这些空气大量侵入人体。大气污染对人体健康的危害可分为急性（如伦敦的烟雾事件）、慢性（如呼吸道系统的疾病）和远期危害（如致癌、致畸、致突变）三类。研究表明，恶性肿瘤、心脏病和呼吸系统疾病均与环境污染密切相关。我国因恶性肿瘤而死亡的人口，城镇仍以肺癌的死亡率为最高，这与城镇大气污染有着直接的关系。我国农村居民的首位死亡原因是呼吸道疾病。

2. 对工业生产的危害

大气污染物可侵蚀建筑物、腐蚀金属、使高压电线短路，大气污染物对油漆涂料、皮革制品、纸制品、纺织衣料、橡胶制品以至精密仪器、高科技产业的危害也很大。

3. 对农业生产的危害

大气污染可使农作物生长减缓、发育受阻、品质下降、产量减少，严重的还会造成死亡失收。酸雨不但使整个城镇建筑物灰暗脏旧，汽车等公共设施锈迹斑斑，还使土地酸化，农作物减产，病虫害加剧，果林成片死亡，酸雨可使农作物大幅度减产，特别是小麦，在 pH 为 3.5 的酸雨影响下，可减产 13.7%，pH 为 3.0 时减产 21.6%，pH 为 2.5 时减产 34%。我国酸雨控制区涉及上海、江苏、浙江、安徽、福建、江西、湖北、湖南、广东、广西、重庆、四川、贵州、海南省 14 个省、直辖市、自治区，控制区面积约 80 万 km^2。已占国土面积的 8.4%。

4. 对动植物的危害

大气污染会使动物发生畸变、癌变，破坏遗传基因。大剂量的大气污染物，会使野生动物、家畜大批死亡；在小剂量的大气污染物长期作用下，会使鸟类、爬行动物、家禽的呼吸道感染而患病。大气污染还会使大片森林、草原枯黄致死。

5. 对自然生态的危害

大气污染对天气的影响主要有：①造成局部地区空气浑浊、能见度降低、使辐射到地球的阳光数量大幅减少；②在城镇形成“热岛效应”[①]；③出现“拉波特效应”[②]；④出现酸雨。大气污染对自然生态的危害主要表现为全球变暖和臭氧层变薄。由于人们对矿物质（煤、石油、天然气等）燃料消耗量的不断增加，所排放的碳氧化物进入大气层会产生“温室效应”。因为碳氧化物能吸收太阳辐射线和地面热量，使气温升高并形成一个半球型贮热层。科学家们预言，本世纪地球的气温将升高5℃。这将导致海洋平面上升，沿海和入海口河流三角地区将大量被淹没，农业生产节气将被打乱，各种恶劣气候如台风、暴雨将更加具破坏性；湿地、热带雨林、草原和野生动植物将会大批从地球上消失。人们排放到大气层中的氟氯烃的不断增加，使臭氧层变薄，从而导致到达地球表面的太阳紫外线增强，使农作物受损，皮肤癌增多；紫外线还会破坏人体的免疫系统，引起白内障，使动植物的正常生长发育遭受危害[③]。

8.1.3　大气污染防治的法律规定

《中华人民共和国大气污染防治法》最早制定于1987年，从1988年6月1日起实施。1995年、2000年先后对该法作过两次修改。2015年8月29日，中华人民共和国第十二届全国人民代表大会常务委员会第十六次会议修订通过《中华人民共和国大气污染防治法》，并自2016年1月1日起正式施行。

最新《大气污染防治法》指出，防治大气污染应当以改善大气环境质量为目标，并规定了地方政府对辖区大气环境质量负责、环境保护部对省级政府实行考核、未达标城镇政府应当编制限期达标规划、上级环保部门对未完成任务的下级政府负责人实行约谈和区域限批等一系列制度措施，为大气污染防治工作全面转向以质量改善为核心提供了法律保障。

1. 一般规定

防治大气污染，应当以改善大气环境质量为目标，坚持源头治理，规划先行，转变经济发展方式，优化产业结构和布局，调整能源结构。防治大气污染，应当加强对燃煤、工业、机动车船、扬尘、农业等大气污染的综合防治，推行区域大气污染联合防治，对颗粒物、二氧化硫、氮氧化物、挥发性有机物、氨等大气污染物和温室气体实施协同控制。

（1）国务院和地方各级人民政府在防治大气污染中的总职责

《大气污染防治法》明确了国务院及地方政府在大气污染防治工作中总的责任，可概括为以下三个方面：

一是统一规划管理。“县级以上人民政府应当将大气污染防治工作纳入国民经济和社会发展规划，加大对大气污染防治的财政投入。地方各级人民政府应当对本行政区域的大

---

① 热岛效应：指在大工业城镇的上空，因工厂的废热大量排入空中，使附近地面气温比四周郊区高1%～4%，形成局部地区环流，工厂地区的热空气上升，郊区的冷空气从低层吹入市区。这种现象使热量和各种污染物长时间在城镇上空循环，不易沿下风方向扩散，从而加重大气污染的现象。

② 拉波特效应：指在大工业城镇的下风方向地区，由于工厂向天空排放大量的烟尘和其他污染物，烟尘对水蒸气有凝结作用，促使下风方向雨量增加。

③ 参见（英）《星期日泰晤士报》2000年11月12日文章：《全球变暖难以逆转》，法新社巴黎2000年11月2日电：《全球变暖实情比想象更糟》，分别转引自《参考消息》2000年11月4日和2000年11月14日，第七版。

气环境质量负责，制定规划，采取措施，控制或者逐步削减大气污染物的排放量，使大气环境质量达到规定标准并逐步改善。”这一规定将大气环境保护工作纳入国家发展计划，是保障大气污染防治与经济建设协调发展的关键。

二是依靠科学技术。“国家鼓励和支持大气污染防治科学技术研究，开展对大气污染来源及其变化趋势的分析，推广先进适用的大气污染防治技术和装备，促进科技成果转化，发挥科学技术在大气污染防治中的支撑作用。”

三是建立考核体系。“国务院环境保护主管部门会同国务院有关部门，对省、自治区、直辖市大气环境质量改善目标、大气污染防治重点任务完成情况进行考核。省、自治区、直辖市人民政府制定考核办法，对本行政区域内地方大气环境质量改善目标、大气污染防治重点任务完成情况实施考核。考核结果应当向社会公开。”大气污染防治工作考核体系的建立是修改后的《大气污染防治法》新设置的重要条款，明确了考核对象和办法，并对考核情况的公开作出规定。本条规定强化地方政府在环境保护、改善大气质量方面的责任，加强了对地方政府的考核和监督，规定地方各级人民政府应当对本行政区域的大气环境质量负责。

(2) 防治大气污染的监督管理体制

《大气污染防治法》规定：“县级以上人民政府环境保护主管部门对大气污染防治实施统一监督管理。县级以上人民政府其他有关部门在各自职责范围内对大气污染防治实施监督管理。”这是该法对防治大气污染的监督管理体制的规定。我国大气污染防治任务艰巨，大气污染源多，牵涉面广，危害范围大，仅由环境保护部门承担监督管理职责是难以胜任的。公安、交通、铁道、渔业管理部门根据各自的职责，分管机动车船污染大气的监督管理工作。这些管理部门应该制定与《大气污染防治法》相配套的行政法规、规章，来实施对大气污染防治的监督管理，如1990年8月15日国家环境保护局、公安部、国家进出口商品检验局、中国人民解放军总后勤部、交通部、中国汽车工业总公司联合发布，2010年12月修正的《汽车排气污染监督管理办法》，各级公安机关则可以根据该办法对汽车排气污染防治实施监督管理。

(3) 排污单位及个人防治大气污染的义务

《大气污染防治法》第七条规定：“企业事业单位和其他生产经营者应当采取有效措施，防止、减少大气污染，对所造成的损害依法承担责任。公民应当增强大气环境保护意识，采取低碳、节俭的生活方式，自觉履行大气环境保护义务。”

(4) 关于信息公开及举报奖励的规定

《大气污染防治法》第三十一条新增规定了大气污染的举报方式、举报处理及奖励要求：“环境保护主管部门和其他负有大气环境保护监督管理职责的部门应当公布举报电话、电子邮箱等，方便公众举报。环境保护主管部门和其他负有大气环境保护监督管理职责的部门接到举报的，应当及时处理并对举报人的相关信息予以保密；对实名举报的，应当反馈处理结果等情况，查证属实的，处理结果依法向社会公开，并对举报人给予奖励。举报人举报所在单位的，该单位不得以解除、变更劳动合同或者其他方式对举报人进行打击报复。”其宗旨是通过对举报违法污染大气行为的奖励，鼓励公民积极参与大气污染的防治工作，保障了公民参与和监督大气环境保护的权利。

在保障公民依法享有获取大气环境信息的权利方面，《大气污染防治法》规定，大气环境质量标准、大气污染物排放标准应当供公众免费查阅、下载，重点排污单位名录应当向社会公布。法律通过更多手段推动环境信息公开，让公众拥有知情权和监督权，有助于降低环境保护管理成本，提高环境保护管理实效。

2. 大气污染防治标准和限期达标规划

《大气污染防治法》专门设置第二章，对大气污染防治标准的制定、修改以及大气污染限期达标规划作出相应规定。

（1）大气环境质量标准的制定机关及权限

“国务院环境保护主管部门或者省、自治区、直辖市人民政府制定大气环境质量标准，应当以保障公众健康和保护生态环境为宗旨，与经济社会发展相适应，做到科学合理。”由于各地环境状况不尽相同，为使环境质量标准能适应地方特点，地方政府可对国家标准中未规定的项目制定地方标准。从 2016 年 1 月 1 日开始实施的《环境空气质量标准》GB 3095—2012 是判断大气环境质量是否受到污染的法律依据。

（2）大气排放标准的制定机关及权限

“国务院环境保护主管部门或者省、自治区、直辖市人民政府制定大气污染物排放标准，应当以大气环境质量标准和国家经济、技术条件为依据。”地方政府可对国家大气排放标准中未规定的项目制定地方标准；对国家标准中规定的项目，可制定严于国家标准的地方标准。

同时，《大气污染防治法》还规定，制定大气环境质量标准、大气污染物排放标准，应当组织专家进行审查和论证，并征求有关部门、行业协会、企业事业单位和公众等方面的意见。大气环境质量标准、大气污染物排放标准的执行情况应当定期进行评估，根据评估结果对标准适时进行修订。

（3）明确相关产品质量标准制定原则

“制定燃煤、石油焦、生物质燃料、涂料等含挥发性有机物的产品、烟花爆竹以及锅炉等产品的质量标准，应当明确大气环境保护要求。制定燃油质量标准，应当符合国家大气污染物控制要求，并与国家机动车船、非道路移动机械大气污染物排放标准相互衔接，同步实施。”

（4）制定限期达标规划

对于未达到国家大气环境质量标准的城镇，《大气污染防治法》特别作出规定，明确了大气环境质量超标区限期达标规划制定、公示、备案、执行情况报告、修订等方面的要求。大气环境质量超标区政府应当及时编制大气环境质量限期达标规划，采取措施，按照国务院或省级人民政府规定的期限达到大气环境质量标准。编制限期达标规划，应当征求有关行业协会、企业事业单位、专家和公众等方面的意见。最终规划应当向社会公开。直辖市和设区的市的大气环境质量限期达标规划还应当报国务院环境保护主管部门备案。要求地方政府每年在向本级人民代表大会或者其常务委员会报告环境状况和环境保护目标完成情况时，报告大气环境质量限期达标规划执行情况，并向社会公开。同时，城镇大气环境质量限期达标规划应当根据大气污染防治的要求和经济、技术条件适时进行评估、修订。

3. 防治大气污染的监督管理制度

《大气污染防治法》对大气污染防治监督管理制度设专章（第三章）作了专门规定。

这些制度包括：环境影响评价制度、排污许可证制度、重点污染物排放总量控制制度、环保约谈及区域限批制度、大气污染监测制度、淘汰制度、大气污染损害评估制度等。

“企业事业单位和其他生产经营者建设对大气环境有影响的项目，应当依法进行环境影响评价、公开环境影响评价文件；向大气排放污染物的，应当符合大气污染物排放标准，遵守重点大气污染物排放总量控制要求。”

“排放工业废气或者本法第七十八条规定名录中所列有毒有害大气污染物的企业事业单位、集中供热设施的燃煤热源生产运营单位以及其他依法实行排污许可管理的单位，应当取得排污许可证。”

《大气污染防治法》特别强调对重点大气污染物排放实行总量控制，并提出逐步推行重点大气污染物排污权交易。排污权交易可使企业为自身利益提高治污积极性，使污染总量控制目标真正得以实现。重点大气污染物排放总量控制目标，由国务院环境保护主管部门会同国务院经济综合主管部门报国务院批准并下达实施。地方政府按照下达的总量控制目标，控制或削减本行政区域重点大气污染物排放总量。此外，地方政府还可以根据本行政区域大气污染防治的需要，对国家重点大气污染物之外的其他大气污染物排放实行总量控制。

对超过总量控制指标和大气环境质量目标未达标的地区，提出了环保约谈及区域限批的要求。“省级以上人民政府环境保护主管部门应当会同有关部门约谈该地区人民政府的主要负责人，并暂停审批该地区新增重点大气污染物排放总量的建设项目环境影响评价文件。约谈情况应当向社会公开。”

大气污染监测制度是《大气污染防治法》专门设置的一项法律制度，它是指国务院环境保护主管部门负责制定大气环境质量和污染源的监测和评价规范，组织建设与管理全国大气环境质量和大气污染源监测网，并组织开展监测，统一发布全国大气环境质量状况信息。县级以上地方人民政府环境保护主管部门负责本行政区域内的相应工作。“大气监测网络”是指由国家环境保护部牵头，把全国有关部门的监测机构组织起来，分工合作，共同展开大气污染监测活动，然后汇总整理，为制定全国大气环境保护规划和各地大气污染防治计划提供数据和资料。“制定统一的监测方法”是指由国家环境保护部统一制定大气污染的监测方法，以保证监测数据的准确性和可比性。根据该法的授权，国家环境保护部已先后制定了《氮氧化物的测定》《二氧化硫的测定》等许多基础标准和方法标准。《大气污染防治法》还明确了企业自行监测及重点排污单位自动监测等要求，企业事业单位和其他生产经营者应当按照国家有关规定和监测规范，对其排放的工业废气和有毒有害大气污染物进行监测；重点排污单位应当安装、使用大气污染物排放自动监测设备，与环境保护主管部门监控设备联网。

“国家对严重污染大气环境的工艺、设备和产品实行淘汰制度。”

“国务院环境保护主管部门会同有关部门，建立和完善大气污染损害评估制度。”

4. 大气污染的综合防治措施

最新《大气污染防治法》将有关防治燃煤产生大气污染、防治机动车船排放污染和防治废气、尘和恶臭污染等有关内容合并至第四章“大气污染防治措施”，并将其分为“燃煤和其他能源污染防治”、“工业污染防治”、“机动车船等污染防治”、“扬尘污染防治”以及“农业和其他污染防治”五部分内容。对加强燃煤、工业、机动车船、扬尘、农业等大气污染的综合防治作出具体规定。

(1) 防治燃煤和其他能源产生的大气污染

煤炭一直是我国的主要能源，短期内这个能源结构也难以改变，因此散煤燃烧污染是我国大气污染的重要来源。

为控制煤炭消费总量，减少燃煤大气污染，《大气污染防治法》提出，国务院有关部门和地方各级人民政府应当采取措施，调整能源结构，推广清洁能源的生产和使用，优化煤炭使用方式，推广煤炭清洁高效利用，逐步降低煤炭在一次能源消费中的比重。国家禁止进口、销售和燃用不符合质量标准的煤炭，同时要求地方各级人民政府加强民用散煤的管理，禁止销售不符合民用散煤质量标准的煤炭。

1) 使用锅炉和集中供热的规定

“县级以上人民政府质量监督部门应当会同环境保护主管部门对锅炉生产、进口、销售和使用环节执行环境保护标准或者要求的情况进行监督检查；不符合环境保护标准或者要求的，不得生产、进口、销售和使用。”

同时，《大气污染防治法》还要求，城镇建设应当统筹规划，在燃煤供热地区，推进热电联产和集中供热。在集中供热管网覆盖地区，禁止新建、扩建分散燃煤供热锅炉；已建成的不能达标排放的燃煤供热锅炉，应当在城镇人民政府规定的期限内拆除。

2) 改进城镇能源结构、推广清洁能源的生产使用

《大气污染防治法》第三十八条规定：“城镇人民政府可以划定并公布高污染燃料禁燃区，并根据大气环境质量改善要求，逐步扩大高污染燃料禁燃区范围。高污染燃料的目录由国务院环境保护主管部门确定。在禁燃区内，禁止销售、燃用高污染燃料；禁止新建、扩建燃用高污染燃料的设施，已建成的，应当在城镇人民政府规定的期限内改用天然气、页岩气、液化石油气、电或者其他清洁能源。”本条规定提出了高污染燃料目录制定的要求，并明确了页岩气属于清洁能源。

此外，为鼓励使用清洁能源，《大气污染防治法》第四十二条明文规定，电力调度应当优先安排清洁能源发电上网。

3) 对燃煤产生的二氧化硫污染的特殊防治

燃煤除了产生烟尘污染大气环境之外，还会产生二氧化硫并引起酸雨污染，这种污染危害极大，是燃煤污染防治的重点。经过多年来对大气污染的综合治理，全国二氧化硫排放总量从1998年的2087万t下降到2015年的989.1万t，大气污染防治工作取得了一定成效。

《大气污染防治法》对燃煤产生的二氧化硫污染尤其重视，第三十三条规定：“国家推行煤炭洗选加工，降低煤炭的硫分和灰分，限制高硫分、高灰分煤炭的开采。”这是该法为了提高煤炭品质，防治燃煤污染而对煤矿企业的强制性要求。提高煤炭品质最重要的环节是推行煤炭洗选加工。这样做，可以降低其硫分和灰分，使燃煤锅炉减少污染物的排放，也可使燃烧器械延长寿命、降低成本。“限制高硫分、高灰分煤炭的开采”是《大气污染防治法》为提高燃煤品质所作的另一项重要规定。我国以前没有这方面的要求，致使大量劣质煤直接用作燃料，而对燃烧所用的煤炭提出含硫分、灰分的品质要求，是当今世界许多经济发达国家的做法。

为了降低煤的硫分和灰分，除了限制高硫分、高灰分煤炭的开采之外，《大气污染防

治法》还规定，新建煤矿必须同步建设配套的煤炭洗选设施；对已建成的所采煤炭属于高硫分、高灰分的煤矿企业，则应当限期建成配套的煤炭洗选设施。此外，国家禁止一切单位和个人开采含放射性和砷等有毒有害物质超过规定标准的煤炭。这些有毒有害物质均不可能通过洗选程序而去除其危害性。

新《大气污染防治法》明确了燃煤单位采用清洁工艺及配套烟气治理要求，删除浓度和总量超标才必须治理的要求，同时增加了脱汞及协同处置的要求。第四十一条规定："燃煤电厂和其他燃煤单位应当采用清洁生产工艺，配套建设除尘、脱硫、脱硝等装置，或者采取技术改造等其他控制大气污染物排放的措施。国家鼓励燃煤单位采用先进的除尘、脱硫、脱硝、脱汞等大气污染物协同控制的技术和装置，减少大气污染物的排放。"这些条文的规定提高了国家对燃煤单位大气污染防治的要求，有利于进一步有效地改善大气环境。

4）对石油燃料的污染防治要求

石油类燃料也是我国的主要燃料之一。为有效控制其对大气环境质量的影响，《大气污染防治法》规定，石油炼制企业应当按照燃油质量标准生产燃油；同时，国家禁止进口、销售和燃用不符合质量标准的石油焦。

(2) 工业污染防治（新增）

2016年开始施行的《大气污染防治法》新增了对钢铁、建材、有色金属、石油、化工、制药、矿产开采等工业企业生产过程中影响大气环境的相关生产过程及其污染防治的要求，注重加强源头治理，重点控制企业生产环节对大气环境质量的影响。

1）防止企业生产带来的粉尘、气态污染物污染

"钢铁、建材、有色金属、石油、化工等企业生产过程中排放粉尘、硫化物和氮氧化物的，应当采用清洁生产工艺，配套建设除尘、脱硫、脱硝等装置，或者采取技术改造等其他控制大气污染物排放的措施。"

"钢铁、建材、有色金属、石油、化工、制药、矿产开采等企业，应当加强精细化管理，采取集中收集处理等措施，严格控制粉尘和气态污染物的排放。"为减少内部物料的堆存、传输、装卸等环节产生的粉尘和气态污染物的排放污染大气环境，"工业生产企业应当采取密闭、围挡、遮盖、清扫、洒水等措施"。

2）挥发性有机物污染的防治

"生产、进口、销售和使用含挥发性有机物的原材料和产品的，其挥发性有机物含量应当符合质量标准或者要求。国家鼓励生产、进口、销售和使用低毒、低挥发性有机溶剂。""产生含挥发性有机物废气的生产和服务活动，应当在密闭空间或者设备中进行，并按照规定安装、使用污染防治设施；无法密闭的，应当采取措施减少废气排放。""工业涂装企业应当使用低挥发性有机物含量的涂料，并建立台账，记录生产原料、辅料的使用量、废弃量、去向以及挥发性有机物含量。"

"石油、化工以及其他生产和使用有机溶剂的企业，应当对管道、设备进行日常维护、维修，减少物料泄漏，应当及时收集处理泄漏物料。储油储气库、加油加气站、原油成品油码头、原油成品油运输船舶和油罐车、气罐车等，应当按照国家有关规定安装油气回收装置并保持正常使用。"

3）防止可燃性气体污染大气环境

工业生产、垃圾填埋或者其他活动产生的可燃性气体，如焦炉气、石油化工尾气等是可以回收利用作为工业或民用燃料和热源的。《大气污染防治法》规定，应当首先考虑回收利用上述气体，不具备回收利用条件的，应当进行污染防治处理。回收利用装置不能正常作业的，应当及时修复或更新。回收利用装置不能正常作业期间确需排放可燃性气体的，应当将气体充分燃烧或采取其他控制大气污染物排放的措施，并向当地环境保护主管部门报告，按照要求限期修复或者更新。

(3) 机动车船等污染防治

近年来，我国汽车使用量急剧增加，氮氧化物污染已成为北京等特大城镇冬季污染的主要污染物。长期以来，机动车尾气污染治理成效并不明显。为强化移动源污染防治，新《大气污染防治法》对提高燃油质量标准、对燃油机动车新车排放要求和新车的环保一致性等都提出了要求。

《大气污染防治法》提出，国家倡导低碳、环保出行，合理控制燃油机动车保有量，提高公共交通出行比例，并积极推广应用节能环保型和新能源机动车船、非道路移动机械，以减少化石能源的消耗。

1) 提高燃油质量标准

燃油品质直接关系到机动车尾气排放，为在源头上解决机动车大气污染问题，《大气污染防治法》增加规定：一是制定燃油质量标准，应当符合国家大气污染物控制要求；二是石油炼制企业应当按照燃油质量标准生产燃油。以上规定为环保部门和质监部门介入石油炼制和供应提供了法律依据，维护了社会公共利益。

另一方面，针对发动机油、氮氧化物还原剂、燃料和润滑油添加剂及其他添加剂，《大气污染防治法》还规定，其有害物质含量和其他大气环境保护指标，应当符合有关标准的要求，不得损害机动车船污染控制装置效果和耐久性，不得增加新的大气污染物排放。

2) 严格机动车船等的大气污染物排放要求

强化对燃油机动车船等的大气污染物排放要求。机动车船、非道路移动机械不得超过标准排放大气污染物。省级以上人民政府环境保护主管部门可以通过现场检查、抽样检测等方式，加强对新生产、销售的机动车和非道路移动机械大气污染物排放状况的监督检查；同时会同交通运输、住房和城乡建设、农业行政、水行政等有关部门对非道路移动机械的大气污染物排放状况进行监督检查，排放不合格的，不得使用。在用机动车应当按照国家或者地方的有关规定，由机动车排放检验机构定期对其进行排放检验，检验合格的，方可上路行驶。为加强对行驶中的机动车尾气排放监管，还规定在不影响正常通行的情况下，可以通过遥感监测等技术手段对行驶的机动车的排放状况进行监督抽测。

国家建立机动车和非道路移动机械环境保护召回制度，属于设计、生产缺陷或者不符合规定的环境保护耐久性要求的，应当召回。机动车船和非道路移动机械超过大气污染物排放标准的，应当采取治理措施，如加装或更换符合要求的污染控制装置、维修等，采用污染控制技术后仍不达标的应当强制报废。国家鼓励和支持高排放机动车船、非道路移动机械提前报废。“排放标准”指《轻型汽车污染物排放限值及测量方法（中国第五阶段）》GB 18352.5—2013 和《车用压燃式、气体燃料点燃式发动机与汽车排气污染物排放限值及测量方法（中国Ⅲ、Ⅳ、Ⅴ阶段）》GB 17691—2005 等。

(4) 防治扬尘污染

由扬尘造成的大气污染也是我国大气污染的重要污染源，《大气污染防治法》第六十八条规定："地方各级人民政府应当加强对建设施工和运输的管理，保持道路清洁，控制料堆和渣土堆放，扩大绿地、水面、湿地和地面铺装面积，防治扬尘污染。"

《大气污染防治法》对扬尘污染从"施工"、"运输"、"贮存"三个方面作出专门规定。从事房屋建筑、市政基础设施建设、河道整治以及建筑物拆除等施工单位应当制定具体的施工扬尘污染防治实施方案并向主管部门备案。运输煤炭、垃圾、渣土、砂石、土方、灰浆等散装、流体物料的车辆应当采取密闭或其他措施防止物料遗撒造成扬尘污染，并按照规定路线行驶。装卸物料应当采取密闭或喷淋等方式防治扬尘污染。贮存煤炭、煤矸石、煤渣、煤灰、水泥、石灰、石膏、砂土等易产生扬尘的物料应当密闭；不能密闭的，应当设置不低于堆放物高度的严密围挡，并采取有效覆盖措施防治扬尘污染。码头、矿山、填埋场和消纳场应当实施分区作业，并采取有效措施防治扬尘污染。

(5) 农业和其他污染防治

1) 防治农业产生的大气污染

我国是农业大国，传统农业生产方式较为粗放，往往会对大气环境产生不良的影响。《大气污染防治法》特别提出，应当推动转变农业生产方式，发展农业循环经济，加大对废弃物综合处理的支持力度；农业生产经营者应当改进施肥方式，科学合理施用化肥并按照国家有关规定使用农药，减少氨、挥发性有机物等大气污染物的排放。畜禽养殖场、养殖小区应当及时对污水、畜禽粪便和尸体等进行收集、贮存、清运和无害化处理，防止排放恶臭气体。应当鼓励和支持采用先进适用技术对秸秆、落叶等进行肥料化、饲料化、能源化、工业原料化、食用菌基料化等综合利用，加大对秸秆还田、收集一体化农业机械的财政补贴力度。

2) 防治恶臭及有毒有害大气污染物

恶臭气体是指能刺激人的感官引起不快或产生有害影响的气体。恶臭气体可对人体呼吸、消化、心血管、内分泌及神经系统产生不利影响，高浓度的恶臭气体会引起吸入者发生肺水肿甚至死亡。《大气污染防治法》第八十条规定："企业事业单位和其他生产经营者在生产经营活动中产生恶臭气体的，应当科学选址，设置合理防护距离，并安装净化装置或者采取其他措施，防止排放恶臭气体。"明确了产生恶臭气体的需要设置防护距离。此外，还禁止在人口集中地区和其他依法需要特殊保护的区域内焚烧沥青、油毡、橡胶、塑料、皮革、垃圾以及其他产生有毒有害烟尘和恶臭气体的物质。禁止生产、销售和燃放不符合质量标准的烟花爆竹。从事服装干洗和机动车维修等服务活动的经营者，应当按照国家有关标准或者要求设置异味和废气处理装置等污染防治设施并保持正常使用，防止影响周边环境。

《大气污染防治法》第七十八条和第七十九条提出了有毒有害大气污染物名录及相应管理、环境风险预警体系建设的要求。"国务院环境保护主管部门应当会同国务院卫生行政部门，根据大气污染物对公众健康和生态环境的危害和影响程度，公布有毒有害大气污染物名录，实行风险管理。排放前款规定名录中所列有毒有害大气污染物的企业事业单位，应当按照国家有关规定建设环境风险预警体系，对排放口和周边环境进行定期监测，评估环境风险，排查环境安全隐患，并采取有效措施防范环境风险。”同时，向大气排放持久性有机污染物的企业事业单位和其他生产经营者以及废弃物焚烧设施的运营单位，应当采取有利于减少持久性有机污染物排放的技术方法和工艺，配备有效的净化装置，实现达标排放。

3）防治餐饮服务业排放大气污染物

《大气污染防治法》第八十一条规定：“排放油烟的餐饮服务业经营者应当安装油烟净化设施并保持正常使用，或者采取其他油烟净化措施，使油烟达标排放，并防止对附近居民的正常生活环境造成污染。禁止在居民住宅楼、未配套设立专用烟道的商住综合楼以及商住综合楼内与居住层相邻的商业楼层内新建、改建、扩建产生油烟、异味、废气的餐饮服务项目。任何单位和个人不得在当地人民政府禁止的区域内露天烧烤食品或者为露天烧烤食品提供场地。”

4）保护臭氧层的规定

保护臭氧层的规定是根据我国承认的有关国际环境保护公约作出的规定。《大气污染防治法》第八十五条规定：“国家鼓励、支持消耗臭氧层物质替代品的生产和使用，逐步减少直至停止消耗臭氧层物质的生产和使用。国家对消耗臭氧层物质的生产、使用、进出口实行总量控制和配额管理。”

5. 建立重点区域大气污染联防联控机制

随着社会、经济快速发展，特别是机动车保有量急剧增加，我国大气污染正向煤烟与机动车尾气复合型过渡，区域性大气环境问题日益突出。京津冀、长三角、珠三角等区域大气污染不再局限于单个城镇内，城镇之间大气污染变化过程呈现明显的同步性，区域性污染特征十分显著。因此，《大气污染防治法》特别增设专章（第五章），提出国家建立重点区域大气污染联防联控机制，统筹协调重点区域内大气污染防治工作。由环保部门划定重点防治区域，确定牵头地方政府，定期召开联席会议，统一规划、统一标准、统一监测、统一防治、信息共享和联合执法，对颗粒物、二氧化硫、氮氧化物、挥发性有机物、氨等大气污染物和温室气体实施协同控制。重点区域内的新建、改建及扩建用煤项目，实行煤炭的等量或者减量替代。

6. 重污染天气的应对

针对目前雾霾等重污染天气频发的问题，《大气污染防治法》专设一章即第六章，提出重污染天气的治理措施，要求建立重污染天气监测预警机制，地方政府制定应急预案，根据预警等级启动应急预案，实施停产、限产、限行、禁燃、停止建筑施工、停止露天燃烧、停止学校户外活动、组织开展人工影响天气作业等应急措施。

发生造成大气污染的突发环境事件，人民政府及其有关部门和相关企业事业单位应做好应急处置工作；环境保护主管部门应当及时对突发环境事件产生的大气污染物进行监测，并向社会公布监测信息。

7. 违法的法律责任

《大气污染防治法》第七章对违反本法的各种行为所应承担的法律责任作出了明确规定。本法条文共129条，其中涉及法律责任的条款就有30条，不仅规定了大量的、具体的、针对性的措施，还规定了相应的处罚责任。具体的处罚行为和种类接近90种，增加了法律的操作性和针对性。

新修订的《大气污染防治法》提高了对大气污染违法行为的处罚力度，有违法行为就有处罚，同时还提高了罚款限额。如超过大气污染物排放标准或者超过重点大气污染物排放总量控制指标排放的，处以最高一百万元的罚款，并实施按日计罚制度，情节严重的则责令停业、关闭；对监测数据造假的，不仅要没收违法所得，并处十万元以上，五十万元以下罚款，还有可能取消检验资格。

案例 1

案情回顾： 2016 年 6 月 25 日，某市环保局执法人员在现场检查时发现一新型建材有限公司未经环评审批擅自建设燃煤锅炉；同时，公司西北侧场地还存在尾矿砂露天堆放，部分未采取覆盖措施。该公司的上述行为违反了《中华人民共和国环境保护法》第十九条第二款、《中华人民共和国大气污染防治法》第七十二条第一款等规定，执法人员依法对此进行了处罚。

处罚决定：《中华人民共和国大气污染防治法》第七十二条第一款规定："贮存煤炭、煤矸石、煤渣、煤灰、水泥、石灰、石膏、砂土等易产生扬尘的物料应当密闭；不能密闭的，应当设置不低于堆放物高度的严密围挡，并采取有效覆盖措施防治扬尘污染。码头、矿山、填埋场和消纳场应当实施分区作业，并采取有效措施防治扬尘污染。"根据第一百一十七条中规定："由县级以上人民政府环境保护等主管部门按照职责责令改正，处一万元以上十万元以下的罚款；拒不改正的，责令停工整治或者停业整治。"市环保局对该公司作出了如下处罚：1. 对燃煤锅炉未批先建行为罚款五万元；2. 对未采取有效措施防治扬尘污染行为罚款六万元；同时，依据《中华人民共和国行政处罚法》第二十三条、《中华人民共和国环境保护法》第六十一条的规定，责令该公司拆除未经环评审批的燃煤锅炉，对露天料场采取封闭措施，配套完善喷淋等控尘设施。

8.2 固体废物污染环境防治法

8.2.1 概述

1. 固体废物的概念

固体废物，是指在生产、生活和其他活动中产生的丧失原有利用价值或者虽未丧失利用价值但被抛弃或者放弃的固态、半固态和置于容器中的气态的物品、物质以及法律、行政法规规定纳入固体废物管理的物品、物质。依此概念，固体废物包括工业固体废物、城镇生活垃圾、农业废弃物、危险废物等，并非仅限于呈固态形状的废弃物质，还包括半固态废物，即泥状废物和高浓度液体废物，诸如工业生产建设中产生的污泥、泥浆、废油、废酸、废碱、废溶剂、废沥青，在城镇生活和其他活动中生产的下水道污泥、厨房垃圾、废农药、人畜粪便等。这些半固体废物不属于大气污染防治法的"废气"和水污染防治法的"废水"的调整范围，根据其特性、来源、分布对其进行收集、贮存、处置等方面的要求，与固体废物的特点及其污染防治要求相似，将其列入固体废物范围内加以管制较为方便、合理和经济。

同时，《固体废物污染环境防治法》还规定："液态废物的污染防治，适用本法；但是，排入水体的废水的污染防治适用有关法律，不适用本法。""固体废物污染海洋环境的防治和放射性固体废物污染环境的防治不适用本法。”

2. 固体废物的特点

同废水、废气相比，固体废物的主要特点是：

（1）量大面广、种类繁多、性质复杂。就数量而言，我国固体废物的年产生量、排放量以及历年累积堆放量数量巨大。2014 年，全国一般工业固体废物产生量为 32.6 亿 t，综合利用量 20.4 亿 t，贮有量 4.5 亿 t，处置量 8 亿 t，倾倒丢弃量 59.4 万 t①。全国固体废物堆存量在 2012 年已达 100 亿 t。据环保部《2016 年全国大、中城市固体废物污染环境年报》，246 个大中城市 2015 年共产生生活垃圾 1.86 亿 t，处置量 1.81 亿 t，处置率达 97.3%。2017 年，农业部数据，全国畜禽粪便产生量为 38 亿 t，但综合利用率不足 60%。就产生来源而言，几乎所有的社会生产和生活活动都可能成为固体废物的产生源和排放源。就性质而言，固体废物的品种和类型众多，各种废物特别是危险废物的物理、化学、生物性质复杂。

（2）具有污染环境和可利用的双重性质。固体废物具有多方面的环境污染危害性质，是主要的环境污染物质。长期露天堆存和非安全性的地下填埋、焚烧固体废物特别是危险废物，能污染土壤、水体（地表水和地下水）和大气；固体废物能通过进行贮存或处置时产生恶臭、毒气、微粒扩散或自燃等方式污染大气，会对环境卫生和市容市貌产生妨碍性影响，恶化城镇居民生活条件，对人体健康形成威胁；向环境不当排放固体废物，占用大量土地、水面，造成土地和水资源的污染、破坏和浪费。但是，固体废物还具有另一种重要特性，即可利用性。固体废物的大量产生，是人们对资源、能源和其他物质材料未能充分、合理利用的结果。对于某一种废物而言，其在某一生产、生活过程或者环节中可能是“不再需要或不再使用”的废弃物质，或者只是利用了资源的某一部分功能和用途，尚有其他功能和用途未能利用，而在另一生产、生活过程或者环节中，该种废物却可以充作原料或者可利用其尚未被利用的功能和用途。在一定条件下，作为某一生产过程结果之一产生的废物却可能成为另一生产过程开始的原料。由于固体废物所具有的这种可以作为二次原料或者再生资源利用的性质，所以被认为是“放错了地方的资源”。

固体废物的这种危害和可利用兼具的双重性质，使得在防治固体废物污染时，既要控制其危害性，又要开发其可利用性。

（3）具有可转移性、处置的多样性和可与环境隔离性。固体废物的固态和半固态形态，使其可以并易于进行异地转移处置。污泥、高浓度液体废物等也可经脱水、浓缩、压缩或固化处理，使其易于运输转移。这种可转移性使得对固体废物的污染防治可以实行区域控制，对固体废物处置可以实行集中处置。

对固体废物处置方式并非如废气、废水只需净化处理即可，而是具有处置方式的多样性。处置一般分为陆地处置和海洋处置。陆地处置是依托土地的特性对固体废物采取的与环境隔离的方式进行处置，包括垃圾处理场、土地填埋、深井灌注、废矿井矿坑回填、人造假山和利用山体的尾矿库坝和洞穴处置等。在有些情况下，陆地处置可与废物的利用结合，如将废物用于废弃矿井或采矿塌陷区的回填或复垦，或将粉煤灰用于公路基础建设等。焚烧处置是固体废物处置的主要方式之一，但焚烧的方式和标准必须确保安全和卫生

① 国家环境保护部：《2014 年全国环境统计公报》。

要求。对焚烧后产生的废气和残渣的再处置问题必须予以重视。20 世纪 90 年代中期以后在发达国家发生的以二噁英为主的被称为"环境荷尔蒙"污染，主要是因废物焚烧的废气和残渣所引发。海洋处置包括海上焚烧、海洋倾废或者利用固体废物填海造地等。处置方式的多样性要求对固体废物的污染防治必须根据废物的特性，实行分类控制。

就废气、废水而言，无论对其如何进行净化处理，其最终仍需通过排放方式进入环境(除少量的回收利用或再利用外)。固体废物则不同，部分固体废物可再利用而实现资源化，或以焚烧方式处置后成为气体排入环境，或以利用海洋净化能力的海洋倾倒处置；其余的特别是危险废物则须采取与环境相隔离的处置方式，如地下填埋、矿山回填的处置方式和其他隔离封存处置方式和措施。为保证隔离方式的安全性，防止污染扩散，需要采取特殊管理。

固体废物的可利用性、处置方式的多样性和可与环境隔离性，要求必须根据废物特性对固体废物实行全过程、重点、分类和集中管理。

(4) 固体废物对环境污染的危害，除突发性污染事故外，通常是经过比较缓慢的过程，具有长期潜在性和迟滞性，其危害可能在数年后才能表现出来，而且一旦造成污染危害，由于其具有的反应呆滞性和生物难降解性，往往难以清除。

8.2.2 固体废物污染的危害

我国固体废物的产生量和历年累计堆存量呈增加趋势，造成了严重的环境污染危害和经济损失。据 2016 年环境统计年报，2015 年一般工业废物产量 32.7 亿 t，其中结合利用量（包含了对往年贮存量的利用）19.9 亿 t，处置量 7.3 亿 t，贮存量 5.8 亿 t，倾倒丢弃量 56 万 t，综合利用率达 60%。垃圾堆放在城镇周围，垃圾围城现象普遍出现，致使全国 2/3 的城镇处于垃圾的包围之中，形成严重的二次污染。大量可利用的固体废物未得到利用，全国可综合利用而未利用的固体废物和可回收利用的再生资源价值达 500 多亿元。全国每年发生严重固体废物污染事故，2001 年虽是自有环境统计以来事故发生最少的年份，仍有 39 起①。20 世纪 90 年代中期以后，塑料包装物和农用地膜导致的"白色污染"已成为突出的固体废物污染问题。全国受固体废物污染的耕地在 1.5 亿亩以上。

8.2.3 固体废物污染防治的法律规定

《中华人民共和国固体废物污染环境防治法》最早制定于 1995 年，从 1996 年 4 月 1 日起实施。2005 年、2013、2015 年先后对该法做过修订、第一次、第二次修正。2016 年 11 月 7 日，中华人民共和国第十二届全国人民代表大会常务委员会第二十四次会议通过本法第三次修正。

1. 防治固体废物污染的法律原则

防治固体废物污染，除应遵循环境保护法基本原则之外，《固体废物污染环境防治法》根据固体废物污染防治的特点，确立了若干具体原则：

(1) 对固体废物污染防治实行全过程管理的原则。固体废物污染防治全过程是指包括固体废物的产生、收集、贮存、运输、利用、处置等环节的全过程。通常称为"从产生到

① 国家经济贸易委员会 2001 年 10 月 10 日发布的《再生资源回收利用"十五规划"读本》。

最终处置”的全过程或者“从摇篮（产生）到坟墓（处置）”的全过程。在这一全过程的各个环节，固体废物都有对环境产生污染危害的可能。因此，防治固体废物污染必须贯穿于全过程，对全过程的各个环节都实行管制，提出污染防治的要求。为此，《固体废物污染环境防治法》第十六条规定：“产生固体废物的单位和个人，应当采取措施，防止或者减少固体废物对环境的污染。”第十七条规定：“收集、贮存、运输、利用、处置固体废物的单位和个人，必须采取防扬散、防流失、防渗漏或者其他防止污染环境的措施。”

（2）对固体废物实行“三化”管理原则。“三化”是指固体废物减量化、资源化、无害化。固体废物减量化，亦称废物最小量化，是指减少固体废物的产生。努力控制固体废物的产生，是积极从源头控制污染的指导思想的要求，实行这一原则，不仅可以减轻污染的危害，也可以提高资源能源的利用率。固体废物资源化，亦称资源综合利用，是指通过回收、加工、循环利用、交换等方式，对固体废物进行综合利用，使之转化为可利用的二次原料或再生资源。对废物进行综合利用，既可以创造新的物质财富，从废物提取或者使其转化为可利用的资源、能源和其他原材料，又可以减少固体废物的排放量，减轻污染危害。这已成为我国一项重大的技术经济政策。固体废物无害化是指对固体废物进行无害化处置。对不能利用或者暂时不能利用的固体废物，特别是危险废物，必须按照环境保护的要求，进行安全、卫生贮存、处置，以防止或者减轻对环境和人体健康的危害。

“三化”原则是各国防治固体废物污染立法中普遍适用和富有成效的原则。实行这一原则，可以做到既防治污染，改善环境，又节约和合理开发利用资源，使固体废物减量问题至今仍是我国固体废物污染防治中的薄弱方面。

在我国，资源综合利用主要包括三个方面。一是矿产资源开采过程中，共生伴生矿、低品位矿、尾矿的综合开采和综合利用；二是工业废水、废气、固体废物、余热、余压的综合利用；三是以废旧物质为主的再生资源的综合利用。我国的工业固体废物综合利用率已从1995年的42.9%提高到2015年的60.0%。2015年，全国工业固体废物综合利用量为19.9亿t，“三废”综合利用产品产值为6100亿元。固体废物得以变废为宝，化害为利，实现经济效益、环境效益、社会效益的统一。因此，《固体废物污染环境防治法》第三条规定：“国家对固体废物污染环境的防治，实行减少固体废物的产生量和危害性、充分合理利用固体废物和无害化处置固体废物的原则，促进清洁生产和循环经济发展。采取有利于固体废物综合利用活动的经济、技术政策和措施，对固体废物实行充分回收和合理利用。鼓励、支持采取有利于保护环境的集中处置固体废物的措施，促进固体废物污染环境防治产业发展。”为鼓励资源综合利用，落实国家对资源综合利用的优惠政策，国家经贸委、国家计委、财政部、国家税务总局发布了《资源综合利用目录》①。

（3）禁止排放固体废物和产生者处置原则。为防治固体废物的污染，充分利用固体废物的可安全处置和可利用的特性，实现固体废物对环境的无害化，促进固体废物资源化，必须对向环境排放的固体废物实行严格的控制，对排放行为予以强制管制。《固体废物污染环境防治法》确立了禁止向环境排放工业固体废物和危险废物的原则。排放是对固体废物未进行安全、无害处置的行为，实质上是污染行为。禁止排放是固体废物无害化处置的

① 由国家经济委员会于1985年颁布，由国家经济委员会、财政部于1986年11月修订，后由国家经济贸易委员会、国家计委、财政部、国家税务局于2003年修订。

必然要求，也利于促进固体废物资源化。

禁排并非污染防治的最终手段和目的，对已产生的固体废物进行处置便成为重要措施。因此，禁排的要求应与鼓励对固体废物的资源化利用和强制处置的制度措施相结合。工业固体废物和危险废物的产生者必须将废物进行综合利用，并对不能利用或者不能全部用尽的废物实行无害于环境的处置。处置是指将固体废物焚烧和用其他改变固体废物的物理、化学、生物特性的方法，达到减少已产生的固体废物数量、缩小固体废物体积、减少或者消除其危险成分的活动，或者将固体废物最终置于符合环境保护规定要求的填埋场的活动。处置并不能消除固体废物，只是改变其危害性质或者将其长期隔离封存。对无法利用的固体废物实施无害于环境的最终处置，是固体废物的现行的最后归宿和最优化办法，是固体废物污染防治的最后措施和最后环节。基于禁止排放与强制处置的相辅相成作用和不可分割的联系，在《固体废物污染环境防治法》中将两者结合起来并突出要求和强调强制处置。在该法中并未直接作出禁止向环境排放工业固体废物和危险废物的规定，而是以规定工业固体废物和危险废物产生者的强制处置的义务来予以体现，如该法第三十三条、第三十五条和第五十五条的规定等。

（4）集中处置与分散防治相结合的原则。防治固体废物污染，对其产生的固体废物进行利用和处置，是企业、事业单位的强制性义务。在鼓励、扶持和强制企业、事业单位自行防治的同时，为提高治理污染的效益，还应实行集中收集和处置。这样既可以有效控制污染，降低环境风险，提高污染防治效益，节约投资，又便于监督管理。在我国，固体废物污染的集中防治目前主要有三种形式。一是鼓励企业、事业单位将其拥有的固体废物利用、贮存、处置设施，在保证利用、贮存、处置本单位产生的固体废物的条件下，可将剩余的防治能力向他人开放，接受他人提供的需要利用、贮存、处置的废物。二是区域性集中收集、处置方式，即建设区域（在一行政区域或者跨行政区域）的专门性和专业性的固体废物（特别是城镇生活垃圾和危险废物）利用、贮存、处置设施，把一些分散在各单位的固体废物，按一定要求和条件集中在一起进行利用、贮存和处置。三是推行“废物交换”。废物交换是根据一个生产过程产生的废物可能成为另一生产过程的原料的特性，通过交换方式，使废物产生者与利用者之间进行物质传输，以比较经济的方式实现固体废物资源化。因此，企业、事业单位应将不能自行利用或者自用有余的废物，提供或者交给他人使用。交换可以是有偿的，亦可以是无偿的。

为鼓励和推行固体废物的集中防治，《固体废物污染环境防治法》第三条规定：“国家鼓励、支持采取有利于保护环境的集中处置固体废物的措施。”第三十八条规定：“县级以上人民政府应当统筹安排建设城乡生活垃圾收集、运输、处置设施，提高生活垃圾的利用率和无害化处置率。”第五十四条规定：“县级以上地方人民政府应当依据危险废物集中处置设施、场所的建设规划组织建设危险废物集中处置设施、场所。”

（5）对危险废物实行特别严格的控制和重点防治的原则。《固体废物污染环境防治法》第八十八条规定：“危险废物，是指列入国家危险废物名录或者根据国家规定的危险废物鉴别标准和鉴别方法认定的具有危险特性的固体废物。”依据《中国环境统计年鉴》，中国2014年固体废弃物产生量为32.93亿t，危废发生量为36335万t，危废固废占比仅为1.1%，远低于发达国家，如2014年美国、日本、英国、瑞士等国的危废固废占比都高于5%，韩国的危废固废占比也有4%。若中国危废固废占比为3%，危废发生量为

10072.53万t，根据2011～2014年，我国危废增长1.93%，推算2016年中国危废也达到1.05亿t，说明局部危废未归入年鉴的统计口径。危废因其具有爆炸性、易燃性、易氧化性、毒性、腐蚀性或者易传染疾病等危险特性，如果随意弃置，对环境的危害极大，因此，国外废物管理立法都把危险废物作为废物管理的重点，采取一切措施保证危险废物得到妥善处理、处置。也由于危险废物可能造成对人体健康和环境的严重危害，必须对其实行比其他固体废物更严格的控制和重点防治，在《固体废物污染环境防治法》第四章“危险废物污染环境防治的特别规定”中作了专门的规定，突出了重点，确立了对危险废物实行特别严格管制的原则。

2. 关于固体废物污染防治监督管理体制的规定

《固体废物污染环境防治法》第十条对固体废物污染防治监督管理体制的规定如下：国务院环境保护行政主管部门对全国固体废物污染环境防治工作实施统一监督管理。县级以上地方人民政府环境保护行政主管部门对本行政区域内固体废物污染环境的防治工作实施统一监督管理。

国务院和县级以上地方人民政府有关部门在各自的职责范围内负责固体废物污染防治的监督管理工作。《固体废物污染环境防治法》第二十五条规定：国务院环境保护部门会同国务院对外经济贸易主管部门对进口可用作原料的固体废物进行监督管理。1996年的《废物进口环境保护管理暂行规定》第五条、第六条和第七条规定：国家环境保护局和地方各级人民政府环境保护行政主管部门对进口废物实施监督管理，对外经济贸易主管部门、海关、进出口商品检验部门和工商行政管理部门在各自的职责范围内，对进口废物及其经营活动实施监督管理，如海关和口岸所在地进口商品检验机构负责进口废物的检查、检验。

国务院建设行政主管部门和县级以上地方人民政府环境卫生行政主管部门负责城镇生活垃圾清扫、收集、贮存、运输和处置的监督管理工作。

3. 关于环境影响评价和“三同时”制度的规定

在《固体废物污染环境防治法》中，根据固体废物污染防治的特点和要求，对环境影响评价和“三同时”制度作出了更为具体的规定。该法第十三条规定必须进行环境影响评价的建设项目，具体是指产生固体废物以及建设、贮存、利用、处置固体废物的项目。在该法之前，其他污染防治法律、法规中规定的必须进行环境影响评价的建设项目，通常是指产生污染物或者对环境产生有害影响的建设项目，未将污染防治设施的建设项目明确列入须作环境影响评价的范围。贮存、处置固体废物的建设项目，如城镇垃圾填埋场和处理场、危险废物贮存场和填埋场或焚烧设施等，均属污染防治设施，但如建设不当或者贮存、处置不当，也会造成对环境的污染。根据对固体废物的全过程管理原则，也应对该类设施、场所的建设实行控制。

该法第十四条关于“三同时”的规定中，突出了有关固体废物污染防治验收的要求，规定“对固体废物污染环境防治设施的验收应当与对主体工程的验收同时进行”。这里的“固体废物污染环境防治设施”包括固体废物收集、贮存处置和资源综合利用设施。该条是在要求同时设计、同时施工、同时投产使用之外，还要求同时验收，扩大了“三同时”的内容。

4. 关于固体废物污染防治的一般规定

（1）单位和个人防治固体废物污染的责任的规定。该法第十六条和第十七条规定了产生、收集、贮存、运输、利用、处置固体废物的单位和个人的防治或减少固体废物污染的责任，要求必须对固体废物采取防扬散、防流失、防渗漏的“三防”措施和其他防止污染的措施。

(2) 产品包装物的环境保护要求和回收利用的规定。产品包装物的原材料选用，涉及其使用过程和使用后对环境的污染问题。使用后丢弃的产品包装物，对环境造成污染的物质，为防止弃置包装物的污染，不仅应当做到尽可能回收利用，还应使包装物的生产适应回收利用的要求，使包装废物易回收、重复使用、再生利用，易处理和降解，这样既可以从源头控制和减少污染，又可以实现废物合理循环和回收，减少原材料的使用和损失。《固体废物污染环境防治法》第七条规定：“国家鼓励单位和个人购买、使用再生产品和可重复利用产品。”第十八条对包装物回收利用作出规定：“产品和包装物的设计、制造，应当遵守国家有关清洁生产的规定。国务院标准化行政主管部门应当根据国家经济和技术条件、固体废物污染环境防治状况以及产品的技术要求，组织制定有关标准，防止过度包装造成环境污染。生产、销售、进口依法被列入强制回收目录的产品和包装物的企业，必须按照国家有关规定对该产品和包装物进行回收。”

(3) 防治农用薄膜污染的规定。农用薄膜技术，对发展农业生产有重要作用，故被称为“白色革命”。我国农膜的生产和使用，自1993年以后，一直居世界首位，1996年全国农膜产量近70万t。但是，在许多地方，农民使用农膜时只盖而不清理。由于缺乏人工清除手段，致使大量废旧农膜碎片残留土壤中。这些用化学物质制成的残旧农膜，在自然条件下难以分解，造成了严重的污染危害，给农业环境造成了“白色危机”。因此，《固体废物污染环境防治法》第十九条规定：“国家鼓励科研、生产单位研究、生产易回收利用、易处置或者在环境中可降解的薄膜覆盖物和商品包装物。使用农用薄膜的单位和个人应当采取回收利用等措施，防止或者减少农用薄膜对环境的污染。”

(4) 特别保护区域的规定。《固体废物污染环境防治法》第二十二条规定：在自然保护区、风景名胜区、生活饮用水源保护区、基本农田保护区，和其他需要特别保护的区域内，禁止建设工业固体废物集中贮存、处置设施场所和生活垃圾填埋场。

5. 关于工业固体废物污染防治的规定

工业固体废物是指在工业、交通等生产活动中产生的固体废物。有关工业固体废物污染防治方面的内容主要有：

(1)“黑名单”和污染工艺、设备淘汰制度的规定。工业技术水平低和设备落后，是造成环境污染的重要原因。为了从根源上防治污染，必须大力开发有利于环境的先进技术。为此，《固体废物污染环境防治法》中规定了鼓励科技进步和开发无废、少废工艺的内容，建立了“限期淘汰产生严重污染环境的工业固体废物的落后生产工艺、生产设备的名录”(即“黑名单”)的制度。该法第二十八条规定：“国务院经济综合宏观调控部门应当会同国务院有关部门组织研究、开发和推广减少工业固体废物产生量和危害性的生产工艺和设备，公布限期淘汰产生严重污染环境的工业固体废物的落后生产工艺、落后设备的名录。生产者、销售者、进口者或者使用者必须在国务院经济综合宏观调控部门会同国务院有关部门规定的期限内分别停止生产、销售、进口或者使用列入前款规定的名录中的设备。生产工艺的采用者必须在国务院经济综合宏观调控、部门会同国务院有关部门规定的期限内停止采用列入前款规定名录中的工艺。”

(2) 工业固体废物申报登记制度的规定。《固体废物污染环境防治法》第三十二条规定："国家实行工业固体废物申报登记制度。产生工业固体废物的单位必须按照国务院环境保护行政主管部门的规定，向所在地县级以上地方人民政府环境保护行政主管部门提供工业固体废物的种类产生量、流向、贮存、处置等有关资料。"

(3) 工业固体废物贮存、处置设施、场所的建设和管理的法律规定。由于技术和经济水平的限制，对工业固体废物尚不能全部或者及时利用，对于不能或者暂时未利用的废物必须采取合理、安全和无害环境的贮存、处置。因贮存、处置设施或者场所的选址不当、管理不善、维护保养不够而造成的固体废物污染事故甚至是重大污染事故时有发生。为加强对工业固体废物贮存器、处置设施的建设和使用维护管理，《固体废物污染环境防治法》第三十三条规定，企业事业单位对暂时不利用或者不能利用的工业固体废物，必须按照国务院环境保护行政主管部门的规定建设贮存设施、场所或者采取无害化处置措施；建设工业固体废物贮存、处置的设施、场所，必须符合国家环境保护标准。第三十六条规定，矿山企业应当采取科学的开采方法和选矿工艺，减少尾矿、矸石、废石等矿业固体废物的产生量和贮存量。尾矿、矸石、废石等矿业固体废物贮存设施停止使用后，矿山企业应当按照国家有关环境保护规定进行封场，防止造成环境污染和生态破坏。废矿石、尾矿和其他工业固体废物的，应当设置专用的贮存设施、场所。第四十四条规定，建设工业固体废物贮存、处置的设施、场所，必须符合国务院环境保护行政主管部门规定的环境保护和环境卫生标准。

6. 关于生活垃圾污染防治的规定

生活垃圾是指在日常生活中或者为日常生活提供服务的活动中产生的固体废物以及法律、法规规定的视为生活垃圾的固体废物。这一概念，其范围远比通常所称的"垃圾"广泛，包括居民生活、商业活动、市政维护、机关办公和其他非工业生产活动等产生的生活垃圾、粪便、废纸、废包装物品、废旧物品、废旧材料、园林残物、建筑垃圾和工业活动产生的其他非工业固体废物。城镇生活垃圾的污染防治与城镇市容环境卫生管理相交叉。在《固体废物污染环境防治法》中，有关生活垃圾污染防治的规定主要有：

(1) 指定地点倾倒、堆放的规定。随意丢弃或者堆放倾倒城镇生活垃圾，既污染环境，又有碍市容整洁，还易于传播疾病。对垃圾的倾倒堆放实施指定地点制，有利于垃圾的收集和清运，又减轻污染。《固体废物污染环境防治法》第四十条规定："对城镇生活垃圾应当按照环境卫生行政主管部门的规定，在指定的地点放置，不得随意倾倒、抛撒或者堆放。"

(2) 及时清运、分类收集和无害化处置的规定。对城镇生活垃圾，应当做到日产日清，及时清运。对生活垃圾，应当按其性质、构成的不同，实行分类收集，这样既有利于针对不同种类的垃圾采取与其性质、构成相适应的处置措施，也可以通过分类收集方式进行回收和综合利用。对垃圾的处置，应当采取无害化处置，防止在处置过程中产生对环境的二次污染。为此，《固体废物污染环境防治法》第四十二条规定："对城镇生活垃圾应当及时清运，逐步做到分类收集和运输，并积极开展合理利用和实施无害化处置。"

(3) 清洁能源和净菜进城的规定。城镇居民生活和饮食服务行业的燃料结构对城镇垃圾污染防治关系甚大。如果采取改进燃料结构和净菜进城的措施，则可以减少固体废物和大气污染物的产生，减轻污染，提高能源利用效率，方便了居民生活，减少城镇生活垃圾产生量，还可以将残余菜叶，菜根沤肥施用。《固体废物污染环境防治法》第四十三条规定："城镇人民政府应当有计划地改进燃料结构，发展城镇煤气、天然气、液化气和其他清洁能源。城镇人民政府有关部门应当组织净菜进城，减少城镇生活垃圾。"

（4）城镇生活垃圾污染防治设施的规定。包括清扫、收集、贮存、运输、处置设施在内的城镇生活垃圾污染防治设施的不足或者不符合标准要求，是城镇生活垃圾污染防治中亟待解决的问题。《固体废物污染环境防治法》第三十八条规定："县级以上人民政府应当统筹安排建设城乡生活垃圾、收集、运输、处置设施。"

城镇生活垃圾污染防治设施的建设必须符合无害化处置的要求。我国城镇生活垃圾无害化处置水平较低，是城镇清扫收集、生活垃圾污染严重的直接原因。《固体废物污染环境防治法》第四十一条规定："运输、处置城镇生活垃圾，应当遵守国家有关环境保护和环境卫生管理的规定，防止污染环境。"第四十四条规定："建设生活垃圾处置设施、场所，必须符合国务院环境保护行政主管部门和国务院建设行政主管部门规定的环境保护和环境卫生标准。"

（5）建筑垃圾污染防治的规定。随着经济发展、群众物质文化水平和要求的提高，城镇建设规模越来越大，速度越来越快，建筑工程越来越多，其产生的建筑垃圾也迅速、大量增多。因此，《固体废物污染环境防治法》第四十六条规定："工程施工单位应当及时清运工程施工过程中产生的固体废物，并按照环境卫生行政主管部门的规定进行利用或者处置。"

7. 关于危险废物污染防治的特别规定

《固体废物污染环境防治法》设专章对危险废物污染防治作出了特别严格的规定，其主要内容有：

（1）危险废物名录和鉴别制度的规定。为便于实施严格管理，应明确划分、界定危险废物的种类和范围。世界各国多采用名录制度，将经过实验鉴别的具有危险特性的废物列入名录，对名录所列的危险废物实行特别管理，采取特别的污染防治措施。因此，名录制度又称为"危险废物黑名单"。但是，名录所列废物只是种类，某些具体种类的废物，虽列入名录但其是否具有需严格控制的危险性质尚需进行鉴别，同时，名录所列的废物只能包括现有的危险废物，而未能包含以后可能出现的危险废物。因此，除名录制度外，还需实行危险废物鉴别制度，对列入名录但需进一步鉴别和未列入名录但可能具有危险特性的废物进行鉴别，经鉴别认定具有危险特性的废物，属危险废物。对危险废物的鉴别，应有统一的标准，按统一的方式。为此，《固体废物污染环境防治法》第五十一条规定："国务院环境保护行政主管部门应当会同国务院有关部门制定国家危险废物名录，规定统一的危险废物鉴别标准，鉴别方法和识别标志[①]。"

（2）危险废物识别标志制度的规定。识别标志是指以文字、图像、色彩等综合形式表明危险废物的特性和种类。实行危险废物识别标志制度旨在发挥标志的特殊功能，使人们对危险废物引起重视并采取防范措施，以防止发生污染事故。《固体废物污染环境防治法》第五十二条规定："对危险废物的容器和包装物以及收集、贮存、运输、处置危险废物的

① 国家环保局、国家经贸委、外经贸部、公安部于1998年1月4日发布了《国家危险废物名录》。2016年3月通过了最新一次修改。

设施、场所，必须设置危险废物识别标志。”

(3) 强制处置、达标处置和代为处置的规定。由于危险废物所具有的危险特性，如果任意弃置，对环境和人体健康的危害极大，甚至引发对公共安全的威胁。因此，《固体废物污染环境防治法》规定了对危险废物实行强制处置和达标处置，并为使所有的危险废物都能得到安全处置，还引入了代为处置的制度。危险废物的达标处置是指必须按照国家有关标准和规定，安全、卫生、对环境无害地处置危险废物。不符合标准和规定的，为未达标或者超标，实行代为处置。在《固体废物污染环境防治法》中，代为处置主要针对两种情形：一是危险废物产生者不履行处置危险废物的义务，并经环境保护行政主管部门责令限期改正，逾期仍不处置的；二是危险废物产生者虽然自行处置其产生的危险废物，但处置不符合国家有关标准和规定的，其不当处置也造成或者可能造成危险废物污染危害。《固体废物污染环境防治法》第五十五条规定：“产生危险废物的单位，必须按照国家有关规定处置；不处置的由所在地县级以上人民政府环境保护行政主管部门责令限期改正；逾期不处置或者处置不符合国家有关规定的，由所在地县级以上地方人民政府环境保护行政主管部门指定单位按照国家有关规定代为处置，处置费用由产生危险废物的单位承担。”

(4) 危害废物污染防治经营活动许可证制度的规定。危险废物的危险性决定了并非任何单位和个人都可以从事危险废物的收集、贮存、处置等污染防治经营活动。有一些单位和个人在无污染防治技术、措施和能力的情况下，从事危险废物的收集、贮存、处置活动，造成了严重的环境污染事故。《固体废物污染环境防治法》中明确规定对危险污染防治实行经营许可证制度，并且规定危险废物收集、贮存、处置的经营活动只限于单位进行。该法第四十七条规定：“从事收集、贮存、处置危险废物经营活动的单位，必须向县级以上人民政府环境保护行政主管部门申请领取经营许可证，从事利用危险废物经营活动的单位，必须向国务院环境保护行政主管部门或者省、自治区、直辖市人民政府环境保护行政主管部门申请领取经营许可证。具体管理办法由国务院规定。禁止无经营许可证或者不按照经营许可证规定从事危险废物收集、贮存、利用、处置的经营活动。禁止将危险废物提供或者委托给无经营许可证的单位从事收集、贮存、利用、处置的经营活动。”

(5) 分类控制、安全处置的规定。危险废物的种类不同，其特性也各异，必须按不同种类危险废物的不同特性，采取与其相应的防治措施，特别是对其有不相容性质的危险废物，如果不适当地进行混合收集、贮存、处置，非但不能防治污染，反而可能加重危害。因此《固体废物污染环境防治法》第五十八条规定：“收集、贮存危险废物，必须按照危险废物特性分类进行。禁止混合收集、贮存、运输、处置性质不相容而未经安全性处置的危险废物。禁止将危险废物混入非危险废物中贮存。”第六十条规定：“运输危险废物，必须采取防止污染环境的措施，并遵守国家有关危险货物运输管理的规定。禁止将危险废物与旅客在同一运输工具上载运。”第六十一条规定：“收集、贮存、运输、处置危险废物的场所、设施设备和容器、包装物及其他物品转作他用时，必须经过消除污染的处理，方可使用。”

8. 关于控制固体废物污染转移的规定

固体废物污染转移是指将固体废物的污染从一地扩散、蔓延到另一地的情况，分境内转移和境外转移。境内转移是指将固体废物的污染跨行政区域转移，表现为异地转移、由城镇向农村转移、由经济发达地区向经济欠发达地，由一企业向另一企业转移。境外转移包括从境（国）外转移到境内，从境（国）外，即废物进口或者出口，还包括经我国境内管辖区域过境转移废物。污染转移不只是转移固体废物，还包括转移可能产生严重污染的工艺或设备。

在一定条件下，转移废物是必要且有益的，如对城镇生活垃圾，若不允许将其向农村转移进行处置，而将其全部贮存、堆放在市区内，则会造成严重阻碍城镇的发展和建设。转移对于废物交换、综合利用废物和实行集中是必要的。但是，如果控制不当，固体废物转移则可能造成污染的扩散。所以，必须对转移进行严格控制，使固体废物无论在何时何地，都尽可能地置于辖地安全管理之下。《固体废物污染环境防治法》对固体废物污染转移控制的规定：

(1) 对跨行政区域转移废物，实行报告和许可证制度。《固体废物污染环境法》第二十三条规定："转移固体废物出省、自治区、直辖市行政区域贮存、处置应向固体废物移出地的省级人民政府环境保护行政主管部门提出申请，并经固体废物接受地的省级人民政府环境保护行政主管部门许可。"对于转移危险废物的，还实行危险废物转移联单制度。

(2) 禁止转移产生固体废物的落后工艺、设备的规定。《固体废物污染环境法》二十八条规定了产生严重污染的工业固体废物的落后生产工艺、设备的名录制度，同时还规定禁止将名录所列予以淘汰的工艺、设备转移给他人。在危险废物污染防治的特别规定中，还规定了控制危险废物转移的内通许可证制度的规定，控制危险废物的运输。以及对危险废物污染防治是社会普遍和严重关注的问题之一。一些国家出于自身的利益，通过各种手段和途径，将本国的废物向他国出口转移，特别是一些发达国家向发展中国家大量出口废物，转嫁污染。目前，发达国家以每年5000万 t 的规模向发展中国家转移固体废物特别是危险废物，致使许多发展中国家沦为发达国家的"垃圾场"，从而引起国际社会特别是直接受害的发展中国家的不满和愤怒。国际社会采取了诸多努力和措施以严格控制固体废物的越境转移，签订了《控制危险废物越境转移及其处置的巴塞尔公约》（以下简称《巴塞尔公约》）。我国一些地区和单位，见利忘义，采取非法手段从国（境）进口固体废物，屡屡发生"洋垃圾"闯关进口事件，严重损害了我国的环境权益和人民群众的身体健康。我国极为重视制止"洋垃圾"进口问题，表明和确定了决不能把我国作为境外固体废物倾倒、堆放场所的原则立场，并采取了一系列禁止和严格限制措施。如 1991 年 9 月，全国人大常委会批准我国加入《巴塞尔公约》。国家环境保护局和能源部于 1991 年三月发布的《防止多氯联苯电力装置及其污染环境的规定》中，明令禁止我国管辖区域外的含多氯联苯废电力装置、废液及受多氯联苯污染的物质入境。国家环境保护局、海关总署于 1991 年 3 月发布了《关于严格控制从欧共体进口废物的暂行规定》并在《固体废物污染环境防治法》中规定了禁止或者严格限制进口废物的内容。在该法颁布之后，1995 年，国务院办公厅发出了《关于坚决控制境外废物向我国转移的紧急通知》。1996 年，国家环境保护局、对外贸易经济合作部、海关总署、国家工商局、国家商检局又联合颁发了《废物进口环境保护管理暂行规定》等。

我国对境外废物向我国境内转移即废物进口、分类实行禁止和限制管制。废物进口是指一切废物（含废料）以任何贸易方式或者无偿提供、捐赠等方式进入中国境内。《固体废物污染环境防治法》规定了两种管制制度：一是禁止进口的废物。该法第二十四条规定："禁止中国境外的固体废物进境倾倒、堆放、处置。"第二十五条规定："国家禁止进口不能用作原料或不能从无害化方式利用的固体废物。”二是限制作为原料进口的固体废物。该法第二十五条又规定：“限制进口可以用作原料的固体废物。”并规定了具体的严格措施，即实行用作原料进口的废物目录制度。环境保护部、商务部、国家发展和改革委员会、海关总署、国家质量监督检验检疫总局于1996年3月发布国家《进口废物管理目录》，包括《禁止进口固体废物目录》《限制进口类可用作原料的固体废物目录》和《自动许可进口类可用作原料的固体废物目录》，以后又有多次修订补充。禁止进口列入禁止进口目录的固体废物。实行进口预先审批，审批由国家环境保护总局统一负责，申请进口的单位必须具备符合规定的条件，并对拟进口作为原料利用的废物及其贮存、运输和利用过程中的环境风险进行评价，提交环境影响报告书（表）；对符合条件的，签发批准证书；进出口商品检验机构对进口废物实行强制检验制度；海关凭批准证书和商检合格证明严格查验。对非法进口或者过境转移废物的，采取责令将废物退运出境的强制措施，并给予相应的法律制裁。

（3）禁止过境转移危险废物。《固体废物污染环境防治法》第六十六条规定：“禁止经中华人民共和国过境转移危险废物。”

案例2

案情回顾：2015年3月，天津市刑侦局会同市环保局、公安××分局等部门共同破获××等人污染环境案：犯罪嫌疑人××通过天津××有限公司供应部部长××将××公司生产糖精钠过程中产生的大量废酸和含酸废水进行非法运输、排放和处置，通过提炼废酸中的铜谋取利益。自2013年初至2014年底，累计处置、排放废酸3000余t，排放含酸废水近2万t。经现场检测，××等人运输、排放和处置的废酸及含酸废水的pH均小于1，属于国家规定的危险废物。而××等人非法运输、排放、处置废酸和含酸废水的行为对周边环境造成了严重污染，已达到《最高人民法院最高人民检察院关于办理环境污染刑事案件适用法律若干问题的解释》中关于“污染环境罪”定罪量刑的标准，根据《中华人民共和国刑法》第三百三十八条之规定，××等6名犯罪嫌疑人先后依法被采取刑事强制措施。

处罚决定：该公司的上述行为同时违反了《中华人民共和国固体废物污染环境防治法》第五十七条第三款“禁止将危险废物提供或者委托给无经营许可证的单位从事收集、贮存、利用、处置的经营活动”的规定，依据《中华人民共和国固体废物污染环境防治法》第七十五条第（五）项“将危险废物提供或者委托给无经营许可证的单位从事经营活动的，应责令停止违法行为，限期改正，处2万元以上20万元以下罚款”的规定，××区环保局对该公司下达了处罚决定书，处以罚款20万元，并责令该企业停止违法行为。

8.3 环境噪声污染防治法

8.3.1 概述

1. 环境噪声的概念

环境法中的环境噪声，是指在工业生产、建筑施工、交通运输和社会生活中所产生的干扰周围生活环境的声音。噪声是来源于固体、液体或气体的振动。从物理学观点讲，噪声是各种不同频率、不同声强的声音无规则的杂乱组合，如汽车的轰隆声、机器的尖叫声、建筑工地的嘈杂声等，它的波形图是没有规则的非周期性的曲线。从生理学观点讲，噪声使人烦躁，令人讨厌，为人们所不需要或对人体有害。

噪声的类型按其产生的机理可分为机械性噪声、空气动力性噪声和电磁性噪声三大类。按时间变化的程度，可分为稳态噪声和非稳态噪声两大类。按其产生的区域，可分为城镇环境噪声、农村环境噪声和海洋环境噪声三大类。按噪声污染来源的种类，可分为工业生产噪声、建筑施工噪声、交通噪声和社会生活噪声四大类。我国关于环境噪声污染防治的立法是针对这四类环境噪声污染而规定的，它们都是人为原因造成的噪声，而对自然现象产生的噪声，如山崩、风、雷等，法律不予调整也不能调整。

2015 年，全国各省（区、市）环境部门共收到环境噪声投诉 35.4 万件（占环境折诉总量 35.3%），其中，工业企业噪声类占 16.9%，建筑施工噪声类占 50.1%，社会生活噪声占 21.0%，交通类噪声 12.0%。

2. 环境噪声污染的概念

我国《环境噪声污染防治法》是以国家规定的环境噪声排放标准确定的最高限值为界限，来界定环境噪声和环境噪声污染的。该法规定：环境噪声污染“是指所产生的环境噪声超过国家规定的环境噪声排放标准，并干扰他人正常生活、工作和学习的现象”。噪声排放是指噪声源向周围生活环境辐射的噪声。

环境噪声污染自 20 世纪 70 年代以来日趋严重，被称为城镇四大公害之一。我国环境噪声污染总体水平长期居高不下，多数城镇处于中等污染水平，其中，生活噪声影响范围广并呈扩大趋势，交通噪声对生活环境干扰最大，施工噪声扰民现象严重。在我国，环境噪声总体水平长期居高不下，环境噪声污染已成为严重扰民的突出问题。

研究表明，声级为 30～40 分贝的环境比较安静、舒适，适宜于人们正常生活、工作和学习。我国的城镇区域环境噪声标准为：居民文教区的标准值为昼间 55 分贝（A）、夜间 45 分贝（A），居民、商业、工业混合区为昼间 60 分贝（A）、夜间 50 分贝（A）。工业集中区为昼间 65 分贝（A）、夜间 55 分贝（A）。2015 年，中国环境状况公报[①]统计了 321 个进行昼间监测的地级以上城市，区域声环境质量平均值为 54.1 dB（A）。其中，昼间区域声环境质量为一级的城镇占 4.0%，比 2014 年上升 2.2 个百分点；二级的城市占 68.5%，比 2014 年下降 3.1 个百分点；三级的城市占 26.2%，比 2014 年下降 0.1 个百分点；四级的城镇占 0.9%，比 2014 年上升 0.6 个百分点；五级的城市占 0.3%，比 2014 年上升 0.3 个百分点。324 个昼间监测的地级以上城市，道路交通噪声平均值为 67.0 dB（A）。其中，道路交通声环境质量为一级的城市占 65.4%，比 2014 年下降 3.5 个百分点；二级的城市占 29.6%，比 2014 年上升 1.5 个百分点；三级的城市占 2.8%，比 2014 年上升 1.0 个百分点；四级的城市占 2.2%，比 2014 年上升 1.3 个百分点；无五级的城市，比 2014 年下降 0.3 个百分点。308 个开展城市功能区声环境监测的地级以上城市昼间监测点次达标率平均为 92.4%，比 2014 年上升 1.1 个百分点；夜间监测点次达标率平均为 74.3%，比 2014 年上升 2.5 个百分点。各类城市功能区声环境质量昼间达标率均高于夜间。可见，随着我国经济发展和城乡建设加快，原有噪声源尚未得到有效治理，目前，我

① 环境保护部：《2015 年中国环境状况公报》。

国环境噪声污染仍然主要来自交通噪声和社会生活噪声。

3. 环境噪声污染的特点

环境噪声污染与其他类型的环境污染公害相比，有以下几个特点：

第一，噪声污染是一种感觉性公害。噪声污染只有当噪声声源通过传播媒介与人的听觉相联系的时候，才构成危害。同等强度的噪声，由于人们身体素质的差异、生理及心理承受能力的不同以及人们所处环境的不同而对不同的人有不同的反应，对不同的人有不同程度的危害结果。

第二，噪声污染是一种能量型污染。它是声音能量在环境中的过量释放而造成的，其污染的范围与噪声声能所能波及的范围相一致，其污染的程度与噪声源的声能强度成正比例关系。噪声能源强，则污染重；噪声能源弱，则污染轻；噪声能源消失，则污染停止。

第三，噪声污染是一种局部性和多发性公害。噪声污染的局部性是指它对周围环境的影响只波及附近的区域，不像大气污染或海洋污染那样范围非常广阔。例如，交通噪声只影响道路两侧和附近的人，工地施工噪声只影响工地附近的居民。然而，噪声源的分布却是多而分散，例如，交通噪声里每辆正使用的汽车都是一个噪声源，数量大而分散，给噪声污染的控制带来种种困难。

第四，噪声污染是一种暂时性的危害。噪声污染随噪声声能的产生而产生、随噪声声能的消失而消失。虽然噪声也能随声音能量的传递而在一定时空范围内传播，但噪声污染绝不会像其他污染物一样在环境体中积累、遗留和迁移。噪声对人体的危害只是限定在特定的时空范围内，一旦时空发生转移、变化，则该噪声对人体的危害也就消失。

第五，噪声污染是一种危害性不易评估的公害。环境噪声污染对人群的危害、特别是对环境变化比较敏感者的危害不可能以一定的客观数值来衡量或评价。在国外，司法实践上通常是以人群对噪声可以忍受的最大限度作为判断是否可能造成干扰或妨害的标准。

8.3.2 环境噪声污染的危害

噪声污染是现代社会的一大公害，也是各国环境保护工作的一个重点防治对象。噪声污染的危害是多方面的，其危害性主要表现为对人体健康的影响，并且，噪声也会给人类财产造成一定的损害。

首先，噪声污染影响人体健康主要表现为：①影响人们的正常学习、工作、休息和睡眠。如果噪声声级达到50dB（A）左右，就会使人觉得烦躁不安，不能入睡；达到60dB（A）左右就会给人们的学习、工作带来影响；70dB（A）以上声级的噪声会造成人们精神分散，注意力不集中；如达到90dB（A）以上，则会严重干扰人们的工作，导致工作失误、事故增多。②损害听觉。人们如果长期处于90dB（A）以上声级的噪声环境中，会使听力持续下降，听觉迟钝，甚至造成噪声性耳聋。③引起疾病和造成其他危害。噪声声级达到120dB（A），就会导致人的神经系统、心血管系统、消化系统和视觉系统的功能紊乱和造成障碍，出现诸如头晕、呕吐、失眠、记忆力减退、血压升高、心律不齐、心跳加速、消化不良、食欲减退等症状；达到175dB（A）以上，就可能导致人的死亡；长期受强噪声危害的人，往往身体持续紧张，全身疲劳，导致健康水平下降。

其次，环境噪声对人类财产的危害主要表现为：①强噪声会影响生产，损伤建筑物、机器设备，危害科研和国防建设等。如超音速飞机产生的巨大压力波，可震裂墙体，破坏门窗，震落瓦片，甚至使古老建筑物倒塌，钢筋结构因产生“声疲劳”而损伤。②强噪声还可能导致自动化设备、高精度仪表失灵等等。

此外，噪声污染同样能够对动物的听觉器官、内脏器官和中枢神经系统造成病理性变化和损伤。强烈的噪声还会引起动物死亡。

8.3.3 环境噪声污染防治的法律规定

防治环境噪声需采取综合性措施。我国现行有关环境噪声污染防治法律规定的主要内容如下：

1. 环境噪声污染防治的监督管理体制

根据环境噪声源的种类及其污染的特点，《环境噪声污染防治法》对环境噪声污染防治的监督管理体制作了如下的规定：

（1）国务院环境保护行政主管部门对全国环境噪声污染防治实施统一监督管理；

（2）地方人民政府环境保护部门对本行政区域的环境噪声污染防治实施统一管理；

（3）各级公安、交通、铁路、民航等主管部门和港务监督机构，根据各自的职责，对交通运输和社会生活噪声污染防治实施监督管理。

2. 声环境标准与环境噪声控制的规定

《环境噪声污染防治法》第十条和第十一条规定，国务院环境保护行政主管部门分别对不同的功能区制定国家声环境质量标准，并根据国家声环境质量标准和国家经济、技术条件，制定国家环境噪声排放标准。与其他污染防治法律、法规中关于环境标准的规定所不同的是，《环境噪声污染防治法》只规定了国家声环境质量标准和环境噪声排放标准，而未规定地方的声环境质量标准和环境噪声排放标准。这是由于国家的有关标准已经涵盖了环境噪声污染的各个方面且比较严格，基本上不存在需要另行制定地方标准的情况。

我国已颁布的声环境标准主要是《城市区域环境噪声标准》。该标准于1982年制定，1993年、2008年二次修订，名称改为：《声环境质量标准》GB 3096—2008，它规定了城镇五类区域的环境噪声最高限值（按昼间和夜间），并规定乡村生活区域可参照该标准执行。其他声环境标准还有《机场周围飞机噪声环境标准》GB 9660—1988等。

《环境噪声污染防治法》第十条规定，县级以上地方人民政府根据国家声环境质量标准，划定本行政区域内各类声环境质量标准的使用区域，并进行管理，即实行城镇声环境功能分区控制制度。国家制定了《声环境功能区划分技术规范》GB/T 15190—2014。

我国已颁布了一系列环境噪声排放标准。其中主要有：《工业企业厂界环境噪声排放标准》GB 12348—2008，适用于工厂及有可能造成噪声污染的企事业单位的边界，并按城镇功能分区（分为四类），规定了各类厂界噪声标准值（按昼夜间）。《建筑施工场界环境噪声排放标准》GB 12523—2011，对土石方、打桩、结构、装修等不同施工阶段，分别按昼、夜间规定了作业噪声限值。此外，还颁布了《铁路边界噪声限值及其测量方法》GB 12525—1990、《摩托车和轻便摩托车定置噪声限值及测量方法》GB 4569—2005和《汽车定置噪声限值》GB 16170—1996等环境噪声排放标准及有关的噪声测量方法等标准。

《环境噪声污染防治法》第十六条和第十七条规定，对超过噪声环境标准产生环境噪声污染的单位，征收超标排污费；对在医院、学校、机关、科研单位、住宅等需要保持安静的噪声敏感建筑物集中的区域造成环境噪声严重污染的企业事业单位，限期治理。

3. 城镇规划和建设布局的环境噪声防治的规定

环境噪声污染同城镇规划和建设布局有着极为密切的关系，规划和布局的合理与否直接作用于环境噪声污染的程度和范围，尤其是交通运输噪声和社会生活噪声。没有合理的城镇规划和建设布局，仅仅针对单个污染源采取污染防治措施，是无法从根本上解决环境噪声污染的。防治环境噪声污染必须从单纯治理转变为整体的区域防治，必须通过科学规划和合理布局等加以解决。《环境噪声污染防治法》第五条规定："地方各级人民政府在制定城乡建设规划时，应当充分考虑建设项目和区域开发、改造所产生的噪声对周围生活环境的影响，统筹规划，合理安排功能区和建设布局，防治或者减轻环境噪声污染。"同时，在第十二条中还具体规定："城市规划部门在确定建设布局时，应当依据国家声环境质量标准和民用建筑隔声设计规范，合理划定建筑物与交通干线的防噪声距离，并提出相应的规划设计要求。"在第十三条和第十四条中，分别对新建、改建、扩建的可能产生环境噪声污染的建设项目执行环境影响评价制度和建设项目环境噪声污染防治设施与主体工程的"三同时"制度提出了明确的要求。

4. 工业噪声污染防治的规定

工业噪声是指在工业生产活动中使用固定的设备时产生的干扰周围生活环境的声音。为防治工业噪声污染，《环境噪声污染防治法》设专章作了规定：

（1）达标排放的要求。《环境噪声污染防治法》第二十三条规定："在城镇范围内向周围生活环境排放工业噪声的，应当符合国家规定的工业企业厂界环境噪声排放标准。"第二十五条规定："产生环境噪声污染的工业企业，应当采取有效措施，减轻噪声对周围生活环境的影响。"

（2）环境噪声排放申报登记制度。在工业生产中因使用固定设备造成环境噪声污染的企业，必须按国务院环境保护行政主管部门的规定，申报拥有的排放噪声设备的种类数量以及在正常作业条件下所发生的噪声值和防治噪声污染的设施情况，并提供防治噪声污染的技术资料。申报的内容有重大改变的，必须及时申报，并采取应有的防治措施。企业事业单位必须保持防治环境噪声污染设施的正常使用；拆除或者闲置污染防治设施的，必须事先报经环境保护行政主管部门批准。

（3）偶发性强烈噪声排放的申请和公告制度。偶发性强烈噪声排放具有突发性和不规则性，对人体健康和生活环境危害很大，《环境噪声污染防治法》第十九条规定："在城镇范围从事生产活动确需排放偶发性强烈噪声的，必须事先向当地公安机关提出申请，经批准后方可进行。当地公安机关应当向社会公告。"

（4）设备与产品的噪声控制的规定

环境噪声污染主要来自各类设备和产品在运行过程中发出的噪声。由于我国工业生产技术比较落后，设备比较陈旧，致使各类设备和产品在运行中的噪声声级较高。为从源头防治噪声污染，《环境噪声污染防治法》规定了对设备、产品的噪声控制的规定。

该法第十八条规定："国家对环境噪声污染严重的落后设备实行淘汰制度。"并规定制定、公布限期禁止生产、销售、进口的环境噪声污染严重的设备名录；生产者、销售者或进口者必须在规定期限内分别停止生产、销售或者进口名录中所列的设备。

该法第二十六条规定："国务院有关主管部门对可能产生环境噪声污染的工业设备，应当根据声环境保护的要求和国家的经济、技术条件，逐步在依法制定产品的国家标准、行业标准中规定噪声限值。"如在产品的制造、生产或者质量标准中规定该产品的噪声标准，把噪声控制作为产品生产和质量管理中的必要内容。该条还规定可能产生环境噪声污染的工业设备运行时发出的噪声值应在有关技术文件中予以注明，如产品铭牌、说明书等。

《环境噪声污染防治法》第三十二条规定："禁止制造、销售或者进口超过规定的噪声限值的汽车。"

5. 建筑施工噪声污染防治的规定

建筑施工噪声是指在建筑施工过程中产生的干扰周围生活环境的声音。《环境噪声污染防治法》设专章规定了建筑施工噪声污染防治，其主要内容有：

（1）达标排放。《环境噪声污染防治法》第二十八条规定："在城市市区范围内向周围生活环境排放建筑施工噪声的，应当符合国家规定的建筑施工场界环境噪声排放标准。"

（2）噪声排放申报登记制度。《环境噪声污染防治法》第二十九条规定，在城市市区范围内建筑施工过程中使用机械设备，可能产生环境噪声污染的，施工单位必须在工程开工15日前向工程所在地环境保护行政主管部门申报该工程的项目名称、施工场所和期限、可能产生的环境噪声值以及所采取的环境噪声污染防治措施的情况。

（3）禁止夜间在噪声敏感建筑物集中区域进行建筑施工作业。噪声敏感建筑物集中区域，是指医疗区、文教科研和以机关或者居民住宅为主的区域。这些区域是需要保持安静的区域，而建筑施工作业所使用的机器设备产生的噪声值很高，一般又采用户外开放式作业方法。因此，施工场界的噪声级难以达到这些区域环境保护的要求。为保证这些区域的安静，《环境噪声污染防治法》第三十条规定："在城市市区噪声敏感建筑物集中区域内，禁止夜间进行产生环境噪声污染的建筑施工作业，但抢修、抢险作业和因生产工艺上要求或者特殊需要必须连续作业的除外。"这里的"夜间"是指晚22点至晨6点之间的期间。该条还规定，因特殊需要必须连续作业的，需有县级以上人民政府或者其有关主管部门的证明，并必须公告附近居民。

6. 交通运输噪声污染防治的规定

交通运输噪声是指机动车辆（汽车和摩托车）、铁路机车、机动船舶、航空器等交通运输工具在运行时所产生的干扰周围生活环境的声音。由于机动车辆猛增，但对车辆运行噪声缺乏有效控制，道路建设和规划失当，道路和基础设施的日益恶化的严重态势，已成为环境噪声污染防治的重点。《环境噪声污染防治法》对此作了专章规定，其主要内容有：

（1）运行中的交通运输工具的噪声污染防治要求和措施。对生产、使用和运行过程中的机动交通工具规定相应的噪声污染防治要求和采取管制措施（禁止或限制），可以大幅度降低、减轻环境噪声污染。《环境噪声污染防治法》第三十三条至第三十五条对机动车辆使用、运行中的噪声污染防治作了规定：在城市市区范围内行驶的机动车辆的消声器和喇叭必须符合国家规定的要求；机动车辆必须加强维修和保养，保持技术性能良好；机动车辆在城市市区内行驶，机动船舶在市区内河航道航行，铁路机车驶经或进入市区、疗养区时，必须按规定使用声响装置；警车、消防车、工程抢险车、救护车等机动车辆安装、使用警报器，必须符合公安部的规定；在执行非紧急任务时，禁止使用警报器。

（2）禁行、禁鸣区域和时间的规定。《环境噪声污染防治法》第三十五条规定："城市人民政府公安机关可以根据本地城镇市区区域声环境保护的需要，划定禁止机动车辆行驶和禁止其使用声响装置的路段和时间，并向社会公告。"

（3）对道路和基础设施建设的噪声污染防治措施。合理规划、设计、建设道路和基础设施是防治交通运输噪声污染的重要方面。《环境噪声污染防治法》第三十六条至第三十八条，分别对城镇道路交通干线两侧建筑物、交通枢纽等设施的城镇建设和使用中的防治噪声污染措施作了规定：建设经过已有的噪声敏感建筑物集中区域的高速公路和城镇高架、轻轨道路的，应当设置声屏障或者采取有效控制噪声污染的措施；在已有的城镇交通干线两侧建设噪声敏感建筑物的，应当按照国家规定间隔一定距离，并采取减轻、避免交通噪声影响的措施；在车站、铁路编组站、港口、码头、航空港等交通枢纽指挥作业时使用广播喇叭的，应当控制音量，减轻噪声对周围生活环境的影响。

（4）对铁路机车运行噪声污染防治措施。《环境噪声污染防治法》第三十九条规定，穿越城镇居民、文教区的铁路，因铁路机车运行造成噪声污染的，应当制定减轻噪声污染的规划，并采取有效措施，减轻环境噪声污染。

（5）对航空器噪声污染防治的措施。《环境噪声污染防治法》第四十条规定，除起飞、降落或依法规定的情形以外，民用航空器不得飞越城镇市区上空。城镇人民政府应在航空器起飞、降落的净空周围划定限制建设噪声敏感建筑物的区域；在该区域建设噪声敏感建筑物的，应当采取减轻、避免航空器运行时产生的噪声影响的措施。

7. 社会生活噪声污染防治的规定

社会生活噪声是指人为活动所产生的除工业、建筑施工和交通运输噪声之外的干扰周围生活环境的声音。社会生活噪声污染，特别是饮食服务、娱乐场所等所产生的环境噪声污染日益严重，已成为环境噪声污染中的排居首位的污染种类。为解决这方面的污染问题，《环境噪声污染防治法》设专章规定了比较严格的污染防治措施，其主要内容有：

（1）关于噪声排放申报登记的规定。《环境噪声污染防治法》第四十二条规定，在城镇市区噪声敏感建筑物集中区域内，因商业经营活动中使用固定设备造成环境噪声污染的企业，必须按照国务院环境保护行政主管部门的规定，向所在地的县级以上环境保护行政主管部门申报拥有的造成环境噪声污染的设备的状况和防治环境噪声污染的设施的情况。

（2）达标排放。新建营业性文化娱乐场所的边界噪声必须符合国家规定的环境噪声排放标准，不符合标准的，文化行政主管部门不得核发文化经营许可证，工商行政主管部门不得核发营业执照；经营中的文化娱乐场所的边界噪声不得超过国家规定的噪声排放标准；在商业经营活动中使用空调器、冷却塔等可能产生环境噪声污染的设备、设施的，其边界噪声不得超过国家规定的环境噪声排放标准。

（3）控制声响器材的规定。《环境噪声污染防治法》第四十四条至第四十六条规定：禁止在商业经营活动中使用高音广播喇叭或采用其他发出高噪声的方法招揽顾客；禁止任何单位、个人在城镇市区噪声敏感建筑物集中区使用高音广播喇叭；在城镇市区街道、广场、公园等公共场所组织娱乐、集会等活动，使用音响器材可能产生干扰周围生活环境的过大音量的，必须遵守当地公安机关的规定；使用家用电器、乐器或者进行其他室内娱乐活动时，应当控制音量或者采取其他有效措施，避免对周围居民造成环境噪声污染。

(4) 限制室内装修活动噪声污染。《环境噪声污染防治法》第四十七条规定，在已竣工交付使用的住宅楼进行室内装修活动，应当限制作业时间，并采取减轻、避免周围居民造成环境噪声污染的有效措施。

案例3

案情回顾：某小区居民不堪忍受周围建筑施工噪声，向环保部门投诉。环保部门接到投诉后进行了实地勘察和监测。经查明，该工地正在夜间施工，但所属建筑公司开工前并未进行申报。但经监测该工地昼间噪声为70分贝，夜间噪声为54分贝，并未超过国家规定的建筑施工噪声源的噪声排放标准。环保部门进行了调解，并对该建筑公司未依法进行申报和办理夜间开工手续作出处罚。但之后情况并未得到改善。经过相关法律咨询后，该小区27户居民以相邻权受到侵害为由向人民法院提起诉讼，要求停止噪声污染并赔偿损失。

处罚决定：经过法庭调查认定，某建筑公司排放的噪声尽管符合国家规定的建筑施工噪声源的噪声排放标准，但超过《声环境质量标准》中规定的区域标准限值，在事实上构成环境噪声污染，侵害了原告的相邻权。根据《民法通则》第八十三条的规定，判决被告采取措施，消除噪声污染，赔偿原告精神损失200元。

相关条文：我国的《环境噪声污染防治法》规定了两种法律措施防治建筑施工环境噪声污染：(1) 事先申报制度。法规第二十九条规定，在城市市区范围内，建筑施工过程中使用的机械设备，可能产生环境噪声污染的，施工单位必须在工程开工15日前向县级以上环境行政主管部门申报。申报的内容包括该工程的项目名称、施工场所和期限、可能产生的环境噪声值以及所采取的环境噪声污染防治措施。(2) 禁止夜间施工制度。法规第三十条规定，在城镇市区噪声敏感建筑物集中区域内，禁止夜间进行产生环境噪声污染的建筑施工作业。

8.4 水土保持法

8.4.1 概述

1. 水土流失

水土流失是指土壤在水的浸润和冲击的作用下，土壤结构发生破碎和松散，随水流动而散失的现象。水土流失通常发生在山区、丘陵区，因为在这些地区雨水不能就地消纳，而顺着沟坡下流冲刷，造成水分和土壤同时流失。水土流失的原因有自然因素和人为因素两个方面。而人为因素是水土流失发生、发展的主要因素。自然因素包括地貌起伏不平、坡陡沟多、暴风雨多、植被稀少等；人为因素主要是指不合理开发利用自然资源，如乱砍滥伐森林、滥垦乱牧草原、陡坡开荒、破坏天然植被等。

2. 水土保持

水土保持是指对自然因素和人为活动造成水土流失所采取的预防和治理措施。在我国，水土保持是山区发展的生命线，是国土整治、江河治理的根本，是我国国民经济和社会发展的基础，也是建立良好的生态环境的一项根本性措施。水土保持对于江河源头地区具有特别重要的意义。近年来，我国加强了对江河源头地区的水土保持的力度，把水土保持作为西部地区生态环境建设的重要内容，建立了三江源头自然保护区，为我国水土保持工作从源头做起，实现综合系统化治理开创了一条新的思路。

8.4.2　水土流失的危害

水土流失危害巨大，它使土地面积减小，土地质量恶化。目前，我国水土流失的面积已达356万km^2，占国土总面积的37%，其中水力侵蚀面积达160万km^2，风力侵蚀面积191万km^2。水土流失可以说是我国自然资源最严重的破坏与浪费，直接威胁到我国水土流失地区人民的基本生存和经济的可持续发展。因此，为防止水土流失，必须加强水土保持工作。

8.4.3　水土保持的法律规定

1. 水土保持立法的发展

新中国成立以来，党和国家十分重视水土保持工作，早在1952年，政务院发出了《关于发动群众继续开展防旱、抗旱运动并大力推行水土保持工作的指示》，1957年国务院发布了《水土保持暂行纲要》，1982年国务院发布了《水土保持工作条例》，1988年，经国务院批准，由国家计委、水利部发布了《开发建设晋陕蒙接壤地区水土保持的规定》，1991年全国人大常委会通过了《水土保持法》，1993年国务院发出了《关于加强水土保持工作的通知》，同年发布了《水土保持法实施条例》。2010年第十一届全国人民代表大会常务委员会第十八次会议修订通过并公布了新的《中华人民共和国水土保持法》，并于2011年3月起施行。

2. 水土保持的法律规定

（1）水土保持的工作方针

《水土保持法》规定：国家对水土保持工作实行"预防为主、保护优先、全面规划、综合治理、因地制宜、突出重点、科学管理、注重效益"的方针。这个方针和1982年国务院发布的《水土保持工作条例》中所规定的水土保持工作方针相比，明确将过去的"防治并重"改为"预防为主"，把预防、保护和监督工作提到首要地位。贯彻落实这个方针，必须坚持谁使用土地谁负责保护，谁造成水土流失谁负责治理的原则，切实做好预防工作；同时，还必须积极开展治理，并对治理后的成果切实加以保护，防止再度发生水土流失。

（2）水土保持规划的规定

水土保持规划应当在水土流失调查结果及水土流失重点预防区和重点治理区划定的基础上，遵循统筹协调、分类指导的原则，由国务院和县级以上人民政府水行政主管部门会同同级人民政府有关部门编制，报本级人民政府或者其授权的部门批准后，由水行政主管部门组织实施。规划的内容应当包括水土流失状况、水土流失类型区划分、水土流失防治目标、任务和措施等，应当与土地利用总体规划、水资源规划、城乡规划和环境保护规划等相协调，并征求专家和公众的意见。经批准的水土保持规划确定的任务，应纳入国民经济和社会发展计划，安排专项资金，并组织实施。

（3）划定水土流失重点防治区的规定

县级以上的人民政府应当根据水土流失的具体情况，划定水土流失重点防治区，进行重点防治。水土流失重点防治区按国家、省、县三级划分，具体范围由县级以上人民政府水行政主管部门提出，报同级人民政府批准并公告。水土流失重点防治区可以分为重点预防区和重点治理区。

（4）预防水土流失的规定

为了有效地保护水土资源，控制不合理的人为活动造成水土流失，避免走先破坏后治理的道路，必须做好水土流失的预防工作，防患于未然。《水土保持法》及其实施细则，对预防水土流失作了专门规定。预防措施可以分为防范性、禁止性和控制性措施三个方面。

1）防范性措施。主要是：

① 采取封育保护、自然修复等措施，组织单位和个人植树种草，扩大林草覆盖面积，涵养水源。

② 组织集体组织和国营农、林、牧场，种植薪炭林和饲草、绿肥植物，有计划地进行封山育林育草、轮封轮牧，防风固沙，保护植被。

③ 加强对采矿、取土、挖沙、采石等生产活动的管理。

2）禁止性措施。主要是：

① 禁止毁林、毁草开垦和采集发菜。禁止在水土流失重点预防区和重点治理区铲草皮、挖树兜或者滥挖虫草、甘草、麻黄等。

② 禁止在25°以上陡坡地开垦种植农作物。

③ 禁止在崩塌滑坡危险区和泥石流易发区取土、挖砂、采石。

3）控制性措施。主要是：

① 在5°以上坡地植树造林、抚育幼林、种植中药材等，应当采取水土保持措施。在禁止开垦坡度以下、5°以上的荒坡地开垦种植农作物，应当采取水土保持措施。具体办法由省、自治区、直辖市根据本行政区域的实际情况规定。

② 在采伐区采伐林木的，采伐方案中必须有采伐区水土保持措施。采伐方案经林业行政主管部门批准后，采伐区水土保持措施由水行政主管部门和林业行政主管部门监督实施。

③ 在山区、丘陵区、风沙区以及水土保持规划确定的容易发生水土流失的其他区域开办可能造成水土流失的生产建设项目，生产建设单位应当编制水土保持方案，报县级以上人民政府水行政主管部门审批，并按照经批准的水土保持方案，采取水土流失预防和治理措施。

（5）治理水土流失的规定

治理水土流失只有把预防保护放在首位，才能改变这边治理那边破坏、一方治理多方破坏、点上治理面上破坏的状况，充分发挥水土保持的功能和效益。但对于已经造成的水土流失，应当本着自力更生的精神，以地方投入、群众投劳为主，国家进行适当扶持，有计划有步骤地进行治理。《水土保持法》及其实施条例，专章规定了水土流失的治理。主要内容是：

1）人民政府、企业事业单位和土地承包使用者治理水土流失的责任。

① 县级以上人民政府水行政主管部门应当加强对水土保持重点工程的建设管理，建立和完善运行管护制度。地方各级人民政府及其有关部门应当组织单位和个人，在饮用水水源保护区采取预防保护、自然修复和综合治理措施；在禁止开垦坡度以下的坡耕地上开垦种植农作物的，应当根据不同情况，采取修建梯田、坡面水系整治、蓄水保土耕作或者退耕等措施。

② 开办生产建设项目或者从事其他生产建设活动造成水土流失的，应当进行治理。在山区、丘陵区、风沙区以及水土保持规划确定的容易发生水土流失的其他区域开办生产建设项目或者从事其他生产建设活动，损坏水土保持设施、地貌植被，不能恢复原有水土保持功能的，应当缴纳水土保持补偿费，专项用于水土流失预防和治理。专项水土流失预防和治理由水行政主管部门负责组织实施。

③ 承包治理荒山、荒沟、荒丘、荒滩和承包水土流失严重地区农村土地的，在依法签订的土地承包合同中应当包括预防和治理水土流失责任的内容。

2）因地制宜，建立水土流失综合防治体系和防风固沙体系。

水土流失综合防治体系是指在水力侵蚀地区，以天然沟壑及其两侧山坡地形成的小流域为单元，因地制宜地采取工程措施、植物措施和保护性耕作等措施，进行坡耕地和沟道水土流失综合治理；在重力侵蚀地区，采取监测、径流排导、削坡减载、支挡固坡、修建拦挡工程等措施，建立监测、预报、预警体系。

防风固沙防护体系，是指植物措施与工程措施相结合，固沙设防，综合治理，控制风沙危害。在风力侵蚀地区，应当采取轮封轮牧、植树种草、设置人工沙障和网络林带等措施，建立防风固沙防护体系。

3）开展水土保持生态效益补偿。

国家加强江河源头区、饮用水水源保护区和水源涵养区水土流失的预防和治理工作，多渠道筹集资金，将水土保持生态效益补偿纳入国家建立的生态效益补偿制度。同时，鼓励单位和个人按照水土保持规划参与水土流失治理，并在资金、技术、税收等方面予以扶持。

（6）水土保持监督的规定

《水土保持法》及其实施条例，对水土保持监督作了专章规定，主要内容是：

1）县级以上人民政府水行政主管部门负责对水土保持情况进行监督检查。流域管理机构在其管辖范围内可以行使国务院水行政主管部门的监督检查职权。水政监督检查人员依法履行监督检查职责时，应当出示执法证件。被检查单位或者个人应当给予配合，如实报告情况，提供有关文件、证照、资料，不得拒绝或者阻碍水政监督检查人员依法执行公务。

2）任何单位和个人都有保护水土资源、预防和治理水土流失的义务，并有权对破坏水土资源、造成水土流失的行为进行举报。

3）建立水土保持监测网络。为了对水土保持监督管理和宏观决策提供科学依据，《水土保持法》第四十条和第四十二条规定，国务院水行政主管部门应当完善全国水土保持监测网络，对全国水土流失进行动态监测；县级以上人民政府水行政主管部门应当加强水土保持监测工作。国务院水行政主管部门和省、自治区、直辖市人民政府水行政主管部门应当根据水土保持监测情况，定期公告。

4）工程建设项目管理。

① 对生产建设活动所占用土地的地表土应当进行分层剥离、保存和利用，做到土石方挖填平衡，减少地表扰动范围；对废弃的砂、石、土、矸石、尾矿、废渣等存放地，应当采取拦挡、坡面防护、防洪排导等措施。生产建设活动结束后，应当及时在取土场、开挖面和存放地的裸露土地上植树种草、恢复植被，对闭库的尾矿库进行复垦。

② 应当编制水土保持方案的生产建设项目，生产建设单位未编制水土保持方案或者水土保持方案未经水行政主管部门批准的，生产建设项目不得开工建设。生产建设项目中的水土保持设施，应当与主体工程同时设计、同时施工、同时投产使用；生产建设项目竣工验收，应当验收水土保持设施。

③ 地方各级人民政府应当加强对取土、挖砂、采石等活动的管理，禁止在崩塌、滑坡危险区和泥石流易发区从事取土、挖砂、采石等可能造成水土流失的活动。崩塌、滑坡危险区和泥石流易发区的范围，由县级以上地方人民政府划定并公告。

案例 4

案情回顾：××地产开发有限公司的某项目总投资 11.7 亿元，于 2010 年 4 月开工建设，占地 150 亩，建房 45 万 m^2。该项目经县规划委同意，在县发改、环保、住建等单位办理了相应手续，但一直未编报水土保持方案。2011 年 3 月，县水务局在水土保持监督检查中，发现该项目未编报水土保持方案，并造成较为严重的水土流失，违反了《水土保持法》有关规定。但公司认为，该项目在新《水土保持法》实施前就开工建设，召开项目规委会时水务局并未提出异议，且项目编制的环评报告中有水土保持篇章，因此拒绝履行编报水土保持方案义务。县水务局对此进行立案查处。

处罚决定：依照《水土保持法》第二十六条、第二十七条和第五十三条第一款之规定，对该项目处以 30 万元人民币的罚款，限其在两个月内补报××项目水土保持方案。当事人对该处罚不服，经行政复议及行政诉讼后，服从人民法院判决，放弃上诉权利，该项目的水土保持方案经××县水务局批复后实施，并依法缴纳了水土保持补偿费 14 万元。

相关条文：《水土保持法》第二十五条规定：在山区、丘陵区、风沙区以及水土保持规划确定的容易发生水土流失的其他区域开办可能造成水土流失的生产建设项目，生产建设单位应当编制水土保持方案，报县级以上人民政府水行政主管部门审批，并按照经批准的水土保持方案，采取水土流失预防和治理措施。

8.5 海洋环境保护法

8.5.1 概述

1. 海洋环境

海洋环境是指地球上连成一片的海和洋的总水域，包括海水、溶解和悬浮于水中的物质、海底沉积物和生活于海洋中的生物，还包括滨海湿地和与海岸相连或者通过管道、沟渠、设施，直接或者间接向海洋排放污染物及其相关活动的沿海陆地。全球总面积为 5.1 亿 km^2，其中海洋的面积为 3.6 亿 km^2，占地球表面积的 71%。海洋环境保护特别强调污染防治与自然资源保护的一致性，体现了现代环境保护的发展趋势，随着海洋作用的加强与深化，已成为海洋事业的重要组成部分和不可或缺的内容，其领域日趋广泛，内容日益深刻，愈来愈受到人们的关注。

我国是海洋大国，拥有包括大陆岸线和岛屿岸线在内的总长度达3.2万多km的海岸线，众多的岛屿，包括内海、领海领域和专属经济区、大陆架等管辖海域在内的总面积为473万km^2（其中：领海面积38万km^2）的辽阔海域。在这片广袤丰饶的“蓝色国土”上，有着包括海洋环境保护利益在内的广泛的海洋利益。2016年，全国海洋产业（包括海洋渔业、海洋盐业、海洋矿业、海洋油气业、海洋化工业、海洋医药生物业、海洋电力业、海水利用业、海洋船舶业、海洋工程建筑业、海洋交通运输业、滨海旅游业等）总产值达70507亿元。海洋事业及其环境保护事业的发展，对于人口众多、人均资源占有量低的我国来说，无疑是经济、社会和环境可持续发展的推动力量和强有力的基本支持领域，且已成为决定国家经济实力、发展潜力以及政治和军事战略地位、生态安全乃至主权利益的重要因素。

2. 海洋环境污染损害的特点

海洋环境污染损害，是指直接或者间接把物质或者能量引入海洋环境，产生损害海洋生物资源、危害人体健康、妨碍渔业和海上其他合法活动、损害海水使用素质和减损环境质量等有害影响。这一定义包括了由于有害物质和能量对海洋环境的污染和破坏，有着广泛的外延。

海洋环境污染有以下几个主要特点：

（1）污染源多且复杂，分布广泛，污染途径和损害方式多样。污染和损害海洋环境的主要污染源，有陆地污染源（简称陆源）和海洋工程项目、海岸工程项目、船舶及其相关作业活动、海洋倾倒和焚烧废物等污染源。其中既有固定源，又有移动源；有常规性污染物排放，也有事故性污染物排放；有直接排放、倾倒污染，也有间接的沉降、扩散污染等。可以认为，损害海洋环境的污染源和污染方式，包括了所有的污染来源和污染方式。从世界范围考察，海洋污染，70%以上来自陆地，海运和海上倾倒各占10%①。

（2）污染物种类繁多且排放量大，危害后果严重。对海洋环境造成损害的污染物包括了气态、液态和固态等种类，主要污染物包括：污水、营养物质、合成的有机化合物、沉淀物、垃圾和塑料、重金属放射性物质、石油烃及其衍生物等。据联合国有关组织统计，全球每年向海洋倾倒的工业和生活废物有200亿t，其中含有大量的多种有害物质，多氯联苯达2.5万t、铅30多万t、铜25万t、锌390万t、汞1万t、悬浮物的溶解盐200亿t、留存海洋的放射性物质2000万居里②。从污染迁移规律分析，人类活动产生的废弃物，最后多半进入海洋，海洋遂成为各类污染物的末端和最终归宿。

（3）污染扩散范围大。地球上的海域连接成一片整体，不停流动的海水形成海流，将污染物扩散到各个角落。1990年，联合国的海洋污染科学问题联合专家组在一份报告中指出：“在海洋中，到处都有人类的‘指纹’，从极地到热带，从海滨到海洋深渊，现在都

① 张皓若，卞耀武主编《中华人民共和国海洋环境保护法释义》（全国人民代表大会常务委员会法制工作委员会所编中华人民共和国法律释义丛书），法律出版社，2000年8月。

② 世界资源研究所，联合国环境规划署等编《世界资源报告（1992—1993）》，中国环境科学出版社，1993年11月。

能观测到化学污染和垃圾。”海洋环境污染和破坏已为全球性的重大环境问题之一。

(4) 污染危害持久性强且难以消除。治理海洋污染要比治理陆地污染的难度更大，技术更为复杂，投资更多，费时更久。有些不易分解和不能分解的有毒有害物质在海洋中积累，经过海洋生物的富集而长期存在，甚至发生迁移转化，扩大和加重了危害。

8.5.2 海洋环境污染的危害

各种污染物大量排入海洋，超过了海洋的自净能力，造成了日益严重的海洋污染，使海洋生态环境受到严重的破坏。我国的海洋环境主要是近岸和近海域水质已受到了不同程度的污染损害，沿海河口地区和城镇附近海域污染严重：

(1) 大量污染物排放入海，损害海水水质。2015 年，沿海 11 个省、自治区、直辖市直接排放入海的污水约 62.45 亿 t，COD 排放总量为 21.0 万 t，石油类 824.2t，氨氮为 1.5 万 t，总磷为 3149.2t。

2015 年，我国海洋生态环境状况基本稳定。符合第一类海水水质标准的海域面积约占我国管辖海域面积的 94%，海洋沉积物质总体良好。冬季、春季、夏季和秋季，劣于第四类海水水质标准的海域分别占我国管辖海域面积的 2.2%、1.7%、1.3%和 2.1%。污染海域主要分布在辽东湾、渤海湾、莱州湾、江苏沿岸、长江口、杭州湾、浙江沿岸、珠江口等近岸海域，主要污染要素为无机氮、活性磷酸盐和石油类。河流排海污染物总量居高不下，枯水期、丰水期和平水期，77 条河流入海监测断面水质劣于第Ⅴ类地表水水质标准的比例分别为 58%、56% 和 45%。陆源入海排污口达标率为 50%。[①]

影响我国近岸海域水质的主要污染因子是无机氮和活性磷酸盐，部分海域石油类、铅和化学需氧量超标，个别海域溶解氧、铜和汞超标。

(2) 由于海水的富营养化，浮游生物在短时间暴发性增殖或高度聚集造成水改变颜色的生态异常现象“赤潮”，是海洋污染加重，海洋环境质量严重下降的重要表现，且已是全球规模的现象。据统计，2015 年冬、春、夏和秋季我国呈富营养化状态的海域面积分别为 120370、69110、77750 和 109910km^2。夏季呈富营养化状态的海域面积较上年增加 13350km^2。重度富营养化海域主要集中在辽东湾、长江口、杭州湾、珠江口等近岸区域。[①]

2015 年，我国管辖海域共发现赤潮 35 次，累计面积约 2809km^2。东海发现赤潮次数最多，为 15 次；渤海赤潮累计面积最大，为 1522km^2。赤潮高发期主要集中在 5～6 月份。2015 年是近 5 年来赤潮发现次数和累计面积最少的一年，与近 5 年平均值相比，赤潮发现次数减少 18 次，累计面积减少 2835km^2。

(3) 大量有毒有害物质进入海洋，损害了海洋生态环境和海洋生物资源，给海洋渔业生产带来了严重损失。排放入海的石油类物质、无机氮和无机磷是近岸海域富营养化的主要原因。富营养化会造成海洋生物死亡，从而使海洋生态环境日趋恶化，环境生物资源丰度锐减。突发性渔业水域污染事故的发生，不仅污染养殖水面和渔业水域，还损害水产品，造成渔业经济损失。我国沿海自 1976～1996 年的 20 年间，共发生船舶溢油事故 2242 起，因污染事故造成海洋水产品损失的经济价值，仅 1994 年就高达 6.01 亿元。

(4) 不合理的海上和海岸工程对近岸的海洋环境造成严重损害。形成海岸非正常侵

① 《2015 年中国海洋环境状况公报》。

蚀，造成岸线后退，水土流失，破坏鱼虾等栖息、繁殖场所，使海涂湿地、珊瑚礁、河口三角洲等多种类型的生态系统急剧减少，资源受到破坏，使近海地区的生态平衡失调，自然灾害加剧。我国自1960～2000年的40年间，因围垦、占用、砍伐，导致100万公顷滨海湿地消失，占滨海湿地总面积的50%；大陆沿岸红树林总面积原有6万公顷，现存不超过1.5万公顷。

8.5.3 海洋环境保护的法律规定

1. 海洋环境监督管理的法律规定

为了严格、有效地管理海洋环境，《海洋环境保护法》在总则中明确规定了各涉海部门在海洋环境监督管理中的职责，并设立了“海洋环境监督管理”一章，对海洋环境监督管理的各项具体制度做出明确规定。

（1）海洋环境监督管理的职责分工

海洋环境是一个统一的整体，必须由国务院环境保护部门实行综合性统一管理，而不受行政区域和行业的限制。同时，海洋功能是多方面的，海洋的开发、利用和保护的各种活动都有各自的特点，各个海域的水质要求也不同，必须采取分工、分级的管理办法。

国务院环境保护行政主管部门对全国海洋环境保护工作实行指导、协调和监督，并负责全国防治陆源污染物和海岸工程建设项目对海洋污染损害的环境保护工作；国家海洋行政主管部门负责海洋环境的监督管理，组织海洋环境的调查、监测、监视、评价和科学研究，负责全国防治海洋工程建设项目和向海洋倾倒废弃物对海洋污染损害的环境保护工作；国家海事行政主管部门负责所辖港区水域内非军事船舶和港区水域外非渔业、非军事船舶污染海洋环境的监督管理，并负责污染事故的调查处理。对在中华人民共和国管辖海域航行、停泊和作业的外国籍船舶造成的污染事故登轮检查处理；国家渔业行政主管部门负责渔港水域内非军事船舶和渔港水域外渔业船舶污染海洋环境的监督管理，负责保护渔业水域生态环境工作，并调查处理有关的渔业污染事故；军队环境保护部门负责军事船舶污染海洋环境的监督管理及污染事故的调查处理；各地方人民政府行使海洋环境监督管理权的部门的职责。

跨区域的海洋环境保护工作，由有关沿海地方人民政府协商解决，或者由上级人民政府协调解决。跨部门的重大海洋环境保护工作，由国务院环境保护行政主管部门协调；协调未能解决的，由国务院作出决定。

（2）海洋环境监督管理法律制度

《海洋环境保护法》规定了海洋环境监督管理的各项法律制度，主要包括：

1）总量控制制度。国家建立并实施重点海域排污总量控制制度，确定主要污染物排海总量控制指标，并对主要污染源分配排放控制数量。具体办法由国务院制定。

2）海洋污染事故应急报告制度。由于海洋环境污染事故突发性强、扩散快，如不及时报告并迅速采取措施，将会造成严重后果，而且会很快湮灭证据，甚至难以查找事故人。为此，《海洋环境保护法》规定，因发生事故或者其他突发性事件，造成或者可能造成海洋环境污染事故的单位和个人必须立即采取有效措施，及时向可能受到危害者通报，并依照本法规定行使海洋环境监督管理权的部门报告，接受调查处理。沿海县级以上地方人民政府在本行政区域近岸海域的环境受到严重污染时，必须采取有效措施，解除或者减轻危害。此外，该法还对海上污染事故应急计划、各海洋环境监督管理部门实行海上联合执法等事项作出规定。

3）海洋功能区划和海洋环境保护规划制度。海洋功能区划，是指依据海洋自然属性和社会属性，以及自然资源和环境特定条件，界定海洋利用的主导功能和使用范畴。对各海洋区域按不同功能作出划分的目的，是科学合理地使用海域。海洋功能区划由各级海洋行政主管部门会同有关部门拟订，并由各级人民政府批准，它是各级政府部门制定和实施经济和社会发展决策的重要依据。不同的海洋区域对于人类生活和经济发展、科学研究等作用不完全一样，环境保护工作也应有不同的措施。我国重要的海洋环境区划如：海洋特别保护区、海上自然保护区、海滨风景游览区等。[①]

海洋环境保护规划是各级人民政府根据海洋功能区划制定的海洋环境保护目标和实施方案，是各级人民政府和各海洋环境监督管理部门开展海洋环境保护工作的基本依据。

此外，我国其他环境保护单行法规已实行的一些制度，如“三同时”制度、落后设备强制淘汰制度、限期治理制度、排污收费制度、申报制度、现场检查制度、环境影响评价制度、环境监测制度等，在《海洋环境保护法》中都有规定，而且限期治理制度、强制淘汰制度、环境监测制度等都比其他单行法规的规定更为严格。

2. 保护海洋生态系统的规定

我国《海洋环境保护法》明确规定沿海各级人民政府必须对本行政区近岸海域海洋生态系统质量负责，对具有重要经济、社会价值，已遭到破坏的海洋生态系统应当进行整治和恢复；对建立海洋自然保护区规定了具体要求；对开发利用海洋资源、引进海洋动植物物种、开发海岛及周围海域的资源、海岸防护、生态渔业和海水养殖等活动均作出相应的规定；对海洋生态系统的具体保护对象作出了明确的规定。保护海洋生态系统要与海洋功能区划和海洋环境保护规划制度相联系，是各海洋环境保护部门的重要职责。

3. 防止陆源污染物对海洋环境污染的规定

陆源污染物即陆地污染源，是指从陆地向海域排放污染物质，造成或者可能造成海洋污染损害的场所、设施等。目前我国海洋污染主要是来自陆源的污染。陆源污染物主要有石油、重金属、农药、有机污染物、放射性物质、废热水、固体废弃物以及传染病原体等。这些废弃物通过江河径流、雨尘降落、工业和生活污水的直接排放等途径，大量进入沿岸海域。为防治陆源污染物污染损害海洋环境，《海洋环境保护法》设专章作了规定，1990年国务院发布的《防治陆源污染物污染损害海洋环境管理条例》作了具体的规定。

（1）排污单位和个人应尽的义务。任何单位和个人向海域排放陆源污染物，必须执行国家或地方的排放标准和有关规定，按规定进行排污申报登记，缴纳排污费，超标排放或造成海洋环境严重污染的，应当限期治理。排放陆源污染物的单位，必须向环境保护行政主管部门申报拥有的陆源污染物排放设施、处理设施和在正常作业条件下排放陆源污染物的种类、数量和浓度，并提供防治海洋环境污染方面的有关技术和资料。排放陆源污染物的种类、数量和浓度有重大改变的，必须及时申报。拆除或者闲置污染物处理设施的，必须事先征得环境保护行政主管部门的同意。

① 据1995年《中国环境年鉴》。国务院于1982年、1988年和1994年批准了一批国家重点风景名胜区，其中有北戴河、岭山、三亚等海滨风景游览区。

(2) 防止放射性物质污染海洋环境的规定。《海洋环境保护法》规定，禁止向海域排放高、中水平放射性废水；严格限制向海域排放低水平放射性废水，确需排放的，必须严格执行国家辐射防护规定。防止放射性物质污染海洋环境的一个重要国际公约是1993年在伦敦通过的《关于禁止在海上处置放射性废物和其他放射性物质的决议》。1994年经国务院批准，我国接受了这一决议。这表明我国在向海域排放放射性物质废水方面将实行更加严格的控制。

(3) 防止传染病原体污染的规定。大肠杆菌、霍乱杆菌、传染性肝炎病毒，以及消化道寄生虫卵等，能在海水和海产品中生存繁殖，传染疾病。因此，《海洋环境保护法》第三十四条规定："含病原体的医疗污水、生活污水和工业废水必须经过处理，符合国家有关排放标准后，方能排入海域。"

(4) 防止海水富营养化的规定。海水富营养化是指由于含有大量氮、磷等营养物质的污水进入海洋，促使海水中的单细胞藻类和原生动物大量生长繁殖，造成海水缺氧，鱼、贝类死亡，海水水质恶化的现象。造成海洋污染的营养物质主要来自工业、农业和生活污水。因此，《海洋环境保护法》第三十五条规定："含有机物和营养物质的工业废水、生活污水，应当严格控制向海湾、半封闭海及其他自净能力较差的海域排放。"

(5) 防止热污染的规定。海洋的热污染是指工业的热废水对海洋环境的有害影响。在局部海区，如果高于正常水温4℃以上的热废水常年流入，就会产生有害影响，一是减少水中的溶解氧，二是影响水中动植物的新陈代谢。因此，《海洋环境保护法》第三十六条规定："向海域排放含热废水，必须采取有效措施，保证邻近渔业水域的水温符合国家海洋环境质量标准，避免热污染对水产资源的危害。"

(6) 防止农药污染海洋环境的规定。化学农药施用后，会通过雨尘降落、江河径流等途径进入海洋，造成海洋环境污染，危害海洋中的鱼、贝类，其残留物经食物链和生物吸附使浓度增加，并迁移至人体。为防止农药污染海洋环境，《海洋环境保护法》第三十七条规定："沿海农田、林场施用化学农药，必须执行国家农药安全使用的规定和标准。"此外，有关法律还规定，禁止将失效或禁用的药物、药具弃置岸滩；沿海农田、林场应当合理使用化肥和植物生长调节剂。

(7) 防止固体废物污染海洋环境的规定。这里所说的固体废物，主要是指尾矿、矿渣、煤灰渣、垃圾和其他固体废物。这些废物在岸滩弃置、堆放或处理，会影响航行、渔业生产及其他海上活动，破坏海滨娱乐场所，影响鱼、贝类生长。因此法律规定，上述固体废物的弃置、堆放或处理必须依照《中华人民共和国固体废物污染环境防治法》的有关规定执行。任何单位不经沿海省、自治区、直辖市环境保护部门批准，不得在岸滩弃置、堆放尾矿、矿渣、煤炭渣、垃圾和其他废弃物。依法被批准在岸滩设置废弃物堆放场和处理场的，应当建造防护堤，防止废弃物流失入海。而且，获准使用的堆放、处理场内，不得堆放、弃置未经批准的其他种类的废物，不得露天堆放或作为最终处置方式非露天堆放（如填埋等）危险废物。处理场的场所和设施，应当符合国家标准；不符合国家标准的必须限期达到标准。在限期内堆放、处理工业固体废弃物的，应当缴纳排污费。此外，根据我国《刑法》第三百三十九条的规定，严禁我国境外的废弃物进境堆放、处理或经我国的内水、领海转移危险废弃物。

(8) 加强对入海排污口和入海河流的管理。入海排污口位置的选择，应当根据海洋功能区划的规定，经科学论证后，报有关环境保护行政主管部门审批。海上自然保护区、重要渔业水域、海滨风景游览区和其他需要特别保护的区域，不得新建排污口。已有的排污口排放的污染物，必须符合国家规定的排放标准，不符合标准的要限期治理。国家建立并实施重点海域排污控制制度，确定主要污染物排海总量控制指标，并对主要污染源分配排放，控制数量。入海的河流由环境保护部门和水系管理部门管理，防止污染，保持入海河口区海水质量。

4. 防止工程建设项目及有关作业对海洋环境污染的规定

(1) 对海岸工程建设项目的规定

海岸工程是指人们在海岸带上建设的各种工程，既包括港口码头工程、入海河口水利工程、海涂围垦工程、潮汐发电工程等与海洋资源开发利用有关的各种工程，也包括一切在海岸带兴建的并可能对海洋环境产生影响的其他工程建设项目。海岸带是连接陆地和海洋的纽带，通常包括自海岸向陆地至10km、向海域至15m等深线的范围。海岸的环境变化，既影响陆地环境，又影响海洋环境，是环境保护的重点区域。不合理的海岸工程建设会破坏海岸带生态系统，污染损害海洋环境，如引起港口航道淤积，破坏海洋生物的生存环境等。《海洋环境保护法》设专章对防止海岸工程污染损害作出规定，国务院颁布的《防治海岸工程建设项目污染损害海洋环境管理条例》还作出具体的规定。

1) 海岸工程建设项目必须严格执行环境影响报告书制度和“三同时”制度。不合理的海岸工程建设对海洋环境的损害是严重的，工程建设前必须进行调查研究，充分考虑对海洋环境的影响，并提出有科学根据的环境影响报告书。海岸工程建设项目首先必须符合国家有关建设项目环境保护管理的规定，符合海洋环境区划的要求，这是编制环境影响报告书的必要前提。《海洋环境保护法》第四十三条规定：“海岸工程建设项目的单位，必须在建设项目可行性研究阶段，对海洋环境进行科学调查，根据自然条件和社会条件，合理选址，编报环境影响报告书。”第四十四条规定：“海岸工程建设项目的环境保护设施，必须与主体工程同时设计、同时施工、同时投产使用。”《防治海岸工程建设项目污染损害海洋环境管理条例》亦作出相关的具体规定。

为加强海岸工程建设项目管理，《海洋环境保护法》还明确规定，禁止在沿海陆域内新建不具备有效治理措施的化学制浆造纸、化工、印染、制革、电镀、酿造、炼油、岸边冲滩拆船以及其他严重污染海洋环境的工业生产项目。严格限制在海岸采挖砂石。露天开采海滨砂矿和从岸上打井开采海底矿产资源，必须采取有效措施，防止污染海洋环境。

2) 采取措施保护水产资源。不合理的海岸工程对水产资源的影响主要有：工程设施直接挤占水产资源生存繁殖场所；影响附近水域水文动力状况和物理、化学因素，使水中生物失去适宜的环境；由于入海河水被截流，入海营养物质减少，鱼、虾、贝类失去饵料，藻类失去肥源；闸坝阻碍溯河性鱼、蟹类产卵洄游等等。因此，《海洋环境保护法》第四十六条规定：“兴建海岸工程建设项目，必须采取有效措施，保护国家和地方重点保护的野生动植物及其生存环境和海洋水产资源。”

(2) 对海洋工程建设项目的规定

海洋工程是指在海岸带以外的海域建设的各种工程，目前我国的海洋工程以海洋石油勘探和开发建设工程为主。

我国海底石油和天然气资源十分丰富，但海洋石油勘探开发对开发区域和周围海域的环境和自然资源可能造成污染损害，这种损害主要表现在三个方面：一是对渔业的影响，包括对海产养殖、海洋捕捞等渔业活动造成损害；二是对海上交通运输的影响，包括对航道和航运安全产生不良影响；三是对其他海洋生态环境的影响，例如海洋工程建设可能对周边地区的海水水质造成污染，破坏海洋生态环境资源，对沿海地区的居住、旅游业等造成不良影响。因此，《海洋环境保护法》第六章对防止海洋工程建设项目对海洋的污染损害的主要制度作出了规定，1983 年国务院发布的《海洋石油勘探开发环境保护管理条例》对海洋工程建设的主要活动——海洋石油勘探开发所涉及的海洋环境保护问题作出了具体规定。

1）海洋工程建设项目必须严格执行环境影响报告书制度和“三同时”制度。《海洋环境保护法》第四十七条规定，海洋工程建设项目必须符合海洋功能区划、海洋环境保护规划和国家有关环境保护标准，在可行性研究阶段，编报海洋环境影响报告书，包括防止污染损害海洋环境的有效措施，按照法定程序送核准，并接受环境保护行政主管部门的监督。第四十八条规定，海洋工程建设项目的环境保护设施，必须与主体工程同时设计、同时施工、同时投产使用。环境保护设施未经海洋行政主管部门检查批准，建设项目不得试运行；环境保护设施未经海洋行政主管部门验收，或者经验收不合格的，建设项目不得投入生产或者使用。拆除或者闲置环境保护设施，必须事先征得海洋行政主管部门的同意。

2）对特殊污染物质和污染行为的专门规定。一些特殊污染物质如放射性物质和有毒有害物质在海洋中扩散极快，污染范围广，很难消除，是海洋工程建设中重点防治污染危害的物质，而且也应当防治一些国家特别是发达国家以海洋工程建设为由，将在本国陆地内难以处理的这类有害物质向海洋中排放。为此，防治海洋污染的一些国际公约都对这些特殊污染物质和污染行为作出禁止性的规定。我国《海洋环境保护法》第四十九条规定，海洋工程建设项目，不得使用含超标准放射性物质或者易溶出有毒有害物质的材料。

海洋工程建设的特殊污染行为主要指因爆破作业等破坏渔业和其他海洋资源的行为。《海洋环境保护法》第五十条规定：“海洋工程建设项目需要爆破作业时，必须采取有效措施，保护海洋资源。”常见的海洋工程建设爆破作业是勘探海洋石油的过程中采用爆破方法制造人工地震以寻找储油构造的活动，此外，海军训练、水声调查等活动也需要爆破作业。常用的震源是炸药、气体、电火花等，炸药爆破产生的冲击波对渔业资源危害最大。防止这类作业对渔业资源损害的措施，可视作业方式、时间和海区情况而定，如鱼汛期间和鱼类产卵场所不得进行爆破作业，勘探海洋石油要积极用电火花、空气枪等非炸药震源，作业前需报告主管部门，作业时应有明显标志、信号。

3）海洋工程建设废弃物排放的规定。在钻井、试油、采油、输油作业中，会产生含油污水、残油、废油、油基泥浆等油性混合物、工业垃圾和生活垃圾。对这些污染物质的排放和处理必须严格管理。

4）防止海上作业油类污染的规定。海上作业油类污染主要因海上试油时油气燃烧不充分而流入海洋或因作业事故溢油造成。为此，《海洋环境保护法》规定，海上试油时，应当确保油气充分燃烧，油和油性混合物不得排放入海。勘探开发海洋石油，必须按有关规定编制溢油应急计划，报国家海洋行政主管部门的海区派出所机构备案。

（3）对倾倒废弃物的污染规定

“倾倒”是指通过船舶、航空器、平台或其他载运工具，向海洋弃置废弃物和其他有害物质的行为，包括弃置船舶、航空器、平台及其辅助设施和其他浮动工具的行为。“倾倒”在广义上也包括在海上焚烧。《海洋环境保护法》规定，禁止在海上焚烧废弃物。“倾倒”不包括船舶、航空器及其他载运工具和设施正常操作产生的废弃物的排放。向海洋倾倒废弃物，有费用低、简便易行的特点，随着倾倒行为的急剧增加，大量有害物质流入海域，倾倒活动已成为我国海洋环境污染损害最直接和最重要的原因之一，需要严加管理。

1）倾倒废弃物的分类。《海洋倾废管理条例》（2017 版）第十一条根据废弃物的毒性、有害物质含量和对海洋环境的影响等因素，将废弃物分为三类：第一类是禁止倾倒的物质，包括剧毒或长期不能分解或严重妨碍航行、渔业及其他海上活动的物质；第二类是需要获得特别许可证才能倾倒的物质，包括对海洋生物没有剧毒性，但能在海洋生物体现富集，污染水产品，危害航行、渔业及其他海上活动的物质；第三类是不属于前两种物质的其他低毒或无毒的废弃物。

2）划定海洋倾废区的规定。《海洋倾废管理条例》第五条规定：“海洋倾倒区由国家海洋局商同有关部门，按科学合理、安全和经济的原则划出，报国务院批准确定。”划定海洋倾废区，目的是为了加强对倾废的监督管理，科学利用海洋的自净能力，减轻倾废对海洋环境的法律损害。

3）倾废许可证的规定。倾废许可证是指需要倾倒废弃物的单位，须向国家海洋局提出申请，经审批发给的倾废许可文件。《海洋环境保护法》规定，任何单位未经国家海洋行政主管部门批准，不得向中华人民共和国管辖海域倾倒任何废弃物。需要倾倒废弃物的单位，必须向国家海洋行政主管部门提出书面申请，经国家海洋行政主管部门审查批准，发给许可证后，方可倾倒。《海洋倾废管理条例》规定了三种倾废许可证：第一种是紧急许可证，适用于第一类废弃物；第二种是特别许可证，适用于第二类废弃物；第三种是普通许可证，适用于第三类废弃物。

4）倾废单位的义务。倾废单位必须履行下列各项义务：①领得倾废许可证获准向海域倾倒废弃物之后，在废弃物装载时，倾倒单位应通知主管部门核实；利用船舶倾倒废弃物时，还应通知驶出港或就近的港务监督核实。②应按许可证注明的期限和条件，到指定的海洋倾倒区进行倾倒，如实地填写倾倒情况记录表，并按许可证注明的要求，将记录表报送主管部门。③倾倒废弃物的船舶、航空器、平台和其他载运工具应有明显的标志和信号。④在海上航行或作业的船舶、航空器、平台和其他载运工具，因不可抗的原因而弃置时，其所有者应向主管部门和就近的港务监督报告，并尽快打捞清理。⑤在我国管辖海域以内和海域以外倾倒废弃物，造成我国海域污染损害的，应承担由此造成污染损害的责任。

5）倾废活动主管部门的职责。倾废活动的主管部门是指中华人民共和国国家海洋局及其派出机构。这些部门依法行使以下职责：①对申请倾倒废弃物者进行审批。②与有关部门协商，按照法定原则划出海洋倾倒区，报国务院批准确定。定期对海洋倾倒区进行监测，加强管理。③在倾倒单位装载废弃物时予以核实，如发现实际装载与许可证所注明的内容不符，可责令停止装运；情节严重者，可中止或吊销许可证。④对海洋倾废活动进行监视和监督，必要时可派人员随船。⑤对违反倾倒废弃物管理法规者依法进行行政制裁，处理倾废污染损害索赔的纠纷。

6）境外废弃物的管理。境外的废弃物不得运至中华人民共和国管辖海域倾倒，包括弃置船舶、航空器、平台和其他海上人工构造物。

(4) 对船舶及有关作业活动的规定

海洋环境保护法所说的“船舶”，是指一切类型的机动和非机动船只，但不包括海上石油勘探开发作业中的固定式和移动式平台。在海上航行的各种船舶，会产生油类、油类混合物、废弃物和其他有毒有害的物质，是海洋污染的一个主要来源。为此，《海洋环境保护法》设了专章规定，2017年3月发布的《防治船舶污染海洋环境管理条例》作了具体规定。

1）防污设备。《海洋环境保护法》规定，船舶必须配置相应的防污设备和器材。载运具有污染危害性质货物的船舶，其结构与设备应当能够防止或者减轻所载货物对海洋环境的污染。

2）防污文书。船舶必须按照有关规定持有防治海洋环境污染的证书与文书，在进行涉及污染物排放操作时，应当如实记录。

3）船舶载运具有污染危害性货物的污染防治。载运具有污染危害性货物进出港口的船舶，其承运人、货物所有人或者代理人，必须事先向海事行政主管部门申报。经批准后，方可进出港口、过境停留或者装卸作业。

4）对船舶可能造成污染的活动批准申报制度。《海洋环境保护法》规定，进行下列活动，应当事先按照有关规定报经有关部门批准或者核准：船舶在港区水域内使用焚烧炉；船舶在港区水域内进行洗舱、清舱、驱气、排放压载水、残油、含油污水接收、舷外拷铲及油漆等作业；船舶、码头、设施使用化学消油剂；船舶冲洗粘有污染物、有毒有害物质的甲板；船舶进行散装液体污染危害性货物的过驳作业；从事船舶水上拆解、打捞、修造和其他水上、水下船舶施工作业。

5）污染事故的处理。为了及时控制和处理船舶污染事故，《海洋环境保护法》规定：船舶发生海难事故，造成或者可能造成海洋环境重大污染损害的，国家海事行政主管部门有权强制采取避免或者减少污染损害的措施。

6）船舶污染损害民事赔偿制度。鉴于船舶对海洋环境的污染损害以油污染最为普遍且危害最甚，《海洋环境保护法》特别对船舶油污损害的民事赔偿责任制度作出规定。

案例5

案情回顾：2015年3月25日，宁波××海事处执法人员对停靠于宁波某码头作业的某轮检查时发现，该轮从日本东京至宁波的第××航次中，于2015年3月22日20：00时，向海中排放0.35m^3食品废弃物，排放船位为北纬32°22.4′、东经134°05.3′；2015年3月24日20：00时，向海中排放0.01m^3食品废弃物，排放船位为北纬30°00.6′、东经124°32.9′。该轮未将上述两次排放过程如实记录于该轮的《垃圾记录簿》中。以上事实有情况说明、询问笔录、垃圾记录簿照片打印件、航海日志复印件等证据为证。

处罚决定：经调查取证后，当事人该船舶经营人某公司被给予罚款人民币一万五千元的行政处罚。

相关条文：《中华人民共和国海洋环境保护法》第六十三条规定：船舶必须按照有关规定持有防治海洋环境污染的证书与文书，在进行涉及污染物排放及操作时，应当如实记录。

法规第八十八条（二）规定：船舶未持有防污证书、防污文书，或者不按照规定记载排污记录的由依照本法规定行使海洋环境监督管理权的部门予以警告，或者处以二万元以下的罚款。

【思考题】

1. 大气污染的概念及《大气污染防治法》的适用范围。
2. 噪声污染的概念及《噪声污染防治法》的适用范围
3. 海洋环境污染的概念及《海洋环境保护法》的适用范围。
4. 水土保持的概念及《水土保持法》的适用范围。
5. 固体废弃物污染的概念及《固体废弃物污染防治法》的适用范围。
6. 固体废弃物污染防治的原则及基本制度。
7. 大气污染防治的原则及基本制度。
8. 噪声污染防治的原则及基本制度。
9. 水土保持的原则及基本制度。
10. 海洋环境保护的原则及基本制度。

第 9 章　水工程法律责任

9.1　水工程法律责任概述

9.1.1　水工程法律责任的概念及特征

法律责任有广义和狭义两种解释。广义的法律责任与法律义务同义，是指任何组织和公民都有遵守法律的义务，自觉维护法律的尊严。狭义的法律责任，是指人们对于违法行为所应承担的带有强制性的法律上的不利后果。本章是在狭义的角度使用法律责任这一概念的，因此水工程法律责任是指因违反水工程法规的行为而引起的法律上的不利法律后果。水工程法律责任具有如下特点：

（1）水工程法律责任是因为不履行水工程法规所规定的义务而引起的后果。设定水工程法律责任是为了保证水工程法规规定的权利得以实现，正确履行义务是权利实现的首要保证。这里的义务有作为的义务，也有不作为的义务。

（2）水工程法律责任必须有法律明文规定的。现代法治社会中，法律以保护公民、法人及其他组织的权利为宗旨，不履行义务应承担何种责任、由谁来承担责任、责任的大小都须有法律的明确规定。

（3）由一定的国家机关代表国家查清违法行为。水工程法律关系主体不履行其法律义务时，国家会追究其责任。国家追究水工程法律责任，主要通过专门机关来实现。水工程法律是国家机关代表国家对违法行为进行法律制裁的根据，法律制裁是追究法律责任的直接后果。

水工程法律责任制度是水工程法律体系中不可缺少的重要组成部分，具有十分重要的意义。首先，水工程法律责任是保护水工程法律关系主体的权利得以实现的可靠法律手段。水工程法律责任制度就是为权利遭受侵犯时所提供的有效救济手段，它通过强制侵权者履行义务，进而制裁违法者，使被侵犯的法律秩序得以恢复，从而保证权利的实现。其次，水工程法律责任有利于水工程法律制度的完善。在形形色色的水工程问题出现时，及时调整这种被破坏的社会关系而出现的水工程法律责任能够保证水工程法律制度的正常运行，同时引导人们自觉地遵守水工程法规。最后，水工程法律责任是解决水工程中产生的纠纷和冲突的文明方式。在一项水工程的规划或者施工过程中不可避免地会发生权利与义务的冲突，以法律责任这种方式公正、文明地解决这些纠纷，能够维护社会的稳定从而形成良好的社会秩序。

9.1.2　水工程法律责任的构成

水工程法律责任的构成是指组成水工程法律责任的要素，水工程法律责任的构成是认定水工程法律关系的主体是否承担不利后果的条件，因此必须科学合理地确定水工程法律责任的构成，以保障行为人的行为自由，保护责任主体的权利，维护社会的秩序，促进社会发展。一般而言，水工程法律责任的构成涉及以下要素。

(1) 水工程法律责任的主体。水工程法律责任的主体是指因违反水工程法规或违反约定而承担法律责任的人，法律上的人既包括自然人，也包括法人和其他社会组织。水工程法律关系错综复杂，在不同的工程阶段会出现不同的责任主体。但并非所有进入到水工程法律关系中来的人都会成为责任主体。例如，在一项水利工程的施工合同中，双方都按照约定履行各自的义务，也就不存在法律责任的问题；但是如果修建完工的水工程如水厂、污水处理厂、给水排水管道工程或者质量不合约定或者未能按照约定的时间完成时，这时就会产生法律责任，发包人有权要求施工方赔偿其因此而造成的损失。水工程责任关系主体与法律责任的有无、种类以及大小均有着密切关系。

(2) 水工程违法行为或违约行为。水工程违法行为是指违反我国水工程法律、法规和规章的行为，此种行为是具有社会危害性的行为，其社会危害性是水工程违法行为最本质的特征。水工程违法行为的违法性以其社会危害性为基础和前提，但仅有社会危害性而无违法性，也不能认定为水工程违法行为。同时，此种行为也是依照我国水工程法律、法规和规章应当受到处罚的行为。这一特征说明在认定水工程违法行为时，还要依照我国水工程法律、法规和规章的规定，看其行为是否应当受到处罚，只有应当受到处罚的行为，才引起水工程法律责任问题。水工程违法行为在某些情形下可以免予处罚，但免于处罚并不改变违法行为的性质。

(3) 损害事实。水工程法律关系的主体只实施了违法行为或违约行为，并不必然地导致法律责任，只有当水工程法律关系主体的违法行为造成了损害事实时，才应当承担法律责任。这种损害事实表现为对我国所保护的社会关系的侵害，水工程违法行为就是对依法形成的各种水工程法律关系的侵害。水工程违法行为造成的损害事实表现为多种形式，例如在水工程合同中表现为一方的财产损失或期待利益的减少，在水工程规划中又可表现为行政机关对相对人合法权益的侵犯。

(4) 违法行为与损害事实之间有因果关系。违法行为与损害事实之间存在因果关系是认定法律责任的必备条件。因果关系是法律规定的因果关系，具有法定性，它体现为一种客观性和必然性，即损害事实的发生是由某一法律关系主体的违法行为造成的。法律责任上的因果关系是一种特殊的因果关系，这种因果关系是客观的，不以人们的意志为转移，我们只能根据事物之间的客观联系来判断因果关系的有无。在复杂的水工程案件中，认定因果关系的成立与否是一项系统工程，一因多果或者一果多因的情况普遍存在，法律只考虑其中与法律责任认定有关的因素。

(5) 主观上有过错。主观过错是水工程法律关系主体实施违法行为或违约行为时的主观心理状态。主观过错包括故意和过失两种形式。故意是指行为人明知自己的行为会发生危害社会的结果，希望或放任该结果的发生。过失是指行为人对自己行为的结果应当预见而没有预见或虽然已经预见却轻信可以避免。在通常情况下，行为人主观上的过错也是法律责任构成的必备要件。

9.1.3 水工程法律责任的类型与实现方式

依据不同的标准，可以对水工程法律责任作出不同分类。例如，依据责任主体的不同，可分为自然人责任、法人责任和国家责任；依据责任标准是否强调当事人的过错，可以分为过错责任和无过错责任；依据责任的实现形式不同，可以分为惩罚性责任和补偿性责任。其中，依据责任的法律性质所作的分类，是最基本的分类，包括违反水工程法规的行政责任、违反水工程法规的民事责任和违反水工程法规的刑事责任。

（1）违反水工程法规的行政责任。是指因违反水工程行政法规规定的事由而应当承担的法定不利后果。行政责任既包括水工程行政监督管理机关及其工作人员、授权或委托的社会组织及其工作人员在行政管理中因违法失职、滥用职权或行政不当而产生的行政责任，也包括公民、法人或者其他组织等水工程行政相对人违反行政法律而产生的行政责任。违反水工程法规的行政责任既可以是财产责任，也可以是人身责任。

（2）违反水工程法规的民事责任。是指水工程法律关系主体因违反法律、违反合同或因法律规定的其他事由而依法承担的不利后果，主要包括违约责任和侵权责任。民事责任是现代社会最常见的法律责任，主要体现为补偿性的财产责任，但在某些场合也有存在惩罚性的民事责任。

（3）违反水工程法规的刑事责任。是指水工程法律关系主体因违反刑事法律而应承担的法定不利后果。行为人违反刑事法律规定符合犯罪构成要件才会承担刑事责任。犯罪行为是对法律秩序最严重的破坏，因而刑事责任也是最严厉的法律责任。

上述三种法律责任之间有许多相同点，如都体现了法律的强制性、都以违反义务为前提，但作为私法责任的民事责任与作为公法责任的刑事责任、行政责任相比仍有许多区别。

1）法律的强制程度不同。凡法律责任都具强制性，但是，各种法律责任的强制性强度是不同的。行政责任、刑事责任的强制性较强，具有制裁的现实性，它们由特定的国家机关强制追究，当事人之间不得和解，该制裁一经生效必须执行，非经法定程序不得赦免或拖延。而民事责任的强制性相对较弱，在法律允许的范围内，水工程合同当事人可以在平等基础上，自愿协商和解，对有关机关作出的处理，不予执行。

2）责任功能的属性不同。行政责任、刑事责任具有明显的惩罚性，其直接目的是惩罚违法犯罪行为，而民事责任具有明显的补偿性，其直接目的在于补偿民事违法行为造成的损害。

3）确定责任的原则不同。行政责任、刑事责任一般以其违法犯罪行为与受到的处罚相当作为确定责任大小的原则。而民事责任的确定则以恢复原状和等价赔偿为原则。

4）承担责任的方式不同。承担刑事责任的主要方式是判处刑罚，责任多为自由刑，行政责任多为罚款、收缴、拘留、行政处分等。而民事责任多为财产责任。

5）承担责任的财产去向不同。作为承担刑事、行政责任的财产去向是收归国有。而民事责任的主体交付的财产一般交归对方当事人。

值得注意的是，违反水工程法规的行为，既可能引起民事责任，也可能引起行政责任和刑事责任，这三种责任的承担是不可相互代替的。在某些情况下，行为人的行为可能同时触犯了不同的法律，构成不同的违法，这时行为人就应承担相应的不同的几种法律责任。

水工程法律责任的实现方式，是指承担或追究法律责任的具体形式。

（1）行政责任的承担方式。行政责任的承担方式指水工程行政法律关系的主体依据其行政责任所应承担的强制性惩罚措施，包括行政制裁和行政赔偿。行政制裁又可分为两类，即对行政相对人实施的行政处罚和对行政主体实施的行政处分，行政处罚主要有警告、罚款、责令停产停业、吊销许可证、执照等，行政处分主要有警告、记过、降级、降职、开除等。

行政赔偿是国家因行政主体及其工作人员行使职权造成相对人的人身或财产损害，而给予受害人赔偿的一种责任方式。目前，在我国主要是指因违法行政行为侵犯人身权、财产权的赔偿，此外，因征用土地等合法行为而造成相对人损害的行政补救也属于行政赔偿。

（2）民事责任的实现方式。民事责任主要有两大类，即违约的民事责任和侵权的民事责任，违约的民事责任的实现方式包括：修理、更换、重做、退货；减少价款或报酬；继续履行；支付违约金；赔偿损失等。侵权的民事责任的实现方式包括：停止侵害；排除妨碍；消除危害；返还财产；恢复原状等。

（3）刑事责任的实现方式。刑罚是一种最严厉的处罚方式，我国法律规定的刑罚分为主刑和附加刑两类。主刑包括管制、拘役、有期徒刑、无期徒刑和死刑。附加刑包括罚金、剥夺政治权利、没收财产、驱逐出境。

9.1.4 水工程法律责任的归责与免责

1. 水工程法律责任的归责

水工程法律责任的归责是指对违法行为、违约行为或因法律直接规定而引起的水工程法律责任进行判断、认定、追究、归结以及减缓和免除的活动。在法律领域，认定违法并将其责任归结于违法者，只能由专门的国家机关来进行，而且认定的过程表现为一系列法律程序。在我国，违法者的刑事责任和民事责任的认定由人民法院来进行，行政责任的认定由公安、税务、工商、环保、教育等有特定职权的国家行政机关来进行。依据我国现行法律规定，归责活动应当遵循下列原则：

（1）责任法定原则。当出现了某种违法行为时，对责任主体是否追究法律责任、追究何种法律责任，确定何种法律责任承担方式或以及是否运用有关从重、从轻、减除、免予处罚等责任机制，都必须严格按照法律的明文规定办理，避免随意性，要建设社会主义法治国家就必须实行责任法定原则。此原则在刑法上体现为罪刑法定原则，不仅追究刑事责任如此，行政责任和民事责任的追究同样贯彻了这一原则。

（2）因果联系原则。因果联系有两种含义，一是指行为与损害结果之间的因果联系，即特定的物质性或非物质性损害结果是不是由该行为引起的；二是指心理活动和行为之间的因果联系，即违法者的行为是不是其思想与自己身体的结果。认定法律责任所要求的因果联系是违法行为与损害结果之间、心理活动与行为之间存在着内在的、本质的和必然的联系。否则，就不应当认定违法者有法律责任。

（3）责任相称原则。这是法律的公正价值在法律责任归结上的具体体现。这一原则的含义包括：法律责任的性质与违法行为性质相适应、法律责任的轻重和种类应当与违法行为的危害或损害相适应、法律责任的大小和种类还应当与行为人主观恶性相适应（这也就是所谓“罚当其罪”、“赔偿不超额”）。

（4）责任自负原则。法律责任是针对违法者的违法行为而设置的，凡是实施了违法行为的人，必须承担法律责任，而且必须是独立承担责任。国家机关不得追究与违法行为者虽有血缘关系而无违法事实的人的责任，任何违反法律的行为均应接受法律制裁。有时需要把违法行为放在具体的社会环境中加以分析，并在此基础上作出正确的评价，确定合理的责任范围、程度及履行责任的方式。

2. 水工程法律责任的免责

水工程法律责任的免责是指水工程法律关系主体实施了危害社会的行为，应当承担法律责任，并且具备承担法律责任的条件，但是由于法律的特别规定，可以部分或全部免除其法律责任。需要明确的是水工程法律责任的免责与“无责任”或“不负责任”的内涵是不同的，免责以法律责任的存在为前提，而“无责任”或“不负责任”则以不存在法律责任为前提，即虽然行为人事实上或形式上违反了法律，但因其不具备法律上应承担法律责任的条件，因此不承担法律责任。

在我国的水工程法规中规定或法律实践中，水工程法律责任免除的条件和情况是多种多样的，以免责的条件和方式来划分，主要包括以下几类：

（1）时效免责。即违法者在其违法行为发生一定期限后不再承担强制性法律责任。我国刑法和民法分别规定了追诉时效和诉讼时效。[①] 超过了诉讼时效期间就不再追究当事人的民事法律责任，当然当事人自愿履行的除外。超过了诉讼时效期间即使当事人提起诉讼，法院受理后也会判决驳回原告的诉讼请求，因为原告的胜诉权已经消灭，从依法强制履行角度看，民事法律责任得以免除。同样，犯罪经过一定期限后，国家也不再追诉，但在人民检察院、公安机关、国家安全机关立案侦查或者在人民法院受理案件以后，逃避侦查或者审判的，或者被害人在追诉期限内提出控告，人民法院、人民检察院、公安机关应当立案而不予立案的，不受追诉期限的限制。

（2）不诉免责。这也就是我们经常听到的所谓“告诉才处理”、“不告无理”。在我国不仅大多数民事违法行为是受害当事人告诉才处理的，而且有些轻微的刑事违法行为也是不告不理的。[②] 不告不理意味着如果当事人不向有关机关提出保护权利的请求，国家就不会把法律责任归结于违法者，也就意味着违法者实际上被免除了法律责任。

（3）协议免责。即基于双方当事人在法律允许的范围内协商同意而免责，即所谓“私了”。这种免责一般不适用于犯罪行为和行政违法行为，仅适用于民事违法行为。

（4）自首、立功免责。即对那些违法之后主动向有关机关投案或积极采取措施防止损失扩大的人，免除其部分或全部法律责任。

（5）自助免责。即是对自助行为所引起的法律责任的减轻或免除。所谓自助行为是指权利人为保护自己的权利，在情势紧迫而又不能及时请求国家机关予以救助的情况下，对他人的财产或自由施加扣押、拘禁或其他相应措施，而为法律或社会公德所认可的行为。对于自助免责的情形法律规定了严格条件以及程序，不允许当事人任意扩大。

（6）人道主义免责。权利是以义务人的实际履行能力为限度的，在义务人没有能力履行责任或全部责任的情况下，有关的国家机关或权利主体可以出于社会主义人道主义考虑

① 《民法通则》第一百三十五条规定：“向人民法院请求保护民事权利的诉讼时效期间为二年，法律另有规定的除外。”《刑法》第八十七条，犯罪经过下列期限不再追诉：（一）法定最高刑为不满五年有期徒刑的，经过五年；（二）法定最高刑为五年以上不满十年有期徒刑的，经过十年；（三）法定最高刑为十年以上有期徒刑的，经过十五年；（四）法定最高刑为无期徒刑、死刑的，经过二十年。如果二十年以后认为必须追诉的，须报请最高人民检察院核准。

② 《最高人民法院关于执行〈中华人民共和国刑事诉讼法〉若干问题的解释》第一条规定了不诉免责的情形。

免除或部分免除义务人的法律责任。[①]

9.2 水工程行政责任

9.2.1 水工程行政责任的概念与特点

水工程行政责任是指水工程法律关系主体违反水工程法律法规，实施侵害行政法律关系而尚未构成犯罪的行为应承担的法律责任。通俗地讲，就是指水工程法律关系的主体违反国家行政法所规定的行政义务或法律禁止事项时而应承担的法律责任。一般来说，水工程行政违法行为的社会危害性比犯罪行为轻，承担的行政责任与刑事责任相比也相对较轻。水工程行政责任具有如下的特点：

（1）水工程行政责任是水工程行政法律关系主体的责任。水工程行政法律关系主体既包括水工程行政管理机构及其工作人员，也包括环境行政管理相对人。

（2）水工程行政责任是一种法律责任。水工程行政法律关系主体的行政责任是由法律明确规定，是违反水工程法律、法规而应承担的法律上的否定性后果。

（3）水工程行政责任是实施水工程违法行为的必然法律后果。水工程行政法律责任必须以水工程违法行为为前提，没有违法行为也就无所谓法律责任。

水工程行政责任的构成要件有：实施了水工程行政违法行为；造成了危害后果；行政违法行为与危害后果之间存在因果关系；行为人有过错。

根据水工程行政责任的作用，可将水工程行政责任分为制裁性的责任和补救性的责任。制裁性的行政责任是指为了达到一般预防和特殊预防的效果而对违反水工程行政法律规范者，所设定的惩罚措施，如行政处罚。补救性的水工程行政法律责任是指为弥补水工程违法行为所造成的危害后果而对违反水工程行政法律规范者或不履行水工程行政法律义务者而设定的责任，如行政补偿。

根据水工程行政责任的承担主体不同，可将水工程行政责任分为水工程行政主体所承担的责任和水工程行政相对人承担的责任。水工程行政主体的行政责任，是指对水工程具有行政管理职权的机构及其工作人员因违反水工程法律、法规或其他法律规定而应承担的法律责任，其责任主要包括：撤销违法行政行为；履行法定职责；赔偿行政相对人的损失；行政处分。水工程行政相对人的行政责任是指因水工程行政相对人违反水工程法律、法规或不履行相关义务而应承担的法律责任，其责任形式主要包括罚款、采取补救措施、责令停业整顿等。

根据水工程法规的规定，对承担行政责任者实施的行政制裁，可分为行政处罚和行政处分两大类。

① 《刑法》第五十三条规定："罚金在判决指定的期限内一次或分期缴纳。如果由于遭遇不能抗拒的灾祸缴纳确实有困难的，可以酌情减少或者免除。"第五十九条规定："没收财产是没收犯罪分子个人所有财产的一部或者全部。没收全部财产的，应当对犯罪分子个人及其抚养的家属保留必需的生活费用。"这些规定实际上也就部分地免除了违法者的责任。

9.2.2　行政处罚

1. 水工程行政处罚的概念

水工程行政处罚是指水工程的行政管理部门对违反水工程法规但又不够刑事处罚的单位或个人实施的一种行政制裁。水工程管理部门是指依照法律规定行使水工程监督管理权的行政部门，包括建设、交通、环保、海事以及水利行政管理部门等。这些行政部门在各自管辖的范围内实施行政处罚权，是我国水工程领域的行政处罚机关。

从上述定义可以看出，受到行政处罚的行为，是属于违反水工程法规中的行政规范的行为，即行政处罚一般是针对违法情节和危害后果较轻的行为的制裁。如果违法情节和危害后果严重，其行为构成犯罪的则将受到刑事制裁，而不得以行政处罚代替刑罚。

从上述定义还可以看出行政处罚的对象是违反水工程法规的个人和单位，但不包括履行水工程管理职能的部门工作人员。因为根据水工程法规的规定，这些人违反水工程法规情节较重是将受到行政处分而不是行政处罚。

2. 行政处罚的特点

(1) 行政处罚的主体是特定的国家行政机关或法律、法规授权的组织。这里的国家行政机关是指在水工程领域中享有行政处罚权的行政机关，而不是指所有的国家行政机关。这些机关也只能实施水工程法规规定属于其监督管理范围内的行政处罚权，否则其行政处罚决定将因违法而无效。水工程领域中的行政机关可以根据法律、法规的规定，授权或委托符合法定条件的组织行使行政处罚权，但被授权或受委托的组织也必须在法定的范围内实施行政处罚，否则也属于违法。

(2) 行政处罚的对象是水工程行政相对人。这些行政相对人是指违反水工程法规的单位和个人，他们与行政管理部门之间存在着管理与被管理的行政关系，对行政处罚不服的行政相对人可通过行政复议或行政诉讼来解决行政争议。

(3) 行政处罚的性质是行政制裁。行政处罚具有法律惩罚的性质，行政处罚是以行政制裁的方式限制行政相对人实施某种行为的能力，当行政相对人不履行行政处罚决定时，行政机关还可以自行或向法院申请强制执行。

3. 行政处罚情节

行政处罚的情节是指水工程行政管理部门对违法行为实施行政处罚时，作出处罚轻重或免于处罚的各种情况，这些情况分为从轻、减轻或免予处罚的情节，以及从重处罚的情节两大类。

(1) 从轻、减轻或免予处罚的情节。“从轻”处罚情节，是指在法定的限度内给予违法者适用较轻的处罚形式或减少金额罚款的情节。“减轻”处罚情节，是指在法定的处罚形式或者罚款幅度以下适用较轻的处罚形式或较小金额的罚款。免予处罚是指不予给予行政处罚的情况。

(2) 从重处罚情节。是指在法定的限度内，给予违法者适用较重的处罚形式或较大金额罚款的情节。《行政处罚法》没有对从重处罚情节作出专门规定，结合行政处罚实践，违法者有下列情形之一的应当从重处罚：造成较为严重危害后果的；威胁、诱骗他人或教唆不满十八周岁的人实施违法行为的；妨碍水工程行政管理部门的工作人员现场检查的；

对检举人、证人打击报复的；多次违法不改的。

4. 行政处罚的形式

行政处罚的形式，是指水工程行政管理部门依法对违法者实施行政处罚的类别，是行政处罚的外在表现或者方式。主要包括：

(1) 警告。是指水工程行政管理部门对违法者的警告和谴责。是行政处罚形式中最轻微的一种，只能对违法程度轻微者适用，其作用主要是警告违法者，即使违法程度较轻，也应受到谴责和否定的评价。

(2) 罚款。是水工程行政管理部门强令违法者向国家缴纳一定数额的金钱，并要求其在一定期限内缴纳的处罚形式。罚款是水工程行政处罚中经常采用的一种处罚形式。①水工程行政管理部门应以书面形式作出罚款决定，并向本人宣布和送达，收缴罚款时还须向当事人出具省级财政部门统一制作的罚款收据，并按法定期限交付指定的银行。罚款属于行政处罚中的财产处罚，与民事责任中的赔偿责任和刑罚中的罚金不同。

(3) 责令限期拆除。是指水工程行政管理部门强令违法者在规定的期限内将其违法工程拆除的行政处罚形式，责令限期拆除属于行政处罚中的行为处罚。②

此外，行政处罚还包括停止违法行为③、责令停产④、限期改正⑤、采取补救措施⑥、吊销许可证⑦等形式。

5. 行政处罚的程序

水工程行政处罚程序，是指有权实施行政处罚的水工程行政管理部门，对违反水工程法规的相对人提起的，认定并给予行政处罚的步骤的总称。根据《行政处罚法》和水工程法规规定，行政处罚程序可分为简易程序和一般程序。

---

① 如《防洪法》第五十九条规定：违反本法第三十三条第一款规定，在洪泛区、蓄滞洪区内建设非防洪建设项目，未编制洪水影响评价报告的，责令限期改正；逾期不改正的，处五万元以下罚款。违反本法第三十三条第二款规定，防洪工程设施未经验收，即将建设项目投入生产或者使用的，责令停止生产或者使用，限期验收防洪工程设施，可以处五万元以下的罚款。

② 如《大气污染防治法》第五十二条规定：违反本法第二十八条规定，在城镇集中供热管网覆盖地区新建燃煤供热锅炉的，由县级以上地方人民政府环境保护行政主管部门责令停止违法行为或者限期改正，可以处五万元以下罚款。

③ 如《固体废物污染环境防治法》第五章规定：建设项目中需要配套建设的固体废物污染环境防治设施未建成或者未经验收合格即投入生产或者使用的，由审批该建设项目的环境影响报告书的环境保护行政主管部门责令停止生产或者使用，可以并处十万元以下的罚款。

④ 如《水污染防治法》第四十七条规定：违反本法第十三条第三款规定，建设项目的水污染防治设施没有建成或者没有达到国家规定的要求，即投入生产或者使用的，由批准该建设项目的环境影响报告书的环境保护部门责令停止生产或者使用，可以并处罚款。

⑤ 如《海洋环境保护法》第七十三条规定：违反本法有关规定，有下列行为之一的，由依照本法规定行使海洋环境监督管理权的部门责令限期改正，并处以罚款：（一）向海域排放本法禁止排放的污染物或者其他物质的；（二）不按照本法规定向海洋排放污染物，或者超过标准排放污染物的；（三）未取得海洋倾倒许可证，向海洋倾倒废弃物的；（四）因发生事故或者其他突发性事件，造成海洋环境污染事故，不立即采取处理措施的。

⑥ 如《水土保持法》第三十四条规定：在县级以上地方人民政府划定的崩塌滑坡危险区、泥石流易发区范围内取土、挖砂或者采石的，由县级以上地方人民政府水行政主管部门责令停止上述违法行为，采取补救措施，处以罚款。

⑦ 如《水法》第六十九条规定：有下列行为之一的，由县级以上人民政府；水行政主管部门或者流域管理机构依据职权，责令停止违法行为，限期采取补救措施，处二万元以上十万元以下的罚款；情节严重的，吊销其取水许可证：（一）未经批准擅自取水的；（二）未依照批准的取水许可规定条件取水的。

(1) 简易程序。简易程序又称当场处罚程序，是指水工程行政执法人员当场作出行政处罚决定的程序。简易程序主要适用于下列场合：①违法行为是行政执法人员当场发现的，并且事实清楚，相对人对违法事实异议不大或没有异议；②处罚较轻的违法行为，如对公民处以五十元以下罚款、对法人或其他组织处以一千元元以下罚款或者警告；③不当场处罚事后难以执行或不足以维护公共利益的违法行为，如流动性较大的相对人所实施的违法行为等。

水工程行政执法人员当场作出行政处罚决定的，应当向相对人表明身份，告知相对人作出行政处罚决定的事实和依据以及依法应享有的权利，填写并发给预定格式编有号码的行政处罚决定书，并依法即时执行行政处罚决定。水工程行政执行法人员应将所作的当场处罚决定向所属行政部门备案。

(2) 一般程序。这是除简单程序外水工程行政主体实施行政处罚都应遵守的程序。它包括如下步骤：

取证阶段。是指水工程行政管理部门对行政处罚案件立案和调查活动的总称。适用一般程序的行政处罚案件的条件是：情节较复杂、需要给予较重处罚的案件。

1) 立案。这是水工程行政管理部门适用普通程序实施行政处罚的第一道程序。水工程行政管理部门对自己发现、有关部门交办或移送、相对人举报的违法行为有权管辖并在追惩期限内的，应予受理、立案；不属于本行政管理部门管辖的，应及时移送有管辖权的行政管理部门查处。

2) 调查。调查的任务是查清水工程违法行为是否确已存在及危害后果如何等全部事实。水工程行政管理部门进行调查时应本着全面、客观、公正的原则，收集有关证据。调查人员不得少于两个，并应向被调查人出示证件，制作调查笔录。与违法行为有利害关系的，按回避制度处理。被调查人应如实回答询问，不得妨碍调查活动，水工程行政管理部门在调查时可以依法采取行政强制措施。

申辩和听证阶段。指水工程行政管理部门在作出处罚决定前，必须充分听取当事人的陈述和申辩，符合法定条件的，还必须组织听证，以便查清事实，为作出正确的处罚奠定基础。

1) 申辩。为查明事实，必须充分听取当事人的意见，因此在作出处罚决定前应告知当事人作出行政处罚决定的事实、理由及依据，并告知当事人依法享有的权利。行政机关必须充分听取当事人的意见，对当事人提出的事实、理由和证据，应当进行复核。当事人提出的事实、理由或者证据成立的，行政机关应当采纳。行政机关及其执法人员在作出行政处罚决定之前，不依法向当事人告知给予行政处罚的事实、理由和依据，或者拒绝听取当事人的陈述、申辩，行政处罚决定不能成立，当事人放弃陈述或者申辩权利的除外。

2) 听证。是指水工程行政管理部门对重大行政处罚案件作出处罚决定前，由行政机关的非本案调查人员主持，在调查取证人员、案件当事人及其他相关人员参加下，公开听取各方的陈述、辩论以及证据证明的法定程序。行政机关作出责令停产停业、吊销许可证或者执照、较大数额罚款等行政处罚决定之前，应当告知当事人有要求举行听证的权利。当事人要求听证的，行政机关应当组织听证。当事人不承担行政机关组织听证的费用。听证程序有利于保障当事人的合法权益，也有利于行政机关合法、高效地行使行政处罚权。

作出行政处罚决定阶段。是指水工程行政管理部门的负责人单独审查或集体讨论调查结果，并根据不同情况作出决定。

1）四种不同的决定。①违法事实不成立的，作出不给予行政处罚的决定；②违法行为轻微，依法可以不给予行政处罚的，作出不予行政处罚决定；③确有应受行政处罚的违法行为的，根据情节轻重及具体情况，作出行政处罚决定；④违法行为如已构成犯罪的，作出移送司法机关的决定。

2）制作处罚决定书。水工程行政管理部门作出处罚决定后，应当制作行政处罚决定书。处罚决定书应当记载下列事项：①当事人的姓名或名称、地址；②违反法律、法规或者规章的事实和证据；③行政处罚的种类和依据；④行政处罚的履行方式和期限；⑤不服行政处罚决定，申请行政复议或者提起行政诉讼的途径和期限；⑥作出行政处罚决定的水工程行政管理部门的名称和作出决定的日期。处罚决定书必须盖有作出处罚决定的行政机关的印章。

3）行政处罚决定书的送达。行政处罚决定书应当在宣告后当场交付给当事人；当事人不在场的，行政机关应当在七日内依照民事诉讼法的有关规定送达。

行政处罚的执行阶段。行政处罚决定书送达给当事人之后，当事人应当在行政处罚决定书规定的期限内到指定的银行缴纳罚款；当事人对行政处罚决定不服的可在法定期限内申请行政复议或提起行政诉讼，在此期间行政处罚不停止执行，但法律另有规定的除外。

当事人逾期不履行行政处罚决定的，作出处罚决定的水工程行政管理部门有权自行或申请法院执行。

9.2.3 行政处分

1. 行政处分的概念及特点

水工程行政处分是指水工程行政管理部门对于其系统内部违法失职的公务员实施的一种惩戒措施，其主要特点有：

(1) 行政处分是国家行政法律法规规定的责任形式，不同于组织内部的纪律处分。

(2) 行政处分的主体是公务员所在的行政机关、上级主管部门或监督机关。

(3) 行政处分是一种内部责任形式。处分的对象为行政系统内部的公务员，不涉及行政相对人的权益。

2. 行政处分的种类

2006年1月1日实施的《中华人民共和国公务员法》第五十六条规定，行政处分分为：警告、记过、记大过、降级、撤职、开除。

3. 行政处分的程序

①对需要调查处理的事项进行初步审查，认为有违反行政纪律的事实，需要追究行政纪律责任的，予以立案；②组织实施调查，收集有关证据；③听取陈述和申辩；④有证据证明违反行政纪律，需要给予行政处分的，进行审理；⑤作出行政处分决定，重大的行政处分决定须报上一级机关同意；⑥以书面形式送达行政处分决定；⑦执行。

水工程行政管理部门中国家公务员对主管行政机关作出的行政处分决定不服的，可以自收到行政处分决定之日起三十日之内向原处理机关申请复核，或者向行政监察机构申诉，监察机关应当自收到申诉之日起三十日内作出复查决定；对复查决定仍不服的，可以自收到复查决定之日起三十日内向上一级监察机关申请复核，上级监察机关应当自收到复核申请之日起六十日内作出复核决定。复查、复核期间，不停止原决定的执行。

需要说明的是，对违反水工程法规的行为，在对单位予以行政处罚的同时，其所在单位或者上级机关往往对负有直接责任的主管人员和其他直接责任人员给予行政处分。①

9.3　水工程民事责任

9.3.1　水工程民事责任的概念和特点

水工程民事责任是指公民、法人或其他组织因违反水工程法规中的民事义务所应承担的法律后果。水工程民事责任是水工程民事法律制度不可缺少的重要组成部分，是保护民事主体利益的可靠法律手段。与其他法律责任比较起来，水工程民事责任具有以下特点：

(1) 水工程民事责任是水工程法律关系主体违反水工程民事法规应承担的民事法律后果。依照我国水工程法规及相关法规的规定，只要水工程法律关系主体违反了水工程法规，造成了危害后果，就要依法承担民事责任。水工程民事责任是以民事义务的存在为前提和基础的，没有民事义务，就不可能产生水工程民事责任。②

(2) 水工程民事责任具有强制性。水工程法律中强制性主要表现为当行为人违反了水工程法规而不自觉承担民事责任时，国家有关司法机关可以追究行为人的民事责任，并且还表现为对行为人的法律制裁，因为法律制裁是国家特定机关对违法者依其所负的法律责任实施惩罚性的强制措施，所以其带有明显的强制性。

(3) 水工程民事责任主要是财产责任。水工程民事责任主要有两类，即违约责任和侵权责任。在实践中多表现为侵害或损害他人的财产权益。行为人需要以一定的财产来矫正违法行为的后果。因此水工程民事责任主要是财产责任，而且多表现为赔偿损失。同时水工程民事责任主体还承担某些非财产责任，如停止侵害、消除影响、赔礼道歉等。

(4) 水工程民事责任具有补偿性。水工程行政责任和水工程刑事责任具有明显的制裁性，而水工程民事责任基于民法的性质一般不具有惩罚性。水工程民事责任的补偿性体现在违法者民事责任的大小是以受害人的实际损失为基础的，受害人不能漫天要价。

违反水工程法规的民事责任主要表现为合同责任和侵权责任，而在水工程领域合同责任主要体现为违约责任，因此可从违约责任和侵权责任两个角度分析水工程民事责任。违反合同的法律责任是指由于合同当事人违反了合同义务而应承担的法律责任。这种法律责

---

① 如《水法》第六十四条规定：水行政主管部门或者有关部门以及水工程管理单位及其工作人员，利用职务上的便利收取他人财物、其他好处或者玩忽职守，对不符合法定条件的单位或者个人核发许可证、签署审查同意意见，不按照水量分配方案分配水量，不按照国家有关规定收取水资源费，不履行监督职责，或者发现违法行为不予查处，造成严重后果，构成犯罪的，对负有责任的主管人员和其他直接责任人员依照刑法的有关规定追究刑事责任；尚不够刑事处罚的，依法给予行政处分。《城市供水条例》第三十四条规定，违反本条例规定，有下列行为之一的，对负有直接责任的主管人员和其他直接责任人员，其所在单位或者上级机关可以给予行政处分：(一) 无证或者超越资质证书规定的经营范围进行城市供水工程或者施工的；(二) 未按国家规定的技术标准和规范进行城市供水工程的设计或者施工的；(三) 违反城市供水发展规划及其年度建设计划兴建城市供水工程的。

② 如《水法》第七十六条规定：引水、截（蓄）水、排水、损害公共利益或者他人合法权益的，依法承担民事责任。

任在私有制国家仅指民事责任，并且主要是违约方向非违约方承担的损害赔偿，而不包括行政责任和刑事责任，因为在市民社会中合同法被视为私法，当事人不履行合同并不违反公法，因而不能处以调整公法关系的行政责任和刑事责任。随着私法的公法化，某些资本主义国家的法律也规定在个别场合可处以行政责任或刑事责任。在我国，法律不仅责令违约方对其不履行合同行为要承担民事责任，而且有时还强制其负行政责任和刑事责任。虽然违反合同的法律责任包含着民事、行政和刑事责任，但是违反合同的法律责任往往是由民法加以规定，因此，违反合同的法律责任主要表现为民事责任。在没有特别注明情况下，违反合同的法律责任专指民事责任，包括违约责任和缔约过失责任。

9.3.2 水工程合同责任

水工程合同责任包括违约责任和缔约过失责任。

1. 违约责任的概念与特点

违约责任在合同法领域居核心地位。我国合同法以违约责任作为保护当事人合法权益、维护社会经济、促进社会主义现代化事业发展基本目的的前提和最终保障。正是因为违约责任的存在，合同秩序才可能正常运转，社会现代化的基本价值目标才可能实现。

因水工程合同当事人不履行水工程合同或者履行水工程合同不符合法定条件而应承担的民事责任，统称为违反水工程合同的违约责任。违约责任具有如下特点：

(1) 违约责任是一种财产责任。违约责任作为财产责任，其本质意义不在于对违约方的制裁而在于对守约方的补偿，违约责任在完成它补偿功能的同时，也体现了对违约方行为的否定性评价，使违约方负担违约成本。

(2) 违约责任产生于有效水工程合同。只有有效的水工程合同，才在特定的水工程合同当事人之间产生法律所承认和保护的权利义务。对于无效的水工程合同或者未成立、被撤销的水工程合同，合同当事人所约定的权利义务不为法律所承认和保护，合同不产生预期的法律效力，因此，不存在不履行或不按合同约定履行的问题，也就不构成违约责任。

(3) 违约责任体现了水工程合同的效力。水工程合同的效力首先体现为履行效力，为了保障履行效力，法律设立了违约责任制度。没有违约责任，水工程合同的效力也就无从体现，水工程合同也就无法律上的约束力。

(4) 违约责任有一定的任意性。为了体现水工程合同自由和意思自治原则，水工程合同当事人可以在合同中约定承担违约责任的方式和幅度。但是，这种约定不得显失公平，必须根据不同情况，在法律允许的范围内约定，否则，人民法院或仲裁机构可以依法予以调整。

(5) 违约责任的主体是水工程合同当事人。基于合同相对性原则，水工程合同产生的债权是相对权，在一方违约时，债权人仅能向债务人请求损害赔偿，债务人也仅向债权人承担责任，非水工程合同当事人未参加合同法律关系，不享有水工程合同中的权利义务，因此，他们不能成为违约责任的主体，但涉及第三人利益合同除外。

2. 违约责任的归责原则

我国合同法适用严格责任为主、过错责任为辅的归责原则。如《合同法》第一百零七条规定："当事人一方不履行合同义务或者履行合同义务不符合约定的，应当承担继续履行、采取补救措施或者赔偿损失等违约责任。"但是，在《合同法》第三百零三条又规定：

“在运输过程中旅客自带物品毁损、灭失，承运人有过错的，应当承担损害赔偿责任。”第三百二十条规定：“因托运人托运货物时的过错造成多式联运经营人的损失的，即使托运人已经转让多式联运单据，托运人仍然应当承担损害赔偿责任。”第三百七十四条规定：“保管期间，因保管人保管不善造成保管物毁损、灭失的，保管人应当承担损害赔偿责任，但保管是无偿的，保管人证明自己没有重大过失的，不承担损害赔偿责任。”

在严格责任归责原则下，仅要求合同当事人具备违反合同义务的行为即可，并不要求违约方在主观上具有过错，除非存在法定或者约定的免责事由才可以免除违约责任。所谓过错，是指行为人通过违背法律和道德的行为表现出来的主观状态。过错具有如下法律特征：①过错是一种主观状态。如果不考虑行为人的主观心态，仅仅根据行为人的外部行为，则不能解释过错的内容和本质，易不适当地扩大责任。②过错表现为受行为人主观意志支配的外部行为。只有行为人的内在意志外化为行为时，才具有法律上的意义。当行为人的主观状态表现为违反水工程合同义务、造成对债权人侵害的行为时，主观状态就构成过错行为。③过错体现了社会对债务人行为的否定性评价。过错这一概念本身就体现了一种社会评价和法律价值判断。④过错的基本形式是故意和过失。

不要求违约方在主观上具有过错，并非过错在违约责任判断中没有价值，也并非区分故意与过失对违约责任承担没有意义。一般而言，故意违约的，行为人主观恶意，违约性质严重，在追究责任时可能全部承担，还可能承担惩罚性赔偿责任。而在过失违约情形下，违约性质较轻，责任相对较小。特别是在混合过错、共同过错情形下，区分过失和故意是确定责任方各自责任大小的重要依据。作为一个主客观因素相结合的概念，通常可以通过“对义务的违反”来判断行为人在主观上是否具有过错。

3. 违约责任的构成要件

违约责任的构成要件可分为一般构成要件和特殊构成要件。一般构成要件是指承担任何形式的违约责任都应具备的要件。特殊构成要件是指各种具体形式的违约责任所要求的要件。如承担违约金仅需具备违约作为即可，承担赔偿损失则需具备违约行为、损害事实、违约行为与损害事实之间存在因果关系。

(1) 违约行为。是指当事人违反水工程合同义务的客观表现，包含作为和不作为。此处违反的“水工程合同义务”既包括水工程合同本身规定的当事人应负的义务，也包括法律直接规定的水工程合同当事人必须遵守的义务，还包括根据法律原则和精神的要求，水工程合同当事人所必须遵守的义务。

习惯上把违约行为分为不能履行和不能完全履行，但是，不能完全履行的提法实际上含有几种违约类型，它难以反映出这几种违约类型在构成要件和法律后果上的细微差别。依我国现行合同法，违约行为的主要类型有预期违约和实际违约两种，其中可把现实存在的实际违约划分为履行不能、迟延履行、不适当履行、部分不履行等诸种形态。

1) 履行不能。履行不能是履行期限届至时，水工程合同义务人无正当理由不能履行义务的行为。履行不能是最严重的违约行为。一般认为，履行不能违反了信守给付的义务，可构成积极侵害债权，债务人不仅未为给付，而且并无给付的意思。

2) 迟延履行。迟延履行是指义务人能够履行，但在履行期届满时却未能履行义务。它包括给付迟延（义务人迟延）和受领迟延（权利人迟延），这两种迟延在性质上都是违背了自己的水工程合同义务，都属违约行为。

3）不适当履行。不适当履行是指义务人虽然履行了债务，但其履行与水工程合同的本旨不符。主要指义务人提供的标的在质量、品种、型号、规格等方面不符合水工程合同的约定或质量存在隐蔽缺陷，或提供的劳务达不到水工程合同约定的水平。与履行不能、迟延履行相比，不适当履行虽履行不适当，但是尚可以认为是有履行行为的积极状态。

4）其他违约行为。其他违约行为包括部分不履行、履行方法不适当、履行地不适当和附随义务不履行。部分不履行是指水工程合同履行数量不足，也称为量的不完全履行；履行方法不适当，如应一次履行的，却分期履行；附随义务不履行是指水工程合同基本义务之外不影响合同目的实现的义务的不履行，如违反重要事项告知义务给债权人造成损害的。以上行为均属违约行为的表现形态。

（2）损害事实。是指合同一方当事人违反约定造成另一方当事人财产损失。这里的财产损失既包括合同一方的直接损失也包括期待利益的损失。如《合同法》第一百一十三条就规定："当事人一方不履行合同义务或者履行合同义务不符合约定，给对方造成损失的，损失赔偿额应当相当于因违约所造成的损失，包括合同履行后可以获得的利益，但不得超过违反合同一方订立合同时预见到或者应当预见到的因违反合同可能造成的损失。"

（3）因果关系。是指违约行为与损害事实之间存在因果关系，违约方才承担相应的违约责任。大陆法系有责任成立的因果关系与责任范围的因果关系之分，英美法系则分为事实上的因果关系与法律上的因果关系。无论哪种划分方法，认定因果关系不仅涉及事实判断而且也掺杂了许多主观因素。总的来看，相当因果关系或者近因原则是现代社会判断因果关系的基本路径。

4. 承担违约责任的方式

（1）继续履行。当事人一方未支付价款或者报酬的，对方可以要求其支付价款或者报酬。当事人一方不履行非金钱债务或者履行非金钱债务不符合约定的，对方可以要求履行，但有下列情形之一的除外：①法律上或者事实上不能履行；②债务的标的不适于强制履行或者履行费用过高；③债权人在合理期限内未要求履行。继续履行与自觉履行的性质是不同的。自觉履行水工程合同是当事人的义务，继续履行则是不按水工程合同要求履行的后果。在违约情形发生后，水工程合同是否继续履行完全取决于权利受侵害一方的意志，即既可以选择实际履行，也可以选择其他的方式进行补救。

（2）采取补救措施。一方当事人违约，应守约方的要求，应采取补救措施这一违约责任形式，如质量不符合约定的，应当按照当事人的约定承担违约责任。对违约责任没有约定或者约定不明确，依照《合同法》第六十一条的规定仍不能确定的[①]，受损害方根据标的的性质以及损失的大小，可以合理选择要求对方承担修理、更换、重做、退货、减少价款或者报酬等违约责任。

（3）赔偿损失。当事人一方不履行水工程合同义务或者履行水工程合同义务不符合约定的，在履行义务或者采取补救措施后，对方还有其他损失的，应当赔偿损失。当事人一方不履行水工程合同义务或者履行合同义务不符合约定，给对方造成损失的，损失赔偿额应当相当于因违约所造成的损失，包括合同履行后可以获得的利益，但不得超过违反水工

① 《合同法》第六十一条规定，合同生效后，当事人就质量、价款或者报酬、履行地点等内容没有约定或者约定不明确的，可以协议补充；不能达成补充协议的，按照合同有关条款或者交易习惯确定。

程合同一方订立水工程合同时预见到或者应当预见到的因违反水工程合同可能造成的损失。

(4) 支付违约金。违约金是指一方当事人由于过错不履行或不完全履行水工程合同义务，应当依照合同约定或法律的规定支付给对方当事人的一定数量的货币。其中全部违约的，按照全部不履行的标的计算违约金；部分违约的，按照违约部分的标的计算违约金。约定的违约金低于造成的损失的，当事人可以请求人民法院或者仲裁机构予以增加；约定的违约金过分高于造成的损失的，当事人可以请求人民法院或者仲裁机构予以适当减少。当事人就迟延履行约定违约金的，违约方支付违约金后，还应当履行债务。

5. 违约责任的免除

在法律有明文规定或当事人有约定且这种约定不与法律法规相冲突的情况下，允许不履行水工程合同或不完全履行水工程合同而不承担责任。一般来讲，免责行为本身并不是一种违约行为，不应承担违约责任。主要包括以下几种情形：不可抗力；货物本身的自然性质或货物合理的损耗；对方当事人的原因；约定免除。

6. 第三方提供的违约救济

违约责任发生在特定的当事人之间，因此，一般来说，责任的承担也不直接介入第三人，但是，在第三人与受害方或违约方有法律或水工程合同上的特定关系时，则必须按照这些约定或法定来承担连带责任。主要涉及：①担保人承担担保责任；②开办单位承担被开办企业的债务；③撤并企业承担被撤并企业的债务；④发包方承担承包人承包经营期间的债务；⑤行政救助。例如，由于违约造成国家计划不能如期完成的，可请求计划调整。

7. 缔约过失责任

一般而言，违约责任制度保护的是当事人因合同所产生的利益关系，但是在合同尚未成立或合同无效时，因一方当事人的过错行为，致使另一方当事人蒙受损害，如何保护受害人并使有过错的一方当事人承担该责任，则是违约责任未解决的问题，合同法理论求助于缔约过失责任来解决这类问题。

(1) 缔约过失责任的概念及特征。缔约过失责任是指合同当事人因过失或故意致使合同未成立、被撤销或无效而应承担的民事责任。缔约过失责任和违约责任都是违反义务的结果。但是，缔约过失责任是违反先合同义务的结果，违约责任则是违反合同义务的结果；先合同义务是法定义务，合同义务是约定义务，核心是给付义务；缔约过失责任发生在缔约过程中而不是发生在合同成立生效之后，违约责任产生于已经成立生效的合同。

所谓先合同义务是指自缔约双方为签订合同而互相接触磋商开始逐渐产生的注意义务，而非合同有效成立而产生的给付义务，先合同义务包括互相协助、互相照顾、互相保护、互相通知、诚实信用等义务。由于这些义务是以诚实信用原则为基础，随着债的关系的发展而逐渐产生的，因而在学说上也称为附随义务。缔约人违反这些义务时，向对方当事人所负的赔偿责任，就是缔约上的过失责任。缔约过失责任发生在合同有效成立之前，不能通过违约责任来解决救济问题，但是缔约行为没有导致合同成立或虽成立而被确认为无效或被撤销，依合同法仍然产生债的效果，只不过这种债的效果不是依合意产生，而是依缔约行为或无效的合意产生。可见，违约责任和缔约过失责任都是合同法上的民事责任，共同构成违反合同的民事责任体系。合同法不仅对合同进行规范，而且对缔约行为和无效合同进行规范。合同法不但允许当事人自行约定义务，还为当事人设定了约前义务，这些义务都适用合同法的规则进行调整。

缔约过失责任具有如下法律特征：①缔约过失责任发生在合同订立过程中，正确把握合同成立的时间，是衡量是否应承担缔约过失责任的关键；②一方违背其依诚实信用原则所应负的义务；③造成他人信赖利益的损失。缔约上的过失行为所侵害的对象是信赖利益，那么，只有在信赖人遭受信赖利益的损失，且此种损失与缔约过失行为有直接因果关系的情况下，信赖人才能基于缔约上的过失而请求损害赔偿。

（2）缔约过失行为的表现。缔约人一方违反先合同义务的行为就是缔约过失行为。主要表现为：①擅自变更、撤回要约；②违反意向协议；③在缔约时未尽必要注意义务；④违反保密义务；⑤违反保证合同真实性义务；⑥违反法律、法规中强制性规范的行为；⑦违反变更、解除合同规则的行为；⑧无权代理行为；⑨其他。

（3）缔约过失责任的承担。①承担缔约过失责任的主体。承担缔约过失责任的主体只能是缔约人。特别是在合同未成立、被撤销的场合，应由要约人、被要约人、被撤销合同当事人承担缔约过失责任。但是，在合同无效的情况下，承担缔约过失责任的主体则不限于缔约人，主要体现在：在无权代理、滥用代理权的情况下，无权代理人、滥用代理权人可以构成缔约过失责任；在租用、借用营业执照、公章的情况下，出租人（出借人）与承租人（借用人）承担连带缔约过失责任；在中介人与一方缔约人恶意串通的情况下，双方应当承担连带缔约过失责任。②缔约过失责任归责原则。缔约过失责任的归责原则仍为过错责任原则，即缔约人因过错致使合同无效、被撤销、未成立时才承担责任。③承担缔约过失责任的方式和范围。与承担违约责任方式不同，承担缔约过失责任的方式主要表现为赔偿损失。在缔约过失责任情况下，所赔偿的为信赖利益的损失，信赖利益的损失同样包括直接损失和间接损失。直接损失包括：缔约费用，包括邮电费用、赴订约地或察看标的物所支出的合理费用；准备履行所支出的费用，包括为运送标的物或受领对方给付所支出的合理费用；受害人支出上述费用所失去的利息。其间接损失为丧失与第三人另订合同的机会所产生的损失。

因未成立合同、被撤销的合同、无效合同也有发生实际履行的可能，故损失不会只发生在订约阶段，还可能会延续到履行阶段。当合同被确认为未成立、被撤销或无效时，还可能会发生恢复原状、返还财产的问题，因此而增加的费用，均应由过错方承担。如果双方都有过错的，应根据过错大小各自承担相应损失。

9.3.3 水工程侵权责任

1. 水工程侵权责任的含义

水工程侵权责任是指行为人由于过错或者虽无过错但法律特别规定的场合违反法律规定的义务，以作为或不作为的方式，侵害他人人身权利或财产权利，依法应当承担损害赔偿的法律后果。水工程合同违约责任和侵权责任作为水工程领域广泛存在的因民事违法行为引起的两类典型民事责任，二者既有联系又有区别。

二者的联系体现在：都是民事违法行为，违反的都是民事法律；都是要承担民事责任的违法行为；所承担的主要民事责任形式是一致的。

二者的区别主要体现在：①两种责任产生的前提不同。违反水工程合同的违约责任产生的前提是当事人之间必须存在特定的权利义务关系，这种权利义务关系的性质还必须是有效的合同法律关系。而侵权责任产生之前，加害人和受害人之间不具有特定法律关系，只是存在不特定的人身权法律关系和财产法律关系。②两种责任违反的义务性质不同。违约责任所违反的义务是约定义务或合同义务，这种义务的产生，不是基于法律的规定而是基于当事人之间的约定。侵权责任违反的是义务性质的法定义务，即行为人违反法律所保护的人身权利和财产权利。③两种责任的主体不同。违约责任的主体必须是特定的，即违约行为的行为人必须是水工程合同关系中的当事人。侵权责任的主体是不特定的，不要求侵权责任主体必须具备何种必要条件。④承担法律责任的具体形式不同。违约责任中没有精神损害赔偿，赔礼道歉、恢复名誉、消除影响也是侵权责任所独有的。

2. 水工程侵权责任的承担方式

依照《民法通则》第一百三十四条规定，承担侵权民事责任的方式主要有：停止侵害；排除妨碍；消除危险；返还财产；恢复原状；修理、重做、更换；赔偿损失；支付违约金；消除影响、恢复名誉；赔礼道歉。上述承担民事责任的方式，可以单独适用，也可以合并适用。而水工程民事责任适用较多的有：[①]

停止侵害。即责令水工程民事侵权人停止侵权行为以防止损害后果扩大的一种强制性方法和有效措施。

排除妨碍。即强制行为人排除其对受害人行使自己财产权、人身权的妨碍所采取的一种责任方式。

消除危险。即行为人对他人人身、财产造成威胁，或存在侵害的可能，他人有权要求行为人采取措施以消除险情的一种预防性措施。

赔偿损失。即责令造成他人人身、财产损害的违法行为者，依法以其财产赔偿受害人所受损失的一种责任方式。

9.4　水工程刑事责任

9.4.1　水工程刑事责任概念与特点

水工程刑事责任是指国家司法机关依照刑事法律对个人和单位因实施犯罪行为所作的否定性评价和谴责。与其他法律责任相比，水工程刑事责任具有不同的特点。

(1) 水工程刑事责任是一种最严厉的法律责任。与民事责任、行政责任比较而言，其严厉性主要体现在它的实现形式上，不仅可以剥夺犯罪人的财产权和政治权，而且还可以限制或剥夺犯罪的自然人的人身自由，甚至剥夺其生命。单位犯罪一般要被双罚，即对单位判处罚金刑，并对其直接负责的主管人员和其他直接负责人员判处自由刑（可并处财产刑）。

① 《民法通则》第一百一十九条规定：侵害公民身体造成伤害的，应当赔偿医疗费、因误工减少的收入、残废者生活补助费等费用；造成死亡的，并应当支付丧葬费、死者生前扶养的人必要的生活费等费用。《水法》第七十二条规定：有下列行为之一，给他人造成损失的，依法承担赔偿责任：（一）侵占、毁坏水工程及堤防、护岸等有关设施，毁坏防汛、水文检测、水文地质检测设施的；（二）在水工程保护范围内，从事影响水工程安全的爆破、打井、采石、取土等活动的。

（2）水工程刑事责任是因犯罪行为而产生的法律责任。犯罪行为是一种对社会危害最为严重的行为，犯罪行为的存在是承担刑事责任的前提，即有犯罪行为则有刑事责任，无犯罪行为则无刑事责任。

（3）水工程刑事责任是一种严格的个人法律责任。奴隶社会和封建社会的刑法，广泛地实行连坐责任制，即因为与犯罪者有一定的血缘或亲属关系就要承担刑事责任，资产阶级革命胜利后，在刑法领域确定了个人责任原则。根据我国现行刑法，刑事责任只能由实施了犯罪行为人或单位承担，在任何情况下，均不得转由其他人或单位代为承担。

（4）水工程刑事责任是一种严格的法定责任。“法无明文规定不为罪，法无明文规定不处罚”是刑法的基本原则之一，水工程刑事责任中同样如此。一个单位或个人对哪些行为承担刑事责任以及如何承担，必须由刑事法律加以明确规定，通过法定的刑事诉讼程序予以追究。

追究违反水工程法规的刑事责任，其目的在于预防犯罪。预防犯罪可分为一般预防和特殊预防。一般预防目的是指通过水工程刑事法律责任的立法和司法，威慑潜在的犯罪，减少和预防犯罪的发生，一般预防目的具有威慑功能、教育功能和鉴别功能。特殊预防目的是指通过追究对水工程犯罪行为人刑事法律责任的认定和实现，可以惩罚犯罪行为人，并防止水工程犯罪的重新发生和恶性发展，特殊预防目的具有威慑功能、教化功能和补偿功能。

9.4.2 水工程刑事责任的认定

水工程刑事责任的认定是指国家司法机关根据刑事诉讼法的规定，在查明水工程犯罪案件事实的基础上，确认行为人是否承担具体刑事法律责任的司法活动。水工程犯罪构成是认定刑事责任的依据。水工程犯罪构成包括以下四个构成要件。

（1）犯罪的主体。犯罪主体是指实施了严重危害社会行为的单位和个人。在违反水工程法规的犯罪中，犯罪主体既可以是单位也可以是个人。其中，单位包括公司、企业、事业单位、机关、团体。个人是指达到刑事责任年龄、具有刑事责任能力的自然人，这里的单位和个人既包括中国的自然人、法人和其他组织，也包括外国的自然人、法人和其他组织，还包括无国籍人。

（2）犯罪的主观方面。是指行为人对自己实施严重危害社会行为引起结果所持有的心理状态，包括故意或者过失犯罪。故意犯罪应当负刑事责任；过失实施危害社会的行为，法律有规定的才负刑事责任。行为人在客观上虽然造成了危害结果，但不是出于故意或者过失，而是由于不能抗拒或不能预见的原因所引起的，不是犯罪。水工程犯罪的具体罪名中既有故意犯罪也有过失犯罪。

（3）犯罪的客体。是指《刑法》所保护的而被犯罪行为侵害的社会关系。一项水工程从规划到施工再到投入使用的过程中会与社会产生广泛的联系，对其中任何环节实施犯罪行为都将破坏法律所保护的社会关系。

（4）犯罪的客观方面。是指水工程犯罪行为所造成的社会危害的各种客观事实，主要包括犯罪行为、危害结果、犯罪行为和危害结果之间的因果关系等方面。水工程犯罪行为包括积极的作为如在水工程施工过程中偷工减料或使用不合格的建筑材料等，同时也包括消极的不作为。客观方面认定上一般要求有因犯罪行为造成客观损害的事实，但并非每个罪名中都要求这一条件。在造成客观损害事实的案件中还要确认犯罪行为与危害结果之间存在因果关系。

9.4.3 水工程刑事责任相关规定

我国《刑法》对违反水工程法规的犯罪没有专章规定，其主要罪名散见于《刑法》各章节，同时，其他水工程法规中也规定了应当承担刑事法律责任的情形。

1.《刑法》中有关刑事责任的罪名

（1）重大安全事故罪。《刑法》第一百三十七条规定，建设单位、设计单位、施工单位、工程监理单位违反国家规定，降低工程质量标准，造成重大安全事故的，对直接责任人员，处五年以下有期徒刑或者拘役，并处罚金；后果特别严重的，处五年以上十年以下有期徒刑，并处罚金。

（2）破坏环境资源保护罪。《刑法》第三百三十八条规定，违反国家规定，向土地、水体、大气排放、倾倒或者处置有放射性的废物、含传染病病原体的废物、有毒物质或者其他危险废物[①]，造成重大环境污染事故，致使公私财产遭受重大损失或者人身伤亡的严重后果的，处三年以下有期徒刑或者拘役，并处或者单处罚金；后果特别严重的，处三年以上七年以下有期徒刑，并处罚金。

（3）危害公共卫生罪。《刑法》第三百三十条规定，其中供水单位（城乡自来水厂和有自备水源的集中式供水单位）供应的饮用水不符合国家规定的卫生标准的（如《中华人民共和国传染病防治实施办法》和《生活饮用水卫生标准》，该标准对饮用水的细菌学指标、化学指标、毒理学指标和感官性指标都作了具体规定），都将处以有期徒刑。

2. 相关法律有关水工程刑事责任的规定

（1）《水法》有关水工程刑事责任的规定

第六十四条规定，水行政主管部门或者其他有关部门以及水工程管理单位及其工作人员，利用职务上的便利收取他人财物、其他好处或者玩忽职守，对不符合法定条件的单位或者个人核发许可证、签署审查同意意见，不按照水量分配方案分配水量，不按照国家有关规定收取水资源费，不履行监督职责，或者发现违法行为不予查处，造成严重后果，构成犯罪的，对负有责任的主管人员和其他直接责任人员依照刑法的有关规定追究刑事责任；尚不够刑事处罚的，依法给予行政处分。

第七十二条规定，有下列行为之一，构成犯罪的，依照刑法的有关规定追究刑事责任；尚不够刑事处罚，且防洪法未作规定的，由县级以上地方人民政府水行政主管部门或者流域管理机构依据职权，责令停止违法行为，采取补救措施，处一万元以上五万元以下的罚款；违反治安管理处罚条例的，由公安机关依法给予治安管理处罚；给他人造成损失的，依法承担赔偿责任：①侵占、毁坏水工程及堤防、护岸等有关设施，毁坏防汛、水文监测、水文地质监测设施的；②在水工程保护范围内，从事影响水工程运行和危害水工程安全的爆破、打井、采石、取土等活动的。

第七十三条规定，侵占、盗窃或者抢夺防汛物资，防洪排涝、农田水利、水文监测和测量以及其他水工程设备和器材，贪污或者挪用国家救灾、抢险、防汛、移民安置和补偿及其他水利建设款物，构成犯罪的，依照刑法的有关规定追究刑事责任。

---

① 本条中"废物"包括废气、废渣、废水等多种形态的废弃物。

第七十四条规定，在水事纠纷发生及其处理过程中煽动闹事、结伙斗殴、抢夺或者损坏公私财物、非法限制他人人身自由，构成犯罪的，依照刑法的有关规定追究刑事责任；尚不够刑事处罚的，由公安机关依法给予治安管理处罚。

(2)《防洪法》有关水工程刑事责任的规定

第六十一条规定，违反本法规定，破坏、侵占、毁损堤防、水闸、护岸、抽水站、排水渠系等防洪工程和水文、通信设施以及防汛备用的器材、物料的，责令停止违法行为，采取补救措施，可以处五万元以下的罚款；造成损坏的，依法承担民事责任；应当给予治安管理处罚的，依照治安管理处罚条例的规定处罚；构成犯罪的，依法追究刑事责任。

第六十二条规定，阻碍、威胁防汛指挥机构、水行政主管部门或者流域管理机构的工作人员依法执行职务，构成犯罪的，依法追究刑事责任；尚不构成犯罪，应当给予治安管理处罚的，依照治安管理处罚条例的规定处罚。

第六十三条规定，截留、挪用防洪、救灾资金和物资，构成犯罪的，依法追究刑事责任；尚不构成犯罪的，给予行政处分。

第六十五条规定，国家工作人员，有下列行为之一，构成犯罪的，依法追究刑事责任；尚不构成犯罪的，给予行政处分：①违反本法第十七条、第十九条、第二十二条第二款、第二十二条第三款、第二十七条或者第三十四条规定，严重影响防洪的；②滥用职权，玩忽职守，徇私舞弊，致使防汛抗洪工作遭受重大损失的；③拒不执行防御洪水方案、防汛抢险指令或者蓄滞洪方案、措施、汛期调度运用计划等防汛调度方案的；④违反本法规定，导致或者加重毗邻地区或者其他单位洪灾损失的。

(3)《水污染防治法》有关水工程刑事责任的规定

第五十七条规定，违反本法规定，造成重大水污染事故[①]，导致公私财产重大损失或者人身伤亡的严重后果的，对有关责任人员可以比照刑法第一百一十五条或者第一百八十七条的规定，追究刑事责任。

第五十八条规定，环境保护监督管理人员和其他有关国家工作人员滥用职权、玩忽职守、徇私舞弊的，由其所在单位或者上级主管机关给予行政处分；构成犯罪的，依法追究刑事责任。

(4)《建筑法》有关水工程刑事责任的规定

第六十五条规定，以欺骗手段取得资质证书的，吊销资质证书，处以罚款；构成犯罪的，依法追究刑事责任。

第六十八条规定，在工程发包与承包中索贿、受贿、行贿，构成犯罪的，依法追究刑事责任；不构成犯罪的，分别处以罚款，没收贿赂的财物，对直接负责的主管人员和其他直接责任人员给予处分。

第六十九条规定，工程监理单位与建设单位或者建筑施工企业串通，弄虚作假、降低工程质量的，责令改正，处以罚款，降低资质等级或者吊销资质证书；有违法所得的，予以没收；造成损失的，承担连带赔偿责任；构成犯罪的，依法追究刑事责任。

第七十条规定，违反本法规定，涉及建筑主体或者承重结构变动的装修工程擅自施工

① “水污染”是指水体因某种物质的介入，而导致其化学、物理、生物或者放射性等方面特性的改变，从而影响水的有效利用，危害人体健康或者破坏生态环境，造成水质恶化的现象。

的，责令改正，处以罚款；造成损失的，承担赔偿责任；构成犯罪的，依法追究刑事责任。

第七十一条规定，建筑施工企业违反本法规定，对建筑安全事故隐患不采取措施予以消除的，责令改正，可以处以罚款；情节严重的，责令停业整顿，降低资质等级或者吊销资质证书；构成犯罪的，依法追究刑事责任。建筑施工企业的管理人员违章指挥、强令职工冒险作业，因而发生重大伤亡事故或者造成其他严重后果的，依法追究刑事责任。

第七十二条规定，建设单位违反本法规定，要求建筑设计单位或者建筑施工企业违反建筑工程质量、安全标准，降低工程质量的，责令改正，可以处以罚款；构成犯罪的，依法追究刑事责任。

第七十三条规定，建筑设计单位不按照建筑工程质量、安全标准进行设计的，责令改正，处以罚款；造成工程质量事故的，责令停业整顿，降低资质等级或者吊销资质证书，没收违法所得，并处罚款；造成损失的，承担赔偿责任；构成犯罪的，依法追究刑事责任。

第七十四条规定，建筑施工企业在施工中偷工减料的，使用不合格的建筑材料、建筑构配件和设备的，或者有其他不按照工程设计图纸或者施工技术标准施工的行为的，责令改正，处以罚款；情节严重的，责令停业整顿，降低资质等级或者吊销资质证书；造成建筑工程质量不符合规定的质量标准的，负责返工、修理，并赔偿因此造成的损失；构成犯罪的，依法追究刑事责任。

第七十七条规定，违反本法规定，对不具备相应资质等级条件的单位颁发该等级资质证书的，由其上级机关责令收回所发的资质证书，对直接负责的主管人员和其他直接责任人员给予行政处分；构成犯罪的，依法追究刑事责任。

第七十八条规定，政府及其所属部门的工作人员违反本法规定，限定发包单位将招标发包的工程发包给指定的承包单位的，由上级机关责令改正；构成犯罪的，依法追究刑事责任。

第七十九条规定，负责颁发建筑工程施工许可证的部门及其工作人员对不符合施工条件的建筑工程颁发施工许可证的，负责工程质量监督检查或者竣工验收的部门及其工作人员对不合格的建筑工程出具质量合格文件或者按合格工程验收的，由上级机关责令改正，对责任人员给予行政处分；构成犯罪的，依法追究刑事责任；造成损失的，由该部门承担相应的赔偿责任。

(5)《大气污染防治法》有关水工程刑事责任的规定

第六十一条规定，对违反本法规定，造成大气污染事故的企业事业单位，由所在地县级以上地方人民政府环境保护行政主管部门根据所造成的危害后果处直接经济损失百分之五十以下罚款，但最高不超过五十万元；情节较重的，对直接负责的主管人员和其他直接责任人员，由所在单位或者上级主管机关依法给予行政处分或者纪律处分；造成重大大气污染事故，导致公私财产重大损失或者人身伤亡的严重后果，构成犯罪的，依法追究刑事责任。

第六十五条规定，环境保护监督管理人员滥用职权、玩忽职守的，给予行政处分；构成犯罪的，依法追究刑事责任。

(6)《环境保护法》有关水工程刑事责任的规定

第四十三条规定，违反本法规定，造成重大环境污染事故，导致公私财产重大损失或者人身伤亡的严重后果的，对直接责任人员依法追究刑事责任。环境保护监督管理人员滥用职权、玩忽职守、徇私舞弊的，由其所在单位或者上级主管机关给予行政处分；构成犯罪的，依法追究刑事责任。

(7)《海洋环境保护法》有关刑事责任的规定

第九十一条规定，对造成重大海洋环境污染事故，致使公私财产遭受重大损失或者人身伤亡严重后果的，依法追究刑事责任。

第九十四条规定，海洋环境监督管理人员滥用职权、玩忽职守、徇私舞弊，造成海洋环境污染损害的，依法给予行政处分；构成犯罪的，依法追究刑事责任。

(8)《固体废物污染环境防治法》有关水工程刑事责任的规定

违反本法规定，收集、贮存、处置危险废物，造成重大环境污染事故，导致公私财产重大损失或者人身伤亡的严重后果的，比照刑法第一百一十五条或者第一百八十七条的规定追究刑事责任。单位犯罪的，处以罚金，并对直接负责的主管人员和其他直接责任人员依照前款规定追究刑事责任。固体废物污染环境防治监督管理人员滥用职权、玩忽职守、徇私舞弊，构成犯罪的，依法追究刑事责任；尚不构成犯罪的，依法给予行政处分。

(9)《城乡规划法》有关水工程刑事责任的规定

第六十九条规定：对于违反《城乡规划法》规定的，构成犯罪的，依法追究刑事责任。

(10)《合同法》有关水工程刑事责任的规定

第一百二十七条规定，工商行政管理部门和其他有关行政主管部门在各自的职权范围内，依照法律、行政法规的规定，对利用合同危害国家利益、社会公共利益的违法行为，负责监督处理；构成犯罪的，依法追究刑事责任。

案例 1（民事主管，仲裁条款）

2011 年 11 月，A 公司与 B 公司签订了一份 BT 融资建设项目合同，约定 A 公司通过 BT 方式将某污水处理厂及配套管网工程交给 B 公司建设。合同约定一旦发生争议，提交某仲裁委员会仲裁。2012 年 12 月 15 日，约定项目通过工程竣工验收并移交给 A 公司使用。但是，A 公司除向 B 公司支付了 21396464.35 元外，剩余工程款未付，B 公司依照合同约定提请某仲裁委员会进行仲裁。仲裁委员会委托的鉴定机构鉴定确认案涉工程总造价为 31936473.57 元。

仲裁委员会审理后认为，A 公司已经构成违约。我国《民法通则》第 112 条规定：“当事人一方违反合同的赔偿责任，应当相当于另一方因此所受到的损失。当事人可以在合同中约定，一方违反合同时，向另一方支付一定数额的违约金；也可以在合同中约定对于违反合同而产生的损失赔偿额的计算方法。”我国《合同法》第 107 条也规定：“当事人一方不履行合同义务或者履行合同义务不符合约定的，应当承担继续履行、采取补救措施或者赔偿损失等违约责任。”因此，裁决 A 公司向 B 公司支付尚欠工程款 10540009.22 元、投资回报 1596823.68 元以及融资利息、逾期付款违约金、律师费等损失。

案例 2（行政处罚，罚款）

2014 年 10 月 13 日，某环保局对某混凝土公司的混凝土搅拌站项目进行调查后认定，与该项目配套的污染防治设施未建成、未验收，主体工程即投入生产，生产过程中有粉尘扬尘、噪声产生。

2014 年 11 月 3 日，环保局向混凝土公司送达了《行政处罚听证告知书》，依法告知了拟作出行政处罚的事实、理由和依据，以及原告享有的陈述、申辩权和要求听证的权利。但是，原告未在规定的时间内进行陈述申辩和提出听证申请。

2014 年 12 月 16 日，环保局以混凝土搅拌项目需要配套建设的除尘、噪声处理等环境保护设施未建成、未验收并投产，该行为违反了《建设项目环境保护管理条例》第十六条、第二十条、第二十三条为由，并根据该条例第二十八条，决定对原告作出责令停止生产、罚款 10 万元处罚的《行政处罚决定书》。混凝土公司不服，向市政府申请行政复议。2015 年 2 月 10 日，市政府作出维持环保局行政处罚的《行政复议决定书》。混凝土公司仍然不服，向人民法院提起行政诉讼，请求撤销行政处罚和行政复议决定。法院审理后认为，行政处罚和行政复议决定认定事实清楚，适用法律正确，程序合法，遂驳回了混凝土公司的诉讼请求。

案例 3（刑事犯罪，重大责任事故罪）

2013 年 9 月，被告人蒲某与他人合伙，挂靠某建筑公司承建了某污水管网工程，蒲某担任工程现场负责人。在组织工程开挖沟槽过程中，蒲某未按照国家相关规定采取放大沟槽两边的坡度、采取防垮塌支撑等安全防范措施，未按规定堆放挖土。2014 年 3 月 19 日下午，被害人黄某、敬某、杨某在工地开挖的沟槽内铺设排污管道时，沟槽一侧发生坍塌，将三人埋在土内，导致黄某因窒息死亡，敬某、杨某受伤。

法院审理后认为，我国《刑法》第一百三十四条规定：“在生产、作业中违反有关安全管理的规定，因而发生重大伤亡事故或者造成其他严重后果的，处三年以下有期徒刑或者拘役；情节特别恶劣的，处三年以上七年以下有期徒刑。”第六十七条第三款规定：犯罪嫌疑人“如实供述自己罪行的，可以从轻处罚”。第七十二条规定：“对于被判处拘役、三年以下有期徒刑的犯罪分子，同时符合下列条件的，可以宣告缓刑，对其中不满十八周岁的人、怀孕的妇女和已满七十五周岁的人，应当宣告缓刑：（一）犯罪情节较轻；（二）有悔罪表现；（三）没有再犯罪的危险；（四）宣告缓刑对所居住社区没有重大不良影响。”由于蒲某在组织工人作业时，安全生产条件不符合国家规定，因而发生重大事故，造成一人死亡，其行为已构成重大责任事故罪，应追究其刑事责任。鉴于蒲某归案后能如实供述自己的罪行，可以依法从轻处罚。事故发生后，与受害方达成赔偿协议并履行完结，求得了受害人及其家属的谅解，可酌情从轻处罚。故判决如下：被告人蒲某犯重大安全事故罪，判处有期徒刑一年，缓刑二年。

【思考题】

1. 什么是法律责任？水工程法律责任具有哪些特点？
2. 水工程法律责任的类型与实现方式有哪些？
3. 水工程法律责任的归责原则有哪些？
4. 什么是水工程行政责任？水工程行政责任具有哪些特点？
5. 什么是水工程行政处罚？水工程行政处罚的形式和程序有哪些？
6. 什么是水工程民事责任？水工程民事责任具有哪些特点？
7. 什么是水工程合同责任？违反水工程合同的违约责任的构成要件有哪些？
8. 什么是水工程侵权责任？它与违反水工程合同的违约责任有哪些区别？
9. 什么是水工程刑事责任？水工程刑事责任具有哪些特点？
10. 水工程犯罪构成要件包括哪四个方面？

附录1 参 考 法 规

附1.1 法律

1. 环境保护法（2014年4月24日第十二届全国人民代表大会常务委员会第八次会议修订通过，2015年1月1日起施行。）

2. 水法（中华人民共和国第九届全国人民代表大会常务委员会第二十九次会议于2002年8月29日修订通过，自2002年10月1日起施行。）

3. 水污染防治法（2017年6月27日第十二届全国人民代表大会常务委员会第二十八次会议第二次修正通过，2018年1月1日起施行。）

4. 固体废物污染环境防治法（2013年6月29日第十二届全国人民代表大会常务委员会第三次会议修正通过，2015年4月24日起施行。）

5. 大气污染防治法（2015年8月29日第十二届全国人民代表大会常务委员会第十六次会议第二次修订通过，2016年1月1日起施行。）

6. 环境噪声污染防治法（1996年10月29日第八届全国人民代表大会常务委员会第二十二次会议通过，自1997年3月1日起施行。）

7. 环境影响评价法（2016年7月2日第十二届全国人民代表大会常务委员会第二十一次会议修正通过，2016年9月1日起施行。）

8. 海洋环境保护法（2013年12月28日第十二届全国人民代表大会常务委员会第六次会议修正通过，自公布之日起施行。）

9. 清洁生产促进法（2012年2月29日第十一届全国人民代表大会常务委员会第二十五次会议修正通过，自2012年7月1日起施行。）

10. 城乡规划法（2008年1月1日起施行，2015年4月24日第十二届全国人民代表大会常务委员会第十四次会议修正通过。）

11. 建筑法（2011年4月22日第十一届全国人民代表大会常务委员会第二十次会议修正，自2011年7月1日起施行。）

12. 合同法（1999年3月15日第九届全国人民代表大会第二次会议通过，自1999年10月1日起施行。）

13. 水土保持法（2010年12月25日第十一届全国人民代表大会常务委员会第十八次会议修订通过，自2011年3月1日起施行。）

附1.2 行政法规及部门规章（部分）

1. 城市供水条例（国务院158号令，自1994年10月1日起施行。）

2. 取水许可证制度实施办法（国务院令第119号，自1993年9月1日起施行。）

3. 取水许可和水资源费征收管理条例（国务院令第460号，自2006年4月15日起施行。）

4. 建设工程质量管理条例（国务院令第279号，自2000年1月30日起施行。）

5. 建设项目环境保护管理条例（2017年7月16日国务院发布，自2017年10月1日起施行。）

6. 自然保护区条例（国务院1994年10月9日发布，2017年10月7日国务院修订。）

7. 水污染防治法实施细则（2000年3月20日国务院令第284号公布，自公布之日起施行。）

8. 城镇排水与污水处理条例（国务院令第641号，自2014年1月1日起施行。）

9. 排污费征收使用管理条例（国务院令第369号，自2003年7月1日起施行。）

附1.3　部门规章（部分）

1. 城市供水价格管理办法（2004年修订）（国家发展改革委员会、建设部2004年11月29日，发改价格［2004］2708号。）

2. 城市节约用水管理规定（建设部令第01号，自1989年1月1日起施行。）

3. 城镇污水排入排水管网许可管理办法（住房城乡建设部令第21号，自2015年3月1日起施行。）

4. 城市地下水开发利用保护管理规定（建设部令第30号发布，自1994年1月1日起施行。）

5. 生活饮用水卫生监督管理办法（住房城乡建设部 国家卫生和计划生育委员会令第31号，自2016年6月1日起施行。）

6. 工程建设国家标准管理办法（建设部令第24号，自1992年12月30日起施行。）

7. 工程建设行业标准管理办法（建设部令第25号，自1992年12月30日起施行。）

8. 城市排水许可管理办法（建设部令第152号，自2007年3月1日起施行。）

9. 建筑工程施工许可管理办法（住房城乡建设部令第18号，自2014年10月25日起施行。）

10. 建设项目环境影响评价分类管理名录（环境保护部令 第44号，自2017年9月1日起施行。）

11. 建设项目环境影响评价资质管理办法（环境保护部令第36号，自2015年11月1日起施行。）

12. 环境行政处罚办法（环境保护部令第8号，自2010年3月1日起施行。）

13. 突发环境事件应急管理办法（环境保护部令第34号，自2015年6月5日起施行。）

附1.4　地方法规举例

1. 重庆市城市供水节水管理条例（重庆市人大常委会2010年7月30日修订，自2010年7月30日起施行。）

2. 重庆市环境保护条例（2017年3月29日重庆市第四届人民代表大会常务委员会第三十五次会议修订。）

3. 重庆市长江三峡水库库区及流域水污染防治条例（重庆市人大常委会2011年7月

29日修订，自2011年10月1日起施行。）

4. 重庆市饮用水源保护区污染防治管理办法（重庆市人民政府令第25号，自1998年7月1日起施行。）

5. 重庆市水资源管理条例（重庆市人大常委会〔2015〕第14号，自2015年10月1日起施行。）

6. 重庆市城市管线条例（重庆市人大常委会〔2016〕第35号，自2017年1月1日起施行。）

7. 重庆市建设工程监理管理办法（重庆市人民政府令第148号，自2003年4月1日起施行。）

8. 黑龙江省建设工程质量监督管理条例（2006年8月19日黑龙江省第十届人民代表大会常务委员会第二十二次会议通过，自2006年10月1日起施行。）

9. 黑龙江省大气污染防治条例（黑龙江省第十二届人民代表大会第六次会议2017年1月20日发布，自2017年5月1日起施行。）

10. 黑龙江省环境保护条例（1995年4月1日起施行，2015年4月17日黑龙江省第十二届人大常委会第十九次会议修正。）

11. 黑龙江省建设工程质量监督管理条例（黑龙江省第十届人民代表大会常务委员会第二十二次会议于2006年8月19日通过，自2006年10月1日起施行。）

12. 黑龙江省松花江流域水污染防治条例（2009年5月1日起施行，2015年4月17日黑龙江省第十二届人大常委会第十九次会议修正。）

附录2　给水排水标准规范目录表

标准、规范名称	标准编号
给水排水工程专业基础标准	
给水排水工程基本术语标准	GB/T 50125－2010
建筑给水排水设备器材术语	GB/T 16662－2008
建筑给水排水制图标准	GB/T 50106－2010
城镇用水分类标准	CJ/T 3070－1999
生活饮用水水源水质标准	CJ 3020－1993
饮用净水水质标准	CJ 94－2005
生活饮用水卫生标准	GB 5749－2006
城镇居民生活用水量标准	GB/T 50331－2002
城镇污水再生利用　城镇杂用水水质	GB/T 18920－2002
城镇供水服务	GB/T 32063－2015
城镇污水再生利用　分类	GB/T 18919－2002
城镇污水再生利用　工业用水水质	GB/T 19923－2005
城镇污水再生利用　地下水回灌水质	GB/T 19772－2005
城镇污水再生利用　绿地灌溉水质	GB/T 25499－2010
城镇污水再生利用　景观环境用水水质	GB/T 18921－2002
城镇污水再生利用　城镇杂用水水质	GB/T 18920－2002
城镇污水再生利用　农田灌溉用水水质	GB 20922－2007
循环冷却水用再生水水质标准	HG/T 3923－2007
污水排入城镇下水道水质标准	GB/T 31962－2015
城镇污水水质检验方法标准	CJ/T 51－2004
城镇污水处理厂污染物排放标准	GB 18918－2002
企业水平衡测试通则	GB/T 12452－2008
工业企业用水管理导则	GB/T 27886－2011
用水定额编制技术导则	GB/T 32716－2016
工业企业产品取水定额编制通则	GB/T 18820－2011
灌溉用水定额编制导则	GB/T 29404－2012
取水定额　第1部分：火力发电	GB/T 18916.1－2012
取水定额　第2部分：钢铁联合企业	GB/T 18916.2－2012
取水定额　第3部分：石油炼制	GB/T 18916.3－2012
取水定额　第4部分：纺织染整产品	GB/T 18916.4－2012

续表

标准、规范名称	标准编号
取水定额　第 5 部分：造纸产品	GB/T 18916.5－2012
取水定额　第 6 部分：啤酒制造	GB/T 18916.6－2012
取水定额　第 7 部分：酒精制造	GB/T 18916.7－2014
取水定额　第 8 部分：合成氨	GB/T 18916.8－2017
取水定额　第 9 部分：味精制造	GB/T 18916.9－2014
取水定额　第 10 部分：医药产品	GB/T 18916.10－2006
取水定额　第 11 部分：选煤	GB/T 18916.11－2012
取水定额　第 12 部分：氧化铝生产	GB/T 18916.12－2012
取水定额　第 13 部分：乙烯生产	GB/T 18916.13－2012
取水定额　第 14 部分：毛纺织产品	GB/T 18916.14－2014
取水定额　第 15 部分：白酒制造	GB/T 18916.15－2014
取水定额　第 16 部分：电解铝生产	GB/T 18916.16－2014
取水定额　第 17 部分：堆积型铝土矿生产	GB/T 18916.17－2016
取水定额　第 18 部分：铜冶炼生产	GB/T 18916.18－2015
取水定额　第 19 部分：铅冶炼生产	GB/T 18916.19－2015
取水定额　第 20 部分：化纤长丝织造产品	GB/T 18916.20－2016
取水定额　第 21 部分：真丝绸产品	GB/T 18916.21－2016
取水定额　第 22 部分：淀粉糖制造	GB/T 18916.22－2016
取水定额　第 23 部分：柠檬酸制造	GB/T 18916.23－2015
饮料制造取水定额	QB/T 2931－2008
给水排水工程专业通用标准	
室外给水设计规范	GB 50013－2016
室外排水设计规范（2016 年版）	GB 50014－2006
建筑设计防火规范	GB 50016－2014
建筑给水排水设计规范（2009 年版）	GB 50015－2003
城镇排水工程规划规范	GB 50318－2017
城镇给水工程规划规范	GB 50282－2016
给水排水工程管道结构设计规范	GB 50332－2002
给水排水管道工程施工及验收规范	GB 50268－2008
给水排水工程构筑物结构设计规范	GB 50069－2002
给水排水构筑物工程施工及验收规范	GB 50141－2008
城镇污水处理厂工程质量验收规范	GB 50334－2017
城镇污水再生利用工程设计规范	GB 50335－2016
建筑中水设计规范	GB 50336－2002
工业循环冷却水处理设计规范	GB 50050－2017
工业用水软化除盐设计规范	GB/T 50109－2014

续表

标准、规范名称	标准编号
水腐蚀性测试方法	SY/T 0026－1999
民用建筑节水设计标准	GB 50555－2010
建筑给水排水及采暖工程施工质量验收规范	GB 50242－2002
村镇供水工程技术规范	SL 310－2004
村镇供水工程设计规范	SL 687－2014
农村防火规范	GB 50039－2010
村镇供水单位资质标准	SL 308－2004
镇（乡）村给水工程技术规程	CJJ 123－2008
镇（乡）村排水工程技术规程	CJJ 124－2008
城镇污水处理厂污泥泥质	GB 24188－2009
城镇污水处理厂污泥处置　分类	GB /T 23484－2009
城镇污水处理厂污泥处置　混合填埋用泥质	GB/T 23485－2009
城镇污水处理厂污泥处置　园林绿化用泥质	GB/T 23486－2009
城镇污水处理厂污泥处置　土地改良用泥质	GB/T 24600－2009
城镇污水处理厂污泥处置　单独焚烧用泥质	GB/T 24602－2009
城镇污水处理厂污泥处置　林地用泥质	CJ/T 362－2011
城镇污水处理厂污泥处置　制砖用泥质	GB/T 25031－2010
给水排水工程专业专用标准	
含藻水给水处理设计规范	CJJ 32－2011
低温低浊水给水处理设计规程	CECS 110－2000
医院污水处理设计规范	CECS 07－2004
泵站设计规范	GB 50265－2010
建筑与小区雨水控制及利用工程技术规范	GB 50400－2016
民用建筑太阳能热水系统应用技术规范	GB 50364－2005
合流制系统污水截流井设计规程	CECS 91－1997
寒冷地区污水活性污泥法处理设计规程	CECS 111－2000
海水循环冷却水处理设计规范	GB/T 23248－2009
游泳池给水排水工程技术规程	CJJ 122－2008
建筑屋面雨水排水系统技术规程	CJJ 142－2014
城镇径流污染控制调蓄池技术规程	CECS 416－2015
城镇供水长距离输水管（渠）道工程技术规程	CECS 193－2005
蒸馏法海水淡化工程设计规范	HY/T 115－2008
大生活用海水应用系统设计规范	HY/T 167－2013
大生活用海水后处理设计规范　第4部分：生态塘法	HY/T 168.4－2013
大生活用海水后处理设计规范　第3部分：膜生物反应器法	HY/T 168.3－2013
大生活用海水后处理设计规范　第2部分：接触氧化法	HY/T 168.2－2013
大生活用海水后处理设计规范　第1部分：活性污泥法	HY/T 168.1－2013

续表

标准、规范名称	标准编号
给水系统防回流污染技术规程	CECS 184－2005
小型生活污水处理成套设备	CJ/T 355－2010
小区集中生活热水供应设计规程	CECS 222－2007
给水用抗冲改性聚氯乙烯（PVC-M）管材及管件	CJ/T 272－2008
给水涂塑复合钢管	CJ/T 120－2016
给水排水仪表自动化控制工程施工及验收规程	CECS 162－2004
给水排水工程预应力混凝土圆形水池结构技术规程	CECS 216－2006
给水排水工程水塔结构设计规程	CECS 139－2002
给水排水工程埋地铸铁管管道结构设计规程	CECS 142－2002
给水排水工程埋地预制混凝土圆形管管道结构设计规程	CECS 143－2002
给水排水工程埋地矩形管管道结构设计规程	CECS 145－2002
给水排水工程埋地钢管管道结构设计规范	CECS 141－2002
给水排水工程埋地玻璃纤维增强塑料夹砂管管道结构设计规程	CECS 190－2005
给水排水工程混凝土构筑物变形缝技术规范	CECS 117－2017
给水排水工程钢筋混凝土水池结构设计规程	CECS 138－2002
给水排水工程钢筋混凝土沉井结构设计规程	CECS 137－2015
给水排水工程顶管技术规程	CECS 246－2008
给水排水多功能水泵控制阀应用技术规程	CECS 132－2002
给水管道复合式高速进排气阀	CJ/T 217－2013
给水钢塑复合压力管管道工程技术规程	CECS 237－2008
给水钢丝网骨架塑料（聚乙烯）复合管管道工程技术规程	CECS 181－2005
给水衬塑可锻铸铁管件	CJ/T 137－2008
建筑小区塑料排水检查井应用技术规程	CECS 227－2007
建筑同层检修（WAB）排水系统技术规程	CECS 363－2014
建筑排水中空壁消音硬聚氯乙烯管管道工程技术规程	CECS 185－2005
建筑排水用硬聚氯乙烯内螺旋管管道工程技术规程	CECS 94－2002
建筑排水用聚丙烯（PP）管材和管件	CJ/T 278－2008
建筑排水用高密度聚乙烯（HDPE）管材及管件	CJ/T 250－2007
建筑排水柔性接口铸铁管管道工程技术规程	CECS 168－2004
建筑排水聚丙烯静音管道工程技术规程	CECS 404－2015
建筑排水管道系统噪声测试方法	CJ/T 312－2009
建筑排水不锈钢管道工程技术规程	CECS 403－2015
建筑给水硬聚氯乙烯管管道工程技术规程	CECS 41－2004
建筑给水铜管管道工程技术规程	CECS 171－2004
建筑给水氯化聚氯乙烯（PVC-C）管管道工程技术规程	CECS 136－2002
建筑给水铝塑复合管管道工程技术规程	CECS 105－2000

续表

标准、规范名称	标准编号
建筑给水钢塑复合管管道工程技术规程	CECS 125-2001
建筑给水超薄壁不锈钢塑料复合管管道工程技术规程	CECS 135-2002
建筑给水薄壁不锈钢管管道工程技术规程	CECS 153-2003
钢塑复合压力管用管件	CJ/T 253-2007
钢塑复合压力管	CJ/T 183-2008
自动水灭火系统薄壁不锈钢管管道工程技术规程	CECS 229-2008
自承式给水钢管跨越结构设计规程	CECS 214-2006
转碟曝气机	CJ/T 294-2008
蒸馏法海水淡化蒸汽喷射装置通用技术要求	HY/T 116-2008
蒸发式热分配表	CJ/T 271-2007
再生树脂复合材料检查井盖	CJ/T 121-2000
饮用水冷水水表安全规则	CJ 266-2008
饮用净水水表	CJ/T 241-2007
一体化生物转盘污水处理装置技术规程	CECS 375-2014
旋转式滗水器	CJ/T 176-2007
箱式无负压供水设备	CJ/T 302-2008
箱式叠压给水设备	GB/T 24603-2016
下水道及化粪池气体监测技术要求	GB/T 28888-2012
无负压静音管中泵给水设备	CJ/T 440-2013
无负压管网增压稳流给水设备	GB/T 26003-2010
污水自然处理工程技术规程	CJJ/T 54-2017
稳压补偿式无负压供水设备	CJ/T 303-2008
微孔曝气器清水氧传质性能测定	CJ/T 475-2015
铜分集水器	CJ/T 251-2007
塑料排水检查井应用技术规程	CJJ/T 209-2013
水力控制阀应用设计规程	CECS 144-2002
水处理用橡胶膜微孔曝气器	CJ/T 264-2007
水处理用人工陶粒滤料	CJ/T 299-2008
水泵隔振技术规程	CECS 59-1994
矢量无负压供水设备	GB/T 31853-2015
矢量变频供水设备	CJ/T 468-2014
石油化工给水排水管道设计图例	SH 3089-1998
生活垃圾渗滤液碟管式反渗透处理设备	CJ/T 279-2008
深井曝气设计规范	CECS 42-1992
肉蛋制品加工厂节水要求	SB/T 10874-2012
燃油、燃气热水机组生活热水供应设计规程	CECS 134-2002

续表

标准、规范名称	标准编号
球墨铸铁给排水管道工程施工及验收规范技术要求	ZXB/T 0202-2013
潜水排污泵	CJ/T 472-2015
潜水搅拌机	CJ/T 109-2007
拦污用栅条式格栅	CJ/T 509-2016
偏心半球阀	CJ/T 283-2008
排水用硬聚氯乙烯（PVC-U）玻璃微珠复合管材	CJ/T 231-2006
排水系统水封保护设计规程	CECS 172-2004
内衬（覆）不锈钢复合钢管管道工程技术规程	CECS 205-2015
耐热聚乙烯（PE-RT）塑铝稳态复合管	CJ/T 238-2006
埋地硬聚氯乙烯排水管道工程技术规程	CECS 122-2001
埋地塑料给水管道工程技术规程	CJJ 101-2016
埋地排水用钢带增强聚乙烯螺旋波纹管管道工程技术规程	CECS 223-2007
埋地聚乙烯排水管管道工程技术规程	CECS 164-2004
埋地聚乙烯钢肋复合缠绕排水管管道工程技术规程	CECS 210-2006
埋地给水排水玻璃纤维增强热固性树脂夹砂管管道工程施工及验收规程	CECS 129-2001
立式长轴泵	CJ/T 235-2006
冷热水用无规共聚聚丁烯管材及管件	CJ/T 372-2011
聚乙烯塑钢缠绕排水管管道工程技术规程	CECS 248-2008
聚乙烯塑钢缠绕排水管	CJ/T 270-2007
聚硫、聚氨酯密封胶给水排水工程应用技术规程	CECS 217-2006
聚丙烯静音排水管材及管件	CJ/T 273-2012
静音管网叠压给水设备	GB/T 31894-2015
节水型生活用水器具	CJ/T 164-2014
胶圈电熔双密封聚乙烯复合供水管道工程技术规程	CECS 395-2015
检查井盖	GB/T 23858-2009
混凝沉淀烧杯试验方法	CECS 130-2001
虹吸雨水斗	CJ/T 245-2007
罐式叠压给水设备	GB/T 24912-2015
管网叠压供水设备	CJ/T 254-2014
沟槽式连接管道工程技术规程	CECS 151-2003
钢丝网骨架塑料（聚乙烯）复合管材及管件	CJ/T 189-2007
非接触式给水器具	CJ/T 194-2014
防气蚀大压差可调减压阀	CJ/T 404-2012
反渗透水处理设备	GB/T 19249-2003
法兰衬里中线蝶阀	CJ/T 471-2015
多效蒸馏海水淡化装置通用技术要求	HY/T 106-2008

续表

标准、规范名称	标准编号
地漏	CJ/T 186－2003
导流式速闭止回阀	CJ/T 255－2007
城镇排水系统电气与自动化工程技术规程	CJJ 120－2008
城镇排水管道非开挖修复更新工程技术规程	CJJ/T 210－2014
城镇供水营业收费管理信息系统	CJ/T 298－2008
城镇供水管理信息系统 供水水质指标分类与编码	CJ/T 474－2015
城镇给排水紫外线消毒设备	GB/T 19837－2005
超高分子量聚乙烯膜片复合管	CJ/T 427－2013
超高分子量聚乙烯钢骨架复合管材	CJ/T 323－2015
超高分子聚乙烯复合管材	CJ/T 320－2009
插合自锁卡簧式管道连接技术规程	CECS 383－2015
餐饮废水隔油器	CJ/T 295－2015
餐厨废弃物油水自动分离设备	CJ/T 478－2015
薄壁不锈钢内插卡压式管材及管件	CJ/T 232－2006
AD型特殊单立管排水系统技术规程（2011年版）	CECS 232－2007
给水排水工程专业相关标准	
污水综合排放标准	GB 8978－1996
地下水质量标准	GB/T 14848－2017
地表水环境质量标准	GB 3838－2002
地表水资源质量标准	SL 63－1994
农业灌溉水质标准	GB 5084－2005
渔业水质标准	GB 11607－1989
海水水质标准	GB 3097－1997
污水海洋处置工程污染控制标准	GB 18486－2001
土壤环境质量标准	GB 15618－1995
城镇污水再生利用 景观环境用水水质	GB/T 18921－2002

附录3 标准、规范代号说明一览表

序号	标准、规范代号	说 明	负责部门
1	GB	强制性国家标准	国家标准化管理委员会
2	GB/T	推荐性国家标准	国家标准化管理委员会
3	GB/Z	国家标准化指导性技术文件	国家标准化管理委员会
4	CJ	城镇建设行业标准	住房和城乡建设部标准定额司
5	CJ/T	推荐性城镇建设行业标准	住房和城乡建设部标准定额司
6	CJJ	城镇建设行业工程建设规程	住房和城乡建设部标准定额司
7	CJJ/T	推荐性城镇建设行业工程建设规程	住房和城乡建设部标准定额司
8	CECS	工程建设推荐性标准	中国工程建设标准化协会
9	HJ	环境保护行业标准	环境保护部科技标准司
10	SH	石油化工行业标准	中国石油和化学工业协会
11	SL	水利行业标准	水利部科教司
12	HG/T	推荐性化工行业标准	中国石油和化学工业协会
13	HY/T	推荐性海洋行业标准	国家海洋局海洋环境保护司
14	QB/T	推荐性轻工行业标准	中国轻工业联合会
15	SB/T	推荐性商业行业标准	中国商业联合会
16	SY/T	推荐性石油天然气行业标准	中国石油和化学工业协会
17	ZXB/T	推荐性铸造协会标准	中国铸造协会

参考文献

[1] 张文显．法理学(第四版)．北京：高等教育出版社，2011.
[2] 吴汉东．法学通论(第六版)．北京：北京大学出版社，2012.
[3] 汪劲．环境法学(第三版)．北京：北京大学出版社，2014.
[4] 黄锡生，史玉成．环境与资源保护法学(第四版)．重庆：重庆大学出版社，2015.
[5] 住房和城乡建设部工程质量安全监督司，中国建筑标准设计研究院．全国民用建筑工程设计技术措施(给水排水)2009．北京：中国建筑工业出版社，2009.
[6] 环境保护部环境监察局．全国环境监察培训系列教材：污染源环境监察．北京：中国环境科学出版社，2012.
[7] 环境保护部环境监察局．生态环境监察．北京：中国环境科学出版社，2012.
[8] 傅桦，吴雁华，曲利娟．生态学原理与应用．北京：中国环境科学出版社，2008.
[9] 李在卿．环境管理体系-国家注册审核员考试培训教程．北京：中国标准出版社，2010.
[10] 王家德，陈建孟．当代环境管理体系建构．北京：中国环境科学出版社，2005.
[11] 韩德培．环境保护法学(第七版)．北京：法律出版社，2015.
[12] 张雪萍．生态学原理．北京：科学出版社，2011.
[13] 科尔斯塔德．环境经济学(第二版)．北京：中国人民大学出版社，2016.
[14] 长江流域水资源保护局．水资源保护规划理论与实践．北京：中国水利水电出版社，2014.
[15] 张玉先．给水工程第1册-2015年版全国勘察设计注册公用设备工程师给水排水专业执业资格考试教材．北京：中国建筑工业出版社，2015.
[16] 龙腾锐，何强．排水工程第2册-2015年版全国勘察设计注册公用设备工程师给水排水专业执业资格考试教材．北京：中国建筑工业出版社，2015.
[17] 岳秀萍．建筑给水排水工程第3册-2015年版全国勘察设计注册公用设备工程师给水排水专业考试教材．北京：中国建筑工业出版社，2015.
[18] 王秀红．常用资料第4册-2015年版全国勘察设计注册公用设备工程师给水排水专业执业资格考试教材．北京：中国建筑工业出版社，2015.
[19] 张春．合同法原理与实务，镇江：江苏大学出版社，2015.
[20] 中国环境管理干部学院．环境保护执法手册．北京：中国劳动社会保障出版社，2009.
[21] 刘仁辉．建设法规．北京：科学出版社，2011.
[22] 中国建设监理协会．2016建设工程质量控制．北京：中国建筑工业出版社，2016.
[23] 刘耀彬．人口、资源与环境经济学模型与案例分析．北京：科学出版社，2014.
[24] 宋宗宇．建设工程管理与法规．重庆：重庆大学出版社，2015.
[25] 宋宗宇．建设工程质量监管法律机制研究．北京：法律出版社，2015.

高等学校给排水科学与工程学科专业指导委员会规划推荐教材

征订号	书名	作者	定价（元）	备注
40573	高等学校给排水科学与工程本科专业指南	教育部高等学校给排水科学与工程专业教学指导分委员会	25.00	
39521	有机化学(第五版)(送课件)	蔡素德等	59.00	住建部“十四五”规划教材
41921	物理化学(第四版)(送课件)	孙少瑞、何洪	39.00	住建部“十四五”规划教材
42213	供水水文地质(第六版)(送课件)	李广贺等	56.00	住建部“十四五”规划教材
42807	水资源利用与保护(第五版)(送课件)	李广贺等	63.00	住建部“十四五”规划教材
42947	水处理实验设计与技术(第六版)(送课件)	冯萃敏等	58.00	住建部“十四五”规划教材
43524	给水排水管网系统(第五版)(送课件)	刘遂庆等	58.00	住建部“十四五”规划教材
44425	水处理生物学(第七版)(送课件)	顾夏生、陆韻等	78.00	住建部“十四五”规划教材
44583	给排水工程仪表与控制(第四版)(送课件)	崔福义，彭永臻	70.00	住建部“十四五”规划教材
44594	水力学(第四版)(送课件)	吴玮、张维佳、黄天寅	45.00	住建部“十四五”规划教材
43803	水质工程学(第四版)(上册)(送课件)	马军、任南琪、彭永臻、梁恒	70.00	住建部“十四五”规划教材
43804	水质工程学 (第四版)(下册)(送课件)	马军、任南琪、彭永臻、梁恒	56.00	住建部“十四五”规划教材
45214	城市垃圾处理(第二版)(送课件)	何品晶等	58.00	住建部“十四五”规划教材
31821	水工程法规(第二版)(送课件)	张智等	46.00	土建学科“十三五”规划教材
31223	给排水科学与工程概论(第三版)(送课件)	李圭白等	26.00	土建学科“十三五”规划教材
36037	水文学(第六版)(送课件)	黄廷林	40.00	土建学科“十三五”规划教材
37017	城镇防洪与雨水利用(第三版)(送课件)	张智等	60.00	土建学科“十三五”规划教材
37679	土建工程基础(第四版)(送课件)	唐兴荣等	69.00	土建学科“十三五”规划教材
37789	泵与泵站(第七版)(送课件)	许仕荣等	49.00	土建学科“十三五”规划教材
37766	建筑给水排水工程(第八版)(送课件)	王增长、岳秀萍	72.00	土建学科“十三五”规划教材
38567	水工艺设备基础(第四版)(送课件)	黄廷林等	58.00	土建学科“十三五”规划教材
32208	水工程施工(第二版)(送课件)	张勤等	59.00	土建学科“十二五”规划教材
39200	水分析化学(第四版)(送课件)	黄君礼	68.00	土建学科“十二五”规划教材
33014	水工程经济(第二版)(送课件)	张勤等	56.00	土建学科“十二五”规划教材
16933	水健康循环导论(送课件)	李冬、张杰	20.00	
37420	城市河湖水生态与水环境(送课件)	王超、陈卫	40.00	国家级“十一五”规划教材
37419	城市水系统运营与管理(第二版)(送课件)	陈卫、张金松	65.00	土建学科“十五”规划教材
33609	给水排水工程建设监理(第二版)(送课件)	王季震等	38.00	土建学科“十五”规划教材
20098	水工艺与工程的计算与模拟	李志华等	28.00	
32934	建筑概论(第四版)(送课件)	杨永祥等	20.00	
24964	给排水安装工程概预算(送课件)	张国珍等	37.00	
24128	给排水科学与工程专业本科生优秀毕业设计(论文)汇编(含光盘)	本书编委会	54.00	
31241	给排水科学与工程专业优秀教改论文汇编	本书编委会	18.00	